數位科技概論
滿分總複習

數位科技概論 滿分總複習

編 著 者	旗立資訊研究室
出 版 者	旗立資訊股份有限公司
住　　　址	台北市忠孝東路一段83號
電　　　話	(02)2322-4846
傳　　　真	(02)2322-4852
劃 撥 帳 號	18784411
帳　　　戶	旗立資訊股份有限公司
網　　　址	https://www.fisp.com.tw
電 子 郵 件	school@mail.fisp.com.tw
出 版 日 期	2021 / 4月初版
	2025 / 5月五版
I S B N	978-986-385-395-4

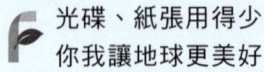
光碟、紙張用得少
你我讓地球更美好

國家圖書館出版品預行編目資料

數位科技概論滿分總複習/旗立資訊研究室編著. --
　五版. -- 臺北市：旗立資訊股份有限公司,
　2025.05
　　　面；　公分
　ISBN 978-986-385-395-4 (平裝)

　1.CST: 數位科技　2.CST: 技職教育

528.8352　　　　　　　　　　　114005641

Printed in Taiwan

※著作權所有，翻印必究

※本書如有缺頁或裝訂錯誤，請寄回更換

大專院校訂購旗立叢書，請與總經銷
旗標科技股份有限公司聯絡：
住址：台北市杭州南路一段15-1號19樓
電話：(02)2396-3257
傳真：(02)2321-2545

編輯大意

一、 本書根據民國107年教育部發布之十二年國民基本教育「技術型高級中等學校群科課程綱要商業與管理群」課程綱要中「數位科技概論」，並融合歷年四技二專統一入學測驗、乙丙級檢定、國家考試、技藝競賽等相關試題編寫而成。

二、 本書內容與「技專校院入學測驗中心」公布的統測考試範圍相同，可供商業與管理群、外語群同學作為高一、高二課堂複習及高三升學應試使用。

三、 本書已彙整所有審定課本之重點，並將重點文字套上**粗藍色**或**粗黑色**，套**粗藍色**文字最重要、次之為套**粗黑色**文字，以幫助同學明確掌握考試重點及命題趨勢。

四、 本書（數位科技概論）分為7個單元，共15章。本書各章均具有以下特色：

1. **學習重點**：列出每單元的章節架構，與該章節的統測常考重點。

2. **統測命題分析**：分析各單元歷年統測的命題比重。

3. ▢：於統測曾經出題之重點主題處標示考試年分

    （例如：114 表示為114年統測考題）。

4. **得分區塊練**：供學生於重要觀念後立即練習，以掌握學習狀況。

5. **有背無患**：補充課文相關知識，或可能入題的科技新知。

6. **滿分晉級**：各章末精選考試試題，評量學生的學習成效。分成3種題型：

    ◆ **情境素養題**：切合統測趨勢提供情境試題，供學生練習之用。

    ◆ **精選試題**：章末試題，供學生統整練習之用。

    ◆ **統測試題**：整合近年統測試題，供學生練習之用。

7. **五秒自測**：針對統測常考內容提供「重點中的重點」，讓同學以自問自答的學習法，迅速將短期記憶提昇為中長期記憶（做法：遮住課文內容→問自己或同學本關鍵重點→回答→手放開，確認答案之正確性）。

8. **記憶法**：提供各種記憶重點的方法，協助學生背誦常考又難記的重點。

五、 為提升本書之品質，作者在編寫過程中已向多位資深教師請益並力求精進；倘若本書內容仍有未盡完善之處，尚祈各界先進不吝指賜教，以做為改進之參考。

編者 謹誌

考試重點在這裡

一、 數位科技概論命題大致可分為四種類型，針對這四種題型的研讀與準備方式如下：

1. **基本觀念題**

    以數位科技概論的各種基本概念為主，此部分通常不難，同學只要掌握各章的主題重點、**充分記憶各項定義**，並從定義去思考，即可獲得基本分數。

2. **綜合比較題**

    主要是測驗學生的綜合分析判斷能力，同學可在詳讀各個重點之後，多加**研習本書中的比較表**，以利獲取高分。

3. **公式計算題**

    此類型的題目通常不會太難，同學只要**熟記公式及解法**，**反覆練習**常考範圍的題目，便可輕鬆得分。此類題型出題比重較高之單元包括：單元1、單元2。

4. **素養導向題**

    亦稱**情境素養題**。數位科技概論非常貼近生活，加上近年來積極推廣所學內容能夠「務實致用」，因此越來越多將**時事情境融入題目**的素養導向題，學生必須根據情境敘述，結合所學之數位科技概論相關概念，方能判斷出正確答案。

二、 從近年統測可知，出題比重較高之單元包括：單元2、單元3、單元4、單元6、單元7等；同學們在讀完全書後，可針對上述章節進行考前最後衝刺。

近年統測各章出題比重

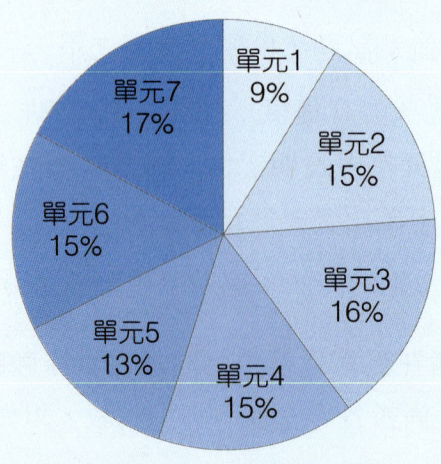

114年統一入學測驗
數位科技概論、數位科技應用 試題分析

一、難易度分析

1. 今年是108課綱實施後第四屆入學統一測驗，商管群數位科技概論與數位科技應用試題難易度偏易。

2. 商管群（25題），其中數位科技概論約14題、數位科技應用約11題，考題之難、中、易的比例如右表所示。

類組	難	中	易
商管群	4%	16%	80%

二、題型分析

1. 今年題目偏重**閱讀能力**（**素養導向題型**），題組題有2大題，其他題目的敘述也偏長，且著重於生活常用之技巧運用。

2. 在商管群25題的考題中，數概占14題。今年又考了「子網路遮罩」內容；文書處理、簡報、試算表等辦公室軟體共占5題，尤其是試算表部分，已連續3年考3題；反觀，影像處理概念的題目考3題，其中第43題觀念創新，從單一像素的色彩數延伸到100×100像素全彩相片的色彩組合數，用來檢測考生觀念延伸的能力。

三、綜合分析

今年商管群25題考題分佈較不平均（如下表），命題題數約0至4題。

	單元	113年題數	114年題數	114年比例	
數位科技概論	單元1 數位科技基本概念	2	1↓	4%	
	單元2 系統平台	2	2	8%	
	單元3 軟體應用	2	2	8%	14題
	單元4 通訊網路原理	2	2	8%	占**56%**
	單元5 網路服務與應用	2	1↓	4%	
	單元6 電子商務	1	2↑	8%	
	單元7 **數位科技與人類社會**	2	**4↑**	**16%**	
數位科技應用	單元1 商業文書應用	2	1↓	4%	
	單元2 商業簡報應用	2	1↓	4%	
	單元3 **商業試算表應用**	3	3	**12%**	11題
	單元4 雲端應用	1	1	4%	占**44%**
	單元5 **影像處理應用**	1	**3↑**	**12%**	
	單元6 網頁設計應用	2	2	8%	
	單元7 電子商務應用	1	0↓	0%	

Contents

單元 1 數位科技基本概念

第1章 數位科技的概念
- 1-1 資料與資訊 A1-2
- 1-2 數位科技的演進 A1-5
- 1-3 資料的儲存單位與常用的時間單位 A1-10

第2章 數位化概念
- 2-1 數字系統 A2-1
- 2-2 資料表示法 A2-6
- 2-3 聲音數位化概念 A2-12
- 2-4 影像數位化概念 A2-15
- 2-5 影片數位化概念 A2-18

單元 2 系統平台

第3章 系統平台的硬體架構
- 3-1 電腦硬體的架構 A3-2
- 3-2 CPU A3-5
- 3-3 主記憶體 A3-10
- 3-4 輔助記憶體 A3-15
- 3-5 主機板與介面規格 A3-23
- 3-6 輸入與輸出設備 A3-29
- 3-7 行動裝置與相關設備 A3-37

第4章 系統平台的運作與未來發展
- 4-1 系統平台簡介 A4-1
- 4-2 作業系統簡介 A4-3
- 4-3 常見的作業系統 A4-7
- 4-4 雲端服務 A4-10
- 4-5 系統平台的未來發展趨勢 A4-11

單元 3 軟體應用

第5章 常用軟體的認識與應用
- 5-1 軟體開發程式與程式語言 A5-2
- 5-2 常見的應用軟體 A5-7
- 5-3 電腦軟體的檔案格式 A5-13

第6章 智慧財產權與軟體授權
- 6-1 智慧財產權 A6-2
- 6-2 軟體的授權 A6-5

第7章 電腦通訊與電腦網路
- 7-1 電腦通訊簡介 A7-2
- 7-2 認識電腦網路 A7-6

第8章 電腦網路的組成與通訊協定
- 8-1 傳輸媒介 A8-2
- 8-2 網路設備與軟體 A8-6
- 8-3 網路架構與交換技術 A8-14
- 8-4 通訊協定 A8-20

第9章 認識網際網路
- 9-1 連接網際網路的方式 A9-1
- 9-2 網際網路的位址 A9-7

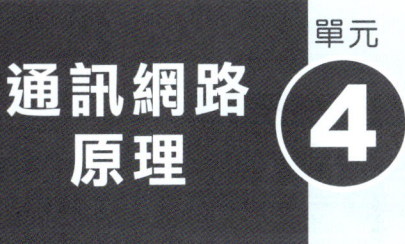

單元 4 通訊網路原理

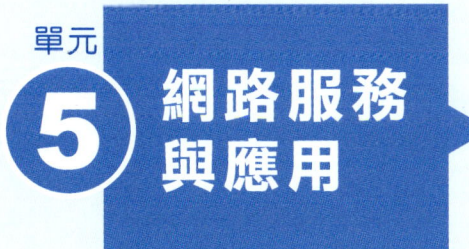

單元 5 網路服務與應用

第10章 網路服務
- 10-1 資訊傳遞 A10-2
- 10-2 檔案傳輸 A10-8
- 10-3 數位內容 A10-10

第11章 雲端運算與物聯網
- 11-1 雲端運算應用 A11-1
- 11-2 物聯網 A11-3

第12章 電子商務的基本概念與經營模式
12-1　電子商務的基本概念 A12-2
12-2　電子商務的類型與經營模式 A12-6
12-3　電子商務的發展 A12-10

第13章 電子商務安全機制
13-1　資料傳輸安全 A13-2
13-2　電子商務常見的安全機制 A13-6
13-3　電子商務常見的觸法行為 A13-10

單元 6 電子商務

第14章 個人資料防護與重要社會議題
14-1　個人資料防護與網路內容防護 A14-2
14-2　資訊倫理 A14-10
14-3　惡意軟體與駭客攻擊 A14-14
14-4　網路犯罪與法令規範 A14-19

第15章 數位科技與現代生活
15-1　個人、家庭方面的應用 A15-2
15-2　教育方面的應用 A15-5
15-3　社會方面的應用 A15-6
15-4　商業方面的應用 A15-8
15-5　重大科技趨勢
　　　 對人與社會的衝擊與發展 A15-10

單元 7 數位科技與人類社會

解答頁 Ans-A-1

114統一入學測驗試題 114-1

統測考試範圍

單元 1

數位科技基本概念

學習重點

本篇最常考**資料處理型態、數位化**，務必熟記觀念及練習**計算題**

章名	常考重點
第1章 數位科技的概念	• 資料處理的型態 • 第五代電腦 • 資料的儲存單位與常用的時間單位　★★★★☆
第2章 數位化概念	• 數字系統 • 聲音的數位化 • 影像的概念 • 常見的數位內容格式　★★★★★

統測命題分析　最新統測趨勢分析（111～114年）

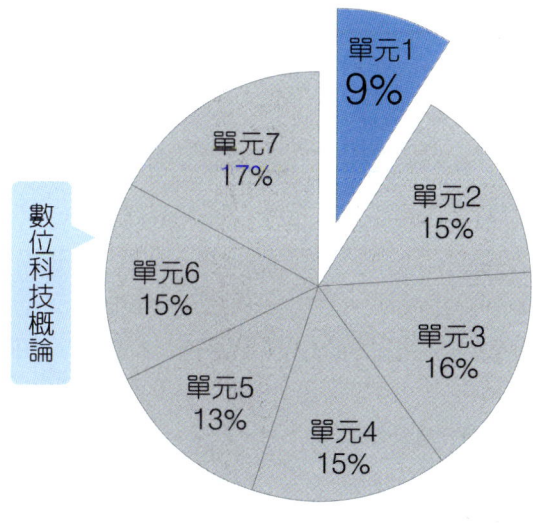

數位科技概論

單元1 9%
單元2 15%
單元3 16%
單元4 15%
單元5 13%
單元6 15%
單元7 17%

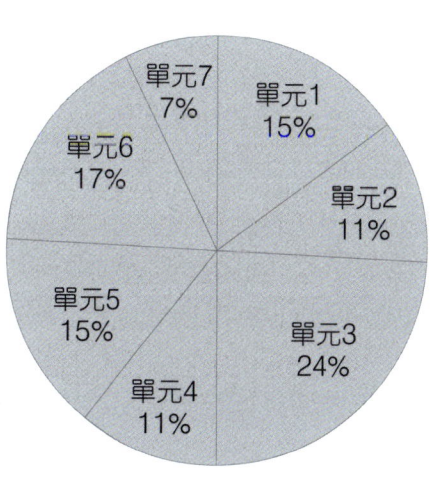

數位科技應用

單元1 15%
單元2 11%
單元3 24%
單元4 11%
單元5 15%
單元6 17%
單元7 7%

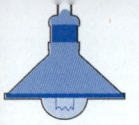

數位科技概論 滿分總複習

第 1 章 數位科技的概念

1-1 資料與資訊

一、資料處理

1. **資料**（data）：記錄事實的一群相關文字、數字或符號。

2. **資訊**（information）：將「資料」經過有系統的記錄、彙集、計算、統計、分析等處理之後，所產生出來可以做為決策參考的訊息。

3. **資料處理**（data processing）：將「資料」轉換成「資訊」的過程。

資料 → 輸入 Input → 處理 Process → 輸出 Output → 資訊

4. **GIGO**（Garbage In Garbage Out，垃圾進、垃圾出）：是指在資料處理的過程中，輸入不正確的資料就會產生不正確的資訊，其重點是在強調輸入正確資料的重要性。

5. **資料庫**：是一群經過有系統分類、整理的資料集合，電腦資訊系統要儲存與管理大量資料，通常須使用資料庫。

得分區塊練

(C)1. 一群原始的數字、文字或符號等資料，經過處理後得到具有意義的結果稱為？
 (A)資料 (B)檔案 (C)資訊 (D)記錄。

(C)2. 「資料處理（Data Processing）」的基本作業是
 (A)輸出、處理、輸入
 (B)輸入輸出、處理、列印
 (C)輸入、處理、輸出
 (D)輸入輸出、顯示、列印。 [丙級軟體應用]

(A)3. 班長將本班同學的段考成績，統計整理成一張可看出全班名次的成績統計表，請問這個過程稱為？
 (A)資料處理 (B)資料輸入 (C)資訊輸出 (D)成績統計。

(C)28. 有一種振興券的領取方式，是透過便利商店的處理機臺，以輸入身份證字號等個人資料，然後列印領取單至超商櫃臺領取振興券。這個處理機臺的運作方式，若以常見資料處理型態來分類，下列哪一個選項最為適切？ (A)分散式處理 (B)批次處理＋分散式處理 (C)交談式處理＋即時處理 (D)批次處理。 [110商管]

二、資料處理的型態 110 111

1. **批次處理**（batch processing）：先將要處理的資料加以彙集，再由電腦一次處理。

2. **即時處理**（real-time processing）：將資料輸入電腦後，電腦會在極短時間內立即處理並回應結果。

   > **解題密技** 在統測中若考到即時與連線處理的概念，應特別注意即時處理一定是連線（線上）處理，但連線處理不一定是即時處理。
   >
   > 例如在線上遊戲中向線上客服（俗稱GM）發出請求，通常需要以排隊的方式等候GM處理問題，這種方式就不屬於即時處理。

3. **交談式處理**（interactive processing）：在資料處理的過程中，由使用者以互動的方式和電腦溝通。

4. 資料處理的型態若依處理資料的地區來分類，可分為：

   a. **集中式處理**（centralized processing）：資料統一由某部電腦負責處理。如教學網站提供的線上測驗。

   b. **分散式處理**（distributed processing）：以各單位的電腦分別處理該單位的資料，處理後的資料通常會傳回總部的主機統整。如跨館圖書借閱系統、雲端運算、網格運算等。

5. 下表是針對不同的業務需求所採用的資料處理型態。

生活實例	批次處理	即時處理	交談式處理	分散式處理
薪資計算作業	✓			
統測閱卷	✓			
水電費計算	✓			
申請成為會員			✓	
ATM提款		✓	✓	✓
網路訂票		✓	✓	
飛航管制		✓		
即測即評考試		✓	✓	
安全監控（火災警示）		✓		
跨館圖書借閱系統		✓	✓	✓

→ 也是連線（線上）處理

> **五秒自測** 統測閱卷、帳單結算、館藏查詢、網路報稅、網路訂票等生活實例，哪些採用批次處理、哪些採用即時處理？
> 批次處理：統測閱卷、帳單結算。
> 即時處理：館藏查詢、網路報稅、網路訂票。

得分區塊練

(C)1. 下列電子資料的處理類型中，何者最適合以即時處理的方式來作業？
　　(A)薪資計算作業
　　(B)水電費計算作業
　　(C)核能安全監控
　　(D)四技二專統一入學測驗閱卷。

(A)2. 公司行號每個月結算一次進貨及銷貨的金額，請問此作業方式屬於下列哪一種資料處理？　(A)批次處理　(B)即時處理　(C)分時處理　(D)分散處理。

(A)3. 下列哪一項最常以交談式即時方式處理？
　　(A)圖書館藏書查詢
　　(B)每月水電費單據列印
　　(C)公司員工薪資計算
　　(D)入學測驗閱卷。

3. 每月水電費單據列印、公司員工薪資計算、入學測驗閱卷都是採用批次處理。

(A)4. ATM提款機能夠快速處理每位顧客的使用需求，是屬於下列何種系統？
　　(A)即時處理系統　　　　　　(B)批次處理系統
　　(C)離線處理系統　　　　　　(D)多人單工處理系統。

(B)5. 下列何種系統是採用批次處理？
　　(A)雷達偵測系統
　　(B)聯招考試的電腦閱卷系統
　　(C)安全監控系統
　　(D)圖書館書籍查詢系統。

5. 雷達偵測系統、安全監控系統、圖書館書籍查詢系統都是採用即時處理。

(C)6. 下列哪一種資料處理工作是屬於批次處理？
　　(A)網路報稅　(B)線上購物　(C)電費帳單處理　(D)網路訂票。

(C)7. 網路上接受成績查詢的系統，較不常採用下列哪一種處理方式？
　　(A)分時處理（Time-Sharing Processing）
　　(B)即時處理（Real-Time Processing）
　　(C)批次處理（Batch Processing）
　　(D)連線處理（On-Line Processing）。

(B)8. 著名的荷蘭花卉交易市場採用拍賣制度，其交易資訊系統能在每筆交易成功之一秒鐘內通知買賣雙方；請問此交易系統最可能採取下列哪一種作業方式處理交易資料？　(A)離線處理　(B)即時處理　(C)高速處理　(D)批次處理。

(C)9. 電信公司每個月的月底要列印帳單，最適合採用下列哪一種資料處理型態來處理？
　　(A)即時處理　(B)分散式處理　(C)批次處理　(D)交談式處理。　　　　[技藝競賽]

(A)10. 英雄聯盟、新楓之谷等線上遊戲的伺服器，適合使用下列哪一種資料處理型態來處理遊戲玩家，練功打怪所獲得的經驗值？
　　(A)即時處理　(B)交談式處理　(C)批次處理　(D)分散處理。

1-2 數位科技的演進

一、電腦早期的演進

時間	研發人員	代表性產品
1823	巴貝奇（電腦之父）	差分機（具有四則運算的功能）、分析機
1937	阿坦那索夫	第1部電子式電腦的雛型-ABC
1946	毛琪雷	第1部通用型電腦 -ENIAC
1949	馮紐曼（提出內儲程式概念）	第1部內儲程式電腦 -EDSAC
1951	毛琪雷與艾克特	第1部商用電腦 -UNIVAC Ⅰ

二、電腦世代的發展（以電子元件做區隔）

世代	主要元件	代表電腦	體積	速度	耗電量	價格
第一代（1946～1959）	真空管	ABC電腦、ENIAC	大	慢	高	高
第二代（1959～1964）	電晶體	TRADIC	↓	↓	↓	↓
第三代（1964～1971）	積體電路（IC）	IBM System/360	↓	↓	↓	↓
第四代（1971～今日）	超大型積體電路（VLSI）	MITS Altair 8800	小	快	低	低

全球首部個人電腦，由羅伯茲（Henry Edward Roberts）研發

> **五秒自測** 第一代、第二代、第三代、第四代電腦使用的主要元件為何？
> 第一代：真空管、
> 第二代：電晶體、
> 第三代：積體電路（IC）、
> 第四代：超大型積體電路（VLSI）。

1. IC（Integrated Circuit）：積體電路，由許多電晶體、電容器等電子元件所組成的一種電路。

2. VLSI（Very Large Scale Integration）：是一種超高密度的積體電路。

3. Intel公司率先於1974年將電腦的運算單元及控制單元整合設計在一片VLSI上，此晶片稱為微處理器（microprocessor），也就是一般所稱的CPU。

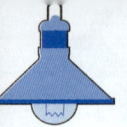

數位科技概論　滿分總複習

有背無患

- 矽光子（Silicon Photonics, SiPh）：是一種**積體光路**，積體光路晶片內是使用能夠導光的線路「光波導」，作為引導可見光光波的傳輸介質，將「電訊號」轉成「光訊號」來運作，大幅提高資料處理與傳輸的速度，引領我們邁向積體光路世代。

得分區塊練

(C)1. 誰發明了差分機，可執行簡單的四則運算，因此被尊稱為「電腦之父」？
(A)諾貝爾　(B)牛頓　(C)巴貝奇　(D)馮紐曼。

(A)2. 下列哪一位科學家提出了「內儲程式」的概念？
(A)馮紐曼　(B)愛因斯坦　(C)愛迪生　(D)牛頓。

2. 馮紐曼提出內儲程式的觀念，建議將程式和資料同時儲存在電腦的記憶體中，可加速電腦執行的速度。

(D)3. 下列何者是目前電腦硬體發展的主要技術？
(A)真空管　(B)電晶體　(C)微處理器　(D)超大型積體電路。

(B)4. 我們將電腦分成第一代、第二代、第三代、第四代等等，請問劃分的依據為何？
(A)用途　(B)使用之電子元件　(C)功能與速度　(D)發展的年代。

(D)5. 世界第一部通用型電子計算機（ENIAC）所採用的基本元件為何？
(A)超大型積體電路　(B)積體電路　(C)電晶體　(D)真空管。

(C)6. 下列何者為第二代電腦使用的元件？
(A)超大型積體電路　(B)積體電路　(C)電晶體　(D)真空管。

(C)7. 下列敘述何者正確？
(A)第一代電腦是使用電晶體
(B)第二代電腦是使用超大型積體電路
(C)第三代電腦是使用積體電路
(D)第四代電腦是使用真空管。

7. 第一代是真空管、第二代是電晶體、第四代是超大型積體電路。

> 📌 統測這樣考
> (B)2. 下列何者與電腦程式擊敗頂尖職業圍棋高手所運用的資訊技術最相關？
> (A)物聯網　(B)人工智慧
> (C)人機介面　(D)電腦輔助教學。　[107工管]

三、第五代電腦

1. 具有**人工智慧**（Artificial Intelligence, AI）的電腦常被稱為「第五代電腦」。目前有許多以第五代電腦為目標開發的電腦及軟體，例如：

   a. **深藍**（Deep Blue）超級電腦曾擊敗西洋棋的世界冠軍。

   b. **華生**（Watson）人工智慧系統在美國益智節目「危險境界」中，擊敗該節目的兩位冠軍得主。

   c. **AlphaGo**人工智慧圍棋程式曾擊敗圍棋世界棋王。

2. **人工智慧**主要在研究如何讓電腦模仿人類的思考模式，使電腦具有學習、記憶、推理及處理問題的能力。

3. 人工智慧常見的應用有：機器人、語音辨識、專家系統、自然語言處理等。

   ◎五秒自測　人工智慧的英文縮寫為？　AI。

4. **專家系統**（expert system）：透過儲存某些事實與規則，並利用這些規則來推理、判斷以解決問題的系統。專家系統中通常會包括知識庫、推論引擎及使用者介面。

   a. 知識庫：儲存某些演繹規則與相關事實（經驗）的資料庫。

   b. 推論引擎：利用知識庫中儲存的內容來推導解決問題的可能方法。

   c. 使用者介面：使用者與專家系統之間的溝通介面。

5. **自然語言處理**：透過分析與處理人類語言（如英文、中文等），讓人類可使用自然語言指揮電腦工作。

> 📌 統測這樣考
> (B)2. 由於電腦運算速度的大幅提升，人工智慧（AI, Artificial Intelligence）應用愈來愈多，下列何者描述與人工智慧的應用最不相關？
> (A)利用大量的車輛照片讓電腦學習後，自動找出車牌位置及辨識出車牌號碼
> (B)利用高速網路連接無線網路與有線網路
> (C)參考許多棋譜，開發出電腦圍棋高手程式
> (D)藉由許多感測器的資訊計算後，讓汽車能安全自主駕駛成為自動駕駛汽車（Autonomous cars or Self-driving cars）。　[109工管]

有背無患

1. Alexa智慧語音助理：由亞馬遜公司開發，可以聽從人類的語音指令來提供服務。由於Alexa技術開放給第三方開發者使用，因此目前已有許多汽車、家電內建Alexa智慧語音助理。

2. 語意網（semantic web）：目標是要使電腦能夠理解資料的涵意，實現語意網概念的方法很多，目前常見的是為資料加入標籤，讓電腦能藉由標籤來辨別資料涵意。

四、電腦的種類

種類	說明	常見的應用
超級電腦（supercomputer）	具有超高速的運算能力，價格昂貴，體積相當龐大	天氣預測、太空科學研究、計算太空梭飛行軌道
大型電腦（mainframe computer）	具有快速處理大量資料的能力	航空公司的訂位系統、水電公司的收據印製
迷你電腦（minicomputer）	功能比大型電腦低，價格較便宜	中小企業、學校機構的作業處理
工作站（workstation）	功能著重在數學及圖形運算，適合用來架設網站	電腦輔助繪圖、多媒體動畫製作、生物醫學統計
個人電腦（personal computer）	即微電腦（microcomputer）。體積小、價格低廉、使用容易	家庭、學校及公司的日常作業處理
嵌入式電腦（embedded computer）	內建在特定的產品中，具有特定功能	機器人、資訊家電、電視遊樂器、智慧手環

1. 桌上型電腦、筆記型電腦（NoteBook, NB）或稱膝上型電腦（Laptop）、超輕薄筆電（Ultrabook）、輕省筆電（Netbook）、All-in-One PC、平板電腦（Tablet PC）等皆屬於個人電腦。

2. Mac（麥金塔）：蘋果公司所推出的個人電腦，早期只能安裝macOS，現今Mac電腦也可安裝Windows作業系統。

3. All-in-One PC：是觸控式螢幕與電腦主機二合一，超省空間。

4. 資訊家電（Information Appliance, IA）：通常具有上網的功能，可讓使用者透過網路遙控它運作，如智慧電視（smart TV）、智慧冰箱、智慧冷氣、掃地機器人、智慧吸塵器。

統測這樣考

(C)2. 資訊時代中的許多工作能透過各式電腦來進行操控，下列何者與嵌入式電腦（Embedded Computer）的應用最不相關？
(A)行動電話晶片
(B)智慧型冰箱
(C)氣象預測與分析的電腦
(D)汽車的ABS煞車系統。　　　　　　　　　　　[108工管]

第1章 數位科技的概念

得分區塊練

(D)1. 下列有關專家系統（Expert System）的敘述，何者不正確？
(A)屬於人工智慧的應用領域
(B)侷限於解決特定領域的問題
(C)通常包括使用者介面、推論引擎與知識庫
(D)知識庫通常儲存VRML格式檔案。

1. 知識庫是用來儲存演繹規則與相關事實（經驗）；VRML（虛擬實境模型語言）是建構虛擬實境系統所使用的語言。

(A)2. 讓電腦能模擬人類的思考行為，這是屬於下列哪一項？
(A)人工智慧 (B)影像處理 (C)語音辨識 (D)電腦駭客。 [技藝競賽]

(A)3. 「AlphaGo」是可模擬人類思維的圍棋程式，它在圍棋比賽中戰勝圍棋九段的世界棋王，「功力」令人驚訝。請問AlphaGo可能應用哪一項技術？
(A)AI (B)NFC (C)VR (D)GPS。

(A)4. 下列何者為經常使用在翻譯機、電子錶、行動電話上的特殊用途電腦？
(A)嵌入式電腦（embedded computer）
(B)迷你電腦（minicomputer）
(C)微電腦（microcomputer）
(D)高階電腦（high-end computer）。

(A)5. 下列哪一種電腦適用於銀行、大型企業、政府機關的業務處理？
(A)大型電腦 (B)超級電腦 (C)個人電腦 (D)工作站 [技藝競賽]

(A)6. 為了精確計算出太空梭的飛行軌道，美國太空總署最可能使用下列哪一種電腦，來進行此種需要高速運算的工作？
(A)超級電腦 (B)個人電腦 (C)筆記型電腦 (D)嵌入式電腦。

(B)7. All-in-One PC是一種結合觸控式螢幕與主機的電腦，除可節省空間之外，還能讓使用者直接以觸控的方式來操作電腦，請問這種電腦屬於下列何種類型的電腦？
(A)超級電腦 (B)個人電腦 (C)迷你電腦 (D)大型電腦。

(D)8. 我們所使用的網路電話、智慧冰箱等結合電腦與網路技術的家電產品，稱為：
(A)混合電腦 (B)聰明家電 (C)特殊用途電腦 (D)資訊家電。

1-3　資料的儲存單位與常用的時間單位

一、儲存單位　105

單位	說明
位元（bit）	電腦的最小記憶單位，只能儲存0或1兩種訊號
位元組（byte）	1. 電腦中可被定址的最小單位 2. 一個英文字母或數字通常是以一個位元組來表示

1. 單位換算：

   - 1 byte = 8 bits
   - 1 **K**ilo**B**yte（KB） = 1,024 bytes = 2^{10} bytes（≒ 10^3 bytes）
   - 1 **M**ega**B**yte（MB） = 1,024 KB = 2^{20} bytes（≒ 10^6 bytes）
   - 1 **G**iga**B**yte（GB） = 1,024 MB = 2^{30} bytes（≒ 10^9 bytes）
   - 1 **T**era**B**yte（TB） = 1,024 GB = 2^{40} bytes（≒ 10^{12} bytes）
   - 1 **P**eta**B**yte（PB） = 1,024 TB = 2^{50} bytes（≒ 10^{15} bytes）
   - 1 **E**xa**B**yte（EB） = 1,024 PB = 2^{60} bytes（≒ 10^{18} bytes）
   - 1 **Z**etta**B**yte（ZB） = 1,024 EB = 2^{70} bytes（≒ 10^{21} bytes）

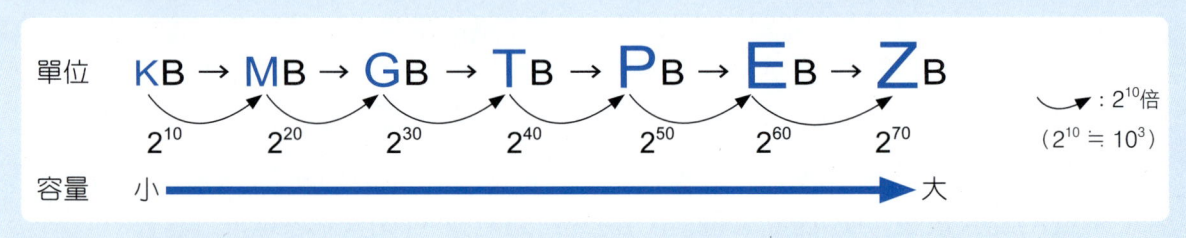

口訣記憶法

國　民　雞　腿　飯 1份　好吃
K　**M**　**G**　**T**　**P**　**E**　**Z**

→意：國民雞腿「飯」（台語）一份好吃

五秒自測 1byte等於多少位元？KB、MB、GB、TB等電腦儲存單位各是2的幾次方？
8 bits、
KB：2^{10} bytes、
MB：2^{20} bytes、
GB：2^{30} bytes、
TB：2^{40} bytes。

第1章 數位科技的概念

穩操勝算

一顆容量大小為100GB的硬碟,相當於多少KB的容量?

答 104,857,600KB

解 100GB = 100 × 1,024 × 1,024
= 104,857,600KB

+1題

一張大小為10KB的圖檔,相當於多少bit?

答 81,920bits

解 10KB = 10 × 1,024 × 8
= 81,920bits

穩操勝算

一個容量大小為10GB的隨身碟,最多可儲存多少張5MB的照片?
(A)512　(B)720　(C)1,024　(D)2,048

答 (D)2,048

解 $\dfrac{10GB}{5MB} = \dfrac{10 \times 1,024MB}{5MB} = 2,048$

解題密技 當統測試題的選項間之數值差異較大,為了方便計算,可使用1,000來代替1,024,如

$\dfrac{10GB}{5MB} = \dfrac{10 \times 1,000MB}{5MB} = 2,000$

+1題

假設每部影片的容量大小為1,000MB,則下列何者可儲存最多部影片?
(A)650MB的CD光碟　(B)4GB記憶卡
(C)4.7GB的DVD光碟　(D)1TB的硬碟

答 (D)1TB的硬碟

解 650MB < 4GB < 4.7GB < 1TB,故1TB的硬碟可以儲存最多影片

得分區塊練

(C)1. 下列關於KB(Kilo Byte)、MB(Mega Byte)、GB(Giga Byte)何者錯誤?
(A)1KB < 1GB　　　　　　　(B)1MB = 1024KB
(C)1GB = 1024KB　　　　　　(D)1KB = 1024B(Byte)。

(A)2. 下列有關記憶體儲存容量的單位換算,何者不正確?　(A)1Byte = 1024Bits
(B)1KB = 1024Bytes　(C)1MB = 1024KB　(D)1GB = 1024MB。2. 1byte = 8bits。

(B)3. 1GigaByte等於多少個位元組?
(A)2^{40}bytes　(B)2^{30}bytes　(C)2^{20}bytes　(D)2^{10}bytes。　　　　　　　[技藝競賽]

(C)4. 某廠牌四種硬碟之容量與售價之關係(容量:售價)分別為160G:2500元,200G:3000元,300G:3500元,400G:6000元。以單位儲存量之購買成本而言,何種硬碟最經濟(便宜)?　(A)160G　(B)200G　(C)300G　(D)400G。

4. $\dfrac{2,500}{160} ≒ 16$、$\dfrac{3,000}{200} = 15$、$\dfrac{3,500}{300} ≒ 12$、$\dfrac{6,000}{400} = 15$　　∴300G:3,500元最經濟(便宜)。

二、時間單位

單位	代表數值（秒）	時間長度
毫秒（ms, millisecond）	10^{-3}	千分之一秒
微秒（μs, microsecond）	10^{-6}	百萬分之一秒
奈秒（ns, nanosecond）	10^{-9}	十億分之一秒
披秒（ps, picosecond）	10^{-12}	一兆分之一秒

口訣記憶法

好　餵　奶　瓶　→意：好餵食的奶瓶
毫　微　奈　披

穩操勝算

假設CPU每秒執行1,000,000個指令，則執行一個指令需費時多久？

答　1微秒

解　$\dfrac{1}{1,000,000} = 10^{-6}$（即1微秒）

+1題

100 ps（披秒）等於多少μs（微秒）？

答　0.0001微秒

解　$\dfrac{100 \times 10^{-12}}{10^{-6}} = \dfrac{10^{-10}}{10^{-6}} = 0.0001$微秒

有背無患

- 奈米科技（nanotechnology）：探討物質在1～100奈米大小下所產生的特性與現象，應用領域相當廣泛，如醫療、生物科技、電子、化工、能源等。
- 奈米是度量的單位，1奈米是十億分之一（10^{-9}）米。

得分區塊練

(D)1. 下列何者相當於1秒的十億分之一？
(A)毫秒　(B)微秒　(C)微微秒　(D)奈秒。

(B)2. 電腦常用的時間單位有：毫秒、微秒及奈秒，請問1奈秒等於多少秒？
(A)10^{-12}　(B)10^{-9}　(C)10^{-6}　(D)10^{-3}。

第 1 章 數位科技的概念

滿分晉級

★新課綱命題趨勢★
情境素養題

▲閱讀下文，回答第1至2題：

在資訊科技發達的時代，已有許多工作能透過各式電腦來進行操控，也有許多廠商在開發高級房車時，為了提供更安全的操控性能及便利性，都裝有電子操控系統，並且提供可讓使用者直接以口語指揮汽車行駛的功能。

(D)1. 根據上述情境中，提及許多高級房車都裝有電子操控系統，以降低在路況不佳時，發生打滑失控的風險。請問這類高級房車最可能內建有下列哪一種電腦？
(A)超級電腦　(B)工作站　(C)個人電腦　(D)嵌入式電腦。　　　　　　　[1-2]

(B)2. 佳麟所駕駛的房車具有上述情境中所提到的語音操控功能，請問這類可讓使用者直接以口語指揮房車行駛，最可能是該廠商於車內應用了下列哪一項技術，讓房車具有可分析與處理人類語言的功能？
(A)NFC　(B)人工智慧　(C)奈米科技　(D)RFID。　　　　　　　　　　　[1-2]

(B)3. 某家知名的連鎖藥妝店，在廣告中宣稱其所販售商品的價格最低。若你是該家公司的商品查價員，就必須收集其他藥妝店的廣告單，以了解市場行情；這些收集來，但尚未經處理的廣告單，在資料處理的領域中，泛稱為：
(A)資訊　(B)資料　(C)文獻　(D)報表。　　　　　　　　　　　　　　　[1-1]

精選試題

1-1 (D)1. 下列有關於即時處理系統（Real-time Processing System）的敘述，何者不正確？
(A)必須在一定的時間內回傳結果
(B)交通管制系統適合使用即時處理系統
(C)即時處理系統適合為連線（on-line）的系統
(D)通常使用分時多工來加快速度。

(C)2. 信用卡公司每個月的月底要列印信用卡帳單，最適合採用下列哪一種資料處理型態來處理？
(A)即時處理　(B)分散式處理　(C)批次處理　(D)交談式處理。

(C)3. 在台鐵公司網路訂票系統中，下列何者為不適用的資料處理方式？
(A)交談式處理　(B)即時處理　(C)批次處理　(D)分散式處理。

(C)4. 將相同類型資料合併整理後，再一併處理的資料處理型態為：
(A)分散式處理　(B)即時處理　(C)批次處理　(D)交談式處理。

(A)5. 四技二專統一入學測驗的電腦閱卷作業是屬於：
(A)批次處理　(B)交談式處理　(C)即時處理　(D)分時處理。

(D)6. 下列何者不需要即時系統來處理？
(A)飛機訂票系統　　　　　　　　　(B)股市交易
(C)ATM自動提款機系統　　　　　　(D)銀行利息計算。

A1-13

數位科技概論 滿分總複習

(C)7. 資料輸入時,有所謂GIGO的說法,其意義為
(A)好的資料進去,會產生壞的資料出來
(B)壞的資料進去,會產生好的資料出來
(C)強調輸入正確資料的重要性
(D)強調通訊軟體的傳輸效果。

(B)8. 電子計算機可定義為「處理資料的機器」,輸入未經處理之原始資料,經處理後得到有用的結果稱為: (A)成品 (B)資訊 (C)總成績 (D)報表。

(D)9. 電子資料處理的過程不包含下列哪一種活動?
(A)輸出 (B)輸入 (C)處理 (D)檢討。

(D)10. 下列有關資料與資訊的敘述,何者錯誤?
(A)資料是對事實客觀的描述
(B)學生成績經過統計、排序等處理所產生的成績單,對教師而言,即是一種資訊
(C)資訊是資料經過有系統的處理之後,所產生出來可做為決策參考的訊息
(D)只有文字的敘述,才能稱為資料。

(B)11. 在電子資料處理中,下列何者為交談式處理作業方式?
(A)電話費計算 (B)ATM提款 (C)自來水費計算 (D)學生成績計算。

1-2 (A)12. 我們使用手機透過網路來遙控家中的冷氣機,這是屬於下列哪一種電腦應用?
(A)資訊家電 (B)全球定位系統 (C)辦公室自動化 (D)電腦輔助製造。

(A)13. 下列何者為第一代電腦的製造元件?
(A)真空管 (B)電晶體 (C)積體電路 (D)超大型積體電路。

(C)14. 下列敘述何者正確?
(A)桌上型電腦是一種微電腦,而筆記型電腦(Notebook Computer)則是一種嵌入式電腦
(B)智慧型手機是超級電腦的一種
(C)電晶體、電容、電阻都是積體電路的電子元件
(D)使用電腦來控制生產線上的機器以便快速製造產品,減少空間的浪費,稱之為「電腦輔助設計」。

(D)15. 下列何種類型的電腦效能最佳?　　15.依處理速度排列:
(A)個人電腦 (B)工作站 (C)中大型電腦 (D)超級電腦。　　超級電腦＞中大型電腦＞工作站＞個人電腦。
[丙級軟體應用]

(C)16. 資訊家電(Information Appliance),例如:數位冰箱或數位冷氣機,通常利用下列何種電腦,來執行特定的監控或運算功能?
(A)迷你電腦 (B)掌上型電腦 (C)嵌入式電腦 (D)個人電腦。

(C)17. 人工智慧(AI)是哪一代電腦的特色?
(A)第三代 (B)第四代 (C)第五代 (D)第六代。

(B)18. 下列電子元件:　　18.電腦發展的演進過程:
①電晶體 ②超大型積體電路 ③積體電路 ④真空管　　真空管→電晶體→積體電路
若依據電腦發展的演進過程排列,其正確的排序為:　　→超大型積體電路。
(A)④③①② (B)④①③② (C)①②③④ (D)②③④①。

(B)19. 積體電路的英文簡稱是　　19.CPU:中央處理單元;CAI:電腦輔助教學;
(A)CPU (B)IC (C)CAI (D)MIS。　　MIS:管理資訊系統。

A1-14

(A)20. 將電路的所有元件,如電晶體、電阻,二極體等濃縮在一個矽晶片上之電腦元件稱為: (A)積體電路 (B)電晶體 (C)真空管 (D)中央處理單元。

(A)21. 下列何者涉及研究電腦如何了解人類語言?
(A)自然語言處理(natural language processing)
(B)知識庫(knowledge base)
(C)推論引擎(inference engine)
(D)人機介面(user interface)。

(B)22. 第二代電腦使用的元件為何?
(A)真空管 (B)電晶體 (C)積體電路 (D)超大型積體電路。

(D)23. VLSI為下列哪一個電子元件的簡稱?
(A)真空管 (B)電晶體 (C)積體電路 (D)超大型積體電路。

(D)24. 電腦記憶體中可定位址之最小單位為?
(A)Bit (B)Block (C)Word (D)Byte。

(C)25. 電腦儲存單位中的1MB(Mega Bytes)等於多少個位元組(Bytes)?
(A)1,000,000Bytes (B)1,024,000Bytes
(C)1,048,576Bytes (D)10,000,000Bytes。

(C)26. 記憶體容量2GB可以轉換成下列何種表示方式?
(A)2000MB (B)2000KB (C)2048MB (D)2048KB。

(B)27. 電腦的硬碟空間有40GB,其容量為:
(A)40×2^{20} bytes (B)40×2^{30} bytes (C)40×2^{20} bits (D)40×2^{30} bits。

(C)28. 電腦處理資料的單位中,奈秒(Nanosecond)指的是下列哪個值?
(A)10^{-3}秒 (B)10^{-6}秒 (C)10^{-9}秒 (D)10^{-12}秒。

(D)29. 電腦儲存設備基本上都以位元組(Bytes)做為資料存取的單位,下列敘述何者錯誤?
(A)1 Kilo Bytes(KB)= 1024Bytes
(B)1 Mega Bytes(MB)= 1024KB
(C)1 Giga Bytes(GB)= 1024MB
(D)1 Tera Bytes(TB)= 2^{30} Bytes。

29.1 TB = 2^{40} bytes。

(B)30. 下列何者最接近一兆位元組?
(A)Megabyte (B)Terabyte (C)Gigabyte (D)Nanobyte。

(B)31. 10奈秒(nanosecond)相當於多少毫秒(millisecond)?
(A)10^5 (B)10^{-5} (C)10^8 (D)10^{-8}。 31.10ns = 10×10^{-9} = 10^{-8} = $10^{-5} \times 10^{-3}$ = 10^{-5}毫秒。

(C)32. 下列數值中,何者與其它三者不同?
(A)1000ns (B)1μs (C)10ms (D)0.001ms。

32.1000ns = 1μs = 0.001ms = 10^{-6}秒;
10ms = 10×10^{-3}秒 = 10^{-2}秒。

(D)33. 假設某一部個人電腦之記憶體容量為4096MB,則該記憶體容量等於
(A)512,000KB (B)1TB (C)524,288KB (D)4GB。

(B)34. 下列儲存媒體,何者能夠儲存最多檔案?
(A)8GB隨身碟 (B)1TB硬碟
(C)680MB記憶卡 (D)4GB雲端硬碟。

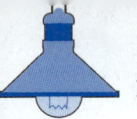

數位科技概論　滿分總複習

35. 檔案占用的儲存空間：(4.5 × 1,024MB) + 80MB + 100MB = 4,788MB
1片4.7GB的DVD光碟片容量為1 × 4.7GB ≒ 4,813MB
7片650MB的CD光碟片容量為7 × 650MB = 4,550MB
3個2G隨身碟的容量為3 × 2GB = 6GB = 6,144MB
∴7片650MB的CD光碟片容量無法儲存所有的資料。

(B)35. 下列何者無法將右表中的資料全部儲存起來？
(A)1片4.7GB的DVD光碟片
(B)7片650MB的CD光碟片
(C)3個2GB隨身碟
(D)1個8GB記憶卡。

資料	資料容量
a. 影片、照片檔案	4.5GB
b. 報告、作業檔案	80 MB
c. LINE檔案	100 MB

(C)36. 請將下列儲存單位由大至小排列：(甲)TB、(乙)EB、(丙)bit、(丁)KB
(A)丁丙乙甲　(B)甲乙丁丙　(C)乙甲丁丙　(D)乙甲丙丁。

(C)37. 假設CPU每秒可執行5,000,000個指令，則執行一個指令需費時多少時間？
(A)2μs　(B)5ns　(C)0.2μs　(D)0.5ns。

37. $\dfrac{1}{5{,}000{,}000} = 0.0000002 = 0.2 \times 10^{-6}$秒 = 0.2μs。

(D)38. 下列有關電腦的儲存單位與時間單位的換算，何者正確？
(A)1PB = 1,024MB
(B)1bit = 8bytes
(C)1ms = 10^{-6}秒
(D)1ps = 10^{-12}秒。

38. 1PB = 1,024TB；1byte = 8bits；1ms = 10^{-3}秒。

(B)39. 一部影片大小為3,258,000 Bytes，請問該部影片大小約為多少MB？
(A)0.3MB　(B)3.1MB　(C)397.7MB　(D)3181MB。

39. $\dfrac{3{,}258{,}000 \text{ Bytes}}{1{,}024} = \dfrac{3{,}181.6\text{KB}}{1{,}024} ≒ 3.1\text{MB}$。

(C)40. 若記憶體的容量為32MB，其意指
(A)2^25 BITS　(B)2^20 BITS　(C)2^25 BYTES　(D)2^20 BYTES。

(A)41. 電腦資料最小儲存單位僅能儲存二進位值0或1，此儲存單位稱為
(A)位元（Bit）　(B)位元組（Byte）　(C)字組（Word）　(D)字串。

(B)42. 下列儲存容量的數值中，何者與其它不同？
(A)0.5TB　(B)512PB　(C)512GB　(D)(512 × 1,024 × 1,024)KB。

42. 512PB = (512 × 1,024)TB。

(B)43. 下列哪一種儲存設備的容量最大？
(A)64GB的iPhone
(B)2TB的硬碟
(C)內建2,048MB的電子書閱讀器
(D)2GB的記憶卡。

43. 4種儲存設備的容量由大至小分別為：2TB > 32GB > 2GB = 2,048MB。

(A)44. iPhone內建有32GB的儲存容量，曉芳利用它來儲存300首MP3音樂、8部影片，假設每首MP3音樂平均佔用6MB的空間大小、每部影片平均佔用2.5GB的儲存容量，請問該台iPhone約剩餘多少儲存空間？
(A)10GB　(B)11GB　(C)12MB　(D)13MB。

44. $32\text{GB} - \dfrac{300 \times 6\text{MB}}{1{,}024} - (8 \times 2.5\text{GB}) ≒ 10.24\text{GB}$。

(B)45. 時間單位1ns（奈秒）相當於多少μs（微秒）？
(A)10^{-6}　(B)10^{-3}　(C)10^{3}　(D)10^{6}。

(B)46. 下列時間單位中，哪一種所代表的時間長短最短？
(A)毫秒（ms）　(B)披秒（ps）　(C)奈秒（ns）　(D)微秒（μs）。　[技藝競賽]

第1章 數位科技的概念

統測試題

(C)1. 電腦常用的時間單位有：微秒（μs）、披秒（ps）、毫秒（ms）及奈秒（ns），請問下列哪一項數值所代表的時間長度最長？　　1. 1024μs > 1ms > 500ns > 100000ps。
(A)1ms　(B)500ns　(C)1024μs　(D)100000ps。　　　　　　　　　　[102工管類]

(A)2. 電腦內的數位晶片運作主要是靠時脈（Clock）來達成同步，請問下列時脈週期（Clock Period）的時間單位何者最小？
(A)picosecond（ps）　　　　　　　　(B)millisecond（ms）
(C)nanosecond（ns）　　　　　　　　(D)microsecond（μs）。　　[103資電類]

(D)3. 在時間單位中，下列哪一種表示法和10μs的百萬分之一的意義相同？
(A)10ts　(B)0.1ms　(C)1000ns　(D)10ps。　　　　　　　　　　　[104商管群]

(C)4. 電腦記憶體容量大小的單位通常用KB、TB、GB或MB表示，這四種單位，由大到小的排列為何？
(A)KB > TB > GB > MB　　　　　　(B)GB > TB > MB > KB
(C)TB > GB > MB > KB　　　　　　(D)MB > KB > TB > GB。　　[104工管類]

(D)5. 要能表示A～Z及a～z的英文字母，最少需要幾個位元（bit）？
(A)3　(B)4　(C)5　(D)6。　　5. A～Z及a～z的英文字母共26 + 26 = 52個，　[105商管群]
　　　　　　　　　　　　　　　所以最少需要$2^5 < 52 < 2^6 = 6$個bits。

(C)6. 下列關於資料處理型態的敘述，何者正確？
(A)交談式處理是指必須用麥克風和電腦進行溝通的資料處理型態
(B)分散式處理是指將整理好的資料全部打散
(C)統測考試的電腦閱卷作業可用批次的資料處理型態
(D)銀行ATM提款是屬於批次的資料處理型態。　　　　　　　　　　[106工管類]

(B)7. 下列何者與電腦程式擊敗頂尖職業圍棋高手所運用的資訊技術最相關？
(A)物聯網　　　　　　　　　　　　(B)人工智慧
(C)人機介面　　　　　　　　　　　(D)電腦輔助教學。　　　　　　[107工管類]

(C)8. 儲存單位TB（Terabyte）約等於幾倍的KB（Kilobyte）？
(A)2^{10}　(B)2^{20}　(C)2^{30}　(D)2^{40}。　　　　　　　　　　　　　　　　[107工管類]

(C)9. 資訊時代中的許多工作能透過各式電腦來進行操控，下列何者與嵌入式電腦（Embedded Computer）的應用最不相關？
(A)行動電話晶片
(B)智慧型冰箱
(C)氣象預測與分析的電腦
(D)汽車的ABS煞車系統。　　　　　　　　　　　　　　　　　　　[108工管類]

(D)10. 有關電腦容量的計算敘述，下列何者最不正確？
(A)4GB的隨身碟大概可以存800首5MB的歌曲
(B)1TB的硬碟大概可以備份125個8GB的隨身碟內容
(C)1000個半形英文字母的文章存在記事本大概會有1KB的大小
(D)8GB的記憶卡大概可以存1000張800KB的相片。　　　　　　　[108工管類]

10. (A)隨身碟4GB = 4 × 1,024MB = 4,096MB，歌曲800首 × 5MB = 4,000MB，
　　4GB隨身碟可存800首5MB歌曲；
　(B)硬碟1TB = 1,024GB，隨身碟125個 × 8GB = 1,000GB，1TB硬碟可存125個8GB隨身碟；
　(C)1個半形英文為1byte，1,000個半形英文 = 1,000bytes，1KB = 1,024bytes；
　(D)記憶卡8GB = 8 × 1,024MB = 8 × 1,024 × 1,024KB = 8,388,608KB，
　　8,388,608 / 800 = 10,485，8GB的記憶卡可儲存800KB的照片約10,485張。

A1-17

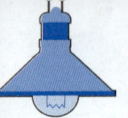

(C)11. 下列有關資料處理方式的敘述，何者正確？
(A)使用網路預訂高鐵車票的作業方式屬於批次處理
(B)公司每月核算員工薪資的作業方式屬於即時處理
(C)到自動櫃員機提款的作業方式屬於即時處理
(D)全國公民投票開票的作業方式屬於交談式處理。 [109工管類]

(B)12. 由於電腦運算速度的大幅提升，人工智慧（AI, Artificial Intelligence）應用愈來愈多，下列何者描述與人工智慧的應用最不相關？
(A)利用大量的車輛照片讓電腦學習後，自動找出車牌位置及辨識出車牌號碼
(B)利用高速網路連接無線網路與有線網路
(C)參考許多棋譜，開發出電腦圍棋高手程式
(D)藉由許多感測器的資訊計算後，讓汽車能安全自主駕駛成為自動駕駛汽車（Autonomous cars or Self - driving cars）。 [109工管類]

(B)13. 有一台數位相機裝有32GB的記憶卡，請問此記憶卡大約可存放多少張5MB大小的數位照片？
(A)約650張　(B)約6,500張　(C)約3,200張　(D)約32,000張。

13. 1GB約1,000MB，故(32 × 1,000) ÷ 5MB = 6,400張，故32GB的記憶卡，大約可存6,500張5MB的數位照片。 [109工管類]

(C)14. 有一種振興券的領取方式，是透過便利商店的處理機臺，以輸入身份證字號等個人資料，然後列印領取單至超商櫃臺領取振興券。這個處理機臺的運作方式，若以常見資料處理型態來分類，下列哪一個選項最為適切？
(A)分散式處理　　　　　　　　(B)批次處理 + 分散式處理
(C)交談式處理 + 即時處理　　　(D)批次處理。 [110商管群]

(A)15. 「稅務系統、水電費計算系統、安全監控系統、薪資核算系統、飛彈攔截系統、大型選舉開票系統」中，屬於即時處理（Real-Time Processing）的有幾種？
(A)2　(B)3　(C)4　(D)5。 15.安全監控系統、飛彈攔截系統皆屬於即時處理（Real-Time Processing）。 [110工管類]

(B)16. 下列哪一項資料處理的操作方式不是即時處理，而且也不是交談式處理？
(A)網路訂票　　　　　　　　　(B)統測閱卷
(C)ATM自動櫃員機　　　　　　(D)圖書館藏查詢。

16.「統測閱卷」的資料處理方式採用批次處理。 [111商管群]

第 2 章 數位化概念

2-1 數字系統

一、常用的數字系統

數字系統	基數	使用符號	範例
二進位制	2	0, 1	$(111010)_2$
四進位制	4	0, 1, 2, 3	$(1230)_4$
八進位制	8	0, 1, 2, 3, 4, 5, 6, 7	$(72)_8$
十進位制	10	0, 1, 2, 3, 4, 5, 6, 7, 8, 9	$(58)_{10}$
十六進位制	16	0, 1, 2, 3, 4, 5, 6, 7, 8, 9, A, B, C, D, E, F	$(3A)_{16}$

1. 二進位制：電腦內部是以二進位的形式來儲存及處理資料。
2. 十進位制：人類慣用的數制。在撰寫十進位制的數值時，通常**省略基數**不寫。
3. 四進位制、八進位制與十六進位制：為方便使用者檢視電腦內部二進位資料。
4. 各數制使用的符號個數與數制本身的**基數**相同；如十進位制使用0～9，共10個符號，其基數為10。

二、各數制的對照表

（↲：進位）

十進位數	二進位數	四進位數	八進位數	十六進位數
0	0000	0	0	0
1	0001	1	1	1
2	0010	2	2	2
3	0011	3	3	3
4	0100	10	4	4
5	0101	11	5	5
6	0110	12	6	6
7	0111	13	7	7
8	1000	20	10	8
9	1001	21	11	9
10	1010	22	12	A
11	1011	23	13	B
12	1100	30	14	C
13	1101	31	15	D
14	1110	32	16	E
15	1111	33	17	F

三、十進位制轉其他進位制

1. 整數與小數須分開轉換（假設轉成n進位制），轉換方式：

   a. 將**整數部分**數值連續**除**以n，直到商為0，再**由下而上**取每次相除所得的**餘數**。

   b. 將**小數部分**數值連續**乘**以n，直到小數部分為0，再**由上而下**取每次相乘所得的**整數**。

簡易記憶法

- 整數：除以n取餘數，由下而上取，直到商為0。
- 小數：乘以n取整數，由上而下取，直到小數為0。

穩操勝算

將13.75轉換成二進位制

答 $(1101.11)_2$

解 整數：

```
2 | 13   ...餘1  ↑
  2 | 6  ...餘0  由
    2 | 3 ...餘1 下而上取餘數
      2 | 1 ...餘1
          0
```

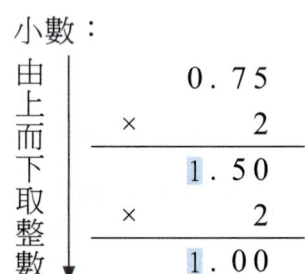

小數：

```
由上而下取整數 ↓
    0.75
  ×    2
  ------
    1.50
  ×    2
  ------
    1.00
```

+1題

將13.75轉換成八進位制

答 $(15.6)_8$

解 整數：

```
8 | 13  ...餘5  ↑ 由下而上取餘數
  8 | 1 ...餘1
      0
```

小數：

```
    0.75
  ×    8
  ------
    6.00
```

得分區塊練

(D)1. 請問十進位數字125.125，轉為二進位數字的結果為何？
(A)1111101.1111101　(B)1111101.110101
(C)1011111.001　(D)1111101.001。

(C)2. 十進位數$(1234)_{10}$以八進位方式表示為$(2322)_8$，$(2468)_{10}$以十六進位方式表示為何？
(A)$(4644)_{16}$　(B)$(AAB)_{16}$　(C)$(9A4)_{16}$　(D)$(AC2)_{16}$。

(B)3. 下列哪一個數字不是二進位數的表示法？
(A)101　(B)1A　(C)1　(D)11001。

3. 二進位數所能使用的符號只有0與1，故1A非二進位數。

統測這樣考

(C)26. 下列哪一個選項的3個數值相等？
(A)1010101_2、127_8、57_{16}　(B)1110001_2、157_8、71_{16}
(C)1101101_2、155_8、$6D_{16}$　(D)1011010_2、132_8、$4A_{16}$。　[114商管]

四、其他進位制轉十進位制 112 113 114

1. 轉換方式：將每個數字，乘以其權值的加總

2. **公式：**

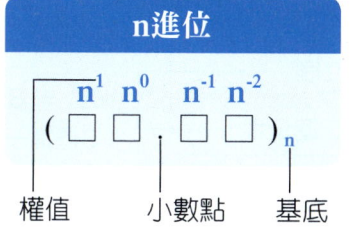

n進位	轉換	10進位
$n^1\ n^0\ n^{-1}\ n^{-2}$ $(\square\ \square\ .\ \square\ \square)_n$ 權值　小數點　基底	→	$\square \times n^1 + \square \times n^0 + \square \times n^{-1} + \square \times n^{-2}$

穩操勝「算」

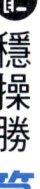

將$(1101.11)_2$轉成十進位制

答 13.75

解 $(1101.11)_2$
$= 1 \times 2^3 + 1 \times 2^2 + 0 \times 2^1 + 1 \times 2^0 + 1 \times 2^{-1} + 1 \times 2^{-2}$
$= 8 + 4 + 0 + 1 + 0.5 + 0.25$
$= 13.75$

統測這樣考

(D)26. 下列何者值為最大？
(A)$7A_{16}$　(B)273_8
(C)1230_4　(D)10111101_2。　[113商管]

+1題

將$(D.C)_{16}$轉成十進位制

公式：n進位 (◎.◇)n → 10進位 ◎ × n^0 + ◇ × n^{-1}

答 13.75

解 $(D.C)_{16}$
$= 13 \times 16^0 + 12 \times 16^{-1}$
$= 13 + 0.75$
$= 13.75$

統測這樣考

(D)26. 已知英文字母I的ASCII值為十六進制49，則ASCII值為十六進制50的英文字母為下列何者？
(A)J　(B)L　(C)N　(D)P。　[112商管]

解：此試題的命題目的不是死背ASCII碼，而是運用進位制轉換來推算；
$50_{16} = 5 \times 16^1 + 0 \times 16^0 = 80 + 0 = 80_{10}$；
$49_{16} = 4 \times 16^1 + 9 \times 16^0 = 64 + 9 = 73_{10}$，
故80 - 73 = 7；
已知英文字母I的ASCII值為49_{16}，往後推算7個英文字母即為英文字母P（50_{16}）。

得分區塊練

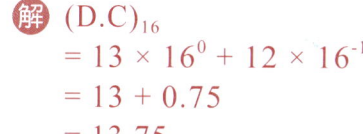

(B)1. 二進位數$(11001.11)_2$轉換成十進位數，其值為何？
(A)29.75　(B)25.75　(C)24.25　(D)20.50。

(A)2. 下列何者正確？
(A)$(1010.101)_2 = (10.625)_{10}$　(B)$(1010.101)_2 = (10.75)_{10}$
(C)$(12D)_{16} = (288)_{10}$　(D)$(127)_8 = (108)_{10}$。

2. $(1010.101)_2 = (10.625)_{10}$；$(12D)_{16} = (301)_{10}$；$(127)_8 = (87)_{10}$。

(D)3. 下列何者為將$(12A)_{16}$化為十進位數值的值？　(A)197　(B)198　(C)297　(D)298。

(A)4. 「八進位數123」等於「十進位數」的
(A)83　(B)38　(C)79　(D)97。　[丙級軟體應用]

4. $(123)_8 = 1 \times 8^2 + 2 \times 8^1 + 3 \times 8^0 = 64 + 16 + 3 = (83)_{10}$。

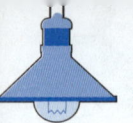

五、二、八、十六進位制互轉

1. **二、八進位制互轉**：

項目	轉換方式
二轉八	將二進位制數值以每3個為一組轉成八進位制
八轉二	將八進位制的每個數字轉成3個為一組的二進位制

$2^3 = 8$，因此以3個為一組

→分組時，若出現位數不足的情形，整數部分**向左補0**，小數部分則**向右補0**。

穩操勝算

將$(11101.11)_2$轉換成八進位制

答 $(11101.11)_2 = (35.6)_8$

解

二進位	011	101	.	110
	421	421		421
八進位	3	5	.	6

（補0）

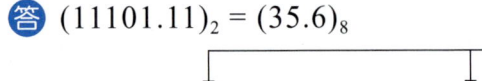

+1題

將$(27.6)_8$轉換成二進位制

答 $(27.6)_8 = (10111.11)_2$

解

八進位	2	7	.	6
	421	421		421
二進位	010	111	.	110

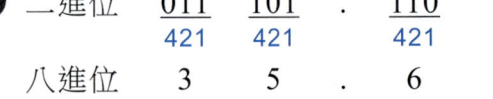

2. **二、十六進位制互轉**：

項目	轉換方式
二轉十六	將二進位制數值以每4個為一組轉成十六進位制
十六轉二	將十六進位制的每個數字轉成4個為一組的二進位制

$2^4 = 16$，因此以4個為一組

穩操勝算

將$(100.101)_2$轉換成十六進位制

答 $(100.101)_2 = (4.A)_{16}$

解

二進位	0100	.	1010
	8421		8421
十六進位	4	.	A

（補0）

+1題

將$(9D.C)_{16}$轉換成二進位制

答 $(9D.C)_{16} = (10011101.11)_2$

解

十六進位	9	D	.	C
	8421	8421		8421
二進位	1001	1101	.	1100

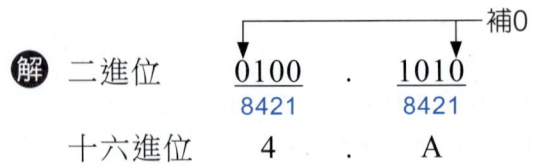

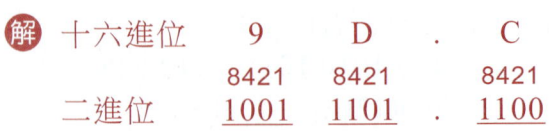

3. **八、十六進位制數值無法直接互轉**。須先將數值轉成二進位制,再轉成八或十六進位制。

穩操勝算

將 $(3416)_8$ 轉換成十六進位制

答 $(3416)_8 = (70E)_{16}$

解 1. 先將 $(3416)_8$ 轉成二進位制

八進位	3	4	1	6
	421	421	421	421
二進位	011	100	001	110

2. 將 $(011100001110)_2$ 轉成十六進位制

二進位	0111	0000	1110
	8421	8421	8421
十六進位	7	0	E

+1 題

將 $(5BD)_{16}$ 轉換成八進位制

答 $(5BD)_{16} = (2675)_8$

解 1. 先將 $(5BD)_{16}$ 轉成二進位制

十六進位	5	B	D
	8421	8421	8421
二進位	0101	1011	1101

2. 將 $(010110111101)_2$ 轉成八進位制

二進位	010	110	111	101
	421	421	421	421
八進位	2	6	7	5

六、二進位制的位元運算

1. **位元運算子**:用來進行二進位位元的運算,以二進位制所表示的數值其各個位元循序處理,通常應用於影像處理(如色彩轉換)、資料加密等二進位資料的處理。

2. 常見的位元運算子有AND、OR、XOR等。

位元運算子	AND(且)	OR(或)	XOR(互斥或)
意義	兩者皆1,結果為1	一者為1,結果為1	兩者不同,結果為1
真值表	A B A AND B 1 1 1 1 0 0 0 1 0 0 0 0	A B A OR B 1 1 1 1 0 1 0 1 1 0 0 0	A B A XOR B 1 1 0 1 0 1 0 1 1 0 0 0
範例	10011001_2 AND 10111111_2 10011001_2	10011001_2 OR 10111111_2 10111111_2	10011001_2 XOR 10111111_2 00100110_2

得分區塊練

(C)1. 試計算二進位值(10010111.11)$_2$，轉換成八進位值的結果為何？
(A)(226.3)$_8$ (B)(226.11)$_8$ (C)(227.6)$_8$ (D)(453.6)$_8$。

(C)2. 下列四個不同基底的數值，何者是錯誤的表示法？
(A)(1010)$_2$ (B)(E12)$_{16}$ (C)(168)$_8$ (D)(11101)$_{10}$。
2. 八進位數所能使用的符號是 0～7，故168非八進位數。

(C)3. 若將(114.625)$_{10}$轉換成二進制，其值為何？
(A)1010010.111
(B)1110000.001
(C)1110010.101
(D)1100101.11。
3. (1010010.111)$_2$ = (82.875)$_{10}$；(1110000.001)$_2$ = (112.125)$_{10}$；(1100101.11)$_2$ = (101.75)$_{10}$。

(B)4. 下列哪一個數字不是十六進位數的表示法？
(A)12A (B)16G (C)CAD (D)198。
4. 十六進位數所能使用的符號是0～F，故16G非十六進位數。

(A)5. 下列何者正確？
(A)(1110.01)$_2$ = (14.25)$_{10}$ (B)(1011.1)$_2$ = (11.75)$_{10}$
(C)(16C)$_{16}$ = (292)$_{10}$ (D)(172)$_8$ = (108)$_{10}$。
5. (1011.1)$_2$ = (11.5)$_{10}$；(16C)$_{16}$ = (364)$_{10}$；(172)$_8$ = (122)$_{10}$。

2-2 資料表示法

一、資料的類型

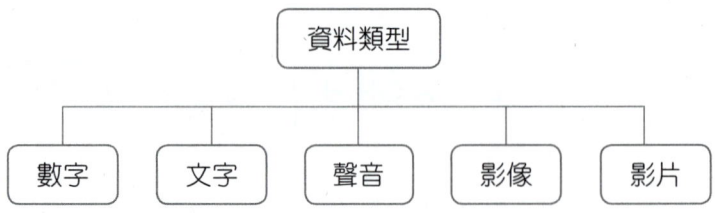

二、整數資料表示法

1. 使用越多位元組（byte）所能表示的整數範圍越大，在個人電腦中常以2或4bytes來表示一個整數。

2. 假設電腦以2bytes（即16bits）來儲存整數，則16個位元共可組合出65,536（2^{16}）個數值，其正整數範圍為0～65,535。

3. 負整數的表示法有以下3種：

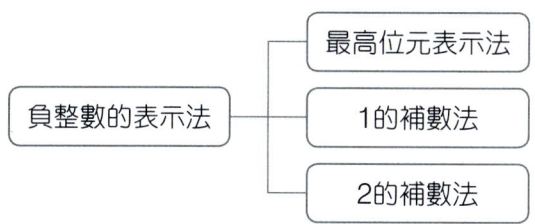

三、最高位元表示法

1. 最高位元為**0**表示**正數**；最高位元為**1**表示**負數**。

2. 以最高位元表示法表示負數時，00000000（+0）與10000000（-0）都被用來表示0，因此以1個byte來表示整數時，只能表示255個數。

十進位正數	二進位正數	十進位負數	二進位負數
+0	00000000	0	10000000
+1	00000001	-1	10000001
+2	00000010	-2	10000010
⋮	0………	⋮	1………
⋮	0………	⋮	1………
+127	01111111	-127	11111111

四、1的補數法

1. 將數值以二進位值表示，再將每一位元取其反相（即**1變0，0變1**）。

2. 以1的補數法表示負數時，00000000（+0）與11111111（-0）都被用來表示0，因此以1個byte來表示整數時，也只能表示255個數。

十進位正數	二進位正數	十進位負數	二進位負數
+0	00000000	0	11111111
+1	00000001	-1	11111110
+2	00000010	-2	11111101
⋮	………	⋮	………
⋮	………	⋮	………
+127	01111111	-127	10000000

五、2的補數法

1. 將數值以二進位值表示，再將每一位元取其反相（即**1變0，0變1**），最後**再加1**。

2. 以2的補數法表示負數時，由於進位要捨棄，所以不會有兩種值都用來表示0；因此以1個byte來表示整數時，可以表示256個數。

十進位正數	二進位正數	0、1互換，加1	二進位負數	十進位負數
+0	00000000	11111111 + 1	1̸00000000	0
+1	00000001	11111110 + 1	11111111	−1
+2	00000010	11111101 + 1	11111110	−2
⋮	……	……	……	⋮
⋮	……	……	……	⋮
+127	01111111	10000000 + 1	10000001	−127
			10000000	−128

3. 電腦內部表示**負整數**通常是使用**2的補數法**。

(B)1. 二進位數值11001101之1的補數為何？（A)11000010　(B)00110010　(C)00110011　(D)000110010。
　　　　1. 將二進位數值11001101中的每一位元取其反相（即1變0，0變1），因此答案應為00110010。　[丙級網頁設計]

(C)2. 當以八個位元來表示整數資料，且最左邊位元作為正負符號位元時，其所能表示之最大值為　(A)255　(B)256　(C)127　(D)128。

(C)3. 假設某電腦系統以八位元表示一個整數，則以2的補數法表示十進位數$(-35)_{10}$的結果為何？　　3. $(35)_{10} = (00100011)_2$，將每一位元皆取其反相後再加1 = $(11011101)_2$。
(A)$(00001111)_2$　(B)$(10110010)_2$　(C)$(11011101)_2$　(D)$(11100011)_2$。

六、文字資料表示法

1. 資料在電腦內部是以二進位碼的形式儲存。

2. 將文字資料轉換成二進位碼的系統稱為**編碼系統**。常用的編碼系統有ASCII、Big-5、Unicode等。

3. 電腦在輸出文字資料時，會依編碼系統將二進位碼轉換成對應的字元符號，再藉由輸出設備顯示或列印出來。

註：進位捨棄。

七、ASCII碼 112

統測這樣考
(D)26. 已知英文字母I的ASCII值為十六進制49，則ASCII值為十六進制50的英文字母為下列何者？
(A)J　(B)L　(C)N　(D)P。　[112商管]

1. ASCII碼是美國標準資訊交換碼的縮寫。

2. ASCII碼早期是以7個bits表示，現今**以8個bits**來表示一個字元，最多可以表示256種（2^8）字元。

3. 種類：

    a. 不可見字元：無法顯示在螢幕上的字元，用來控制電腦硬體設備的行為，又稱控制字元（即ASCII碼0～31）。如ASCII碼7（00000111）是讓電腦喇叭發聲的字元。

    b. 可見字元：可顯示在螢幕或從印表機列印的字元（即ASCII碼32～126）。如A、B、1、2、空格等都是可見字元。

ASCII 十進位	十六進位	字元	ASCII 十進位	十六進位	字元	ASCII 十進位	十六進位	字元	ASCII 十進位	十六進位	字元
32	20		56	38	8	80	50	P	104	68	h
33	21	!	57	39	9	81	51	Q	105	69	i
34	22	"	58	3A	:	82	52	R	106	6A	j
35	23	#	59	3B	;	83	53	S	107	6B	k
36	24	$	60	3C	<	84	54	T	108	6C	l
37	25	%	61	3D	=	85	55	U	109	6D	m
38	26	&	62	3E	>	86	56	V	110	6E	n
39	27	'	63	3F	?	87	57	W	111	6F	o
40	28	(	64	40	@	88	58	X	112	70	p
41	29	)	65	41	A	89	59	Y	113	71	q
42	2A	*	66	42	B	90	5A	Z	114	72	r
43	2B	+	67	43	C	91	5B	[	115	73	s
44	2C	,	68	44	D	92	5C	\	116	74	t
45	2D	-	69	45	E	93	5D	]	117	75	u
46	2E	.	70	46	F	94	5E	^	118	76	v
47	2F	/	71	47	G	95	5F	_	119	77	w
48	30	0	72	48	H	96	60	`	120	78	x
49	31	1	73	49	I	97	61	a	121	79	y
50	32	2	74	4A	J	98	62	b	122	7A	z
51	33	3	75	4B	K	99	63	c	123	7B	{
52	34	4	76	4C	L	100	64	d	124	7C	|
53	35	5	77	4D	M	101	65	e	125	7D	}
54	36	6	78	4E	N	102	66	f	126	7E	~
55	37	7	79	4F	O	103	67	g			

得分區塊練

(D)1. 在ASCII碼中，字元H的十六進位表示為48，請問字元K的十六進位表示為何？
(A)50　(B)51　(C)4A　(D)4B。

(A)2. 目前個人電腦最常使用的資訊交換碼是美國國家資訊交換標準碼簡稱為：
(A)ASCII　(B)BCD　(C)ANSI　(D)Unicode。

(A)3. 在ASCII Code的表示法中，下列之大小關係何者錯誤？
(A)A > B > C　(B)c > b > a　(C)3 > 2 > 1　(D)p > g > e。　[丙級軟體應用]

> 3. 內碼由小至大順序為：
> A(65) < B(66) < C(67)。

(D)4. 個人電腦（PC）通常採用「ASCII碼」作為內部資料處理或數據傳輸方面的交換碼，其編碼方式為何？
(A)7位元二進位碼　(B)4位元二進位碼　(C)6位元二進位碼　(D)8位元二進位碼。

(D)5. 以ASCII Code儲存字串 "Apple-iPod"，若不包含雙引號（"），共需使用多少位元組之記憶體空間？　(A)1　(B)4　(C)8　(D)10。

> 5. ASCII使用8bits（1byte）來表示1個字元，Apple-iPod共有10個字元，因此需使用10個位元組的記憶體空間。

(B)6. 以ASCII碼來儲存字串 "FORD"，須使用多少位元組？
(A)9　(B)4　(C)5　(D)6。

八、Big-5碼

1. Big-5碼又稱為大五碼，是目前廣泛使用在台灣、香港等地區的中文編碼。

2. 每一個字元是**以16個bits**來表示一個中文字、標點符號、注音符號、及全形英文字母等。

九、Unicode碼

1. Unicode碼又稱萬國碼、統一碼或萬用碼，是全球通用的文字編碼系統，涵蓋各國常用的文字、字母及符號。

2. 可解決各國因文字編碼方式不同，造成資料交換不易的問題。

3. 以16個位元來表示一個字元，因此共可表示65,536（2^{16}）個字元或符號。

4. 在不同電腦系統中，識別Unicode編碼的方式不盡相同，需要透過UTF編碼來識別，常見的UTF編碼：

UTF編碼	說明
UTF-8	以1～3個bytes來表示一個字元
UTF-16	以2個bytes（即16個bits）來表示一個字元

十、常見的中文碼種類

內碼
如BIG-5碼、通用碼等 → Memory

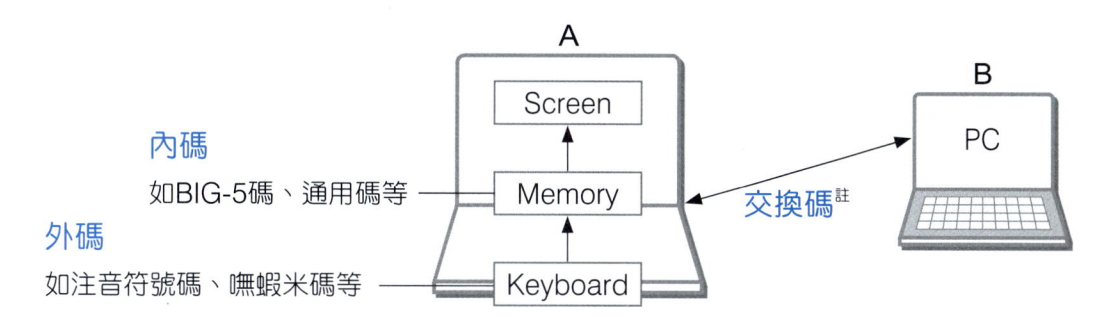

外碼
如注音符號碼、嘸蝦米碼等 → Keyboard

A：Screen / Memory / Keyboard
B：PC
交換碼[註]

1. 內碼（internal code）：指中文字儲存在電腦內部的編碼，如BIG-5碼、通用碼、公會碼、倚天碼、王安碼等。

2. 外碼（input code，又稱為中文輸入碼）：由鍵盤輸入代表某一中文字的按鍵組合，如倉頡碼、大易碼、嘸蝦米碼、注音符號碼等。

3. 交換碼（interchange code）：
   a. 收錄有各種內碼的對照表，以便讓不同的中文系統能相互溝通。
   b. 如**中文標準交換碼**（CSIC）、**中文資訊交換碼**（CCCII）。

得分區塊練

(C)1. 以下何種內碼可以涵蓋世界各種不同文字？
(A)ASCII (B)BIG-5 (C)UNICODE (D)CSIC。

> 1. UNICODE為國際標準化組織（ISO）與美國的Unicode Consortium共同制訂的一種世界共通的文字編碼系統。

(C)2. 各電腦系統所使用的中文內碼不盡相同，為使不同系統的中文資料可以互相交流溝通而制定的編碼為
(A)外碼 (B)BIG-5 (C)交換碼 (D)電信碼。

> 2. 使用不同內碼的電腦系統，必須透過交換碼才能使它們互相交流溝通。

(C)3. 採用倉頡輸入法打完一篇中文文章，並存入磁碟中。請問其採用下列何種編碼方式儲存？ (A)倉頡碼 (B)ASCII碼 (C)中文內碼 (D)Unicode碼。

註：假設A、B電腦使用不同的中文內碼，可透過交換碼來進行訊息交換。

2-3　聲音數位化概念

一、聲音的概念

1. 聲音的產生是來自於物體的振動。

2. 聲音包含3種要素：

    a. **響度**（loudness）：用來衡量聲音的強弱，聲波振幅越大，響度越強，計量響度的單位為**分貝（dB）**。人耳可聽到的範圍約為0～130分貝。

    b. **音調**（pitch）：用以表示聲音的高低，聲波振動越快，音調越高，計量聲波振動頻率的單位為**赫茲（Hz）**。

    c. **音色**（timbre）：即聲音的特色，不同的音色會有不同的聲波波形。

    ◎五秒自測　聲音響度的計量單位為何？ 分貝（dB）。

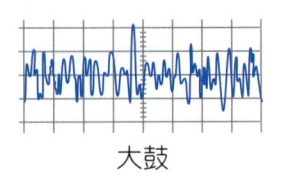

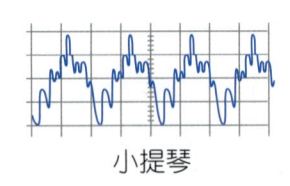

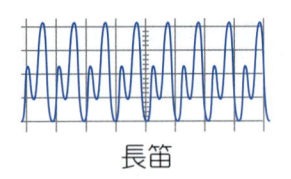

大鼓

小提琴

長笛

二、聲音的數位化　103 104 105 106 109

1. 自然界的聲音是一種類比訊號，必須經過**數位化**處理轉換成數位訊號，才能儲存在電腦中。電腦中的聲音訊號透過**音效卡**可由數位訊號轉換為類比訊號，並由喇叭輸出。

    a. **類比訊號**（analog signal）：一種在強度或數量上會呈現連續變化的訊號，例如聲波變化、溫度變化、溼度變化等自然界的物理量變化。

    b. **數位訊號**（digital signal）：訊號的變化只有2種狀態，即0或1。

2. 透過錄音筆、手機等設備，可取得數位音訊。

3. 影響聲音數位化品質的因素：

    a. **取樣頻率**（sampling rate）：指每秒擷取聲音的次數，單位為**赫茲（Hz）**。取樣頻率越高，越能完整記錄原來的聲音。

    如：CD的取樣頻率為44,100Hz，代表每秒取樣44,100次。

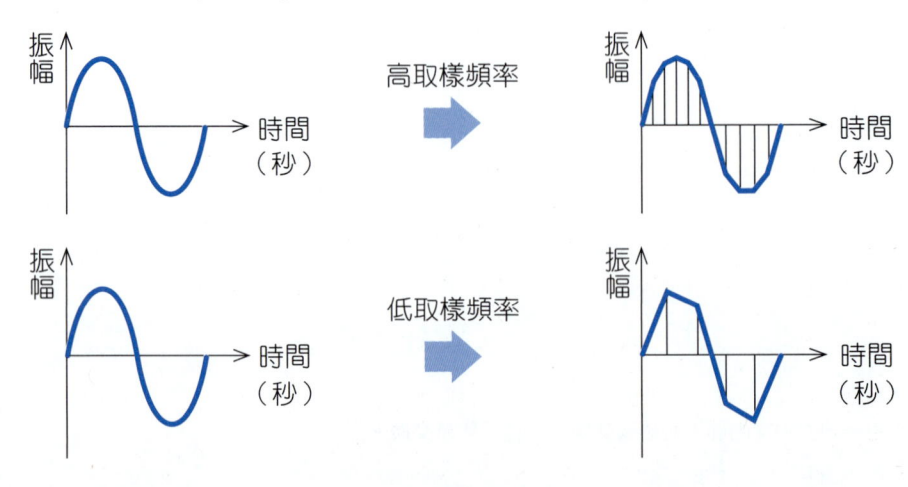

高取樣頻率

低取樣頻率

b. **位元度**（bit depth）：又稱**位元深度**、量化解析度，指記錄每個聲波樣本高低起伏的變化所使用的**位元**（bit）數。位元度越高，記錄的聲音愈接近原聲。
如：位元度16位元代表可記錄65,536（2^{16}）種聲音高低強弱的變化。

4. 聲音檔大小的計算：

> 聲音檔大小 = 取樣頻率（Hz）× 量化解析度（bit）× 聲道數量 × 聲音長度（sec）

穩操勝算

以44,100Hz，取樣大小（量化解析度）16bits來錄製1分鐘聲音，請問檔案大小為多少MB？

答 5MB

解 題目無提及聲道數量，代表為單聲道，故聲音檔大小為：
44,100 × 16bits × 1 × 60
= 42,336,000bits
≒ 5MB

+1題

以44,100Hz，取樣大小（量化解析度）16bits來錄製20秒的雙聲道聲音，請問檔案大小為多少MB？

答 3.4MB

解 44,100 × 16 × 20 × 2
= 28,224,000bits
≒ 3.4MB

5. 常見的數位音訊格式：

格式	說明	是否壓縮
WAV	主要用在Windows	否
AIFF	蘋果電腦的專用格式，用在Mac系統	
MP3	MPEG-1 Audio Layer 3的縮寫，壓縮比最高可達1:12，音質維持在人耳聽不出失真的水準	破壞性壓縮
WMA	壓縮比可達1:12	
AAC	壓縮比可達1:20，許多可攜式設備（如iPhone）都有支援此格式	
OGG	壓縮率比MP3佳，且開放原始碼	
APE	常用在CD音樂的備份，壓縮比為1:2	非破壞性壓縮
FLAC	壓縮率比APE略差，但壓縮與解壓縮速度較快	
ALAC	蘋果公司發展的非破壞性壓縮聲音格式	
TTA	壓縮率高，且開放原始碼	

a. 將同一個聲音檔存成不同的檔案格式，會因有無壓縮，而使聲音檔的容量大小有所不同：

無壓縮 > 非破壞性壓縮 > 破壞性壓縮。

b. **MIDI**格式：專用來儲存電子合成音樂，檔案小，早期常用來作為網頁的背景音樂，副檔名為.mid。

得分區塊練

(A)1. 下列何者不是聲音的要素之一？
(A)像素　(B)響度　(C)音調　(D)音色。

(B)2. 下列有關聲音的敘述，何者錯誤？
(A)不同樂器所發出的音色不同
(B)聲音的產生是來自於光的折射
(C)響度的計量單位是分貝
(D)聲音的赫茲越高，音調越高。

2. 聲音的產生是來自於物體的振動。

(C)3. 電腦中的聲音訊號可透過下列何者，將數位訊號轉換成類比訊號輸出？
(A)顯示卡　(B)記憶卡　(C)音效卡　(D)網路卡。

(D)4. 聲音數位化時，位元度16代表可記錄幾種聲音高低強弱的變化？
(A)4種　(B)16種　(C)1,024種　(D)65,536種。

4. 位元度16代表可記錄2^{16}（65,536）種聲音高低強弱的變化。

(B)5. 副檔名為顯示檔案格式的方式，請問副檔名WAV為下列哪一種媒體檔案格式？
(A)文字　(B)聲音　(C)影像　(D)動畫。

2-4 影像數位化概念

一、影像的概念 109

1. 數位影像可分為：

   a. **點陣影像**（bitmap image）：由許多**像素**（pixel）所構成，像素是影像顯示的基本單位。點陣影像適合用來呈現細緻的影像（如風景照片），但放大到一定的比例，會出現**鋸齒狀**，且影像會失真[註]。

   b. **向量影像**（vector image）：以數學方程式來描述影像的色彩、形狀及尺寸，適合呈現簡單線條組成的圖案。放大影像時，不會產生鋸齒，且影像不失真。

   c. 點陣及向量影像的比較：

影像類型	應用	組成元素	放大影像是否會失真	檔案佔用的儲存空間	常見檔案格式	常用編修軟體
點陣	照片	像素	是，有鋸齒狀	較大	BMP、JPEG、GIF、PNG、TIFF	PhotoImpact、Photoshop、小畫家
向量	簡單線條的圖像	向量	否	較小	WMF、AI、CDR、SVG、EPS	Illustrator、CorelDRAW

💡 **解題密技** 點陣影像適合呈現較細緻的影像，但放大後易失真；
向量影像適合呈現簡單線條的圖像，放大後不失真。

得分區塊練

1. 向量影像適合呈現簡單線條組成的圖案。

(C)1. 下列有關點陣影像與向量影像的敘述，何者有誤？
　　(A)向量影像是以數學方程式來描述影像的色彩、形狀及尺寸等屬性
　　(B)點陣影像檔通常較向量影像檔佔用電腦的儲存空間
　　(C)向量影像適合用來呈現細緻的風景照片，放大照片不會失真
　　(D)點陣影像是由許多pixel所構成。

(D)2. 下列何者不是向量影像的特色？
　　(A)以數學方程式來描述影像的色彩、形狀及尺寸
　　(B)適合呈現簡單線條組成的圖案
　　(C)放大影像時，不會產生鋸齒
　　(D)放大影像時，影像會失真。

註：目前已有許多新的影像處理軟體（如PhotoZoom），透過程式中的運算方法，可將點陣影像放大，但影像幾乎不會失真。如競選人物的大型看板人像。

二、影像的數位化 102 105 111

統測這樣考
(B)45. 有關jpg圖檔的敘述，下列何者正確？
(A)採非破壞性壓縮技術，圖像較細緻
(B)採破壞性壓縮技術，檔案較小
(C)具有透明背景，適合網頁使用
(D)使用多圖層技術，具動畫能力。　[111商管]

1. 點陣影像在取得的過程中，會透過**取樣**、**量化**及**編碼**等步驟，才能儲存在電腦中，以便進行保存或編修的工作。

2. **取樣**：將一張影像分割成許多個固定大小的樣本，並加以擷取與儲存。取樣後的每個樣本就是數位影像中的**像素**（pixel）。取樣時將影像分割得越細，所能擷取到的樣本數越多，解析度越高，越能精準地呈現原來的影像；反之則影像越粗糙，解析度越低，也就是失真越嚴重。

3. **量化**及**編碼**：影像的量化就是在判別每個樣本（像素）的色彩，接著再將每個樣本依顏色編碼轉換成電腦可解讀的訊息，例如黑白影像在進行編碼時，可將色彩為白色的樣本以 "0" 表示、黑色的樣本以 "1" 表示。

4. 常見的數位影像格式：

應用於網頁設計：

點陣影像格式	支援色彩	背景透明	製作動畫	影像失真	壓縮方式
BMP（*.bmp）	全彩				無
JPEG（*.jpg）	全彩			✓	破壞性[1]
GIF（*.gif）	256色	✓	✓		非破壞性
PNG（*.png）	全彩	✓			非破壞性
TIFF（*.tif）	全彩	✗[2]			非破壞性

→應用於印刷輸出

向量影像格式	說明
WMF（*.wmf）	Windows作業系統中常見的向量影像格式
SVG（*.svg）	適合用於網頁的向量圖格式
EPS（*.eps）	常應用於印刷輸出，可儲存**向量、文字或點陣圖形**的影像
Ai（*.ai）	Adobe Illustrator軟體專用的向量影像格式
CDR（*.cdr）	CorelDRAW軟體專用的向量影像格式

a. 破壞性壓縮：影像壓縮後會失真，可使檔案容量變得較小。

b. 非破壞性壓縮：影像壓縮後不會失真，故檔案大小的壓縮程度有限。

註1：支援非破壞性及破壞性壓縮，通常是使用破壞性壓縮。
註2：TIFF格式可以支援背景透明，不過影像必須包含可儲存透明度資訊的Alpha通道。

得分區塊練

(D)1. 點陣影像在取得的過程中，會透過取樣、量化及編碼等步驟，才能儲存在電腦中。若希望數位影像能更精準地呈現原來影像的樣貌避免失真，應注意下列哪一項？
(A)使用越多位元數越好
(B)使用越少位元數越好
(C)擷取到的樣本數越少越好
(D)擷取到的樣本數越多越好。

(C)2. 有關數位影像圖檔的敘述，下列何者不正確？
(A)BMP可儲存各種類型的影像，但佔有較大的磁碟空間
(B)GIF廣泛使用於網頁動畫顯示，但只能呈現256個顏色
(C)JPG具有極高壓縮率且能維持完整影像品質，常應用於網頁顯示
(D)TIFF可支援各種色彩模式，影像品質良好，適用於印刷。

2. JPG通常採破壞性壓縮，無法維持完整影像品質。

(B)3. 下列有關影像檔案格式的敘述，何者不正確？
(A)GIF具有交錯式展示效果
(B)JPG採用無壓縮
(C)PNG可以製作透明背景圖片
(D)TIFF適合印刷輸出。

3. JPG檔案通常採破壞性壓縮，影像會產生失真的現象。

(C)4. 欲在網頁中加入動態圖片，下列何者是此圖片最適合的格式？
(A)BMP (B)EPS (C)GIF (D)JPEG。

(B)5. 下列何種圖檔格式，最多只能使用256色？
(A)BMP (B)GIF (C)JPEG (D)UFO。

(C)6. 一張1920×1080像素的全彩影像，以下列何種圖形檔格式儲存最適合印刷輸出？
(A)BMP檔 (B)JPG檔 (C)TIF檔 (D)GIF檔。

(A)7. 欲將一張插畫作品上傳到IG，請問哪一種檔案類型較適合？
(A)JPEG (B)TGA (C)TIF (D)MOV。

7. TGA：檔案較大，可儲存圖片的透明度資訊，通常為專業美術人員使用；
TIF：檔案較大，適用於印刷輸出；
MOV：影片檔，非圖片檔。

統測這樣考

(D)42. 小明想設計一個六旋翼飛機，他使用了美工軟體繪製該飛機的外觀，然後他想要輸出一動畫圖檔來觀看動態影像，請問下列何種圖檔格式可以實現？
(A)BMP圖檔 (B)JPG圖檔 (C)TIF圖檔 (D)GIF圖檔。　　[108資電]

2-5　影片數位化概念

一、影片的概念

1. 人類所見的影像在消失後，大腦仍會短暫殘留該影像，此現象稱為「**視覺暫留**」。
2. 當快速播放連續的影像時，因為視覺暫留的緣故，便會感覺影像在動，這些連續播放的影像即一般所稱的**影片**。
3. 根據研究，每秒播放**24**張連續的影像，即可讓人類感覺影片畫面順暢無間斷。

二、影片的數位化　[108]

1. 影片是由多張連續的影像所組成，將組成影片的每一張影像加以數位化，即可產生「數位影片」。
2. 透過數位攝影機（GoPro）、數位相機、手機等設備，可取得數位影片。
3. 影響影片數位化品質的因素：
   a. **取樣頻率**：指每秒擷取影像的次數，單位為**fps**（**frame** per second，每秒框數）或 **Hz**。如：24 fps，即表示每秒擷取24張影像。
   b. **取樣密度**（sampling density）：指將影像分割成多少個固定大小的樣本，取樣的密度越高，越能完整記錄原來的影像。一個樣本稱為一個**像素**（**pixel**）。
   c. **位元深度**（bit depth）：又稱**位元度**、量化解析度、影像深度，是指記錄每個像素色彩所使用的**位元**（**bit**）數。位元度越高，越能完整記錄原來的顏色。如：位元深度24位元代表可記錄16,777,216（2^{24}）種色彩。
4. 影片檔案大小的計算：

> **影片檔案大小 =**
> **畫面寬度 × 畫面高度 × 位元深度（bit） × 每秒播放畫格（fps） × 影片長度（sec）**

（畫面寬度 × 畫面高度 × 位元深度）等於影像檔案大小的計算

穩操勝算

若以解析度320 × 240、24bits全彩、30fps錄製1分鐘的影片,請問影片檔案大小為多少MB?

答 396MB

解 320 × 240 × 24 × 30 × 60
= 3,317,760,000bits
≒ 396MB

+1題

有一視訊長30秒、其畫面為300 × 200像素(pixels)、每個像素以3 Bytes來存放、每秒25個畫面,請問不壓縮該視訊所需儲存的資料量為多少Byte?

答 135,000,000Bytes

解 300 × 200 × 3 × 25 × 30
= 135,000,000Bytes

5. 常見的數位影片格式:

格式	說明
AVI	微軟公司開發,多數軟體皆可播放,但不適合用於網路串流
MP4	常用在可攜式設備(如手機)
MKV	可封裝的檔案類型最多元,是網路分享影片常用的格式
WMV	微軟公司開發,多數軟體皆可播放,ASF為其封裝格式,可使檔案具有數位版權保護的功能
FLV	專為網路串流傳輸開發的格式[註]
MOV	蘋果公司開發,適合使用QuickTime Player播放
RM / RMVB	需用RealPlayer播放

（MP4、MKV、WMV、FLV、MOV 支援網路串流）

五秒自測 MP3與MP4分別為什麼檔案格式? MP3為音訊格式、MP4為影音格式。

a. **串流影音技術**:可一邊下載資料一邊播放的技術,節省等待的時間。

b. **數位版權管理**(Digital Right Management, DRM)是用來保護數位檔案版權的技術,可限定數位檔案的使用條件。許多軟體廠商及數位出版商都使用DRM技術來保護數位檔案。

註:FLV(Flash Video)曾是YouTube主要支援的格式,但2020年起許多瀏覽器停止支援Flash Player,使得FLV影片均無法透過瀏覽器播放。

6. **影片壓縮技術**：由於影片檔案通常容量相當大，因此透過**壓縮技術**（又稱**編碼**）縮小容量，以方便儲存或在網路上分享。

   a. 常見的影片壓縮技術：

影片壓縮技術	說明	常見用處
MPEG-2	有良好的壓縮效果與畫質	DVD、數位／有線電視
MPEG-4	與MPEG-2相比，具有更高的壓縮效率與更好的影片品質，但需要較多的運算資源	網路串流影片
DivX	畫質媲美DVD，但壓縮後的檔案比DVD小	網路串流影片
WMV	微軟所開發的編碼技術，有良好的壓縮效果與畫質	網路串流影片
H.264	具有高壓縮率（MPEG-2的2～3倍）可保留良好的畫質	網路串流影片
H.265	壓縮比率比H.264高，適合用來壓縮「超高解析度標準」的影片，如4K（4,096 × 2,160）、8K（8,192 × 4,320）影片	網路串流影片

   b. 常見的影片格式與其支援的編碼：

影片格式	支援的編碼	影片格式	支援的編碼
AVI	MPEG-2、DivX、H.264等	FLV	H.264
MP4	MPEG-2、MPEG-4、H.264等	MKV	大部分編碼都支援
WMV	WMV		

   💡 **解題密技**　MP3是聲音檔，採用**MPEG-1**的壓縮技術；
   MP4通常指影音檔，採用**MPEG-4**的壓縮技術，兩者易混淆，考試時應留意。

得分區塊練

(B)1. 根據研究，每秒播放至少幾張連續的影像，即可讓人感覺影片畫面順暢無間斷？
(A)4張　(B)24張　(C)240張　(D)2400張。

(D)2. 下列何者不是影響影片數位化品質的因素？
(A)取樣頻率　(B)取樣密度　(C)位元深度　(D)採樣高度。

第2章 數位化概念

滿分晉級

★新課綱命題趨勢★
情境素養題

▲ 閱讀下文，回答第1至2題：

學校舉辦一場可使用各種數制（如二進位制、八進位制、十進位制、十六進位制）來標示商品價格的園遊會，讓同學在玩樂之餘也能同時練習數字系統的轉換。阿德攤位使用3種數制來標示寶可夢玩偶的價格，其中小火龍售價為$(7B)_{16}$、傑尼龜為$(100)_{10}$、皮卡丘為$(145)_8$；阿文攤位則是僅選擇使用十六進位制來標示商品價格。

(D)1. 哲毅在阿德的攤位前，想確認小火龍、傑尼龜、皮卡丘這3款玩偶，其價格由大到小分別為何？ (A)a > b > c (B)b > c > a (C)c > b > a (D)a > c > b。 [2-1]

(D)2. 凱莉在阿文攤位前，準備挑選商品時，發現好像有一款商品的標價標錯了，請問是下列哪一個？ (A)$(18A)_{16}$ (B)$(ABC)_{16}$ (C)$(192)_{16}$ (D)$(10G)_{16}$。 [2-1]

(B)3. 小許和同學下課後，一起討論有關Unicode的敘述，請問哪一位同學的敘述有誤？
(A)小許：Unicode又稱萬國碼、統一碼或萬用碼
(B)阿明：UTF-16每一個字元是以1byte來表示
(C)欣梅：UTF-16可表示65,536個字元
(D)小虎：Unicode可涵蓋世界各種不同的文字。 [2-2]

(D)4. 下列是4位同學對於文字資料編碼系統的認知，請問哪一個人的敘述是錯誤的？
(A)曉玉：ASCII碼現今是以8個bits來表示一個字元，最多可以256種字元
(B)夢夢：Unicode可解決各國因文字編碼不同，造成資料交換不易的問題
(C)大秉：Big-5碼每一個字元是以2個bytes來表示
(D)阿維：內碼又稱中文輸入碼，如倉頡碼、大易碼、注音符號碼等都屬於內碼。 [2-2]

3. $(67)_8 = (55)_{10}$，所以$(67)_8 > (54)_{10}$成立；
$(23)_{16} = (35)_{10}$，所以$(17)_{10} > (23)_{16}$不成立；
$(11011)_2 = (27)_{10}$，所以$(11011)_2 < (25)_{10}$不成立；
$(1111)_2 = (15)_{10}$，所以$(32)_{10} < (1111)_2$不成立。

精選試題

2-1
(B)1. 二進制數值1111111轉換為十進制時，其值為 (A)128 (B)127 (C)126 (D)125。

(C)2. 十六進位制的AB.8換算成八進位制等於多少？
(A)171.5 (B)173.2 (C)253.4 (D)271.5。

(A)3. 下列不等式何者成立？
(A)$(67)_8 > (54)_{10}$ (B)$(17)_{10} > (23)_{16}$ (C)$(11011)_2 < (25)_{10}$ (D)$(32)_{10} < (1111)_2$。

4. $(1011101.111)_2 = (135.7)_8 = (93.875)_{10}$；
$(50.7)_{16} = (80.4375)_{10}$。

(D)4. 下列四個數值，何者與其他三者不同？
(A)$(1011101.111)_2$ (B)$(135.7)_8$ (C)$(93.875)_{10}$ (D)$(50.7)_{16}$。

(D)5. 下列哪一個數值和$(1100)_2$的值相等？ (A)$(111)_3$ (B)$(24)_4$ (C)$(12)_8$ (D)$(0C)_{16}$。

(C)6. 若將$(48.625)_{10}$轉換成二進制，其值為何？
(A)010010.111 (B)110000.001 (C)110000.101 (D)110010.11。

(A)7. 將二進位之11001010表示成十六進位，其值為何？
(A)CA (B)4A (C)AC (D)C4。

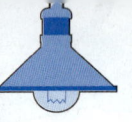

(C)8. 試計算二進位值(10010111.11)₂，轉換成八進位值的結果為何？
(A)(226.3)₈ (B)(226.11)₈ (C)(227.6)₈ (D)(453.6)₈。

(D)9. 八進位數(172)₈轉換成十進位數，其值為 (A)173 (B)192 (C)65 (D)122。

(B)10. 十六進位數(3FB)₁₆，以十進位數表示等於
(A)2681 (B)1019 (C)2748 (D)2252。

(D)11. (011)₂的2補數為何？ (A)100 (B)110 (C)111 (D)101。

(C)12. 『十六位元不帶正負號（unsigned）二進位數』的最大值為多少？
(A)32767 (B)32768 (C)65535 (D)65536。

(B)13. 二進位數值11100100之1的補數為何？
(A)11100101 (B)00011011 (C)00011100 (D)11100110。

(D)14. 在ASCII碼中，字元H的十六進位表示為48，請問字元K的十六進位表示為何？
(A)50 (B)51 (C)4A (D)4B。

(B)15. 以ASCII Code儲存字串 "Harry Potter"，若不包含雙引號，共需使用多少位元組之記憶體空間？ (A)10 (B)12 (C)5 (D)6。

(D)16. 英文字母「A」的十進位ASCII值為65，則字母「M」的二進位ASCII值為何？
(A)1001010 (B)1001011 (C)1001100 (D)1001101。

(B)17. 詹子晴丫頭的「娃娃音」振動頻率較一般人高。請問這樣的聲音具有什麼特質？
(A)音調較低 (B)音調較高 (C)聲音較宏亮 (D)聲音較粗啞。
17.振動頻率高的聲音，音調會較高，與是否宏亮、粗啞無關。

(D)18. 聲音數位化時，如果用8bits來記錄聲音的振幅，共可記錄幾種振幅高度？
(A)2 (B)8 (C)64 (D)256。 18.樣本大小8bits共可記錄256（2^8）種變化。

(B)19. 手機錄音時，數位化聲音的取樣頻率為44,100Hz，每個取樣以8bits表示，取樣時間為7秒，則總取樣資料量約為多少KB？ 19.聲音檔大小 = 44,100 × 8 × 7
(A)88KB (B)301KB (C)650KB (D)2410KB。 = 2,469,600bits ≒ 301KB。

(C)20. MP3格式的檔案屬於一種：
(A)有音樂的遊戲檔 (B)無失真的影音壓縮檔
(C)有失真的音訊壓縮檔 (D)有字幕的音樂檔。

(A)21 電腦圖像的基本單位（Pixel）為：
(A)像素 (B)公尺 (C)吋 (D)公分。 [技藝競賽]

(D)22. 下列有關影像檔案的敘述，何者不正確？ 22.TIFF類型的影像可處理全彩影像；
(A)BMP類型的影像檔案為Microsoft Windows系統上的標準影像檔案格式 GIF類型才是只可處理256色。
(B)GIF類型的影像檔案可用來製作透明圖效果影像與動畫圖檔
(C)JPEG類型的影像檔案採用破壞性壓縮方式
(D)TIFF類型的影像檔案最多只可處理256色的影像。

(C)23. 下列何種影像檔案格式較被廣泛應用在印刷上？
(A)BMP (B)GIF (C)TIF (D)JPG。

(B)24. 取樣頻率是影響影片數位化品質的因素之一，是指每秒擷取影像的次數，其單位為？
(A)ppm (B)fps (C)pixel (D)bit。

(C)25. 下列何者是用來保護數位檔案版權的技術－數位版權管理的縮寫？
(A)DDR (B)PPR (C)DRM (D)DMR。

統測試題

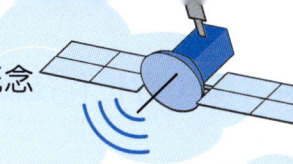

> 3. 在二進制中可使用1bit來表示0與1兩種狀態（$2^1 = 2$）；
> 2bits來表示4種狀態（$2^2 = 4$）。
> 所以若要表示α族的12種文字，需要至少4bits（$2^3 < 12 < 2^4$）。

(D)1. 下列何種圖檔格式，能以非破壞性壓縮方式，儲存支援256種階層透明程度之全彩點陣影像？
(A)AI（Adobe Illustrator）
(B)GIF（Graphics Interchange Format）
(C)JPEG（Joint Photographic Experts Group）
(D)PNG（Portable Network Graphics）。 [102商管群]

(D)2. 下列哪一種圖檔格式可支援RGB全彩，並可支援透明的背景？
(A).bmp　(B).gif　(C).jpg　(D).png。 [102工管類]

(C)3. 假設有一個外星物種叫α族，其溝通的文字符號如下圖所示。若以人類二進制的方式來思考α族的電腦化，在每個符號使用相同位元數的條件下，最少要用多少位元（bits），才足以完整表示α族的文字符號？
(A)2 bits　(B)3 bits　(C)4 bits　(D)5 bits。 [103商管群]

⊙ ◇ ✡ ⌘ ⊕ ▪ □ ✻ ▲ ⌘ ▷ ←

(D)4. 電話聽筒數位化聲音的取樣頻率為11,025Hz，每個取樣以8bits表示，取樣時間為2秒，則總取樣資料量約為多少KB？
(A)88KB　(B)11KB　(C)176KB　(D)22KB。 [103商管群]

(D)5. 在聲音的類比訊號轉換成數位訊號的過程中，下列敘述何者錯誤？
(A)取樣的頻率愈高，則取樣次數越多
(B)取樣的頻率愈高，則取樣所得的檔案越大
(C)取樣的頻率愈高，則取樣所得的聲音品質越好
(D)取樣的頻率愈高，則取樣的壓縮比越大。 [104商管群]

(A)6. 下列關於圖檔格式的說明，何者不正確？
(A)TIF格式只支援256種顏色，能提供破壞性壓縮
(B)JPG格式採破壞性壓縮，可呈現於網頁上
(C)GIF格式支援動畫，能提供背景透明
(D)BMP格式無壓縮，其檔案容量較大。 [104工管類]

(B)7. 下列何者是印刷出版使用的向量圖檔格式，可同時包含向量、文字與點陣圖形資訊？
(A).bmp　(B).eps　(C).gif　(D).jpg。 [104工管類]

(B)8. 下列有關電腦處理影像圖形的敘述，何者錯誤？
(A)數位影像的格式主要分為點陣影像與向量影像
(B)向量影像放大後，邊緣會出現鋸齒狀的現象
(C)向量影像是透過數學運算，來描述影像的大小、位置、方向及色彩等屬性
(D)PhotoImpact影像處理軟體可以存檔成向量圖。 [104資電類]

(C)9. 音訊檔案的品質或立體感，與下列何者無關？
(A)聲道數量　　　　　　　(B)取樣頻率
(C)錄製時間長度　　　　　(D)取樣大小（取樣解析度）。 [105商管群]

(D)10. 經由手機或數位相機所拍得的JPG檔，是屬於下列何者？
(A)向量圖　(B)無壓縮圖　(C)非破壞性壓縮圖　(D)點陣圖。 [105商管群]

(A)11. 下列哪一種圖檔格式支援背景透明影像及動畫功能？
(A)GIF　(B)JPG　(C)BMP　(D)TIF。　　　　　　　　　　　　　　　[105工管類]

(B)12. 彩色圖片以下列哪一種檔案格式儲存，能節省較多空間且呈現較完整的色彩資訊？
(A)BMP　(B)JPG　(C)GIF　(D)MOV。　　　　　　　　　　　　　　[105工管類]

(C)13. 數位影像依資料儲存及處理方式不同，可以分為點陣圖及向量圖，點陣圖適用於相片，向量圖適用於美工圖形。以下敘述何者錯誤？
(A)點陣圖是由一個一個像素排列組合而成
(B).bmp及.gif檔是點陣圖格式
(C)點陣圖放大後，品質不會失真
(D).ai及.cdr檔是向量圖格式。　　　　　　　　　　　　　　　　　　[105工管類]

(C)14. 下列有關向量圖的敘述，何者錯誤？
(A)向量圖使用數學幾何方程式來表示圖像
(B)向量圖的檔案大小與圖像複雜度有關
(C)向量圖儲存每個像素的顏色
(D)向量圖不會產生鋸齒狀的變形。

15. 取樣頻率（sampling rate）：指每秒擷取聲音的次數，單位為赫茲（Hz）。取樣頻率越高，越能完整記錄原來的聲音。如：CD的取樣頻率為44,100Hz，代表每秒取樣44,100次。　　　　　　　　　　　　　　　　　　　　　　　　[106工管類]

(B)15. 用電腦錄音時，若將取樣頻率設定為44100Hz，則下列敘述何者正確？
(A)取樣的聲音頻率範圍為0～44100Hz
(B)對聲音每秒取樣44100次
(C)錄音完成後的音檔內聲音頻率為44100Hz
(D)電腦用44100位元來記錄聲音頻率。　　　　　　　　　　　　　　[106商管群]

(C)16. 下列關於點陣圖（Bitmap）的敘述，何者正確？
(A)影像放大與縮小都不會有失真現象
(B)影像放大與縮小都不會有鋸齒狀
(C)由像素（Pixel）所組成
(D)以數學方程式來定義影像中的點與線段。

16.(A)影像放大與縮小都會有失真現象；
　(B)影像放大會有鋸齒狀；
　(D)向量圖是以數學方程式來定義影像中的點與線段。　　　　　　　　　　　　　[108工管類]

(D)17. 有一視訊長20秒、其畫面為300 × 200像素（pixels）、每個像素以3 Bytes來存放、每秒20個畫面，請問不壓縮該視訊所需儲存的資料量為何？
(A)60,000 Bytes
(B)180,000 Bytes
(C)3,600,000 Bytes
(D)72,000,000 Bytes。

17. 300 × 200 × 3 × 20 × 20 = 72,000,000 Bytes。　　　　　　　　　　　[108商管群]

(D)18. 小明想設計一個六旋翼飛機，他使用了美工軟體繪製該飛機的外觀，然後他想要輸出一動畫圖檔來觀看動態影像，請問下列何種圖檔格式可以實現？
(A)BMP圖檔　(B)JPG圖檔　(C)TIF圖檔　(D)GIF圖檔。　　　　　　[108資電類]

(A)19. 下列檔案格式中何者屬於向量圖（Vector）？
(A)AI（Adobe Illustrator）
(B)PNG（Portable Network Graphic）
(C)JPG（Joint Photographic Group）
(D)BMP（Bit Map）。

19. AI檔案格式屬於向量圖；
　　PNG、JPG、BMP檔案格式屬於點陣圖。　　　　　　　　　　　　　[109工管類]

(A)20. 點陣圖是以下列何者為基礎組成？
(A)像素　(B)數學運算　(C)量子　(D)文字。　　　　　　　　　　　[109工管類]

第2章 數位化概念

21. (A)影音取樣的頻率愈大，則取樣後的數位影音越能完整記錄原來的聲音；
    (B)影音取樣的位元愈多，則取樣後的數位影音能記錄聲音的種類愈多；
    (C)影音取樣的頻率愈大，則取樣後的數位影音檔案愈大。

(D)21. 下列敘述何者正確？
(A)影音取樣的頻率愈大，則取樣後的數位影音失真的情形會較為嚴重
(B)影音取樣的位元愈多，則取樣後的數位影音能記錄聲音的種類愈少
(C)影音取樣的頻率愈大，則取樣後的數位影音檔案愈小
(D)影音取樣的位元愈多，則取樣後的數位影音檔案愈大。 [109商管群]

(C)22. Ans = $01001110_{(2)} + 113_{(10)} + 132_{(8)} + 19_{(16)}$，則Ans = ?
(A)$264_{(10)}$
(B)$265_{(10)}$
(C)$306_{(10)}$
(D)$307_{(10)}$。

22. $01001110_{(2)} = 1 \times 2^6 + 1 \times 2^3 + 1 \times 2^2 + 1 \times 2^1 = 64 + 8 + 4 + 2 = 78_{(10)}$；
$132_{(8)} = 1 \times 8^2 + 3 \times 8^1 + 2 \times 8^0 = 64 + 24 + 2 = 90_{(10)}$；
$19_{(16)} = 1 \times 16^1 + 9 \times 16^0 = 16 + 9 = 25_{(10)}$；
故 Ans $= 78_{(10)} + 113_{(10)} + 90_{(10)} + 25_{(10)} = 306_{(10)}$。 [109資電類]

(C)23. 下列何者屬於YouTuber所錄製串流影音的檔案格式？
(A)MIDI (B)MP3 (C)MOV (D)WAV。

23. MIDI、MP3、WAV皆為數位音訊格式。 [110工管類]

(B)24. 有關jpg圖檔的敘述，下列何者正確？
(A)採非破壞性壓縮技術，圖像較細緻
(B)採破壞性壓縮技術，檔案較小
(C)具有透明背景，適合網頁使用
(D)使用多圖層技術，具動畫能力。 [111商管群]

25. 此試題的命題目的不是死背ASCII碼，而是運用進位制轉換來推算；
$50_{16} = 5 \times 16^1 + 0 \times 16^0 = 80 + 0 = 80_{10}$；
$49_{16} = 4 \times 16^1 + 9 \times 16^0 = 64 + 9 = 73_{10}$，故 $80 - 73 = 7$；
已知英文字母I的ASCII值為49_{16}，
往後推算7個英文字母即為英文字母P（50_{16}）。

(D)25. 已知英文字母I的ASCII值為十六進制49，則ASCII值為十六進制50的英文字母為下列何者？ (A)J (B)L (C)N (D)P。 [112商管群]

(D)26. 下列何者值為最大？
(A)$7A_{16}$
(B)273_8
(C)1230_4
(D)10111101_2。

26. $7A_{16} = 7 \times 16^1 + A \times 16^0 = 112 + 10 = 122_{10}$；
$273_8 = 2 \times 8^2 + 7 \times 8^1 + 3 \times 8^0 = 128 + 56 + 3 = 187_{10}$；
$1230_4 = 1 \times 4^3 + 2 \times 4^2 + 3 \times 4^1 + 0 \times 4^0 = 64 + 32 + 12 + 0 = 108_{10}$；
$10111101_2 = 1 \times 2^7 + 0 \times 2^6 + 1 \times 2^5 + 1 \times 2^4 + 1 \times 2^3 + 1 \times 2^2 + 0 \times 2^1 + 1 \times 2^0$
$= 128 + 0 + 32 + 16 + 8 + 4 + 0 + 1 = 189_{10}$；
故 $10111101_2 > 273_8 > 7A_{16} > 1230_4$。 [113商管群]

(D)27. 有關RGB部分色彩模型如表（一），其混色方式為加色法，另有一混色器具有互斥或（XOR）功能，亦即每位元XOR(1, 1) = 0, XOR(0, 0) = 0, XOR(1, 0) = 1, XOR(0, 1) = 1，當黃色（yellow）及青色（cyan）經過混色器所得到的顏色為下列何者？
(A)紅（red）
(B)綠（green）
(C)藍（blue）
(D)洋紅（magenta）。 [113商管群]

表（一）

	R	G	B
紅	255	0	0
綠	0	255	0
藍	0	0	255
青	0	255	255
洋紅	255	0	255
黃	255	255	0

27. 此試題的命題目的不是單純的考影像處理的色彩轉換，而是運用進位制轉換（十進位、二進位互轉）再進行XOR位元運算來推算。
每位元XOR(1, 1) = 0、XOR(0, 0) = 0、XOR(1, 0) = 1、XOR(0, 1) = 1。
黃色(255, 255, 0) → (11111111, 11111111, 00000000)
青色(0, 255, 255) → XOR (00000000, 11111111, 11111111)
                    (11111111, 00000000, 11111111) →洋紅色(255, 0, 255)
故當黃色及青色經過混色器所得到的顏色為洋紅色。

(C)28. 下列哪一個選項的3個數值相等？
(A)1010101_2、127_8、57_{16}
(B)1110001_2、157_8、71_{16}
(C)1101101_2、155_8、$6D_{16}$
(D)1011010_2、132_8、$4A_{16}$。

[114商管群]

28. $1010101_2 = 1 \times 2^6 + 1 \times 2^4 + 1 \times 2^2 + 1 \times 2^0$
    $= 85$
    $127_8 = 1 \times 8^2 + 2 \times 8^1 + 7 \times 8^0 = 87$
    $57_{16} = 5 \times 16^1 + 7 \times 16^0 = 87$

    $1110001_2 = 1 \times 2^6 + 1 \times 2^5 + 1 \times 2^4 + 1 \times 2^0$
    $= 113$
    $157_8 = 1 \times 8^2 + 5 \times 8^1 + 7 \times 8^0 = 111$
    $71_{16} = 7 \times 16^1 + 1 \times 16^0 = 113$

    $1101101_2 = 1 \times 2^6 + 1 \times 2^5 + 1 \times 2^3 + 1 \times 2^2 + 1 \times 2^0$
    $= 109$
    $155_8 = 1 \times 8^2 + 5 \times 8^1 + 5 \times 8^0 = 109$
    $6D_{16} = 6 \times 16^1 + 13 \times 16^0 = 109$

    $1011010_2 = 1 \times 2^6 + 1 \times 2^4 + 1 \times 2^3 + 1 \times 2^1$
    $= 90$
    $132_8 = 1 \times 8^2 + 3 \times 8^1 + 2 \times 8^0 = 90$
    $4A_{16} = 4 \times 16^1 + 10 \times 16^0 = 74$

    故$1101101_2 = 155_8 = 6D_{16} = 109$。

統測考試範圍

單元 2

系統平台

學習重點

這次**常見單位**考1題，
第4章**每年必考**，務必要加強練習

章名	常考重點	
第3章 系統平台的硬體架構	• 輔助記憶體 • 輸入與輸出設備	★★★★☆
第4章 系統平台的運作與未來發展	• 作業系統的概念 • 常見的作業系統	★★★★☆

統測命題分析   最新統測趨勢分析（111～114年）

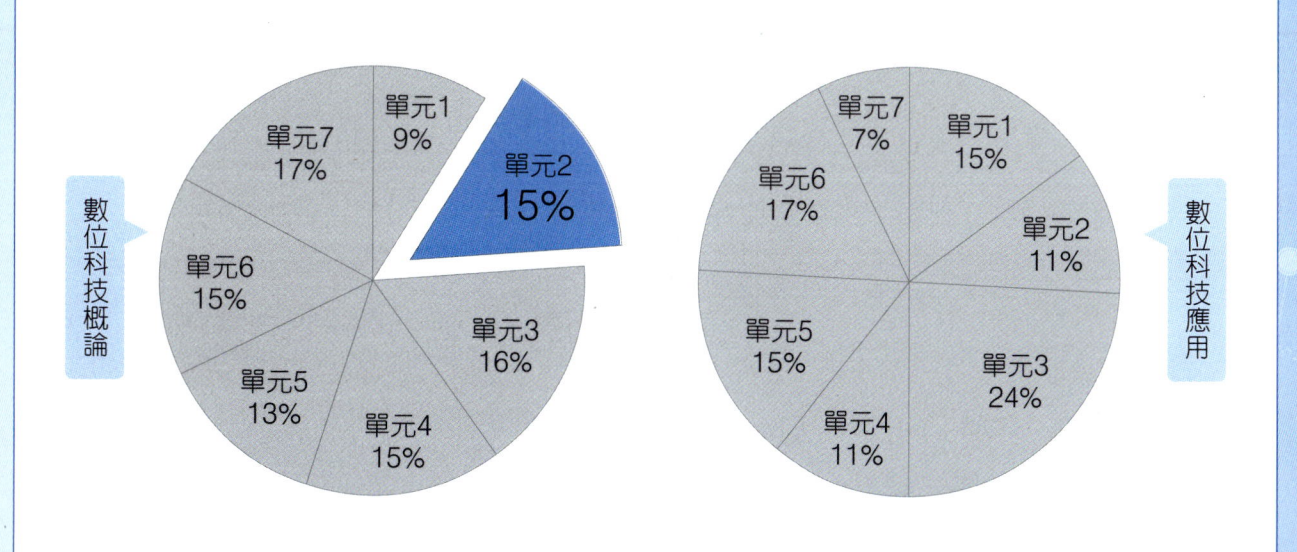

數位科技概論
- 單元1 9%
- 單元2 15%
- 單元3 16%
- 單元4 15%
- 單元5 13%
- 單元6 15%
- 單元7 17%

數位科技應用
- 單元1 15%
- 單元2 11%
- 單元3 24%
- 單元4 11%
- 單元5 15%
- 單元6 17%
- 單元7 7%

第 3 章 系統平台的硬體架構

3-1 電腦硬體的架構

統測這樣考
(B)3. 下列何者不是電腦硬體架構的五大單元之一？
(A)輸入單元（Input Unit）
(B)機殼單元（Case Unit）
(C)控制單元（Control Unit）
(D)記憶單元（Memory Unit）。　[114工管]

一、電腦的五大單元

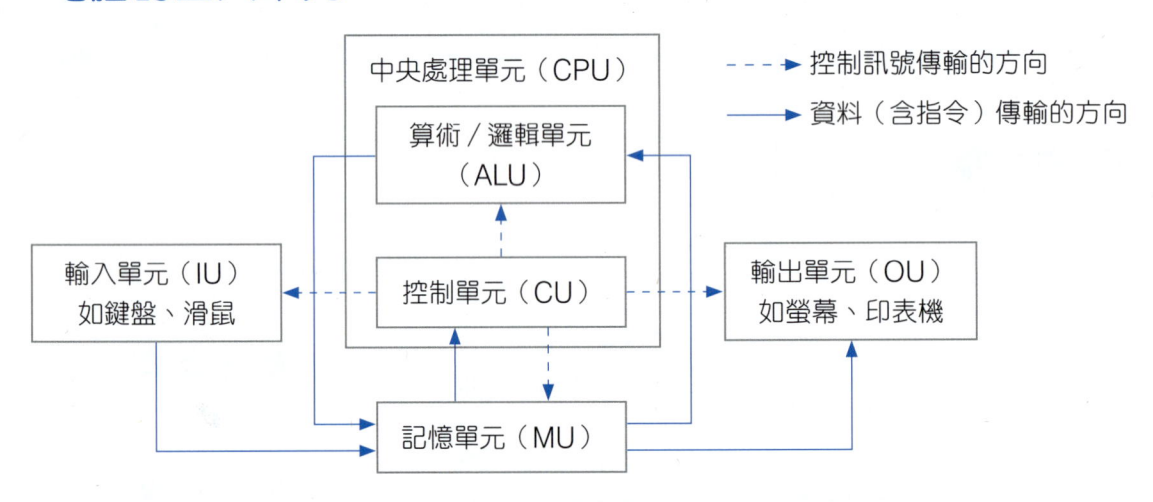

```
                 中央處理單元（CPU）           ----▶ 控制訊號傳輸的方向
                ┌──────────────┐            ──▶ 資料（含指令）傳輸的方向
                │  算術/邏輯單元  │
                │    （ALU）    │
                └──────────────┘
  ┌──────────┐  ┌──────────────┐  ┌──────────┐
  │輸入單元(IU)│  │  控制單元(CU)  │  │輸出單元(OU)│
  │如鍵盤、滑鼠│  │              │  │如螢幕、印表機│
  └──────────┘  └──────────────┘  └──────────┘
                ┌──────────────┐
                │  記憶單元(MU)  │
                └──────────────┘
```

單元名稱	功能說明	
控制	監督、指揮、協調電腦各單元的運作及負責指令的解碼	合稱**中央處理單元**（CPU）
算術/邏輯	算術運算及邏輯判斷	
記憶	存放程式與資料的地方	
輸入	輸入資料的管道	合稱**週邊設備**
輸出	輸出資料的管道	

五秒自測 五大單元中的算術/邏輯、記憶其功能為何？
算術/邏輯：算術運算及邏輯判斷；記憶：存放程式與資料的地方。

1. 控制單元、算術/邏輯單元合稱為中央處理單元，是整部電腦的核心。

2. 一般衡量電腦執行速率，主要是比較中央處理單元。

3. 輸入單元、輸出單元合稱為週邊設備。

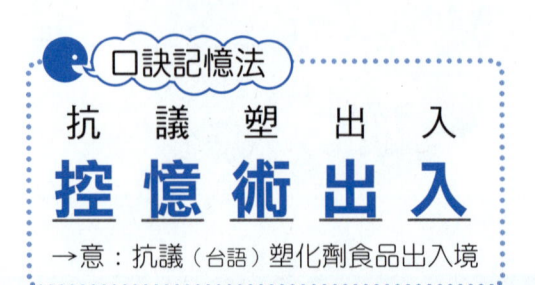

口訣記憶法
抗　議　塑　出　入
控　憶　術　出　入
→意：抗議（台語）塑化劑食品出入境

統測這樣考
(D)18. 下列哪一個單元主要是存放指令及資料的地方？
(A)輸出/輸入單元
(B)算術/邏輯單元
(C)控制單元
(D)記憶單元。　[105工管]

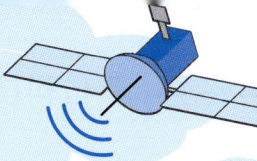

二、匯流排

1. 匯流排（bus）是五大單元間溝通的管道，依**傳輸對象**可分為：

    a. **內部**匯流排：CPU內部元件傳輸資料的管道。

    b. **系統**匯流排：CPU與記憶單元之間傳輸資料的管道。

    c. **擴充**匯流排：晶片組與輸出入單元之間傳輸資料的管道。

2. 前述3種匯流排，依**傳遞內容**可分為：

種類	傳輸方式	說明
資料匯流排 （data bus）	雙向	• 各單元間傳送資料的管道 • 資料匯流排一次所能傳輸的資料量稱為**匯流排寬度**（bus width）
位址匯流排 （address bus）	單向	• CPU向外傳送位址訊號的管道 • N位元的位址匯流排有N條位址線，CPU可定址的最大空間為2^N bytes
控制匯流排 （control bus）	單向	CPU向外傳送控制訊號的管道

◉**五秒自測** 資料、位址、控制等3種匯流排，哪一個的傳輸方向為雙向？ 資料匯流排。

3. 在主記憶體中，每個用來儲存資料的位置都有一個編號，稱為**位址**（address）。

4. 電腦在執行程式時，須先為該程式的指令及資料指定存放位置，稱為**定址**（addressing）。

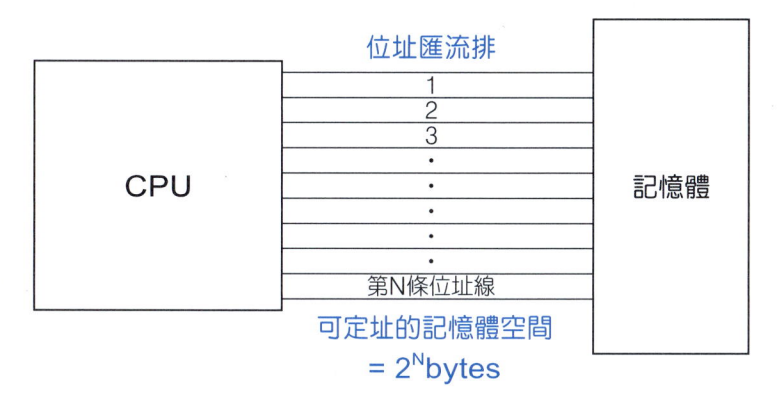

可定址的記憶體空間 = 2^N bytes

穩操勝算

某電腦的位址匯流排共有16個位元、資料匯流排共有32位元，請問該電腦可定址的最大空間為多少？一次可傳輸的資料量為多少？

答 可定址的最大空間為2^{16}（65536）位元組，一次可傳輸的資料量為32位元

解 16位元的位址匯流排，表示可定址的最大空間為2^{16}（65536）位元組；32位元的資料匯流排，表示一次可傳輸的資料量為32位元

+1題

假設某部電腦有24條位址線，表示可定址的最大空間為多少？

答 16MB

解 24條位址線表示可定址的最大空間為2^{24} bytes = $\underbrace{2^4}_{16} \times \underbrace{2^{20}}_{MB}$ bytes = 16MB

得分區塊練

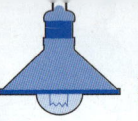

(D)1. 電腦的基本架構可分為五大單元，其中輸出單元（output unit）的功用為？
(A)接收使用者所輸入的資料　　(B)執行程式和處理資料
(C)進行算術運算與邏輯運算　　(D)將資料輸出到顯示器或儲存媒體。

(D)2. 下列何種單元執行算術運算及邏輯判斷功能
(A)控制單元　(B)輸出入單元　(C)記憶單元　(D)算術邏輯單元。

(C)3. 一般而言，電腦硬體結構可分為五大單元，以下敘述何者錯誤
(A)鍵盤屬於輸入單元
(B)算術邏輯單元又稱ALU
(C)控制單元負責做AND、OR、NOT等運算
(D)滑鼠屬於輸入單元。

3. 控制單元負責指揮、協調電腦各單元的運作；負責AND、OR、NOT等邏輯運算的單元是算術／邏輯單元。

(D)4. CPU中的控制單元主要功能在控制電腦的動作，下列何者不是控制單元所執行的動作？　(A)控制　(B)解碼　(C)執行　(D)計算。　　[丙級軟體應用]

(D)5. 中央處理單元是指下列哪一項？
(A)主機板
(B)記憶單元與算術／邏輯單元的合稱
(C)記憶單元與控制單元的合稱
(D)控制單元與算術／邏輯單元的合稱。　　[技藝競賽]

4. 計算工作是由算術／邏輯單元所負責的。

5. 中央處理單元包含控制單元與算術／邏輯單元。

(B)6. 假設我們有一部電腦，其位址匯流排有29條位址線，在能正確存取記憶體的前提下，此部電腦至多可以有多少記憶體？
(A)256MB　(B)512MB　(C)1024MB　(D)2048MB。

6. 2^{29}bytes = $2^9 \times 2^{20}$bytes = 512MB。

(D)7. 下列有關CPU匯流排的敘述，何者不正確？
(A)CPU主要是靠匯流排傳輸資料、位址與控制訊號
(B)資料匯流排的排線數，決定每次能同時傳送資料的位元數
(C)位址匯流排的排線數，決定可定址的最大記憶體空間
(D)資料匯流排與位址匯流排的傳輸方向，同為單向。

7. 資料匯流排的傳輸方向為雙向。

(B)8. 下列何者不是電腦使用的匯流排？
(A)資料匯流排　(B)程式匯流排　(C)位址匯流排　(D)控制匯流排。　　[丙級硬體裝修]

8. 電腦所使用的匯流排有資料、位址、控制等3種。

(B)9. 若CPU可直接存取1GB的記憶體，則該部電腦最少應有幾條位址線？
(A)32　(B)30　(C)24　(D)20。

9. 2^Nbytes ≥ 1GB = 2^{30}bytes；N = 30。

(C)10. 下列哪一種匯流排，是CPU向外傳送位址訊號的管道？
(A)資料匯流排　(B)控制匯流排　(C)位址匯流排　(D)輸入／輸出匯流排。

(D)11. 下列哪一種匯流排是CPU內部元件傳輸資料的管道？
(A)系統匯流排　(B)擴充匯流排　(C)外部匯流排　(D)內部匯流排。

(A)12. 下列何者不屬於匯流排（Bus）依傳遞內容的分類項目？　(A)輸入／輸出匯流排（Input／Output Bus）　(B)資料匯流排（Data Bus）　(C)位址匯流排（Address Bus）　(D)控制匯流排（Control Bus）。

3-2　CPU

統測這樣考

(D)27. 下列關於CPU中「程式計數器（Program Counter, PC）」的敘述，何者正確？
(A)PC是一個快取記憶體，用來暫時存放指令執行的資料
(B)PC是一個時間計數器，存放目前CPU運作的時間
(C)PC用來記錄程式運作的總數，用以調整匯流排的速度
(D)PC用來暫存下一個要執行指令的位址。　　[110商管]

一、CPU的簡介　106　107　109　110　112

1. CPU（中央處理單元）又稱為**微處理器（microprocessor）**，包含以下幾個元件：
    a. **控制單元**：控制與協調各單元間的相互運作。
    b. **算術／邏輯單元**（ALU）：負責資料的運算與邏輯判斷。
    c. **快取記憶體**（cache memory）：存放常用的指令或資料。
    d. **暫存器**（register）：存放CPU運算中的資料、指令，及程式執行的狀態。

    ◉ **五秒自測**　CPU包含哪些元件？　控制單元、算術／邏輯單元、快取記憶體、暫存器。

2. 暫存器的種類：

暫存器名稱	功能說明
累加器（**ACC**umulator, ACC）	儲存ALU運算的結果
位址暫存器（**A**ddress **R**egister, AR）	暫存指令或資料在記憶體中的位址
指令暫存器（**I**nstruction **R**egister, IR）	暫存正在執行的指令
程式計數器（**P**rogram **C**ounter, PC）	存放下一個要執行的指令所在之記憶體位址
旗標暫存器（**F**lag **R**egister, FR）	存放CPU執行指令後的各種狀態
通用暫存器（**G**eneral **P**urpose **R**egister, GPR）	・暫存一般運算資料及位址資料 ・64位元的電腦，即表示一般用途暫存器的位元為64bits

得分區塊練

(D)1. 旗標暫存器的內容是表示
(A)計算結果　(B)目前的執行位址　(C)日期　(D)執行狀態。

(D)2. 下列哪一個項目位於中央處理單元中？
(A)輔助記憶體　(B)主記憶體　(C)光碟機　(D)快取記憶體。

2. 中央處理單元包含控制單元、算術／邏輯單元、快取記憶體及暫存器等。

(D)3. 在電腦的基本架構中，暫存器是內建在下列哪一個單元中？
(A)輸入單元　(B)輸出單元　(C)記憶單元　(D)中央處理單元。

(D)4. CPU欲至主記憶體中存取資料，必先將所欲存取之位址存入下列何者之中？
(A)控制單元　(B)資料暫存器　(C)輸出或輸入單元　(D)位址暫存器。

(A)5. 下列哪一個暫存器，是用來存放下一個將被執行的指令之位址？
(A)程式計數器（Program counter）　(B)指令暫存器（Instruction register）
(C)指標暫存器（Index register）　(D)累加器（Accumulator）。

二、CPU的規格

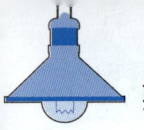

Intel Core i9-9900K 5GHz

A. 製造廠商
Intel、AMD是生產CPU的兩大廠商

B. 名稱
CPU的型號註

C. 速率
CPU的時脈頻率（clock rate），為電腦衡量速度的指標

1. 多核心處理器是指具有**多個運算核心**的處理器，其運算速度較單核心處理器快。

2. 個人電腦CPU的時脈頻率常用的單位為GHz（十億赫茲）或MHz（百萬赫茲），如5GHz表示CPU內部的石英振盪器每秒產生50億次的振盪。

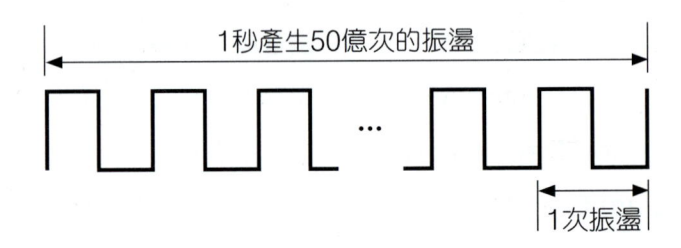

3. **時脈頻率**（clock rate）又稱工作頻率或**內頻**，其倒數即**時脈週期**（clock cycle），也就是CPU內部的石英振盪器每振盪一次所需花費的時間，如：

$$5GHz\ CPU的時脈週期 = \frac{1秒}{5GHz} = \frac{1}{5 \times 10^9} = \frac{1}{5} \times 10^{-9} \fallingdotseq 0.2奈秒（ns）$$

4. CPU執行一個指令通常需花用1至多個時脈週期。

有背無患

- 圖像處理器（Graphics Processing Unit, GPU）：又稱為圖形處理單元，主要是負責電腦顯示及繪圖處理的處理器，能提供更佳的繪圖運算效能。

統測這樣考

(D)28. 某一中央處理器（CPU）的時脈（Clock）是4.0GHz，則其中GHz是指下列何者？
(A)每秒100萬次 (B)每秒1000萬次 (C)每秒1億次 (D)每秒10億次。 [109商管]

解：個人電腦CPU的時脈頻率常用的單位為GHz（十億赫茲），例如1GHz表示CPU內部的石英振盪器每秒產生10億次的振盪。

註：CPU的核心數可透過CPU的規格表來了解；部分CPU則可直接從型號中看出CPU的核心數，例如Intel Core 2 Duo為雙核心、Intel Core 2 Quad為四核心；AMD AM3 Athlon II X2為雙核心、AMD AM3 Phenom II X4為四核心。

第3章 系統平台的硬體架構

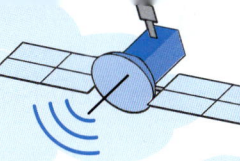

穩操勝算

若CPU的時脈頻率為2GHz,則其時脈週期應為多少秒?

答 0.5奈秒(ns)

解 2GHz表示每秒振盪20億次
時脈週期 = 振盪1次所花用的時間
$= \dfrac{1}{2 \times 10^9}$ 秒
$= \dfrac{1}{2} \times 10^{-9}$ 秒
$= 0.5$ 奈秒(ns)

+1題

假設CPU的時脈頻率為4GHz,平均執行一個指令約需花費2個時脈週期,則該CPU平均執行一個指令約需花用多少時間?

答 0.5奈秒(ns)

解 4GHz表示每秒振盪40億次
時脈週期 = 振盪1次所花用的時間
$= \dfrac{2}{4 \times 10^9}$ 秒
$= \dfrac{1}{2} \times 10^{-9}$ 秒
$= 0.5$ 奈秒(ns)

---

1. 時脈頻率為1,400MHz的電腦,
   時脈週期為 $\dfrac{1}{1,400 \times 10^6}$ 秒 $= \dfrac{1}{14 \times 10^8} = \dfrac{1}{14} \times 10^{-8} = 0.071 \times 10^{-8}$
   $= 0.71 \times 10^{-9}$ 秒;
   依題意可知執行一個指令須花費3個時脈,
   故執行一個指令須花用 $3 \times (0.71 \times 10^{-9})$ 秒 $= 2.13$ ns。

得分區塊練

(C)1. 某微處理器時脈頻率為1,400MHz,假設執行1個指令需要3個時脈,則執行該指令需要多少時間? (A)0.4ns (B)0.71ns (C)2.13ns (D)1400ns。

(A)2. 下列哪一種單位是用來表示CPU的執行速度?
(A)GHz (B)CPS (C)LPM (D)Mbytes。

(C)3. 已知某部桌上型電腦的CPU規格為AMD Ryzen™7 4700G 3.6GHz,請問其中3.6是表示CPU的何種規格?
(A)內部記憶體容量
(B)出廠序號
(C)時脈頻率
(D)電源電壓。

3. 規格中3.6GHz是指CPU的時脈頻率,即該CPU內部的石英振盪器每秒可產生36億次的振盪。

(D)4. 某銷售員宣稱所販售的電腦為四核心電腦,請根據上述,判斷下列何者正確?
(A)該部電腦裝有4顆CPU (B)該部電腦的CPU時脈頻率為4GHz
(C)該部電腦的製造廠商為Intel (D)該部電腦的CPU具有四個運算核心。

(B)5. 某部小筆電所使用的CPU規格為Intel Celeron J4105U(1.5GHz),請問該部電腦的系統時脈週期應為?
(A)1ns (B)0.7ns (C)1.5ns (D)0.5ns。

5. 時脈週期 $= \dfrac{1}{1.5 \times 10^9}$ 秒 $\approx 0.7 \times 10^{-9}$ 秒 $= 0.7$ 奈秒(ns)。

(A)6. 下列有關微處理器的敘述,何者正確?
(A)時脈週期(clock cycle)是時脈頻率(clock rate)的倒數
(B)位址暫存器可用以存放各種狀態或運算的結果
(C)相較於多核心微處理器,單核心微處理器更適合多工環境
(D)執行週期(execution cycle)包括擷取、解碼、執行三個主要步驟。

A3-7

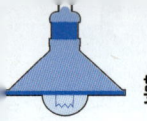

數位科技概論 滿分總複習

> **統測這樣考**
> (B)6. 下列有關CPU的敘述，何者錯誤？
> (A) CPU時脈頻率的單位是Hz
> (B) 多核心CPU是指在主機板上安裝多顆CPU
> (C) 暫存器與L1快取記憶體是CPU內部的儲存裝置
> (D) CPU執行一個指令的過程可依序分為擷取、解碼、執行、儲存等四個步驟。　　　　　　[110工管]

三、CPU的運作　112

1. CPU執行一個指令的過程稱為**機器週期**（machine cycle），包含以下4個步驟：

   a. **擷取**（fetch）　┐ I-cycle^註
   b. **解碼**（decode）┘ 指令週期

   c. **執行**（execute）┐ E-cycle
   d. **儲存**（store）　┘ 執行週期

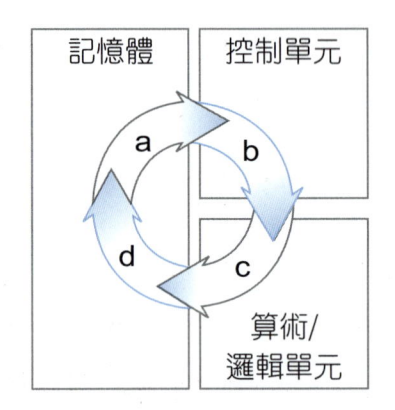

   > **口訣記憶法**
   > **取 碼 行 存**
   > →意：拿取密碼行走去存款

   （圖：記憶體、控制單元、算術/邏輯單元之間的機器週期循環 a、b、c、d）

2. **MIPS**（Million of Instructions Per Second，每秒百萬個指令）用來表示CPU每秒可執行多少百萬個指令。MIPS值越高，CPU執行速度越快。

   ◎**五秒自測** 機器週期包含哪幾個步驟？ 擷取→解碼→執行→儲存。

得分區塊練

(A)1. 在電腦中，下列哪一個單元負責指令的解碼？
　　　(A)控制單元　(B)輸入單元　(C)記憶單元　(D)算術與邏輯單元。

(D)2. 中央處理器（CPU）在處理指令時，運作的先後步驟依序為：
　　　(A)擷取→解碼→儲存→執行　　(B)解碼→擷取→執行→儲存
　　　(C)擷取→執行→解碼→儲存　　(D)擷取→解碼→執行→儲存。

(D)3. 下列何者負責解釋指令？
　　　(A)ALU　(B)BUS　(C)I/O　(D)控制單元。

(C)4. CPU執行一個指令的過程稱之為
　　　(A)擷取週期　(B)執行週期　(C)機器週期　(D)儲存週期。

(B)5. 「MIPS」為下列何者之衡量單位？
　　　(A)印表機之印字速度　　　　(B)CPU之處理速度
　　　(C)螢幕之解析度　　　　　　(D)磁碟機之讀取速度。　　[丙級軟體應用]

註：擷取與解碼步驟，也有人稱為fetch cycle（擷取週期）。

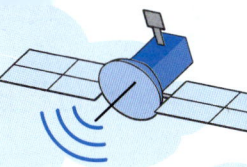

四、影響CPU執行效能的因素

1. **時脈頻率**
2. **核心數** ⎫ 越高（多），執行效能越高
3. **快取記憶體的容量** ⎭

4. **CPU的字組（word）長度**也就是**通用暫存器**的位元數，若該暫存器的位元數為n位元，表示：
   a. CPU一次能處理n位元的資料。
   b. 使用此種CPU的電腦，即稱為n位元的電腦[註]。

5. **指令集的採用**：指令集是指CPU能執行的所有運算指令之組合。
   a. **CISC（複雜指令集）**：內建的指令較多，但CPU的電路設計較複雜，因此指令的執行速度較慢（如Intel Core i系列的CPU）。
   b. **RISC（精簡指令集）**：內建的指令較少，但CPU的電路設計較簡單，因此指令的執行速度較快（如Apple的A系列的CPU）；當執行到非內建指令時，因需組合數個內建指令來完成該指令所要做的工作，執行速度反而較CISC慢。

種類	型號代表	單一指令長度	指令集數目	單一指令執行速度
CISC	Intel Core i系列	較長（長度不一）	較多	較慢
RISC	Apple A系列	較短（長度固定）	較少	較快

得分區塊練

(C)1. 由許多功能精簡的指令所組成且較容易最佳化的指令集為
(A)BUS　(B)AWK　(C)RISC　(D)CISC。

(C)2. 一部64位元電腦的字組（Word）長度為
(A)64Bytes　(B)16Bytes　(C)8Bytes　(D)4Bytes。

> 2. 64位元的電腦，其CPU的字組長度為64bits（位元）。
> 由於8bits = 1byte，
> 故64bits = 8bytes（位元組）。

(A)3. 所謂的64位元電腦是指下列何者的位元數為64位元？
(A)通用暫存器　(B)位址匯流排　(C)控制匯流排　(D)電源供應。

(B)4. 下列何者不是影響CPU執行效能的因素？　(A)CPU內部所採用的指令集架構　(B)硬碟的容量　(C)快取記憶體的容量　(D)CPU的位元數。

(A)5. 有關「CPU」的描述，下列何者有誤？　(A)個人電腦的CPU一定是16位元　(B)CPU中具有儲存資料能力的是暫存器　(C)一部電腦中可以有二個以上的CPU　(D)一部電腦的執行速度主要是由CPU的處理速度決定。　[丙級軟體應用]

> 5. CPU有許多不同的規格，依其通用暫存器的位元數可區分為16位元、32位元、64位元，並非全為16位元。

註：早期資料匯流排的寬度與CPU暫存器的寬度一致，部分電腦書籍誤以資料匯流排的寬度來認定CPU的位元數，其實應該是以通用暫存器的位元數來衡量才精準。

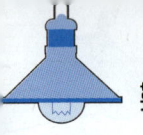

3-3 主記憶體

一、認識記憶體

1. 記憶體（memory）是電腦存放程式與資料的地方，即電腦五大單元中的**記憶單元**，分為**主記憶體**與**輔助記憶體**：

項目	主記憶體	輔助記憶體
存取速度	快	慢
單位成本	貴	便宜
容量	小	大
儲存內容	處理中的資料與程式	須長久保留的資料

2. 記憶體的類別：

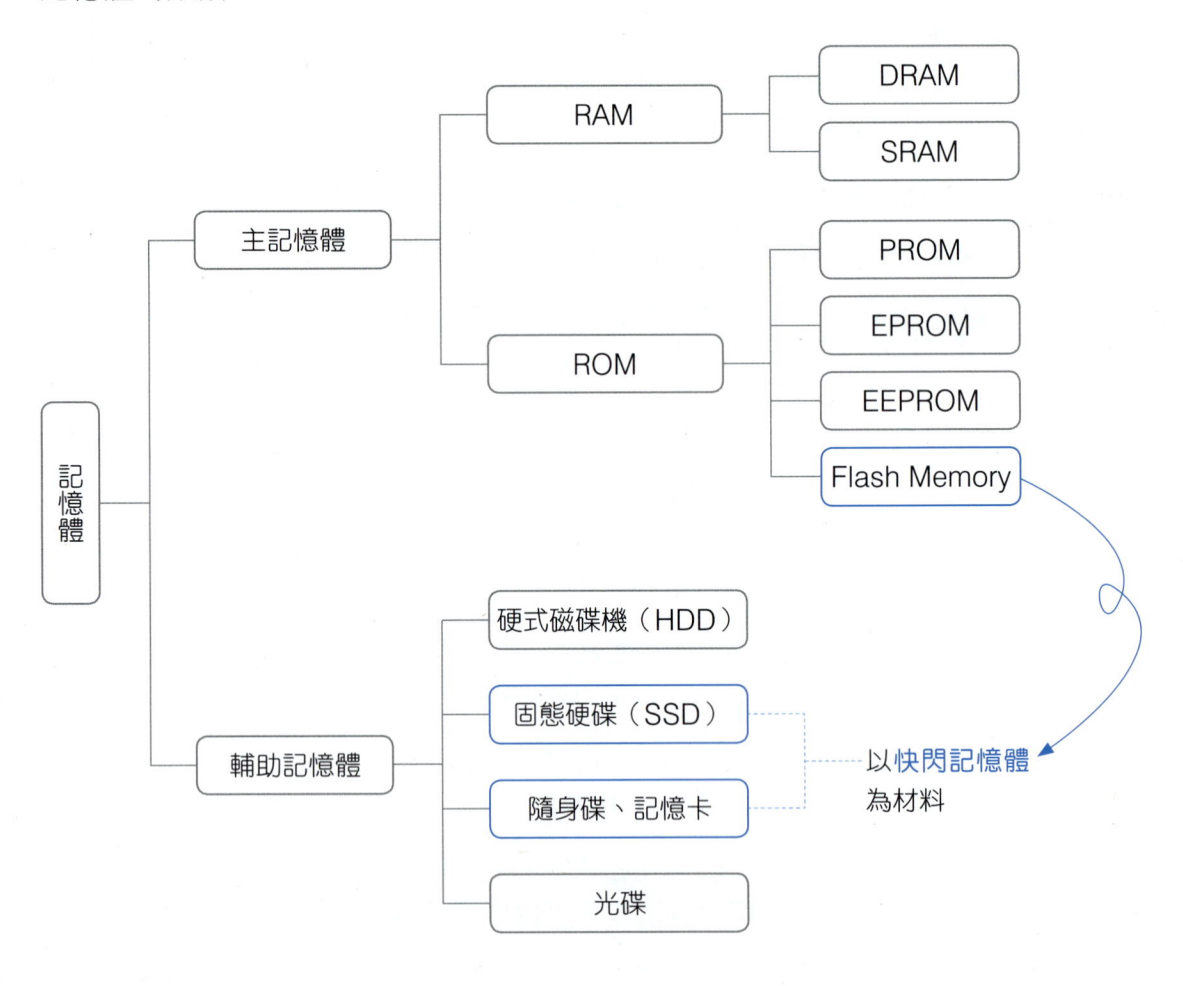

```
記憶體 ┬ 主記憶體 ┬ RAM ┬ DRAM
       │         │     └ SRAM
       │         └ ROM ┬ PROM
       │               ├ EPROM
       │               ├ EEPROM
       │               └ Flash Memory
       └ 輔助記憶體 ┬ 硬式磁碟機（HDD）
                   ├ 固態硬碟（SSD）
                   ├ 隨身碟、記憶卡
                   └ 光碟
```

固態硬碟（SSD）、隨身碟、記憶卡 以**快閃記憶體**為材料

◎**五秒自測** 記憶體可區分為哪些種類？ 主記憶體、輔助記憶體。

二、RAM（隨機存取記憶體）

1. **RAM**（**R**andom **A**ccess **M**emory）：**可讀可寫**，電源關閉後儲存在其內的資料會消失，故稱**揮發性**記憶體（volatile memory）。

2. 儲存在輔助記憶體中的程式或資料，必須先載入至RAM中，電腦才能執行。

3. RAM分為DRAM與SRAM兩類：

項目	DRAM（動態隨機存取記憶體）	SRAM（靜態隨機存取記憶體）
使用的電子元件	電容器	正反器
需要週期性充電	是	否
存取速度	慢	快
單位成本	便宜	貴
主要應用	個人電腦的記憶體	主機板上或CPU內的快取記憶體

◎五秒自測　DRAM與SRAM使用的電子元件及存取速度有何不同？
　　　　　DRAM：使用電容器、存取速度慢；
　　　　　SRAM：使用正反器、存取速度快。

4. DRAM種類：

種類	傳輸速度
SDRAM	慢
DDR SDRAM	↓
DDR2 SDRAM	↓
DDR3 SDRAM	↓
DDR4 SDRAM	↓
DDR5 SDRAM	快

- DDR SDRAM：雙倍數同步動態隨機存取記憶體（**D**ouble **D**ata **R**ate **S**ynchronous **D**ynamic **R**andom **A**ccess **M**emory），其速度為SDRAM的兩倍。

得分區塊練

(B)1. 主機板上或CPU內的快取記憶體，通常採用下列哪一種記憶體？
(A)動態隨機存取記憶體（DRAM）
(B)靜態隨機存取記憶體（SRAM）
(C)快閃記憶體（Flash ROM）
(D)可程式化唯讀記憶體（PROM）。

(A)2. 下列有關RAM（隨機存取記憶體）的敘述何者正確？
(A)RAM可以寫入
(B)RAM屬於非揮發性記憶體
(C)RAM專門用來存放開機系統程式
(D)RAM的資料在電腦關閉後不會消失。

(C)3. 電腦要執行任何軟體，首先要將可執行碼載入到下列何種儲存媒體中？
(A)輔助記憶體　(B)ALU　(C)主記憶體　(D)cache。

(B)4. 一般所稱的個人電腦中的主記憶體有512MBytes或1GBytes，通常指的是下列何者？
(A)快取記憶體（Cache Memory）
(B)動態隨機存取記憶體（Dynamic Random Access Memory）
(C)唯讀記憶體（Read Only Memory）
(D)虛擬記憶體（Virtual Memory）。

(C)5. 下列關於DRAM（動態隨機存取記憶體）與SRAM（靜態隨機存取記憶體）的敘述，何者正確？
(A)DRAM不需要充電　　　　　(B)DRAM比SRAM貴
(C)DRAM是一種電容器　　　　(D)DRAM是一種輔助記憶體。

(D)6. 下列哪一種記憶體需要不斷充電才能保存資料？
(A)EPROM　(B)ROM　(C)SRAM　(D)DRAM。

(A)7. 下列何種記憶裝置會隨著電源關閉而資料消失？
(A)RAM　(B)FLASH　(C)ROM　(D)EPROM。

(D)8. 下列有關記憶體的敘述，何者正確？　8. SRAM可被讀取資料，也能寫入資料；
(A)SRAM可被讀取資料，但不能寫入資料　DRAM的速度較硬式磁碟快；
(B)DRAM的速度較硬式磁碟慢　　　　當電腦關機後，DRAM中的資料會消失。
(C)當電腦關機後，DRAM中的資料不會消失
(D)動態隨機存取記憶體的速度，較靜態隨機存取記憶體的速度慢。

(A)9. 下列何者是主記憶體？
(A)RAM　(B)光碟　(C)硬碟　(D)隨身碟。

(B)10. 志華透過『Yahoo!奇摩購物中心』網站，購買一條規格為DDR4 3200的記憶體，請問該記憶體指的是下列何者？
(A)SRAM　(B)DRAM　(C)ROM　(D)flash memory。

📢 **統測這樣考**

(C)5. 「ROM、SRAM、SDRAM、DRAM、EEPROM、Flash Memory」中，有幾個是屬於非揮發性（亦稱之為非依電性）記憶體？
(A)1　(B)2　(C)3　(D)4。　　　　　　　　　　　　　　　　[110工管]

三、ROM（唯讀記憶體） 108

1. **ROM**（Read-Only Memory）：**可讀取但不能任意寫入**，電源關閉後，儲存在其內的資料不會消失，故稱**非揮發性**記憶體（nonvolatile memory）。但隨著硬體科技進步，目前常用的ROM通常是**可讀取也可寫入**。

2. **韌體**（firmware）：燒錄在ROM中的程式，如開機時執行的**BIOS**程式。韌體可省去將程式由輔助記憶體載入主記憶體的時間，加快執行速度。

    a. BIOS（Basic Input/Output System，基本輸入輸出系統）：具有**開機自我測試**[註]（Power On Self Test, POST）、載入作業系統及設定CMOS內容（如設定系統時間、設定開機順序）等功能。

    b. CMOS晶片：儲存系統時間、電腦硬體裝置的資訊（如記憶體的容量等），以及開機所需的相關資訊（如由硬碟或光碟開機）。**要設定CMOS的各項參數，須透過BIOS的設定程式才能達成**。

3. ROM的種類：

類別	說明
PROM	可利用專用燒錄機將資料寫入ROM，但只能寫入1次
EPROM	利用**紫外線**的照射抹除資料，以重複寫入資料
EEPROM	a. 利用**電壓訊號**寫入或抹除資料 b. 常在**智慧IC卡**產品中，做為輔助記憶體使用
Flash Memory / Flash ROM （快閃記憶體）	a. 利用**電壓訊號**增刪資料，讀寫速度較EEPROM快 b. 目前的主機板多已改用Flash Memory來儲存BIOS，以便透過程式來更新BIOS內容 c. 常在智慧型手機、平板電腦、隨身碟、固態硬碟、MP3 / MP4播放器及記憶卡等產品中，做為輔助記憶體使用

（可重複寫入）

4. RAM與ROM的比較：

項目	RAM	ROM
可寫入資料	是	需特殊設備才可寫入
電腦關閉資料會消失	是	否
主要用途	個人電腦記憶體（DRAM）、快取記憶體（SRAM）	BIOS、隨身碟、記憶卡（Flash Memory）

📢 **統測這樣考**

(C)33. 有關PC上BIOS的敘述，下列何者不正確？　(A)它所存放的元件位於主機板上　(B)是開機程序的控制程式　(C)全名為Binary Input / Output System　(D)對電腦設備進行一系列的檢查與測試。　　　　　　　　　　　　　　　[108商管]

解：BIOS的全文為Basic Input / Output System，基本輸入輸出系統。

註：開機自我測試是在電腦一開機時執行，主要是檢查電腦硬體（如記憶體）及週邊設備（如鍵盤）是否能正確運作。

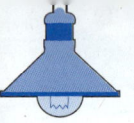

四、快取記憶體（cache memory） 109 112

1. 用來存放CPU經常使用的資料或指令，以提升電腦的處理效能。
2. 分為L1 cache、L2 cache及L3 cache等三種。
3. 存取速度比較：**L1 > L2 > L3 > 主記憶體**。
4. 容量比較：L1 < L2 < L3 < 主記憶體。

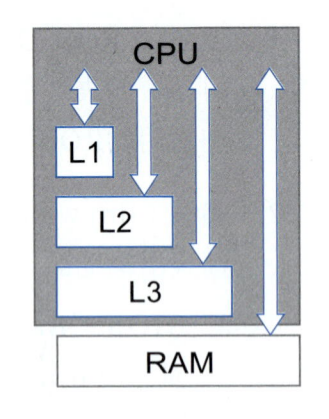

得分區塊練

(C)1. 電腦中的「基本輸入／輸出系統」（BIOS）屬於下列何者選項？
(A)報表軟體　(B)套裝軟體　(C)韌體　(D)作業系統。

(B)2. 下列敘述何者正確？
(A)暫存器是一種主記憶體
(B)唯讀記憶體是一種主記憶體
(C)快取記憶體是一種輔助記憶體
(D)隨機存取記憶體是一種輔助記憶體。

(C)3. 有關電腦開機自我測試（power on self test）之敘述，下列何者錯誤？
(A)會對CPU和動態記憶體等硬體做測試
(B)該開機自我測試階段是在作業系統載入前
(C)該段程式碼是存放在硬式磁碟機中
(D)該段程式碼屬於BIOS的一部份。

(C)4. 關於快閃記憶體（flash memory）的敘述，下列何者不正確？
(A)電源消失資料仍然存在
(B)記憶體中的資料可以被重複讀寫
(C)必須利用紫外線的照射才能刪除資料
(D)可以應用在隨身碟或記憶卡。

(C)5. 下列何種記憶體，具有可雙向讀寫，以及電源關閉時資料仍保留的特性？
(A)DRAM　(B)SRAM　(C)Flash ROM　(D)BIOS。

(C)6. 下列敘述何者不正確？
(A)第四代電腦主要元件是超大型積體電路
(B)電腦系統包括了軟體與硬體兩大部份
(C)電源關掉時ROM裡的資料將會流失
(D)RAM是能隨時存取資料的記憶體，稱隨機存取記憶體。

6. 電源關掉時，ROM裡的資料不會流失。

(C)7. 下列哪一項不是BIOS（Basic Input Output System）具備的功能？
(A)記錄硬碟型號及大小
(B)設定由硬碟開機
(C)設定顯示器的解析度
(D)設定系統的時間。

(B)8. 電腦許多基本設定資料如日期、時間、磁碟機容量等都會儲存在下列哪一個項目內？　(A)硬碟　(B)CMOS　(C)暫存器　(D)DRAM。

(A)9. 下列對CACHE記憶體的敘述何者有誤？
(A)是一種唯讀記憶體
(B)存取速度比一般記憶體快好幾倍
(C)可細分為L1、L2、L3 CACHE
(D)L1 CACHE與微處理器在同一顆晶片中。

(C)10.「快取記憶體（Cache Memory）」的主要功能是
(A)作為輔助記憶體
(B)可以降低主記憶體的負擔和成本
(C)可以增進程式的整體執行速度
(D)可以減少輔助記憶體的空間需求。
[乙級軟體應用]

(D)11. 有關快取記憶體L1、L2、L3及主記憶體的存取速度比較，何者最快？
(A)主記憶體　(B)L3　(C)L2　(D)L1。

統測這樣考

(B)2. 為了減少中央處理器（CPU）存取電腦主記憶體所需的平均時間，可以使用下列哪一類型的記憶體來達成目的？
(A)快閃記憶體（Flash Memory）
(B)快取記憶體（Cache Memory）
(C)輔助記憶體（Auxiliary Memory）
(D)動態記憶體（Dynamic Random Access Memory）。
[114工管]

3-4 輔助記憶體

一、輔助記憶體的種類

名稱	說明
硬碟	分為硬式磁碟機（HDD）及固態硬碟（SSD）
光碟	分為CD、DVD、藍光（BD）
SSD／隨身碟／記憶卡	快閃記憶體（Flash Memory）材料，可重複讀寫

◎五秒自測　RAM、ROM、硬碟、光碟哪些屬於輔助記憶體？　硬碟、光碟。

二、硬式磁碟機（Hard Disk Drive, HDD）

1. 具有容量大和讀取速度快的優點，是個人電腦重要的儲存設備。

2. 硬碟的構造：

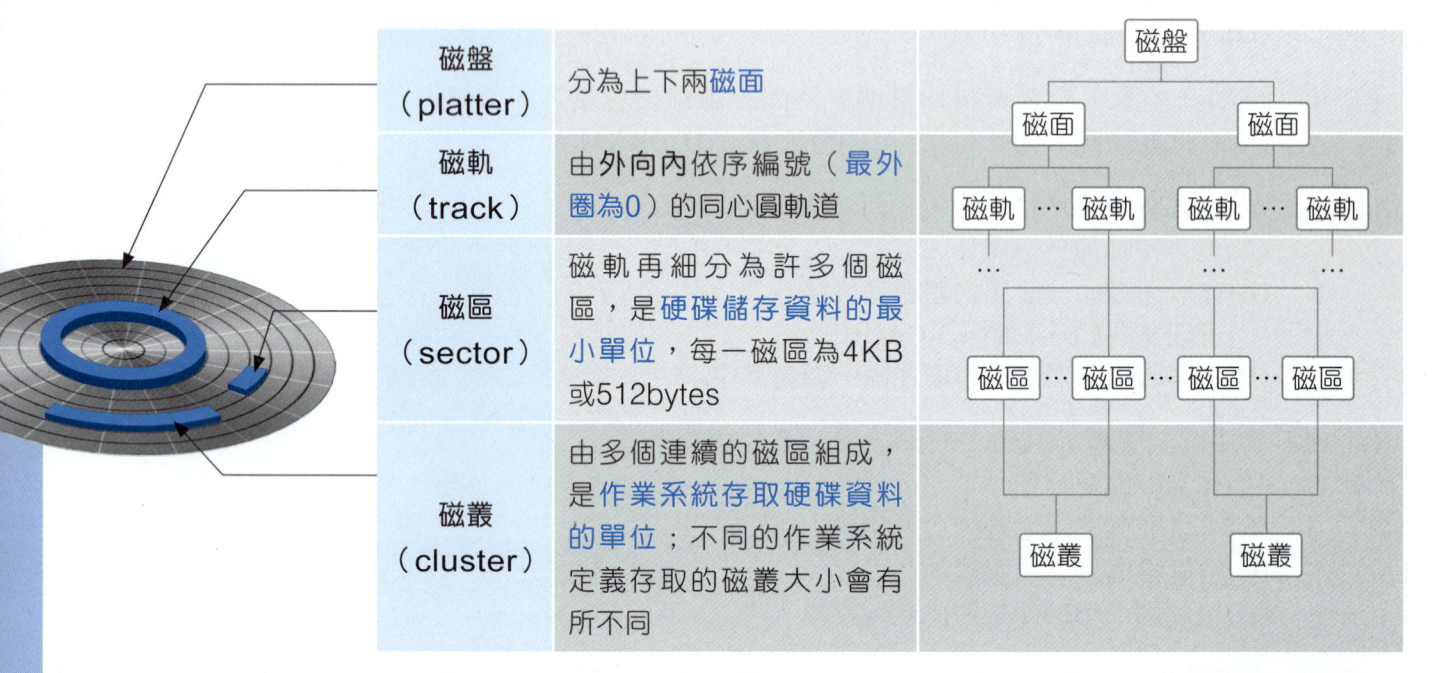

磁盤（platter）	分為上下兩磁面	
磁軌（track）	由外向內依序編號（最外圈為0）的同心圓軌道	
磁區（sector）	磁軌再細分為許多個磁區，是硬碟儲存資料的最小單位，每一磁區為4KB或512bytes	
磁叢（cluster）	由多個連續的磁區組成，是作業系統存取硬碟資料的單位；不同的作業系統定義存取的磁叢大小會有所不同	

a. **磁柱**（cylinder）：由磁盤中相同半徑的所有磁軌組成，若磁盤有N個磁軌，即有N個磁柱。

b. 硬碟是利用**讀寫頭**來讀寫磁盤上的資料。

c. 容量大小比較：**磁區 < 磁叢 < 磁軌 < 磁柱**。

3. 硬碟的規格：

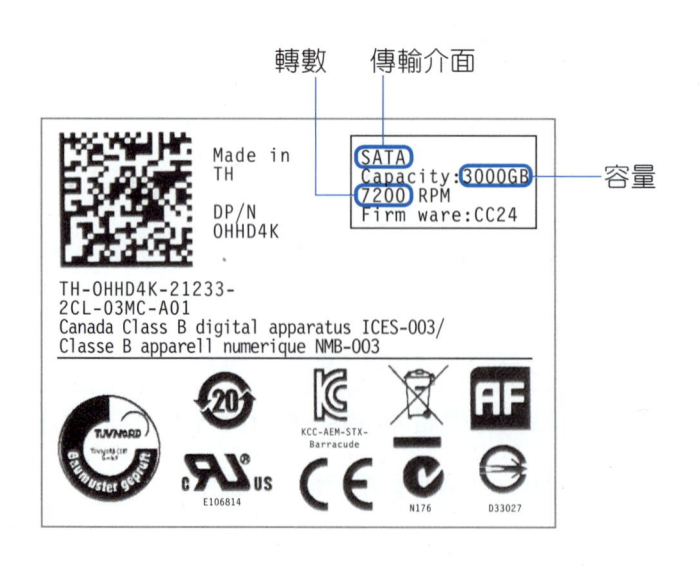

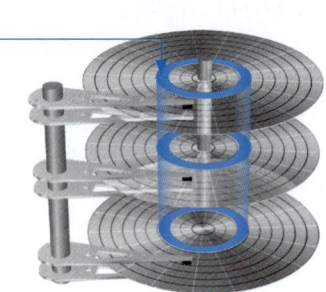

轉數　傳輸介面

SATA
Capacity:3000GB　容量
7200 RPM
Firm ware:CC24

a. **硬碟容量 = 讀寫頭數 × 磁軌數 × 磁區數 × 磁區的大小（4KB或512 bytes）**

b. 轉速：硬碟內部馬達旋轉的速度，單位為 **RPM**（每分鐘旋轉圈數），常見的轉速有7,200、10,000、15,000RPM。轉速越高，讀寫資料的速度越快。

c. 傳輸介面：IDE、**SATA**、SAS（通常用於伺服器硬碟）。

d. 外接式硬碟（又稱**行動硬碟**）使用的介面多為 **USB**、eSATA、Thunderbolt。

e. 尺寸：3.5吋、2.5吋；3.5吋多半用於桌上型電腦，而2.5吋常用於筆電或行動硬碟。

f. 硬碟多半內建有**緩衝記憶體**（buffer），可加速硬碟的存取速度，常見的規格有16MB、32MB、64MB等。

4. 磁碟存取時間：指磁碟機讀取或寫入資料的時間，通常以毫秒（ms，即10^{-3}秒）為單位。

5. **磁碟存取時間 = 搜尋時間 + 旋轉時間 + 傳輸時間**

   a. 搜尋時間：將讀寫頭移到要存取資料位置（磁軌）所需的時間。

   b. 旋轉時間：將資料磁區旋轉到讀寫頭所在位置的時間，一般是取平均時間，即硬碟旋轉1/2圈所花的時間。

   c. 傳輸時間：讀寫頭將磁區資料讀出並傳送至主記憶體，或主記憶體將資料傳送至讀寫頭，並寫入資料磁區所花用的時間。

統測這樣考

(C)10. 下列關於硬碟的敘述，何者錯誤？
(A)固態硬碟以快閃記憶體作為儲存元件，具低功耗、抗震、無噪音特性
(B)磁碟讀寫頭移到要存取資料所在磁軌的時間稱為搜尋時間（Seek Time）
(C)傳統硬碟的外圈磁軌面積及容量都大於內圈磁軌的面積及容量
(D)某硬碟的轉速是5400 RPM（Revolutions Per Minute），此硬碟碟片旋轉一圈約需11.1ms。 [110工管]

穩操勝算

某一磁碟機之轉速為7,200RPM，資料傳輸率1,000,000bytes/Sec，搜尋時間為10ms，則要存取同一磁柱內5,000bytes之資料需花費多少時間？

答 19.2ms

解 1. 搜尋時間 = 10ms

2. 旋轉時間 = 磁碟旋轉一圈所需秒數 × $\frac{1}{2}$（取平均時間）

   a. 每旋轉一圈需耗時：$\frac{1}{7,200} \times 60$秒 ≒ 0.0084秒 ≒ 8.4ms（無條件進位至小數點第1位）

   b. 旋轉時間：8.4ms × $\frac{1}{2}$ = 4.2ms

3. 傳輸時間 = 讀寫與傳輸5,000bytes所花用的時間 = $\frac{5,000}{1,000,000}$ = 0.005秒 = 5ms

4. 存取時間 = 搜尋時間 + 旋轉時間 + 傳輸時間
   = 10ms + 4.2ms + 5ms = 19.2ms

三、固態硬碟 107 113

統測這樣考
(D)28. 有關固態硬碟（solid state disk, SSD）與傳統機械硬碟（hard disk, HDD）的敘述，下列何者正確？ (A)HDD中的儲存元件是採用快閃記憶體 (B)SSD採用低噪音馬達驅動讀寫頭並具抗震特點 (C)HDD沒有旋轉及搜尋資料時間，僅須考量資料傳輸時間 (D)SSD在經過長時間及多次使用致使內部儲存資料零散，仍可不須進行磁碟重組。 [113商管]

1. **固態硬碟**（Solid-State Drive, SSD）與**硬式磁碟機**（HDD）不同，沒有馬達、讀寫頭等機械構造，而是以**快閃記憶體**（Flash Memory）來作為儲存元件。

2. 優點：讀寫速度快、耗電量低、重量輕、無噪音、耐震力高、可無限次讀取。
   缺點：價格高、有寫入次數限制（如10萬次），若SSD故障，儲存其內的資料無法或極難救回。

   統測這樣考
   (B)10. 下列關於傳統硬碟與固態硬碟的敘述，何者正確？ (A)傳統硬碟較固態硬碟省電 (B)傳統硬碟較固態硬碟怕晃動 (C)固態硬碟讀寫頭較傳統硬碟多 (D)固態硬碟RPM（Revolutions Per Minute）值較傳統硬碟大。 [108工管]

3. 傳輸介面：SATA、M.2、PCI-E。

4. 固態硬碟與傳統硬碟的比較：

項目 類別	讀寫速度	磁碟重組	耗電量	重量	噪音	耐震度	價格
固態硬碟	快	不需要	低	輕	無	高	貴
傳統硬碟	慢	需要	高	重	有	低	便宜

有背無患

1. 固態混合硬碟（Solid-State Hybrid Drive, SSHD）：由硬式磁碟機的磁盤及固態硬碟組合而成，兼具有讀寫快速及容量大的優點。通常是將常用的檔案存於固態硬碟，以加快資料的讀取速度。

2. 企業級硬碟（伺服器硬碟）通常會使用到下列技術：
   » **SAS**：序列式SCSI（Serial Attached SCSI）是一種連接埠標準，常用來連接多個硬式磁碟機，組成磁碟陣列。
   » **NAS**：網路附接儲存器（Network Attached Storage）是一個小型的雲端硬碟伺服器，它通常內接多個硬碟，並內建網路功能與管理檔案專用的軟體。

得分區塊練

(A)1. 下列何者屬於輔助記憶體？ (A)硬碟（Hard Disk） (B)隨機存取記憶體（RAM） (C)暫存器（Register） (D)快取記憶體（Cache）。

(C)2. 一台具有32個磁頭的硬式磁碟機，若每個磁面有6256個磁軌，每一磁軌有63個扇形區，且每一扇形區可儲存512個位元組，試問此磁碟機容量約為多少位元組（byte）？ (A)1.5G (B)3.0G (C)6.0G (D)12.0G。
2. 硬碟容量：$32 \times 6,256 \times 63 \times 512\text{bytes} = 6,457,393,152\text{bytes} \approx 6.0\text{GB}$。

(C)3. 一磁碟機，每分鐘3600轉，資料移轉時間為每秒3百萬位元組，平均尋找時間為16毫秒，則同一磁柱內的3000位元組之隨機存取時間為多少毫秒？ (A)15.3 (B)13.5 (C)25.3 (D)23.5。
3. 搜尋時間 $= 16\text{ms}$；旋轉時間 $= \dfrac{1}{3,600} \times \dfrac{1}{2} \times 60$ 秒 ≈ 0.0083 秒 $= 8.3\text{ms}$；
傳輸時間 $= \dfrac{3,000}{3,000,000} = 1\text{ms}$；故存取時間 $= 16 + 8.3 + 1 = 25.3\text{ms}$。

四、光碟

1. 光碟（optical disc）是一種儲存資料的媒體，光碟必須要使用光碟機才能讀取，光碟機是利用雷射光掃瞄光碟片，藉由反射的光線變化來判讀資料。

    a. CD、DVD光碟機 ──────────▶ 使用紅色雷射光

    b. 藍光（Blu-ray Disc, BD）光碟機 ──▶ 使用藍色雷射光

2. 光碟片的碟片規格：

光碟片規格	燒錄次數	光碟類型		
		CD	DVD	BD
ROM	唯讀	CD-ROM	DVD-ROM	BD-ROM
R	1次	CD-R	DVD±R DVD±R DL	BD-R
RW	多次	CD-RW	DVD±RW	—
RE	多次	—	—	BD-RE

> **簡易記憶法**
> 碟片規格標示ROM表示唯讀、R表示僅能燒錄1次、RW及RE表示能燒錄多次

五秒自測 哪些規格的光碟片可燒錄資料多次？　RW及RE表示可燒錄多次。

3. 光碟機的讀寫倍速：**倍速**是用來衡量光碟機讀寫速度的單位，倍速越高，讀寫速度越快。

種類	標誌	單倍讀寫速度
CD	COMPACT disc	150　KB/Sec
DVD	DVD	1,350　KB/Sec
BD	Blu-ray Disc	4.5　MB/Sec

（CD→DVD 約9倍；DVD→BD 約3.5倍）

a. 市面上的光碟機，常兼具讀取與燒錄的功能，這種光碟機稱為「燒錄機」。

五秒自測 CD、DVD、藍光光碟機的單倍讀寫速度各為多少？
CD光碟機：150KB/Sec、DVD光碟機：1,350KB/Sec、藍光光碟機：4.5MB/Sec。

4. **挑片**：指光碟機發生無法讀取光碟片的情形，可能的原因是光碟片的品質不佳，或光碟機的讀寫頭老舊。

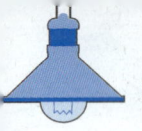

五、隨身碟與記憶卡 106

1. 以**快閃記憶體（Flash Memory）**作為儲存元件。

   ◎五秒自測　隨身碟與記憶卡是以何種記憶體來作為儲存元件？　快閃記憶體。

2. 隨身碟是透過USB埠與電腦連接。

3. 電腦必須透過讀卡機，才能存取記憶卡中的資料。部分記憶卡（如下圖中的SDHC卡）也可透過Wi-Fi來傳輸資料至電腦或相關設備。

4. 常見的記憶卡：

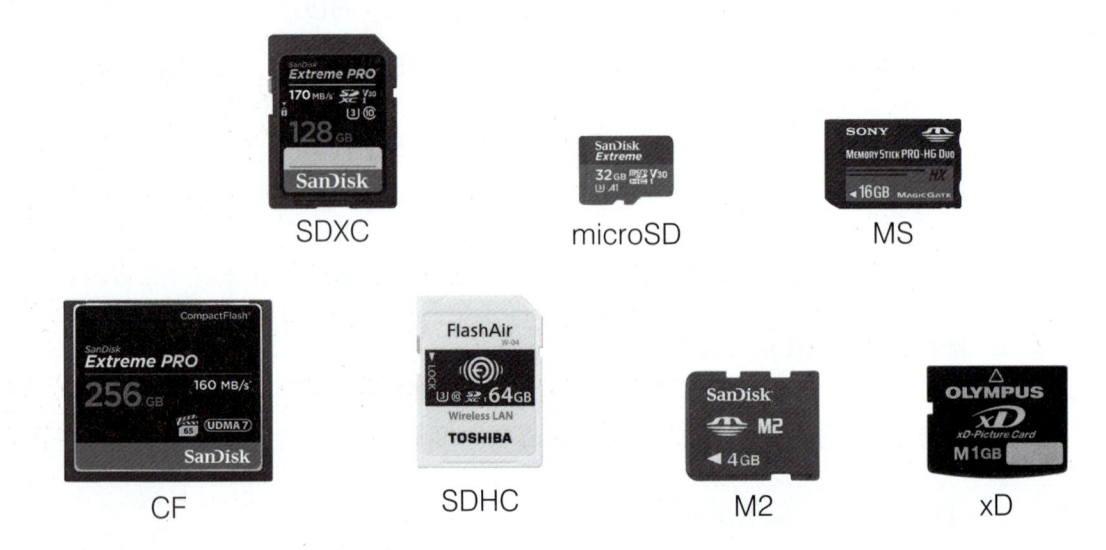

   SDXC　microSD　MS
   CF　SDHC　M2　xD

5. 手機常用的記憶卡為microSD卡，數位相機常用的記憶卡為SDHC、CF卡。

笑話記憶法
記憶體有很多種，哪一種記憶體屬於「快閃族」（一群人相約在某一地點做出特定動作，便迅速離去）？
答：flash memory（快閃記憶體）。

得分區塊練

(D)1. 下列哪一種DVD光碟機只能讀取光碟片上的資料，但不能寫入資料？
(A)DVD-R　(B)DVD-RW　(C)DVD-RAM　(D)DVD-ROM。

(D)2. 下列何者是屬於可以重複讀寫（燒錄）之光碟片？
(A)CD-R　(B)CD-W　(C)CD-ROM　(D)CD-RW。

(C)3. 下列哪一種記憶體，用於製作USB隨身碟？
(A)DRAM　(B)SRAM　(C)Flash memory　(D)EEPROM。

(C)4. 下列哪一種資料儲存設備，通常是使用快閃記憶體來製作的？
(A)暫存器　(B)快取記憶體　(C)數位相機記憶卡　(D)隨機存取記憶體。

(C)5. 要讀取隨身碟中的資料，必須透過下列哪一個連接埠，將隨身碟與電腦連接？
(A)SATA　(B)M.2　(C)USB　(D)SAS。

六、記憶體比較

1. 各類記憶體存取速度及容量比較：

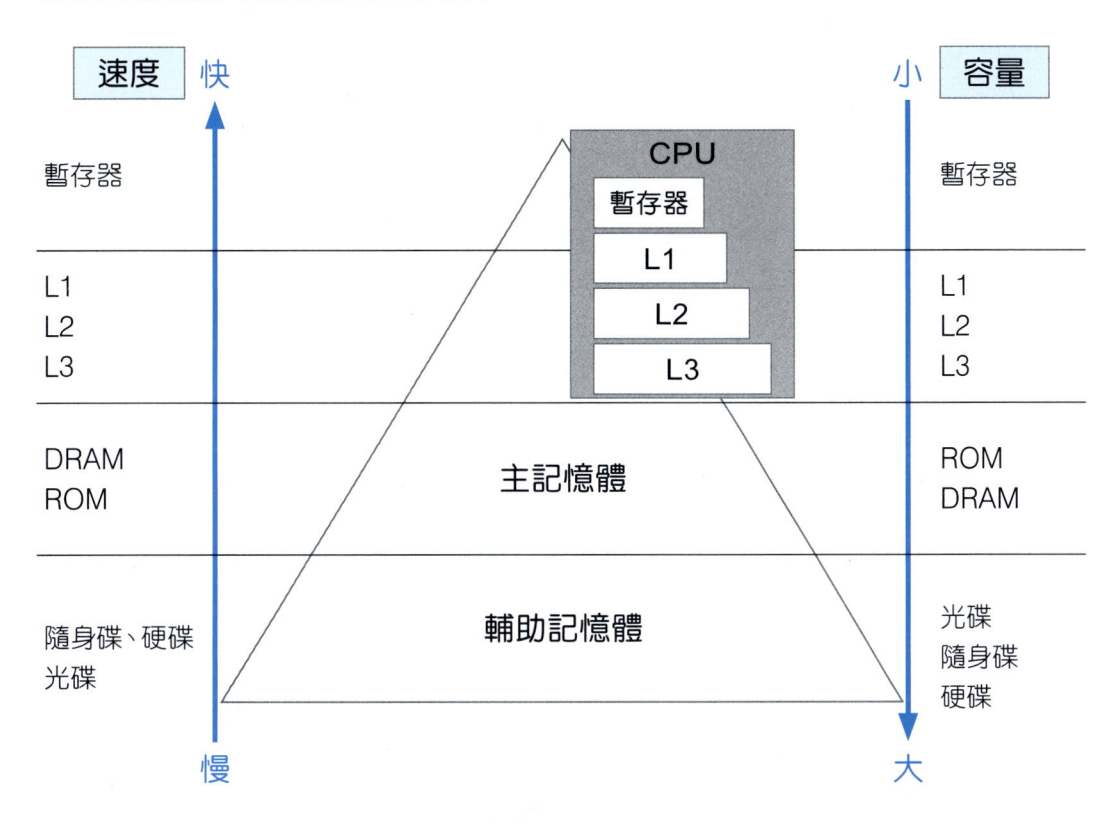

速度 快		小 容量
暫存器	CPU（暫存器、L1、L2、L3）	暫存器
L1		L1
L2		L2
L3		L3
DRAM ROM	主記憶體	ROM DRAM
隨身碟、硬碟 光碟	輔助記憶體	光碟 隨身碟 硬碟
慢		大

a. L1、L2、L3是以SRAM製成，SRAM的存取速度較DRAM快。

b. 光碟機的存取速度比較：BD > DVD > CD。

c. 隨身碟的存取速度會依其使用的USB介面不同而有差異。
隨身碟的容量規格有很多，容量較大者甚至可能大於硬碟。

2. CPU到各類記憶體的存取順序：
暫存器 → 快取記憶體 → 主記憶體 → 輔助記憶體。

> **五秒自測** 快取記憶體、ROM、暫存器、DRAM、硬碟、光碟等記憶體的存取速度，由快到慢的順序為何？
> 暫存器 > 快取記憶體 > DRAM > ROM > 硬碟 > 光碟。

統測這樣考

(A)19. 下列哪一種記憶體的存取速度最快？
(A)暫存器（Register） (B)快取記憶體（Cache）
(C)輔助記憶體 (D)主記憶體（RAM）。　　　[113工管]

A3-21

得分區塊練

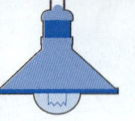

(B)1. 下列哪一種記憶裝置，其資料儲存容量最小，但其資料存取速度最快？
(A)隨機存取記憶體（RAM） (B)暫存器（Register）
(C)快取記憶體（Cache） (D)硬碟（Hard Disk）。

(D)2. 電腦記憶體主要分為四個層次：(1)快取記憶體 (2)主記憶體 (3)暫存器 (4)輔助記憶體。請依照記憶體層次的存取速度由快而慢選出正確的順序。
(A)快取記憶體→主記憶體→暫存器→輔助記憶體
(B)快取記憶體→主記憶體→輔助記憶體→暫存器
(C)主記憶體→快取記憶體→暫存器→輔助記憶體
(D)暫存器→快取記憶體→主記憶體→輔助記憶體。

(C)3. 我們比較隨機存取記憶體（RAM）、唯讀記憶體（ROM）、磁碟機（Hard Disk）等記憶體或儲存設備的存取速度，由快至慢依序排序，正確的選項是：
(A)隨機存取記憶體 > 磁碟機 > 唯讀記憶體
(B)磁碟機 > 隨機存取記憶體 > 唯讀記憶體
(C)隨機存取記憶體 > 唯讀記憶體 > 磁碟機
(D)唯讀記憶體 > 磁碟機 > 隨機存取記憶體。

(B)4. CPU至下列何者存取資料的速度為最快？
(A)快取記憶體（Cache Memory） (B)暫存器（Register）
(C)主記憶體（RAM） (D)輔助記憶體（Auxiliary Memory）。

5. 存取速度由快至慢依序為：暫存器 > 快取記憶體 > DRAM > 硬碟 > 光碟。

(B)5. DRAM、快取記憶體、光碟及暫存器的存取速度中，共有幾項快於硬碟的存取速度？ (A)2項 (B)3項 (C)4項 (D)5項。

(C)6. 下列哪一種元件存取資料的速度最快？
(A)L1快取記憶體 (B)L2快取記憶體 (C)暫存器 (D)主記憶體。

6. 存取速度由快至慢依序為：暫存器 > L1快取記憶體 > L2快取記憶體 > 主記憶體。

(A)7. 下列哪一種記憶體裝置速度最快？
(A)SRAM (B)DRAM (C)硬碟 (D)隨身碟。

7. 存取速度由快至慢依序為：SRAM > DRAM > 硬碟 > 隨身碟。

(B)8. 下列記憶體相比，何者容量最大？
(A)RAM (B)硬碟 (C)快取記憶體 (D)DVD光碟。

(B)9. 在電腦系統中，CPU對記憶體存取之順序為
(A)先到主記憶體，次至快取記憶體，最後到輔助記憶體
(B)先到快取記憶體，次至主記憶體，最後到輔助記憶體
(C)先到主記憶體，次至輔助記憶體，最後到快取記憶體
(D)先到快取記憶體，次至輔助記憶體，最後到主記憶體。

9. CPU會先到「快取記憶體」中檢查是否有所需的資料可讀取，若檢查發現無所需之資料時，便會到「主記憶體」讀取，如果還是搜尋不到資料，最後才會到「輔助記憶體」去讀取。

(B)10. 下列各種電腦資料儲存設備的儲存媒體，何者可儲存的資料容量最小？
(A)藍光光碟片 (B)DVD光碟片 (C)硬碟機 (D)行動硬碟。

(C)11. 下列儲存媒體的存取資料速度何者最快？
(A)光碟 (B)隨機存取記憶體 (C)快取記憶體 (D)唯讀記憶體。

11. 存取速度由快至慢依序為：快取記憶體 > 隨機存取記憶體 > 唯讀記憶體 > 光碟。

3-5 主機板與介面規格

一、主機板

1. **主機板**（motherboard，簡稱MB）是一塊用來連接電腦相關元件的電路板。

2. 主機板上的插槽種類：
   a. CPU插槽
   b. 記憶體（DRAM）插槽
   c. 介面卡插槽，如PCI-E
   d. 連接輔助儲存設備的插槽，如SATA、M.2

3. 主機板上的重要元件：
   a. **BIOS**晶片：儲存BIOS程式（程式功能包含開機自我測試、載入作業系統及設定CMOS內容）。
   b. 晶片組[註]：負責掌控中低速的裝置（如SATA、PCI、PCI-E x1、USB、PS/2）。

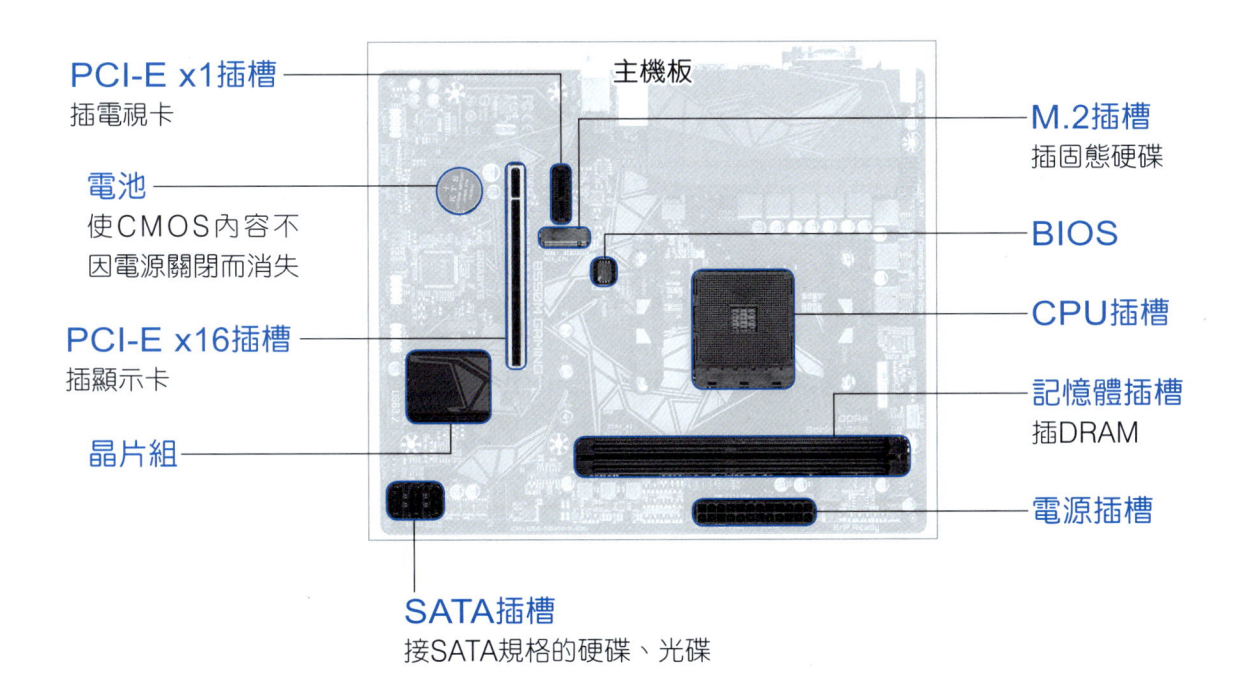

PCI-E x1插槽 — 插電視卡

電池 — 使CMOS內容不因電源關閉而消失

PCI-E x16插槽 — 插顯示卡

晶片組

SATA插槽 — 接SATA規格的硬碟、光碟

主機板

M.2插槽 — 插固態硬碟

BIOS

CPU插槽

記憶體插槽 — 插DRAM

電源插槽

註：舊款主機板通常設有北橋與南橋2個晶片組，其中北橋負責掌控高速裝置（如CPU、RAM、AGP、PCI-E x16），其功能已整合至CPU，現今的主機板只有一個晶片組，即是南橋的功能。

二、連接輔助儲存設備的插槽

規格	連接設備
SATA（Serial ATA）	硬碟、光碟
SCSI	硬碟
SAS	伺服器硬碟

1. SATA具有熱插拔的特性，可以在不關機的情況下，直接安裝或拔除連接設備。
2. SCSI插槽在伺服器等級以上的電腦較為常見。

三、安裝介面卡的插槽

1. **介面**是讓兩個電腦元件或設備相互連結，以進行溝通的橋樑，如主機板上的插槽。
2. 常見的介面卡有：
    a. **顯示卡**：可將影像顯示在電腦螢幕上。顯示卡通常搭載有512MB以上的**顯示記憶體**（VRAM），VRAM與RAM相同，皆屬於揮發性記憶體，主要是用來暫存顯示卡所處理的資料。
    b. **音效卡**：具有數位／類比訊號的轉換器，可將數位音訊轉換為類比音訊，由喇叭、耳機發出聲響；或將類比音訊轉換成數位音訊，儲存在電腦中。
    c. **網路卡**：上網必備的裝置，分有線、無線兩大類。
    d. **磁碟陣列卡**（RAID Card）：可串接多個硬碟，以組成磁碟陣列。
3. 內建有相關介面卡功能（如音效卡、網路卡、顯示卡等）的主機板，稱為**整合式**（all-in-one）主機板。
4. PC插槽（擴充槽）的種類：

規格	連接介面卡種類
PCI	網路卡、音效卡
PCI-E	顯示卡、網路卡、音效卡

四、主機板的I/O連接埠 [105]

1. 主機板側面有許多連接週邊設備的插孔，稱為**I/O連接埠**（如下圖）。

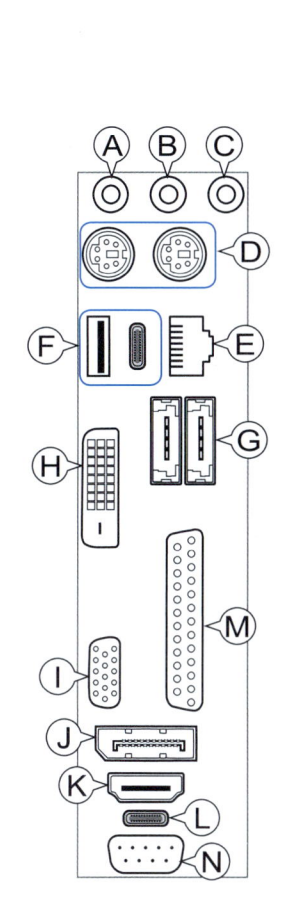

	名稱	連接設備
A	麥克風輸入（粉紅色）	麥克風
B	音源輸出（綠色）	喇叭、耳機
C	音源輸入（藍色）	錄音筆
D	PS/2[註1]（紫色）（綠色）	鍵盤、滑鼠
E	RJ-45網路	接RJ-45接頭的網路線
F	USB	鍵盤、滑鼠、隨身碟、數位相機、印表機
G	eSATA	行動硬碟、外接光碟機
H	DVI	螢幕
I	D-Sub	螢幕
J	DisplayPort	螢幕
K	HDMI	螢幕
L	Thunderbolt 3 / 4	螢幕、硬碟、外接式顯示卡
M	並列埠	印表機
N	串列（序列）埠[註2]	滑鼠、數據機

2. D-Sub（VGA）、DVI、HDMI、DisplayPort、Thunderbolt 3 / 4的比較：

介面	D-Sub	DVI	HDMI	DisplayPort	Thunderbolt 3 / 4
接頭					
訊號類別	類比	類比、數位[註3]	數位	數位	數位
同時傳輸的影音訊號	視訊	視訊	視訊 + 音訊	視訊 + 音訊	視訊 + 音訊
可連接設備數	1	1	1	多個（依顯示卡效能而定）	

a. Thunderbolt能雙向同步傳輸資料、視訊、音訊等訊號。

Thunderbolt 3 / 4速度約為40Gbps，連接埠更換為USB Type C，與USB4通用。

註1：現今電腦的主機背面多已將2個PS/2埠合而為一，以紫、綠雙色表示可連接鍵盤或滑鼠，或是改用USB來連接鍵盤、滑鼠。
註2：現今電腦的I/O連接埠多已不再提供串列埠。
註3：DVI介面有多種類型，目前常見的DVI類型為DVI-D，僅能傳輸數位訊號。

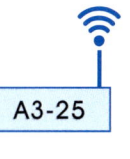

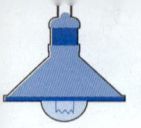

3. **USB**（Universal Serial Bus，**通用序列匯流排**）、IEEE 1394、eSATA埠：

   a. 以**串列（序列）**方式傳輸資料，可串接多種週邊設備，擴充性高。

   b. 不同規格USB的連接埠：

類型	USB 2.0	USB 3.2 Gen 1（USB 3.0）	USB 3.2 Gen 2（USB 3.1）	USB 3.2 Gen 2×2	USB4	使用的設備
Type A	▭	▭（通常為藍色）	▭（通常為藍色）	—	—	電腦、行動電源、鍵盤、滑鼠、隨身碟
Type B	▭	▭	—	—	—	掃描器、印表機
Type C	—	—	▭（正反都可插）	▭	▭	電腦、平板電腦、手機、電視、週邊設備等
Mini-B	▭	—	—	—	—	手機、數位相機、讀卡機
Micro-B	▭	▭	—	—	—	手機、平板電腦、外接式硬碟、讀卡機
Micro-AB	▭	▭	—	—	—	

   c. USB、IEEE 1394可作為週邊設備**充電**的連接埠。

   d. USB最多可同時連接127個裝置。

   e. USB OTG轉接頭（**USB On-The-Go**）：是一種可讓手機的USB裝置直接讀取另一個USB裝置（如隨身碟）的標準。

   f. eSATA較常見為eSATA 2（速度為3Gbps），新版本eSATA 3（速度為6Gbps）並未普及。

   g. eSATA不提供週邊設備充電，但新型的eSATA / USB combo（俗稱**Power eSATA**）連接埠則可提供充電，它兼容eSATA、USB 2.0插頭。

4. 並列埠又稱**LPT1**；串列埠又稱COM1、COM2，是依循RS-232C標準所制定的連接埠。

種類	連接設備	資料傳輸方式	速度
並列埠	印表機	一次同時傳輸8bits（1byte）	快
串列埠	滑鼠、數據機	一個bit接著一個bit	慢

5. Lightning：蘋果產品（如iPhone、iPod、iPad等）的專屬連接埠規格；新款蘋果產品已改用USB Type C連接埠規格。

6. 許多連接埠支援**熱插拔**、**隨插即用**（Plug & Play, **PnP**）的功能：

功能	說明
熱插拔	可在不關機的情況下，直接安裝或拔除連接設備
隨插即用	電腦會自動偵測硬體設備及安裝驅動程式

7. 常見連接埠與插槽的比較：

	種類	連接設備	熱插拔	隨插即用	充電
連接埠	PS/2	鍵盤、滑鼠			
	並列埠（LPT1）	印表機、掃描器			
	USB 2.0	鍵盤、滑鼠、印表機、掃描器、數位相機、隨身碟、外接式燒錄機、外接式硬碟、手機、螢幕、無線網路卡	✓	✓	✓
	USB 3.2 Gen 1（USB 3.0）		✓	✓	✓
	USB 3.2 Gen 2（USB 3.1）		✓	✓	✓
	USB 3.2 Gen 2×2		✓	✓	✓
	USB4		✓	✓	✓
	IEEE 1394b（FireWire 800）	外接式硬碟、外接式光碟機、數位攝影機	✓	✓	✓
	eSATA 2	硬碟外接盒、外接式硬碟、外接式燒錄機	✓	✓	
	Thunderbolt 3 / 4	螢幕、外接式硬碟、外接式顯示卡	✓	✓	✓
	DVI	螢幕、電視	✓		
	HDMI	螢幕、電視、音響	✓	✓	
	DisplayPort	螢幕	✓	✓	
	Lightning	iPhone、iPod、iPad	✓	✓	✓
插槽	SATA-3	硬碟、光碟	✓註		
	PCI-E x1	網路卡、音效卡、顯示卡	✓		✓
	PCI-E x16		✓		✓

註：SATA、PCI-E連接埠的規格皆具有熱插拔功能，但實際販售產品不一定設計有此功能。

得分區塊練

(C)1. 如果我們想要加裝16GB的RAM，應當將RAM插入主機板的：
(A)PCI擴充槽　(B)AGP擴充槽　(C)記憶體插槽　(D)CPU插槽。

(A)2. 下列哪一種介面可用來連接硬碟？
(A)USB　(B)DisplayPort　(C)Lightning　(D)HDMI。

(C)3. 下列何者可以插入個人電腦中的PCI-E擴充槽？
(A)中央處理器　(B)隨身碟　(C)顯示卡　(D)記憶體。

(A)4. 若要上網下載MP3檔案，電腦應配置下列何種設備？
(A)網路卡　(B)IEEE 1394卡　(C)音效卡　(D)RAID卡。

(D)5. 提供類比語音與數位語音的轉換裝置是：
(A)RAID卡　(B)網路卡　(C)VGA顯示卡　(D)音效卡。

(D)6. 下列哪一種擴充卡是用來連接多顆硬碟以組成磁碟陣列？
(A)音效卡　(B)USB卡　(C)網路卡　(D)RAID卡。　　　　　　　　　　　[技藝競賽]

(D)7. 一般常用的隨身碟，通常是使用下列哪一種I/O連接埠？
(A)LPT1　(B)COM1　(C)PS/2　(D)USB。

(A)8. 電腦螢幕的信號線插頭一般是插在電腦主機的何種連接埠？
(A)D-Sub連接埠　(B)LPT連接埠　(C)COM連接埠　(D)Game連接埠。

(D)9. 下列四種I/O連接埠，何者不提供充電的功能？
(A)IEEE 1394　(B)USB　(C)Thunderbolt　(D)eSATA。

(A)10. 滑鼠無法連接下列哪些接頭？
a.PS/2　b.USB　c.RJ-45　d.DVI
(A)cd　(B)acd　(C)bd　(D)abcd。

10. RJ-45是用來連接網路線的連接埠；
    DVI是用來連接顯示器的連接埠。

(D)11. 下列哪一項個人電腦的輸出入介面可用來直接連接數位相機？
(A)AGP介面　(B)SAS介面　(C)PCI-E介面　(D)USB介面。

(B)12. 下列介面中，何者不是同時具有熱插拔與供電特性？
(A)Thunderbolt介面　(B)DVI介面　(C)USB介面　(D)FireWire介面。

統測這樣考

(D)9. 有關電腦週邊設備的敘述，下列何者最不正確？
(A)滑鼠可以使用PS/2埠連接電腦
(B)筆電可以使用D-SUB線外接顯示器
(C)鍵盤可以使用USB埠連接電腦
(D)磁碟機可以使用HDMI線傳輸資料。　[110工管]

解：HDMI常用來連接螢幕、數位電視、藍光播放機。

第 **3** 章 系統平台的硬體架構

3-6 輸入與輸出設備

> **統測這樣考**
> (D)10. 下列何種電腦週邊設備不屬於輸入裝置？
> (A)觸控式螢幕　(B)多功能事務機
> (C)網路攝影機　(D)點矩陣印表機。[109工管]
> 解：點矩陣印表機屬於輸出裝置。

一、週邊設備簡介

1. 週邊設備是指連接至電腦的硬體裝置，包含：
   a. **輸入設備**：將資料輸入至電腦。
   b. **輸出設備**：輸出電腦處理的結果。

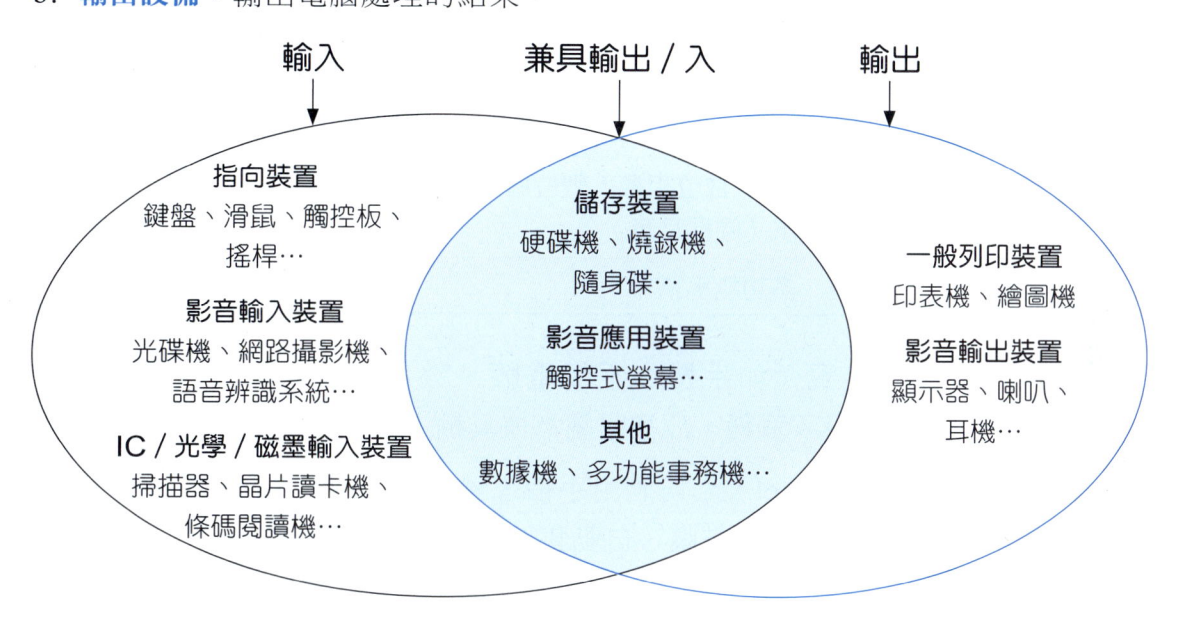

```
          輸入              兼具輸出/入            輸出
           ↓                    ↓                  ↓
    ┌──────────────┬──────────────────┬──────────────┐
    │  指向裝置    │   儲存裝置       │              │
    │  鍵盤、滑鼠、│   硬碟機、燒錄機、│              │
    │  觸控板、    │   隨身碟…        │ 一般列印裝置 │
    │  搖桿…       │                  │ 印表機、繪圖機│
    │  影音輸入裝置│   影音應用裝置   │              │
    │  光碟機、網路│   觸控式螢幕…    │ 影音輸出裝置 │
    │  攝影機、    │                  │ 顯示器、喇叭、│
    │  語音辨識系統…│  其他            │ 耳機…        │
    │  IC/光學/磁墨│  數據機、多功能  │              │
    │  輸入裝置    │  事務機…         │              │
    │  掃描器、晶片│                  │              │
    │  讀卡機、    │                  │              │
    │  條碼閱讀機… │                  │              │
    └──────────────┴──────────────────┴──────────────┘
```

2. 作業系統是透過**驅動程式**與週邊設備溝通。

3. 常見的輸入設備：

類別	相關設備
指向裝置	鍵盤、滑鼠、觸控板、搖桿、軌跡球、光筆、手寫板、繪圖板
影音輸入裝置	光碟機、網路攝影機（web cam）[a]、語音辨識系統、語音輸入裝置、電視盒、麥克風
IC／光學／磁墨輸入裝置	掃描器（scanner）、晶片讀卡機[b]、條碼閱讀機、光學字元閱讀機（OCR）[c]、光學記號閱讀機（OMR）[d]、磁性墨水字體閱讀機（MICR）[e]

a. 網路攝影機：擷取動態視訊的影像，常應用在視訊會議、遠端監控。

b. 晶片讀卡機：用來讀取金融卡、自然人憑證、信用卡等卡片內的資料，以進行轉帳、報繳所得稅等工作。若晶片讀卡機同時也可存取記憶卡，則歸屬於輸出入設備。

c. OCR：如郵局用來辨識信件之郵遞區號的設備。

d. OMR：如大考中心用來讀取答案卡上標記的設備。

e. MICR：如銀行用來讀取支票上資料的設備。

A3-29

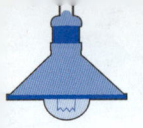

4. 常見的輸出設備：

類別	相關設備
一般列印裝置	印表機、繪圖機（plotter）、3D列印機
影音輸出裝置	顯示器、喇叭、耳機、語音輸出裝置、投影機、微型投影機、VR / AR裝置

5. 兼具輸入、輸出功能的設備：

類別	相關設備
儲存裝置	硬碟機、燒錄機、隨身碟、記憶卡、錄音筆
影音應用裝置[a]	觸控式螢幕[b]、數位相機、數位攝影機（DV）、耳機麥克風（簡稱耳麥）
其他	數據機、多功能事務機[c]

a. 多數的影音應用裝置（如手機、平板電腦、數位相機、DV）因內建有Flash ROM，可以讀取及寫入資料，故被歸屬為兼具輸入、輸出功能的設備。

b. 觸控式螢幕（touch panel）：可利用手指或觸控筆直接觸控螢幕來操控；許多3C產品（如手機、相機、平板電腦、自動售票機、車用觸控面板），都已具有**多點觸控**的功能。

c. 多功能事務機：具有影印、掃瞄、傳真、列印等複合功能的印表機，可省去個別購買事務設備的麻煩。

6. 輸入設備 vs. 輸入媒體：**輸入設備**是指可將資料輸入至電腦的設備；**輸入媒體**則是指儲存資料的物質，可被輸入設備讀取，例如用來讀取商品條碼的條碼閱讀機是一種輸入設備，條碼則是一種輸入媒體。

有背無患

- 多點觸控（multi-touch）是透過感應人體所帶的微弱電流，來計算螢幕被觸碰的位置。
    a. 多點觸控功能可一次感應多個觸控點，常應用在3C產品，如iPhone可讓使用者利用兩隻手指的滑動來縮放、旋轉圖片。（傳統的觸控功能一次只能感應一個觸控點，如ATM）。
    b. Windows 10等作業系統雖支援多點觸控技術，但仍需搭配支援多點觸控技術的螢幕才能發揮作用。
- 虛擬鍵盤：將鍵盤的按鍵圖示投射在任一物件上（如桌子）形成虛擬鍵盤，方便使用者在虛擬鍵盤上打字，即可傳至手機、平板電腦等設備上。

得分區塊練

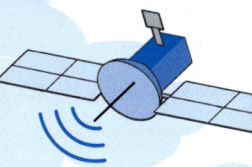

(C)1. 下列何者為輸出設備？ 1. 掃描器、滑鼠、鍵盤皆為輸入設備。
(A)掃描器 (B)滑鼠 (C)顯示器 (D)鍵盤。

(D)2. 驅動程式的功能在於
(A)使作業系統具備多工之能力
(B)編譯原始程式
(C)監督程式之執行
(D)作業系統和週邊設備之溝通。

(B)3. 下列何種電腦週邊設備，同時具有輸入與輸出兩種功能？
(A)鍵盤 (B)數據機 (C)印表機 (D)掃描器。

(B)4. 下列何者是電腦的輸入設備？
(A)喇叭 (B)滑鼠 (C)顯示器（monitor） (D)中央處理單元（CPU）。

(B)5. 在超級市場內，商品包裝上所貼的條碼（bar code）可協助結帳及庫存盤點之用。請問該條碼之應用屬於下列何者？
(A)輸入設備
(B)輸入媒體
(C)輸出設備
(D)輸出媒體。

5. 條碼是利用粗細不同的黑白線條來記載商品的貨號、售價等資訊，需透過輸入設備條碼機（bar code reader）才可讀取儲存在條碼中的資料，因此條碼是一種輸入媒體。

(C)6. 祐方最近迷上利用電腦的網路電話軟體，與同學在線上交談，若他們希望在彼此交談時，也能看到對方的影像，請問他們的電腦必須安裝下列何種設備？
(A)滑鼠 (B)掃描器 (C)網路攝影機 (D)繪圖板。

(A)7. 下列何者不屬於電腦的週邊設備？ 7. 主記憶體屬於電腦主機內的記憶單元。
(A)主記憶體 (B)輔助記憶體 (C)印表機 (D)滑鼠。

(D)8. 下列設備何者通常作為輸入裝置？
(A)Printer (B)Speaker (C)Plotter (D)Mouse。 ［乙級軟體應用］

8. Printer（印表機）、Speaker（喇叭）、Plotter（繪圖機）為輸出裝置；Mouse（滑鼠）為輸入裝置。

(C)9. 下列何者不是輸入設備？
(A)數位相機 (B)光筆 (C)繪圖機 (D)掃描器。

(C)10. 下列輸出入裝置，何者主要用於銀行處理支票？
(A)光學標誌辨認 (B)光學字符辨認 (C)磁墨字元辨認 (D)手寫字符。

10. 磁墨字元辨認器（Magnetic Ink Character Reader, MICR）是以字型辨認的方式，來感測支票底端以磁性墨水列印的文字。

二、數位相機

1. 利用感光元件，將透過鏡頭聚焦的光線轉換成數位影像訊號。

    a. 常見的感光元件材料：
       CCD（感光耦合元件）：感光度較佳，故成像品質較佳。
       CMOS（互補式金氧半導體）：資料傳輸較快、耗電量及成本較低。

    b. 解析度：是指數位相機能將拍攝的影像拆解成多少萬個像素點（即感光元件的總數），一般常以「幾千萬畫素（像素）」來表示。

    c. 一個最高可拍出大小為 1,600 × 1,200 像素的數位相機，表示該相機約為 200 萬像素。

    d. 相機提供的**防手震**功能，可避免因晃動相機而拍攝出模糊不清的照片。

2. 數位相機所拍攝的影像儲存在記憶卡中，常見的記憶卡種類有 SD、microSD（又稱 TF）、MS、SDHC、CF、M2、xD 等，這些記憶卡都是使用 **Flash Memory** 所製成。

3. 利用 **USB 連接埠** 連接電腦與數位相機，或讀卡機，即可讀取記憶卡中的資料。部分相機也具有無線傳輸功能，可透過無線網路（Wi-Fi）來傳輸相片。

三、掃描器

1. 藉由光學掃瞄，將圖形或文字資料轉換為數位資料的輸入設備。

2. 規格：

規格	說明
解析度	• 用以衡量所能擷取影像資料的多寡。解析度數值↑、影像品質↑ • 單位為 ppi（pixels per inch，每英吋可擷取的像素），表示方式：「水平解析度 × 垂直解析度」，如 1,200 × 2,400 ppi • 部分掃描器廠商也會以 dpi（dots per inch，每英吋可列印的點數）來表示掃描器解析度，但 dpi 一般是用來作為衡量印表機列印品質的單位
分色能力	• 分辨顏色的能力，數值越高，影像顏色越細膩 • 單位為 bit（位元）

3. 掃描器通常附有**光學字元辨識**（Optical Character Recognition, OCR）軟體，可將掃瞄取得的文字影像，轉換成可編修之文字檔，省去輸入文字的時間。

得分區塊練

(B)1. 小明說他昨天買了一台1200 × 2400的掃描器，更精確的說1200 × 2400應該是：
(A)1200mm × 2400mm　　　　(B)1200dpi × 2400dpi
(C)1200bps × 2400bps　　　　(D)1200色 × 2400色。

(C)2. 掃描器的分色能力是指分辨顏色的細膩程度，衡量單位為？
(A)MB　(B)KB　(C)bit　(D)byte。

(C)3. 如果我們想將一篇報紙的長篇文章內容，自動而不用一字字地輸入電腦，需要配備哪些軟硬體？
a.印表機（printer）　　b.掃描器（scanner）　　c.光筆（light pen）
d.光學字元辨識（OCR）　e.繪圖機（plotter）
(A)ab　(B)cd　(C)bd　(D)de。

四、顯示器（螢幕）

1. 顯示電腦的作業訊息和運算結果。

2. 種類：

類別	材質	背光源	大小	重量	輻射量
CRT	陰極射線管	無	大	重	高
CCFL LCD	液晶	燈管	↓	↓	低
LED LCD	液晶	LED燈	↓	↓	低
OLED	有機發光二極體	無	↓	↓	低
QLED	量子點發光二極體	量子點LED燈	小	輕	低

a. LED（發光二極體）燈的體積比燈管小，因此LED液晶顯示器較CCFL液晶顯示器輕薄。

b. OLED：分為AMOLED與PMOLED兩種，前者耗電高、成本高，常應用於手機、電視等；後者耗電低、成本低，常應用於2吋以下的顯示器（如智慧手錶的顯示器）。

c. QLED（Quantum Dots Light Emitting Diode，量子點發光二極體）：是一種**量子點**（微小的半導體晶體）技術的應用，將量子點加在液晶顯示器背光源的上緣，以調整顯示器光線，打造出比液晶螢幕輕薄且色彩對比更鮮艷的螢幕。

◎五秒自測　CRT、LCD、OLED顯示器在重量、輻射量的差異比較為何？
重量由重到輕、輻射量由高到低。

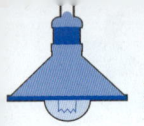

3. 規格：

規格	說明	實例
尺寸（可視區域）	顯示器對角線的長度	27吋
解析度	螢幕所能呈現的影像資訊，表示方式：「水平寬度的像素 × 垂直高度的像素」	1,920 × 1,080（Full HD） 3,840 × 2,160（4K） 7,680 × 4,320（8K）
亮度	在呈現畫面時所發出的光線強度，亮度越高，畫面越鮮豔亮麗	300cd/m²（每平方公尺的燭光）
對比	最亮點與最暗點的比較值，對比值越大，色彩越鮮豔	80,000 : 1
反應時間	顯示器接收訊號直到將畫面完整呈現所花用的時間，反應時間太長，播放時會產生延遲現象	5ms
刷新率（Refresh Rate）	顯示器每秒更新畫面的次數（單位為Hz），頻率越高，越不會出現畫面閃爍的情形	144Hz

a. 透過作業系統，可設定顯示器解析度的大小。

b. 一般寬螢幕顯示器的解析度大多為1,366 × 768，Full HD規格的解析度可高達1,920 × 1,080，Ultra HD規格的解析度可高達4K（3,840 × 2,160）至8K（7,680 × 4,320）註。

c. LCD或OLED螢幕，除了支援D-Sub介面之外，通常也支援DVI、HDMI與DisplayPort介面。另外，也有廠商開發出USB介面的小尺寸（如13～15吋）螢幕。

4. 衡量螢幕解析度的單位：像素（pixel）。

5. 螢幕的每一個像素是由光的三原色R（紅）、G（綠）、B（藍）所組成。將RGB加以混合，會產生比單一原色更亮的色彩，例如將R、G、B以最大亮度混合，即會產生白色，故此種混色方式稱為加色法（或色加法）。

有背無患

- Micro LED（微發光二極體）：是新一代的顯示技術，將LED微型化，具有高對比、高亮度等特性，適用於手機、穿戴裝置、大型電視牆等各種設備。

註：4K指的是水平像素接近4,000，8K指的是水平像素接近8,000。

得分區塊練

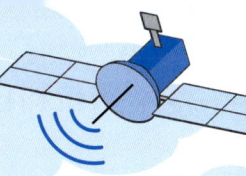

(C)1. 下列何者不是用來評估LCD顯示器好壞的重點？
(A)亮度　(B)反應時間　(C)感光元件　(D)對比值。

(B)2. 關於顯示器的尺寸說明，下列敘述何者正確？
(A)是指顯示器水平線的平面直線長度
(B)是指顯示器對角線的平面直線長度
(C)是指顯示器含塑膠外框垂直線的平面直線長度
(D)是指顯示器含塑膠外框水平線的平面直線長度。

(C)3. 電腦螢幕的解析度單位是：　(A)吋　(B)瓦特　(C)像素　(D)赫茲Hz。

(A)4. 螢幕的輸出品質取決於哪項標準？
(A)解析度　(B)輸出速度　(C)重量　(D)大小。　　　[丙級網頁設計]

(C)5. 小如在電腦賣場中，看到某款液晶顯示器的產品規格（右圖），但是①、②兩處的文字不見了，你知道①、②分別指的是什麼意思嗎？
(A)解析度、反應時間　　(B)顯示比例、反應時間
(C)解析度、對比　　　　(D)顯示比例、對比。

```
27吋寬螢幕液晶顯示器
  ①  ：1,920×1,080
  ②  ：3,000萬:1
亮　度：300 cd/m²
```

五、印表機

1. 將電腦中的資料輸出至紙張的輸出設備。

2. 比較：

種類	撞擊式	非撞擊式	
	點矩陣	噴墨	雷射
耗材	色帶	墨水匣、噴嘴頭	碳粉匣
用途	列印需要複寫的文件，如診所處方籤	個人、家庭使用	適合列印大量文件
列印速度單位註	cps（characters per second，每秒列印字元數）	ppm（pages per minute，每分鐘列印頁數）	
解析度	低 ←──────────→ 高		
速度	慢 ←──────────→ 快		

◎五秒自測　點矩陣、噴墨、雷射等印表機，何者最適合用於需要複寫的文件？
點矩陣印表機。

註：印表機列印速度的單位除了上表所列之外，還有LPM（Lines Per Minute，每分鐘列印行數）、LPS（Lines Per Second，每秒列印行數）等，但目前已較少使用。

A3-35

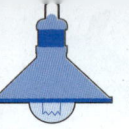

a. 印表機列印品質的單位為 dpi（dots per inch，每英吋可列印的點數）。

b. 彩色印表機是使用C（青）、M（洋紅）、Y（黃）、K（黑）等4種油墨顏色來印刷。由於將CMYK油墨混合後，會產生比單一油墨更暗的色彩，故此種混色方式稱為**減色法**（或色減法）。

c. 撞擊式印表機的列印品質取決於針腳數量，針腳數越多，列印解析度越高，品質越佳。

d. 印表機解析度：指印表機每一英吋所噴出的墨點（dot）數量。如600dpi的噴墨印表機，表示每一英吋噴出600個墨點。

3. 介面：以USB介面與電腦連接。部分印表機也提供RJ-45埠，以透過網路分享印表機。

4. LED雷射印表機：使用LED光來取代雷射光，優點是省電且體積小，缺點是列印品質較差。但近來推出的LED印表機已逐漸改善此項缺點。

5. **3D印表機**：以噴印液態塑膠、金屬等材料的方式，來堆疊3D模型，常用來列印模型、零件、工具…等。有一些特殊用途的3D印表機，甚至可用來列印食物、人體器官。

得分區塊練

(C)1. 一般而言，關於點矩陣式印表機與雷射印表機的敘述，下列何者正確？　(A)雷射印表機較點矩陣式印表機的噪音大　(B)點矩陣式印表機較雷射印表機的速度快　(C)雷射印表機較點矩陣式印表機的列印品質佳　(D)點矩陣式印表機與雷射印表機使用相同的列印耗材。

(B)2. 彩色雷射印表機通常有下列哪四種顏色的碳粉匣？
(A)青綠（Cyan）、洋紅（Magenta）、藍（Blue）、黑（Black）
(B)青綠（Cyan）、洋紅（Magenta）、黃（Yellow）、黑（Black）
(C)深綠（Dark Green）、洋紅（Magenta）、藍（Blue）、黑（Black）
(D)深綠（Dark Green）、洋紅（Magenta）、黃（Yellow）、黑（Black）。

(C)3. 下列何者適合以CPS（Characters Per Second）做為計量單位？　(A)LCD液晶螢幕之解析度　(B)微處理機之執行速度　(C)印表機之列印速度　(D)DVD光碟機之讀取速度。

(D)4. 下列哪一種設備通常使用「色減法」（CMYK）來輸出或輸入顏色？
(A)顯示器　(B)掃描器　(C)光學投影機　(D)油墨印刷機。

(A)5. 印表機的列印品質，通常以下列何者為單位？
(A)DPI　(B)ISP　(C)PPP　(D)PSP。

(A)6. 玫芳想要自己挑選一台印表機，如果她對列印品質的要求特別高，請問當她在購買時，應特別考量下列哪一項印表機的規格？
(A)解析度　(B)外殼顏色　(C)尺寸大小　(D)重量。

六、常見的單位 [114]

> **統測這樣考**
>
> (A)27. 關於資訊產品的規格敘述，下列何者正確？
> (A)記憶體的容量是16 GB
> (B)CPU的時脈頻率是4 Gbps
> (C)硬碟的傳輸頻寬是7200 RPM
> (D)網路卡的傳輸速率是100 Mpps。　　[114商管]

單位名稱	代表意義	用途
bps（bits per second）	每秒傳輸位元數	計量資料傳輸速率
cps（characters per second）	每秒列印字元數	計量點矩陣印表機列印速度
LPS（Lines Per Second）	每秒列印行數	計量點矩陣印表機列印速度
ppm（pages per minute）	每分鐘列印頁數	計量噴墨、雷射印表機列印速度
RPM（Revolutions Per Minute）	每分鐘旋轉圈數	計量硬碟旋轉速度
DPI（Dots Per Inch）	每英吋可列印的點數	計量印表機列印品質
PPI（Pixels Per Inch）	每英吋所含的像素	計量影像解析度或螢幕、掃描器品質
GHz（GigaHertz）	十億赫茲	計量CPU時脈頻率
MIPS（Million of Instructions Per Second）	每秒百萬個指令	計量CPU執行速度
MFLOPS（Mega Floating Point Operations Per Second）	每秒百萬次浮點運算	計量CPU浮點運算能力
GFLOPS（Giga Floating Point Operations Per Second）	每秒十億次浮點運算	計量CPU浮點運算能力

3-7　行動裝置與相關設備

一、行動裝置（Mobile Device）簡介

1. 筆記型電腦（NoteBook, NB）：又稱膝上型電腦（Laptop），其操作方式與個人電腦雷同，具有體積較小、方便攜帶等優點。

2. 平板電腦（Tablet PC）：是一種以觸控螢幕方式來操作的電腦，相較於筆記型電腦其體積更小、更方便攜帶。

3. 智慧型手機／手持式電腦（Handheld Computer）：又稱為掌上電腦，可放在手掌上使用的電腦。

4. 穿戴式裝置（Wearable Device）：可穿戴在身上的3C裝置，例如：智慧眼鏡、智慧手錶、頭戴式VR裝置等。

二、行動裝置的組成與相關設備

1. 行動裝置的組成（以智慧型手機為例）

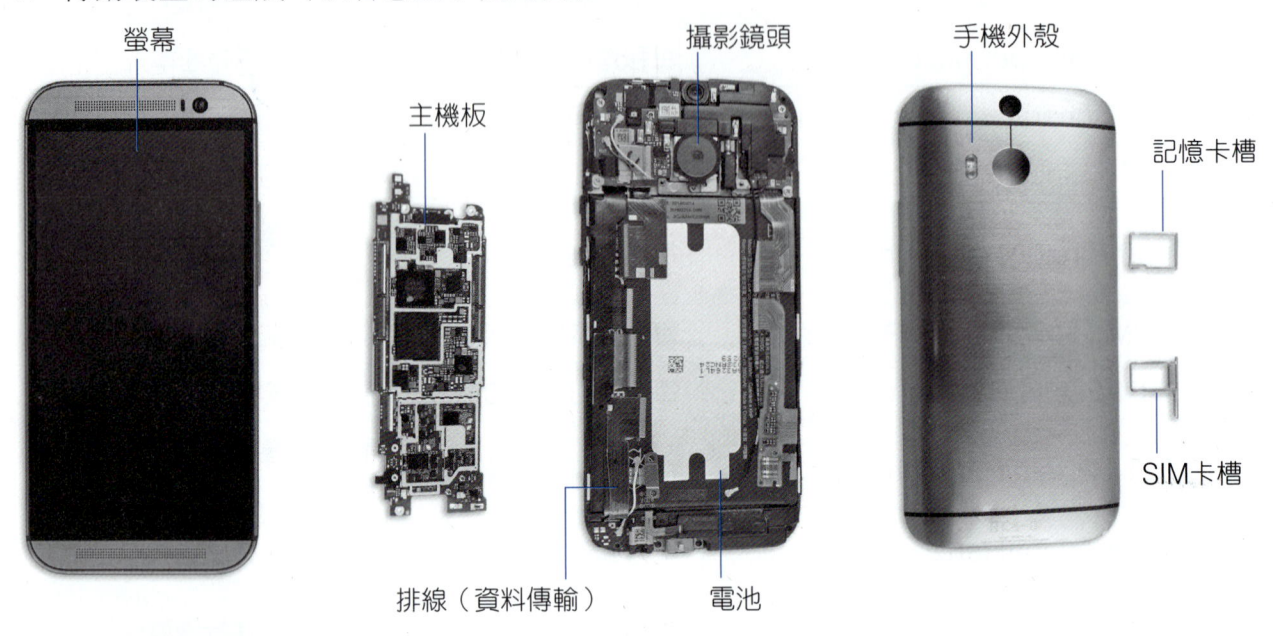

螢幕　主機板　攝影鏡頭　手機外殼　記憶卡槽　SIM卡槽　排線（資料傳輸）　電池

2. 行動裝置硬體設備的規格：

系列	Apple 系列	Android系列
產品	Apple 15 pro Max	Galaxy S24 Ultra
處理器的核心數	六核心	八核心
主記憶體（RAM）	6GB	12GB
內建儲存空間（ROM）	128GB、256GB、512GB、1TB	256GB、512GB、1TB
螢幕尺寸	6.7吋	6.8吋
螢幕解析度	2,796 × 1,290 像素	3,120 × 1,440像素

3. 行動裝置的相關設備，例如：無線耳機、記憶卡、行動電源、無線充電座等。

有備無患

- 以下3款常見的單晶片電腦：

單晶片電腦	說明
Raspberry Pi（樹莓派）	一款以Linux作業系統為基礎的單晶片電腦，在連接螢幕、鍵盤後，功能如同一台個人電腦，可用來看影片、瀏覽網頁、玩遊戲。支援的程式語言主要有Python、C語言
Arduino	一款軟硬體皆開放原始碼的單晶片電腦，可讓使用者依照個人需求在Arduino電路控制板上連接各式各樣感測器（如紅外線、熱敏電阻等），可用來組成專屬的感測工具（如監控環境的設備等）。支援的程式語言主要有C語言
micro:bit	一款由英國廣播公司（BBC）與微軟等數家公司合作推出的單晶片電腦，內嵌LED燈、控制按鈕、感測器等，可用來做為輔助兒童學習程式設計的資訊教具。支援的程式語言主要有Blocks、JavaScrtipt

第3章 系統平台的硬體架構

滿分晉級

★新課綱命題趨勢★
情境素養題

▲閱讀下文，回答第1至2題：

小明在課堂學習到電腦中CPU的指令速度與它的時脈頻率（clock cycle）及時脈週期，時脈頻率以「每秒時鐘週期」來度量，量度單位採用Hz。有一種類型的CPU，它的每個指令，都需要4個時脈週期才能完成，而且每個指令執行完成後，繼續執行下一個指令。

(B)1. 週末到大賣場看到這類CPU產品盒上的標示說明如下，若不考慮其它的延遲情況，關於這類CPU的速度敘述，下列哪一個運算速度最快？
(A)CPU的時脈頻率是2560M（Mega）Hz
(B)CPU的時脈週期是0.25ns（Nano Second）
(C)CPU的內頻（Internal Clock）是2G（Giga）Hz
(D)CPU的時脈頻率是3GHz。 [3-2]

1. 2,560MHz CPU的時脈週期 = $\frac{1秒}{2,560MHz} = \frac{1}{2,560 \times 10^6} = \frac{1}{2.56} \times 10^{-9} ≒ 0.39ns$（奈秒）；

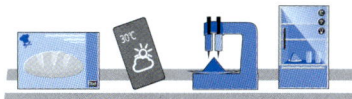

2GHz CPU的時脈週期 = $\frac{1秒}{2GHz} = \frac{1}{2 \times 10^9} = \frac{1}{2} \times 10^{-9} ≒ 0.5ns$（奈秒）；

3GHz CPU的時脈週期 = $\frac{1秒}{3GHz} = \frac{1}{3 \times 10^9} = \frac{1}{3} \times 10^{-9} ≒ 0.3333ns$（奈秒）。

(D)2. 小明於課堂上認識了記憶體，有關記憶體的敘述何者正確？
(A)資料匯流排的傳輸方向為單向
(B)控制匯流排是CPU負責傳輸位址的管道
(C)隨機存取記憶體屬於非揮發性記憶體
(D)動態隨機存取記憶體需要週期性充電。 [3-3]

2. 資料匯流排的傳輸方向為雙向；
控制匯流排是CPU向外傳送控制訊號的管道；
隨機存取記憶體（RAM）屬於揮發性記憶體。

(B)3. 國小三、四年級的數學，主要在學習算術四則運算，請問在電腦中，負責這些運算處理的是哪一個單元？
(A)控制單元 (B)算術邏輯單元 (C)輸入單元 (D)記憶單元。 [3-1]

(D)4. 盈達的電腦安裝了2條4GB的記憶體，但開機後只顯示有4GB的記憶體空間。他的哥哥說：「這是因為你的電腦最大定址空間只有4GB，超過的部分電腦無法辨識與使用。」請問上述所提的最大定址空間是由下列何者所決定？
(A)系統匯流排 (B)控制匯流排 (C)資料匯流排 (D)位址匯流排。 [3-1]

(C)5. 銷售員介紹筆記型電腦的4項規格中，下列哪些規格是描述其CPU？
a.8GB DDR IV　b.四核心　c.8MB快取記憶體　d.處理器為Intel的Core i7
(A)ab (B)acd (C)bcd (D)abcd。 [3-2]

(C)6. 下表為iPad平板電腦的規格，由規格表中可判斷下列敘述何者錯誤？
(A)儲存容量約為2^{36}Bytes
(B)可透過觸控的方式來操控它
(C)利用讀寫頭來讀寫資料
(D)使用固態硬碟來儲存資料。 [3-4]

6. 固態硬碟（SSD）並沒有馬達、讀寫頭等機械構造。

規格表	
螢幕	9.7吋觸控螢幕
容量	64GB SSD
重量	約700公克
厚度	8.8mm

(D)7. PS5遊戲主機內建有藍光光碟機，可用來玩遊戲及觀賞高畫質的影片。廠商聲稱這種光碟機的讀取速度較DVD光碟機更快，請問藍光光碟機的單倍讀取速度為何？
(A)150KB/s (B)1,350KB/s (C)1.35MB/s (D)4.5MB/s。 [3-4]

(B)8. 報導指出DDR4記憶體模組資料傳輸速度快，且較不消耗電力，因此許多電腦廠商採DDR4作為主記憶體。請問DDR4記憶體是以下列何者製作而成？
(A)SRAM (B)DRAM (C)EEPROM (D)EPROM。 [3-4]

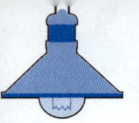

(B)9. 學校最近採購了一批新款的電腦設備,其規格清單如下。請根據規格清單內容,判斷以下敘述何者錯誤?
(A)CPU的速率為3.7GHz　　(B)快取記憶體容量為2GB
(C)主記憶體容量為16GB　　(D)硬碟容量為2TB。　[3-4]

> 中央處理器:intel Core i9 (3.7GHz, 20MB, intel smart cache)
> 記憶體:4GB × 4或16GB × 1(含)以上
> 硬碟:2TB(含)以上,7200RPM(含)以上,SATA 3
> 光碟:16X DVD燒錄器

10. 網路攝影機是用來擷取動態視訊影像的設備,常應用在視訊會議上。

(C)10. 許多公司會透過視訊會議的技術與各國分公司的主管或朋友進行聯繫,請問下列哪一種是視訊會議必須使用的設備?
(A)手寫板　(B)掃描器　(C)網路攝影機　(D)觸控螢幕。　[3-6]

(C)11. 4K、8K超高清大尺寸智慧電視大多採用液晶顯示器,並提供有HDMI、USB 3.2等連接埠。根據以上情境,請問下列敘述何者錯誤?
(A)液晶顯示器的更新頻率越高,畫面越不會閃爍
(B)顯示器尺寸是由顯示器對角線長度決定
(C)8K是指8核心(kernel)CPU
(D)HDMI、USB 3.2皆支援熱插拔。　[3-6]

11. 8K是指顯示器的水平像素接近8,000。

精選試題

3-1
(B)1. 組成電腦的功能單元中,「算術/邏輯單元」與「控制單元」合稱為:
(A)中央協調單元　(B)中央處理單元　(C)中央控管單元　(D)中央計算單元。

(C)2. 計算機的基本架構單元中,RAM是屬於哪一個單位?
(A)算術邏輯單元　(B)輸出單元　(C)記憶單元　(D)控制單元。

2. RAM為主記憶體,屬於記憶單元。

(C)3. 算術及邏輯單元負責執行所有的運算,而主記憶體與ALU之間的資料傳輸,由誰負責監督執行?
3. 控制單元負責監督、指揮及協調各單元之間的工作。
(A)監督程式　(B)主記憶體　(C)控制單元　(D)輸入輸出裝置。　[丙級軟體應用]

(C)4. 下列何者不是CPU內控制單元的功能?
(A)讀出程式並解釋
(B)控制程式與資料進出主記憶體
(C)計算結果並輸出
(D)啟動處理器內部各單元動作。

4. CPU內控制單元的三個主要功能是:讀取程式指令並解釋指令、控制程式與資料進出主記憶體、啟動處理器內部各組件動作。
[丙級軟體應用]

(D)5. 下列對於電腦硬體五大單元的敘述何者有誤?
(A)輸入單元:待處理的資料須經由此單元進入電腦
(B)輸出單元:處理完成之資訊由此單元送出
(C)算術/邏輯運算單元:所有的算術運算均在此單元完成
(D)記憶單元:僅儲存輸入之待處理資料。

5. 記憶單元是用來儲存電腦中的所有程式與資料。

(A)6. 下列敘述何者不正確？
(A)資料匯流排只負責傳送資料給記憶體
(B)CPU中的算術與邏輯單元（ALU）負責算術運算與邏輯判斷
(C)控制匯流排負責傳送CPU的控制訊號
(D)位址匯流排負責傳送位址。

7. 直接存取記憶體位址空間是依位址線的多寡而定，故此一微電腦可直接存取的記憶體位址空間為4GB（= 2^{32} bytes）。

(D)7. 若一微電腦具有32條位址線與16條資料線，則其中央處理器（CPU）可直接存取的記憶體位址空間，最大可達下列何者？
(A)64KB　(B)16MB　(C)32MB　(D)4GB。　　　　　　　　　　　　[丙級硬體裝修]

(B)8. 電腦的中央處理單元（CPU）包括控制單元、算術及邏輯單元及
(A)輸入單元
(B)記憶單元
(C)I/O單元
(D)輸出單元。

8. CPU內除了控制單元、算術及邏輯單元之外，通常還包含有暫存器、快取記憶體等用來儲存指令或運算中的資料，這些儲存資料的元件都屬於記憶單元。

(B)9. 個人電腦之中央處理器內部，用來存放目前正在執行的指令或資料，其稱之為？
(A)磁碟機　(B)暫存器　(C)唯讀記憶體　(D)主記憶體。

(B)10. 中央處理單元（CPU）內部的ALU，其功能是
(A)執行資料傳輸　　　　　　(B)執行加法、減法與邏輯運算
(C)執行中斷程式　　　　　　(D)執行控制作業。

(B)11. 可反應微處理機運算狀態或改變微處理機操作模式的暫存器是？
(A)累加器（Accumulator）
(B)旗標暫存器（Flag Register）
(C)指令暫存器（Instruction Register）
(D)程式計數器（Program Counter）。

(D)12. 行動裝置所使用的記憶體，除了可以供讀出與寫入外，在電源關閉以後，記憶的資料也不會消失，下列何種記憶體最符合這項需求？
(A)可程式唯讀記憶體（PROM）　　(B)靜態記憶體（SRAM）
(C)動態記憶體（DRAM）　　　　　(D)快閃記憶體（FLASH）。

(D)13. 下列哪一選項對SRAM和DRAM的敘述都不正確？
(A)SRAM為靜態記憶體　　　　　(B)DRAM為動態記憶體
(C)都可當電腦的記憶體　　　　　(D)兩者儲存的資料都不必refresh。

13. DRAM需不斷地充電（refresh）才能免於資料流失。

(A)14. 下列有關RAM（Random Access Memory）的敘述，何者正確？
(A)可被寫入與讀取資料　　　　　(B)資料不會因為電源關閉而消失
(C)屬於輔助記憶體　　　　　　　(D)主要用於備份電腦中的資料。

(B)15. 在個人電腦上，要執行放於硬碟中的某一程式時，作業系統會先將該程式載入何處才開始執行？　(A)ROM　(B)RAM　(C)快取記憶體（Cache）　(D)隨身碟。

(A)16. 下列有關ROM的敘述，何者不正確？
(A)當電源關閉後所儲存的資料會消失
(B)可儲存開機自我測試（Power On Self Test，簡稱POST）程式
(C)燒錄有基本輸入輸出系統（Basic Input / Output system，簡稱BIOS），負責檢測電腦的輸出入硬體設備
(D)儲存在ROM中的程式稱為韌體（Firmware）。

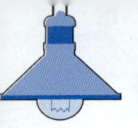

(C)17. 下列有關電腦記憶體之敘述，何者錯誤？　　17.暫存器之存取速度比RAM快。
　　　　　(A)關機後，RAM的內容會消失
　　　　　(B)輔助記憶體可補主記憶體之不足
　　　　　(C)暫存器之存取速度比RAM慢
　　　　　(D)Flash ROM常應用在智慧IC卡、智慧型手機等產品中作為輔助記憶體使用。

(A)18. 在計算機中，同時兼具軟體和硬體特性的，稱為
　　　　　(A)韌體　(B)介面卡　(C)週邊裝置　(D)作業系統。

3-4 (C)19. 中央處理單元（CPU）到下列何種記憶體間存取資料速度最快？
　　　　　(A)主記憶體（RAM）
　　　　　(B)快取記憶體（Cache）　　　19.CPU到各記憶體間的存取速度，由快到慢為：
　　　　　(C)暫存器（Register）　　　　　暫存器（Register）＞快取記憶體（Cache）＞
　　　　　(D)輔助記憶體（HDD）。　　　　主記憶體（RAM）＞輔助記憶體（HDD）。

　　　　　　　　　　　　　　　　　　20.存取速度由快至慢依序為：SRAM＞DRAM＞硬碟＞光碟。
(C)20. 電腦系統中，下列存取速度最快者為：　(A)光碟　(B)DRAM　(C)SRAM　(D)硬碟。

(D)21. 下列關於固態硬碟SSD（Solid State Disk）的敘述中，何者是錯誤的？
　　　　　(A)無須驅動馬達、承軸或旋轉頭裝置，具有低耗電、低熱能的優點
　　　　　(B)比起傳統的標準機械硬碟來說，SSD所能承受的操作衝擊耐受度較高
　　　　　(C)採用DRAM或Flash取代傳統硬碟的碟片，讀寫速度快
　　　　　(D)SSD資料儲存密度高，故價格／每單位儲存容量也比傳統硬碟便宜。　[丙級軟體應用]
　　　　　　　　　　　　　　　　　　　　　　　　　　21.目前SSD的單價比傳統硬碟昂貴。
(A)22. 下列有關資料存取速度何者正確？
　　　　　(A)暫存器（Register）＞快取記憶體（Cache Memory）＞主記憶體（Main
　　　　　　 Memory）＞磁碟（Disk）
　　　　　(B)快取記憶體＞主記憶體＞暫存器＞磁碟
　　　　　(C)快取記憶體＞暫存器＞主記憶體＞磁碟
　　　　　(D)快取記憶體＞主記憶體＞磁碟＞暫存器。

(B)23. DVD-R與DVD-RW的不同在於：
　　　　　(A)資料可讀取的次數不同　　　　　(B)資料可修改的次數不同
　　　　　(C)資料可修改的速度不同　　　　　(D)資料可讀取的速度不同。

(A)24. 突然停電時，下列哪些儲存裝置中所存放的資料會消失？
　　　　　a.隨機存取記憶體（RAM）　b.DVD光碟　c.唯讀記憶體（ROM）　d.硬碟
　　　　　e.快取記憶體（cache）　　f.暫存器（register）　24.DVD光碟、硬碟都屬於輔助記憶體，
　　　　　(A)aef　(B)abc　(C)cde　(D)cef。　　　　　　　電源關閉後資料不會消失；
　　　　　　　　　　　　　　　　　　　　　　　　　　　　 唯讀記憶體中的資料不會因為電源關
3-5 (A)25. 下列哪種連接埠不常用於行動硬碟連接個人電腦？閉而消失。
　　　　　(A)HDMI　(B)Thunderbolt　(C)eSATA　(D)USB。　25.HDMI連接埠是用來連接
　　　　　　　　　　　　　　　　　　　　　　　　　　　　　　螢幕、音響、電視。
(D)26. 德昌購買了一款無線網路卡，請問此款無線網路卡最可能是使用下列哪一種連接埠？
　　　　　(A)IDE　(B)SATA　(C)eSATA　(D)USB。

(C)27. dpi（dot per inch）可以用來表示何種週邊裝置的解析度？
　　　　　(A)鍵盤　(B)光碟機　(C)掃描器　(D)搖桿。

(C)28. 下列有關「USB」的敘述，何者錯誤？
　　　　　(A)一個USB埠可串接多個USB設備
　　　　　(B)具「熱插拔」特性
　　　　　(C)產品多以10BaseT、100BaseT等標示其傳輸速率
　　　　　(D)擁有隨插即用的功能。

3-6 (D)29. 金融機構所提供之「提款卡」，可提供使用者進行提款之作業，則該提款卡此方面之資料處理作業上係屬於
(A)輸出設備　(B)輸出媒體　(C)輸入設備　(D)輸入媒體。 [丙級軟體應用]

(A)30. 下列敘述何者正確？
(A)LCD顯示器較CRT顯示器輻射量低
(B)主記憶體較暫存器速度快
(C)點陣式印表機較噴墨印表機速度快
(D)動態隨機存取記憶體（DRAM）較靜態隨機存取記憶體（SRAM）速度快。

(A)31. 某公司經常需要電腦快速列印大量的即時性生管報表，應該購買下列何種印表機？
(A)雷射印表機　(B)噴墨印表機　(C)點矩陣印表機　(D)熱感應印表機。

3-7 (B)32. 下列關於行動裝置的敘述，何者有誤？
(A)平板電腦與智慧型手機操作方式雷同
(B)行動裝置無法外接設備
(C)平板電腦比起筆記型電腦更便於攜帶
(D)3D頭戴顯示器是屬於穿戴型裝置。

(C)33. 下列行動裝置的外接設備中，何者可以擴大行動裝置的儲存空間？
(A)行動電源　(B)攝影鏡頭　(C)記憶卡　(D)Type-C電源線。

統測試題

1. 磁碟存取時間是指磁碟機讀取或寫入資料的時間，通常以毫秒（ms）為單位。
   公式 = 搜尋時間 + 旋轉時間 + 傳輸時間。

(A)1. 運作中的硬碟裡面有旋轉磁盤及移動的讀寫頭，下列何者是正確的磁碟存取時間的計算方式？
(A)搜尋時間 + 旋轉時間 + 傳輸時間　　(B)搜尋時間 + 啟動時間 + 旋轉時間
(C)啟動時間 + 旋轉時間 + 傳輸時間　　(D)啟動時間 + 搜尋時間 + 傳輸時間。 [102商管群]

(A)2. 電腦內硬碟機的規格中，RPM（Revolutions Per Minute）表示下列何項意義？
(A)硬碟機內碟片的每分鐘轉速　　(B)讀出資料的速度
(C)每分鐘的資料儲存量　　(D)維持每分鐘固定轉速的技術。 [102工管類]

2. RPM（每分鐘旋轉圈數）用來計量硬碟旋轉速度。

(C)3. 下列何者是最常使用之雷射印表機的列印速度單位？
(A)BPS（Byte Per Second）　　(B)DPI（Dot Per Inch）
(C)PPM（Page Per Minute）　　(D)RPS（Rotation Per Second）。 [102工管類]

3. PPM（每分鐘列印張數）用來計量雷射印表機的列印速度。

(C)4. 智慧型手機上的觸控螢幕是屬於輸入設備還是輸出設備？
(A)只是輸入設備　　(B)只是輸出設備
(C)是輸入設備也是輸出設備　　(D)不是輸入設備也不是輸出設備。 [102工管類]

4. 觸控螢幕是屬於輸入／輸出設備。

(A)5. 某電腦的位址匯流排共有8個位元、資料匯流排共有16位元，則該電腦：
(A)一次傳送16位元至最多256位元組的記憶空間
(B)一次傳送8位元至最多256位元組的記憶空間
(C)一次傳送16位元至最多65536位元組的記憶空間
(D)一次傳送256位元至最多65536位元組的記憶空間Domain Name。 [103工管類]

(D)6. 何種印表機適合用來列印複寫式紙張與連續報表？
(A)雷射印表機　(B)噴墨印表機　(C)多功能事務機　(D)點陣式印表機。 [103工管類]

(B)7. 以下哪一種顯示器需要背光光源？
(A)CRT　(B)TFT-LCD　(C)OLED　(D)LED看板。 [103工管類]

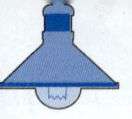

(B)8. 有關下列電腦週邊的敘述，何者不正確？
(A)顯示卡上的VRAM記憶體是屬於揮發性（Volatile）
(B)藍色是印刷四原色之一
(C)市面上的多功能事務機是輸出裝置也是輸入裝置
(D)可彎曲式螢幕主要是應用OLED技術。 [103工管類]

(D)9. 請問印刷顏料的四原色CMYK中的「K」是指哪一種顏色？
(A)青色 (B)洋紅色 (C)黃色 (D)黑色。 [103資電類]

(C)10. 下列何者不是衡量CPU效能的常用指標？
(A)時脈速度 (B)快取記憶體容量
(C)輔助記憶體容量 (D)資料匯流排位元數。 [104工管類]

(B)11. 下列哪一種電腦周邊裝置利用一圈圈的磁軌儲存資料？
(A)DVD光碟 (B)硬式磁碟 (C)隨身碟 (D)固態碟SSD。 [104工管類]

(D)12. 下列哪一種裝置是使用快閃記憶體來儲存資料？ (A)DVD-ROM disk (B)CD-ROM disk (C)Blu-ray disc (D)Solid-state disk。 [104工管類]

(C)13. 下列敘述何者正確？
(A)靜態隨機存取記憶體需要隨時充電
(B)12倍速DVD光碟機的資料讀取速度，比12倍速藍光光碟機的資料讀取速度快
(C)固態硬碟的讀寫速度較傳統硬碟快
(D)CPU都有內建快閃記憶體（Flash）以提高執行效能。 [104工管類]

(D)14. 下列有關電腦連接外部裝置的USB介面之敘述，何者錯誤？
(A)允許熱插拔 (B)可連接到隨身碟、印表機、數位相機等
(C)提供隨插即用功能 (D)傳輸方式為並列傳輸。 [104工管類]

(A)15. 以有機發光二極體製成的顯示器屬於：
(A)OLED顯示器 (B)OLCD顯示器 (C)LED顯示器 (D)LCD顯示器。 [104工管類]

(B)16. 某一部印表機的規格中標示著6PPM，其意義為何？
(A)每秒鐘傳遞6 KBytes的列印資料 (B)每分鐘列印6頁
(C)每吋列印6個點 (D)印表機的記憶體容量為6 MBytes。 [104工管類]

(D)17. 一般所謂的DPI（Dot Per Inch）規格，可以用來表示下列哪一種周邊設備的解析度？
(A)Mouse（滑鼠） (B)Keyboard（鍵盤）
(C)CD（光碟） (D)Scanner（掃瞄器）。 [104資電類]

(D)18. 下列對於電腦系統中所使用到的匯流排（Bus）的敘述，何者錯誤？
(A)一般位址匯流排（Address Bus）可以定址的空間大小就是主記憶體的最大容量
(B)資料匯流排（Data Bus）的訊號流向通常是雙向的
(C)控制匯流排用來讓CPU控制其他單元,訊號流向通常是單向的
(D)位址匯流排（Address Bus）的訊號流向通常是雙向的。 [104資電類]

(C)19. 某個CPU之型號為Intel Core 2 Duo DeskTop 3.0G，對於此編號的意義，下列敘述何者錯誤？
(A)此CPU之工作時脈是3.0GHz (B)此CPU適合於桌上型電腦
(C)此CPU內含四個運算核心 (D)此CPU為Intel公司產品。 [104資電類]

(D)20. 下列哪一個單元主要是存放指令及資料的地方？
(A)輸出／輸入單元 (B)算術／邏輯單元 (C)控制單元 (D)記憶單元。 [105工管類]

第3章 系統平台的硬體架構

(A)21. 有關CPU的敘述，下列何者錯誤？
(A)具有32條資料匯流排排線的CPU，所能存取記憶體的最大容量為4GB
(B)「控制單元」和「算術／邏輯單元」合稱為CPU
(C)CPU使用控制匯流排向外傳送信號
(D)使用L1快取記憶體可以提升CPU的處理效能。 [105工管類]

(D)22. 若以固態硬碟與傳統硬碟比較，下列何者不是固態硬碟的優勢？
(A)重量　(B)噪音　(C)耗電　(D)價格。 [105工管類]

(D)23. 下列有關電腦傳輸介面、連接埠的敘述，何者錯誤？
(A)利用HDMI可將畫面傳送至電視播放
(B)利用USB可連接鍵盤
(C)利用RJ-45可連接網路
(D)利用音源輸入（line in）可連接外接式硬碟。 [105商管群]

23. 音源輸入（line in）是用來將音訊輸入至電腦。

(A)24. 圖（一）是哪一種連接埠？
(A)DVI　(B)HDMI　(C)RJ-45　(D)VGA。
圖（一） [105工管類]

(A)25. 下列哪一個裝置不屬於熱插拔的裝置？
(A)PS/2滑鼠　(B)eSATA外接硬碟　(C)HDMI螢幕　(D)USB掃描器。 [105工管類]

(A)26. 某硬碟的轉速（rotational speed）為10,000RPM，平均搜尋時間（seek time）為9ms，資料傳輸率（data transferrate）為200MB/s。若使用者欲存取連續儲存於同一磁柱內的1MB資料，且已知讀寫頭必須移動，則平均而言，下列何者占存取時間（access time）的最大部分？
(A)搜尋時間（seek time）
(B)旋轉時間（rotation time）
(C)傳輸時間（data transfer time）
(D)解碼時間（decode time）。 [105商管群]

26. 搜尋時間 = 9ms；
平均旋轉時間 = $\frac{60}{10,000} \times \frac{1}{2} = 0.006 \times \frac{1}{2} = 3ms$，
傳輸時間 = $\frac{1}{200} = 0.005 = 5ms$，解碼時間不在存取時間中，故搜尋時間占存取時間的最大部分。

(C)27. 27吋電腦螢幕中，「27吋」指的是電腦螢幕的：
(A)水平長度　(B)垂直高度　(C)對角線長度　(D)厚度。 [105工管類]

(C)28. 下列哪一選項是依裝置之存取速度由快至慢排列？
(A)主記憶體→暫存器→硬碟→光碟
(B)主記憶體→暫存器→光碟→硬碟
(C)暫存器→主記憶體→硬碟→光碟
(D)暫存器→主記憶體→光碟→硬碟。 [105工管類]

29. RISC精簡指令集，通常是透過多個簡化指令，共同完成一項工作；
CPU中的暫存器，通常是使用SRAM（靜態隨機存取記憶體）來設計；
目前的智慧型手機，都是使用多點式的觸控裝置。

(C)29. 下列敘述何者正確？
(A)CISC複雜指令集，通常是透過多個簡化指令，共同完成一項工作
(B)CPU中的暫存器，通常是使用快閃記憶體（Flash Memory）來設計
(C)隨身碟是一種使用快閃記憶體（Flash Memory）來儲存資料的可攜式儲存裝置
(D)目前的智慧型手機，都是使用單點式的觸控裝置。 [106商管群]

(C)30. 下列哪一種記憶體屬於非揮發性記憶體，不會因電源關閉而使其中的資料消失，但是可以透過電壓的方式重複抹除資料，可用於基本輸入／輸出系統（Basic Input / Output System, BIOS）中？
(A)可抹除可程式唯讀記憶體（EPROM）　(B)可程式唯讀記憶體（PROM）
(C)快閃記憶體（Flash Memory）　(D)快取記憶體（Cache Memory）。 [106工管類]

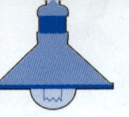

(D)31. 下列哪一種儲存設備沒有使用機械裝置？
(A)磁帶機　(B)光碟機　(C)硬碟機　(D)固態硬碟。 [106工管類]

(D)32. 下列哪一項不是電腦機殼連接外部裝置的介面？
(A)Universal Serial Bus（USB）
(B)High Definition Multimedia Interface（HDMI）
(C)Video Graphics Array（VGA）
(D)Integrated Drive Electronics（IDE）。 [106工管類]

(B)33. 圖（二）是哪一種規格的連接線？
(A)DVI　(B)HDMI　(C)USB　(D)D-Sub。 [106工管類]

圖（二）

(D)34. 下列哪一種設備屬於撞擊式印表機？
(A)雷射（Laser）印表機　　　　(B)熱感式（Thermal）印表機
(C)噴墨（Inkjet）印表機　　　　(D)點矩陣（Dot Matrix）印表機。 [106工管類]

(C)35. 一般在桌上型個人電腦主機板上面的主記憶體（Main Memory, MM），大多是使用動態記憶體（DRAM）而不用靜態記憶體（SRAM），這主要是因為：
(A)一般DRAM比SRAM還省電　　35.一般SRAM比DRAM還省電；
(B)可以善用DRAM記憶體需要更新（Refresh）的特性 關機的資料無法繼續保存在DRAM中。
(C)DRAM晶片密度較大，所以相同單位面積的晶片內可以有比較大的記憶體儲存空間
(D)為了讓關機的時候資料可繼續保存在DRAM中。 [106資電類]

(D)36. 下列有關CPU中央處理單元的敘述，何者正確？
(A)bps（bits per second）是一種CPU時脈頻率的單位
(B)CPU通常內建快閃記憶體用來暫時存放要處理的指令資料
(C)CPU的一個機器週期包括擷取、解碼、執行、運算四個主要步驟
(D)RISC精簡指令集比CISC複雜指令集較適用於智慧型手機。 [107商管群]

(C)37. 如果說某電腦是採4 GHz運行中，則下列關於該電腦的敘述何者最正確？
(A)網路傳輸速度為4 GHz　　　　36.bps是一種計量資料傳輸速率的單位，表示每秒
(B)有4 GHz的主記憶體　　　　　傳輸位元數；CPU通常內建暫存器用來暫時存
(C)系統時鐘時脈頻率為40億Hz　 放要處理的指令資料；CPU的一個機器週期包
(D)中央處理器有4 GHz的快取記憶體。 括擷取、解碼、執行、儲存四個主要步驟。
　　　　　　　　　　　　　　　　　　　　　　　　　　　　[107工管類]

(A)38. 下列有關電腦記憶體的敘述，何者正確？
(A)固態硬碟是一種輔助記憶體
(B)暫存器是一種主記憶體　　　 38.暫存器是中央處理器（CPU）中用來存放常用
(C)記憶卡通常使用快取記憶體儲存資料 的指令或資料；
(D)ROM屬於揮發性記憶體。　　 記憶卡通常使用快閃記憶體（Flash Memory）
　　　　　　　　　　　　　　　 儲存資料；　　　　　　　　　[107商管群]
　　　　　　　　　　　　　　　 ROM（唯讀記憶體）屬於非揮發性記憶體。

(D)39. 下列有關記憶體的敘述何者不正確？
(A)DRAM需要週期性更新資料內容
(B)SRAM只要維持供電即可保持資料
(C)暫存器（Register）直接設計在CPU中
(D)固態硬碟（SSD）沒有讀寫次數的限制。 [107工管類]

第 **3** 章 系統平台的硬體架構

(A)40. 下列關於硬碟之敘述，何者不正確？
 (A)固態硬碟是用隨機存取記憶體來作為儲存元件
 (B)電腦運作時，固態硬碟耐震度比傳統硬碟高
 (C)電腦運作時，固態硬碟寧靜度比傳統硬碟高
 (D)傳統硬碟的磁碟存取時間 = 搜尋時間 + 旋轉時間 + 傳輸時間。 [107工管類]

(C)41. 關於電腦領域中常見的單位，下列應用場景描述何者最正確？
 (A)某一臺光碟機的讀取速度是50 DPI
 (B)某一個CPU的工作頻率是1.2G RPM
 (C)某一臺雷射印表機的列印速度是50 PPM
 (D)某一臺數位相機感光元件的解析度是1200 MHz。 [107工管類]

(B)42. 有關顯示器的敘述，下列何者不正確？
 (A)顯示器的尺寸是以顯示器的對角線長度來計算
 (B)LCD顯示器較CRT顯示器具有高輻射，所以不建議使用太久
 (C)OLED顯示器與LCD顯示器具有低耗電的特質，比CRT顯示器較節省能源
 (D)OLED顯示器是採用有機發光二極體材質製作而成，目前常應用在手持式裝置上，例如手機。 [107工管類]

(D)43. 下列有關快取記憶體（Cache Memory）的描述，何者正確？
 (A)是一種動態隨機存取記憶體（DRAM）
 (B)主要功能是做為電腦開機時，儲存基礎輸入輸出系統（BIOS）內的程式之用，以加速開機
 (C)是EEPROM的一種，存取速度高於一般EEPROM，且電腦電源關閉之後，其內容仍然會被保存
 (D)在一般的個人電腦中，其存取的速度低於中央處理器內部暫存器的速度，但高於主記憶體的速度。 [107資電類]

43. 快取記憶體是一種靜態隨機存取記憶體（SRAM），是RAM的一種；主要功能是存放CPU經常使用的資料或指令，以提升電腦的處理效能。

(C)44. 有關PC上BIOS的敘述，下列何者不正確？
 (A)它所存放的元件位於主機板上
 (B)是開機程序的控制程式
 (C)全名為Binary Input / Output System
 (D)對電腦設備進行一系列的檢查與測試。

44. BIOS的全文為Basic Input / Output System，基本輸入輸出系統。 [108商管群]

(A)45. 下列關於CPU的敘述，何者正確？
 (A)暫存器是CPU內部的記憶體
 (B)CPU內部快取記憶體使用Flash Memory
 (C)具有32條控制匯流排排線的CPU，最大定址空間為4GB
 (D)CPU時脈頻率的單位是MIPS。 [108工管類]

45. CPU內部的快取記憶體使用SRAM（靜態隨機存取記憶體）；具有32條位址匯流排排線的CPU，最大定址空間為2^{32} bytes = 4GB；CPU時脈頻率的單位是GHz。

(B)46. 下列關於傳統硬碟與固態硬碟的敘述，何者正確？
 (A)傳統硬碟較固態硬碟省電
 (B)傳統硬碟較固態硬碟怕晃動
 (C)固態硬碟讀寫頭較傳統硬碟多
 (D)固態硬碟RPM（Revolutions Per Minute）值較傳統硬碟大。 [108工管類]

46. 固態硬碟較傳統硬碟省電；固態硬碟沒有馬達、讀寫頭等機械構造，而是以快閃記憶體來作為儲存元件；RPM越高，讀寫資料的速度越快，固態硬碟RPM並沒有一定比傳統硬碟大。

(C)47. 下列關於D-Sub、DVI、HDMI螢幕連接埠的訊號傳輸形式的敘述，何者為真？
 (A)D-Sub、DVI、HDMI均是以類比形式傳輸
 (B)D-Sub、DVI、HDMI均是以數位形式傳輸
 (C)D-Sub是以類比形式傳輸，DVI、HDMI是以數位形式傳輸
 (D)D-Sub、DVI是以類比形式傳輸，HDMI是以數位形式傳輸。 [108工管類]

A3-47

(D)48. 下列何者不是滑鼠傳輸資料的技術？ 48.SATA通常用來連接硬碟、光碟機等設備。
(A)USB (B)PS/2 (C)藍芽 (D)SATA。 [108工管類]

(A)49. 下列何種電腦週邊設備的解析度以DPI為單位，可搭配OCR軟體辨識字符？
(A)掃描器（Scanner） (B)點陣式印表機（Dot Matrix Printer）
(C)顯示器（Display） (D)網路攝影機（Webcam）。 [108工管類]
49.掃描器解析度以DPI為單位，可搭配OCR軟體辨識字符。

(B)50. 下列哪一種電腦介面是連接螢幕且採用數位訊號傳輸？
(A)D-SUB (B)HDMI (C)RJ-45 (D)PS/2。
50.D-SUB可連接螢幕，但採用類比訊號傳輸；RJ-45用來連接網路線；PS/2用來連接鍵盤、滑鼠。 [108商管群]

(B)51. 下列哪種記憶體元件，通常當做筆記型電腦的輔助記憶體（Auxiliary Memory）？
(A)DDR4 SDRAM（Double Data Rate Fourth-generation Synchronous Dynamic Randomaccess Memory）
(B)SSD（Solid-state Drive）
(C)SRAM（Static Random- access Memory）
(D)Cache。
51.雙倍數同步動態隨機存取記憶體（DDR4 SDRAM）、靜態隨機存取記憶體（SRAM）、快取記憶體（Cache）皆歸類為主記憶體；固態硬碟（SSD）為輔助記憶體，應用於筆電、平板電腦等產品。 [108資電類]

(B)52. 下列對於一般的LCD顯示器與OLED顯示器的敘述何者正確？
(A)LCD顯示器通常比OLED顯示器薄
(B)OLED材質可自發光，故OLED顯示器不需要背光板
(C)OLED顯示技術是透過液晶來控制顏色的變化
(D)LCD的反應時間比OLED快。 [108資電類]

(C)53. 關於個人電腦CPU中的「快取記憶體」，下列敘述何者正確？
(A)常見的規格可以分為DDR2、DDR3、DDR4，數字越小，傳輸速度越快
(B)快取記憶體在斷電後，可以持續保存資料，所以其成本較高，容量較小
(C)通常利用靜態隨機存取記憶體（SRAM）來製作
(D)與固態硬碟一樣使用快閃記憶體（Flash Memory）來製作。 [109商管群]

(D)54. 某一中央處理器（CPU）的時脈（Clock）是4.0GHz，則其中GHz是指下列何者？
(A)每秒100萬次
(B)每秒1000萬次
(C)每秒1億次
(D)每秒10億次。
54.個人電腦CPU的時脈頻率常用的單位為GHz（十億赫茲），例如1GHz表示CPU內部的石英振盪器每秒產生10億次的振盪。 [109商管群]

(D)55. 下列對固態硬碟（SSD）及硬式磁碟機（HDD）的描述，何者錯誤？
(A)固態硬碟的優點是讀取速度快，而且具相對耐震、無噪音，適合移動中使用
(B)硬式磁碟機的轉速（RPM, Revolutions Per Minute）可作為選擇硬式磁碟機效能的參考之一，轉速越高，讀取速度越快
(C)硬式磁碟機的容量大小跟磁碟（disk）數、磁軌（track）數、磁區（sector）數及磁區大小有關
(D)固態硬碟由表面覆蓋磁性媒介的磁片構成，以磁性型態儲存資料。
55.固態硬碟（SSD）是以快閃記憶體作為儲存元件。 [109工管類]

(A)56. 選購個人電腦時，考慮價格與效能的因素，下列何者配置組合較符合需求？
(A)16GB動態隨機存取記憶體（DRAM）、16MB快取記憶體（Cache Memory）、1TB硬碟
(B)16MB動態隨機存取記憶體（DRAM）、16GB快取記憶體（Cache Memory）、1TB硬碟
(C)1TB動態隨機存取記憶體（DRAM）、16GB快取記憶體（Cache Memory）、16MB硬碟
(D)16MB動態隨機存取記憶體（DRAM）、16MB快取記憶體（Cache Memory）、16MB硬碟。 [109工管類]
56.選購個人電腦時，一般而言容量大小為：
硬碟＞動態隨機存取記憶體（DRAM）＞快取記憶體（Cache Memory）。

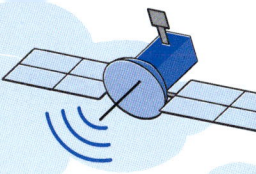

(A)57. 如圖（三）框選的介面中何者不是連接顯示器的標準輸出接頭？

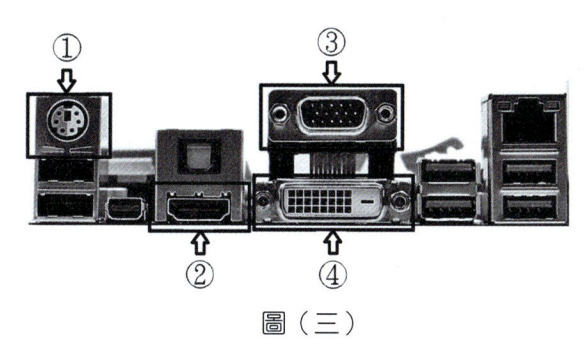

圖（三）

(A)① (B)② (C)③ (D)④。 57.①為PS/2，是連接鍵盤、滑鼠的連接埠。[109工管類]

(D)58. 下列何種電腦週邊設備不屬於輸入裝置？ 58.點矩陣印表機屬於輸出裝置。
(A)觸控式螢幕　　　　　　　　(B)多功能事務機
(C)網路攝影機　　　　　　　　(D)點矩陣印表機。 [109工管類]

(A)59. 嚴重特殊傳染性肺炎（COVID-19）疫情造成口罩搶購潮，因此政府採用實名制讓民眾可在衛生所或藥局購買口罩。請問衛生所或藥局需要使用何種裝置判讀民眾的健保卡資料？ 59.健保卡屬於接觸式IC（電腦晶片）卡，通常須透過晶片讀卡機來讀寫資料。
(A)晶片讀卡機　　　　　　　　(B)磁條讀卡機
(C)QR Code掃描器　　　　　　(D)條碼掃描器。 [109工管類]

(D)60. 下列關於CPU中「程式計數器（Program Counter, PC）」的敘述，何者正確？
(A)PC是一個快取記憶體，用來暫時存放指令執行的資料
(B)PC是一個時間計數器，存放目前CPU運作的時間
(C)PC用來記錄程式運作的總數，用以調整匯流排的速度
(D)PC用來暫存下一個要執行指令的位址。 [110商管群]

(C)61. 「ROM、SRAM、SDRAM、DRAM、EEPROM、Flash Memory」中，有幾個是屬於非揮發性（亦稱之為非依電性）記憶體？ (A)1 (B)2 (C)3 (D)4。 [110工管類]

61. ROM、EEPROM、Flash Memory皆屬於非揮發性（亦稱之為非依電性）記憶體。

(B)62. 下列有關CPU的敘述，何者錯誤？
(A)CPU時脈頻率的單位是Hz
(B)多核心CPU是指在主機板上安裝多顆CPU
(C)暫存器與L1快取記憶體是CPU內部的儲存裝置
(D)CPU執行一個指令的過程可依序分為擷取、解碼、執行、儲存等四個步驟。 [110工管類]

(A)63. 表（一）為某電腦公司的進貨項目清單及統計，關於表格中A～C的數量，下列何者最正確？

63.輸入單元：鍵盤、滑鼠、麥克風、掃描器、繪圖板。
記憶單元：光碟、主記憶體、隨身碟、硬碟。
輸出單元：印表機、喇叭、投影機。

單元名稱	數量
輸入單元	A
記憶單元	B
輸出單元	C

進貨項目清單：鍵盤、印表機、滑鼠、光碟、麥克風、主記憶體、掃描器、喇叭、繪圖板、隨身碟、投影機、硬碟

表（一）

(A)A = 5；B = 4；C = 3　　　　(B)A = 4；B = 4；C = 4
(C)A = 5；B = 3；C = 4　　　　(D)A = 4；B = 5；C = 3。 [110工管類]

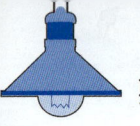

(D)64. 下列關於電腦週邊設備的敘述，何者不正確？
(A)多功能事務機具備輸出與輸入功能
(B)掃描器（Scanner）的解析度以DPI為單位
(C)LCD顯示器的背光模組負責提供光源，透過液晶體顯示影像
(D)固態硬碟機（SSD）的轉速（Revolutions Per Minute, RPM）值愈高資料傳輸效能愈高。 [110工管類]

(D)65. 有關電腦週邊設備的敘述，下列何者最不正確？
(A)滑鼠可以使用PS/2埠連接電腦　(B)筆電可以使用D-SUB線外接顯示器
(C)鍵盤可以使用USB埠連接電腦　(D)磁碟機可以使用HDMI線傳輸資料。
65. HDMI常用來連接螢幕、數位電視、藍光播放機。 [110工管類]

(C)66. 下列關於硬碟的敘述，何者錯誤？
(A)固態硬碟以快閃記憶體作為儲存元件，具低功耗、抗震、無噪音特性
(B)磁碟讀寫頭移到要存取資料所在磁軌的時間稱為搜尋時間（Seek Time）
(C)傳統硬碟的外圈磁軌面積及容量都大於內圈磁軌的面積及容量
(D)某硬碟的轉速是5400 RPM（Revolutions Per Minute），此硬碟碟片旋轉一圈約需11.1ms。 [110工管類]

(D)67. 有關固態硬碟（solid state disk, SSD）與傳統機械硬碟（hard disk, HDD）的敘述，下列何者正確？
(A)HDD中的儲存元件是採用快閃記憶體
(B)SSD採用低噪音馬達驅動讀寫頭並具抗震特點
(C)HDD沒有旋轉及搜尋資料時間，僅須考量資料傳輸時間
(D)SSD在經過長時間及多次使用致使內部儲存資料零散，仍可不須進行磁碟重組
67. 固態硬碟（SSD）沒有馬達、讀寫頭等機械構造，而是以快閃記憶體來作為儲存元件，且不須進行磁碟重組。 [113商管群]

(A)68. 下列哪一種記憶體的存取速度最快？　(A)暫存器（Register）　(B)快取記憶體（Cache）　(C)輔助記憶體　(D)主記憶體（RAM）。 [113工管類]

(A)69. 關於資訊產品的規格敘述，下列何者正確？
(A)記憶體的容量是16 GB
(B)CPU的時脈頻率是4 Gbps
(C)硬碟的傳輸頻寬是7200 RPM
(D)網路卡的傳輸速率是100 Mpps。
69. • CPU的時脈頻率單位是GHz。
• 7200 RPM是硬碟旋轉速度。
• 網路卡的傳輸速率單位是Mbps。 [114商管群]

(B)70. 為了減少中央處理器（CPU）存取電腦主記憶體所需的平均時間，可以使用下列哪一類型的記憶體來達成目的？
(A)快閃記憶體（Flash Memory）
(B)快取記憶體（Cache Memory）
(C)輔助記憶體（Auxiliary Memory）
(D)動態記憶體（Dynamic Random Access Memory）。
70. 快取記憶體（Cache Memory）用來存放CPU經常使用的資料或指令，以提升電腦的處理效能，可以顯著降低CPU等待主記憶體資料的時間。 [114工管類]

(B)71. 下列何者不是電腦硬體架構的五大單元之一？
(A)輸入單元（Input Unit）　(B)機殼單元（Case Unit）
(C)控制單元（Control Unit）　(D)記憶單元（Memory Unit）。
71. 五大單元是輸入、輸出、記憶、算術／邏輯、控制。 [114工管類]

(B)72. 使用固態硬碟（Solid-State Disk, SSD）取代硬碟（Hard Disk Drive, HDD），逐漸成為筆記型電腦或桌上型電腦的主流選擇。關於SSD技術的敘述，下列何者正確？
(A)SSD使用高速旋轉磁碟，提供比傳統硬碟更快的資料讀寫速度
(B)SSD無機械式移動零件，使用晶片儲存資料具較快的存取速度
(C)SSD是一種只能用於雲端運算的儲存裝置，需要上網才能使用
(D)SSD使用磁性材料儲存資料，需要利用磁頭針對特定區域讀寫。
72. SSD是以快閃記憶體來作為儲存元件，沒有磁頭、馬達等機械式零件。 [114工管類]

第 4 章 系統平台的運作與未來發展

4-1 系統平台簡介

一、系統平台

1. **系統平台**（computing platform）：主要由**硬體**與**軟體**所組成，再結合**網路**通訊技術，三者相互配合以解決現代大型應用（如Google Maps、汽車導航等）的需求。

2. 系統平台的基本運作流程：
   a. **輸入**：透過傳輸媒介（如資料傳輸線、網路），將資料輸入至系統中。
   b. **處理**：系統利用平台處理器（如電腦中的CPU、雲端的運算資源等）來處理資料。
   c. **輸出**：透過傳輸媒介，將資料輸出至顯示器、儲存設備、雲端空間或系統平台的其他成員。

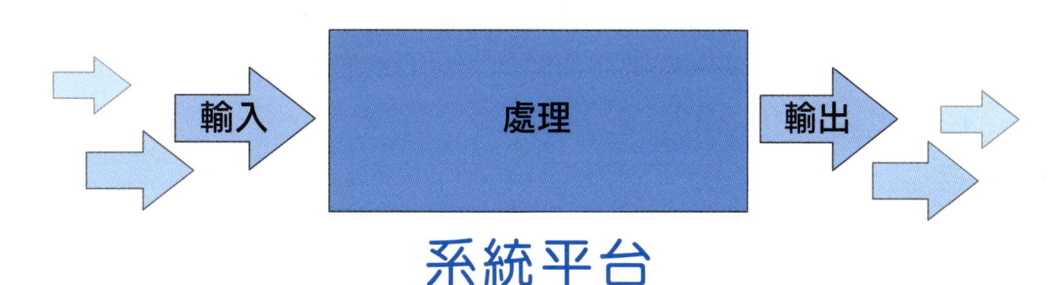

輸入 → 處理 → 輸出

系統平台
（硬體、軟體、網路）

二、電腦軟體的原理與分類

1. **馮紐曼**於1946年發表**馮紐曼架構**，提出了**內儲程式**（Stored Program）的概念。

2. 內儲程式的概念是將指令與資料儲存在記憶體中，並依照程式的順序執行，直到指令執行完畢。

3. 內儲程式概念提出後，開啟了程式設計的發展。

笑話記憶法

提出「內儲程式」概念的人，做什麼最慢？
答：縫鈕扣最慢，因為他叫「馮紐曼」（縫鈕慢）

> **統測這樣考**
>
> (B)29. 個人電腦使用Windows作業系統，使用一段時間後儲存大檔案的效率漸漸變差，為改善效率，適合針對原磁碟機做下列何種合理的處理？ (A)磁碟清理 (B)重組並最佳化磁碟機 (C)磁碟檢查錯誤 (D)修復磁碟機。 [112商管]

4. 電腦軟體的分類：

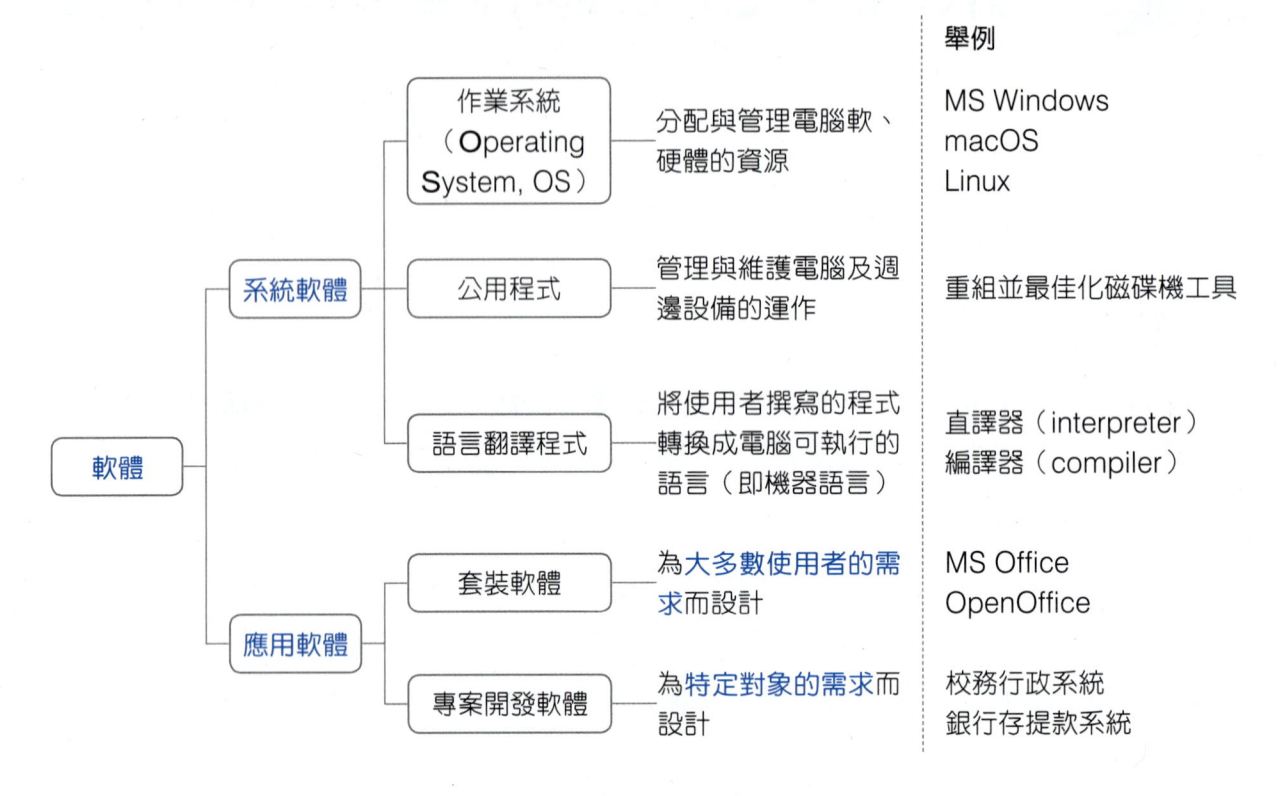

分類	子類	說明	舉例
系統軟體	作業系統（Operating System, OS）	分配與管理電腦軟、硬體的資源	MS Windows macOS Linux
系統軟體	公用程式	管理與維護電腦及週邊設備的運作	重組並最佳化磁碟機工具
系統軟體	語言翻譯程式	將使用者撰寫的程式轉換成電腦可執行的語言（即機器語言）	直譯器（interpreter） 編譯器（compiler）
應用軟體	套裝軟體	為大多數使用者的需求而設計	MS Office OpenOffice
應用軟體	專案開發軟體	為特定對象的需求而設計	校務行政系統 銀行存提款系統

a. **系統軟體**：用來控制或維護電腦設備運作的程式。

b. **應用軟體**：為處理或解決某些特定問題而開發的軟體。

c. 常見的公用程式（又稱utility program）：

公用程式	說明
系統維護軟體	維護電腦系統使其安全、穩定的運作
磁碟管理工具	維護磁碟的運作，例如： • **磁碟清理**：清除不需長期保存的檔案，如資源回收筒的檔案、Windows暫存檔等 • 重組並最佳化磁碟機：將分散在許多磁區的檔案資料儲存於連續磁區，加快磁碟存取速度 • **磁碟檢查錯誤**：檢查磁碟中的磁區是否損毀，若找出損毀部分會自動修復 • 修復磁碟機：將目前電腦的系統檔備份到修復磁碟機，若電腦發生故障等重大問題時，可使用修復磁碟機來復原電腦，還原至建立修復磁碟機的時間點 • 磁碟格式化：使用磁碟前須先格式化，將磁碟中的資料清除並分割該磁碟 • 磁碟備份：備份資料到另一個儲存媒體或區域網路中的其它電腦 • 系統還原：可將電腦還原到先前運作正常的狀態
驅動程式	做為作業系統和週邊設備溝通的橋樑

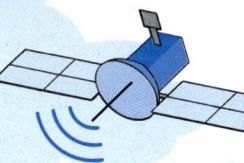

4-2 作業系統簡介

一、作業系統的組成

1. 作業環境（Shell）：負責使用者與電腦硬體之間的溝通橋樑。
2. 核心（Kernel）：負責各軟、硬體及資源的管理。

二、作業系統的功能

1. **輸出／輸入管理**：負責管理與分配輸入／輸出設備的使用。
2. **檔案管理**：檔案系統建置及檔案管理（如建立、刪除、複製、搬移等）的操作介面。
3. **資源管理**：管理CPU與記憶體的使用，提昇電腦系統的運作效率。
4. 系統保護：
    a. **錯誤偵測**：偵測錯誤並同時顯示警告或錯誤訊息告知使用者。
    b. **系統保護**：提供完善的安全保護機制而設計。以Windows作業系統為例，提供2種檔案及資料夾的屬性，來保護資料。

檔案屬性	說明
唯讀	能讀取內容，但無法存檔
隱藏	不會顯示在檔案總管的內容窗格，可防止他人開啟

5. **網路控管**：協調與控管網路上多部手機、電腦、或資訊設備之間相互傳遞訊息。
    a. **資源分享的方法**：在要開放分享的資料夾，按右鍵，選『**內容**』，再按**共用**。
    → 資源分享前，須先啟用「**開啟網路探索**」及「**開啟檔案及印表機共用**」功能。
    b. **單一檔案無法直接分享**，須存放至資料夾中再設定分享。
6. **程序管理**：**程序**（process）是指正在執行的程式區段。作業系統的**程序管理**功能負責管理程序的啟動與結束，並在程序的執行過程中，協調電腦資源的分配。

⚡統測這樣考

(C)13. 能控制與協調在電腦中運作的程式，並提供使用者介面、分配與管理資源、服務與保護等功能的系統，與下列哪項最相關？
（A)檔案系統（File System）
（B)文書系統（Office System）
（C)作業系統（Operating System）
（D)程式系統（Programming System）。　　　　　[107工管]

三、程序管理的運作 [112] [113]

1. 程序的執行過程中，存在著5種不同的狀態：
   - 建立（new）：產生新程序。
   - 就緒（ready）：正等著被分配CPU時間來執行程序。
   - 執行（running）：正在執行程序。
   - 等待（waiting）：程序正在等待某事件發生（如等待使用者輸入資料）。
   - 結束（terminated）：程序執行結束。

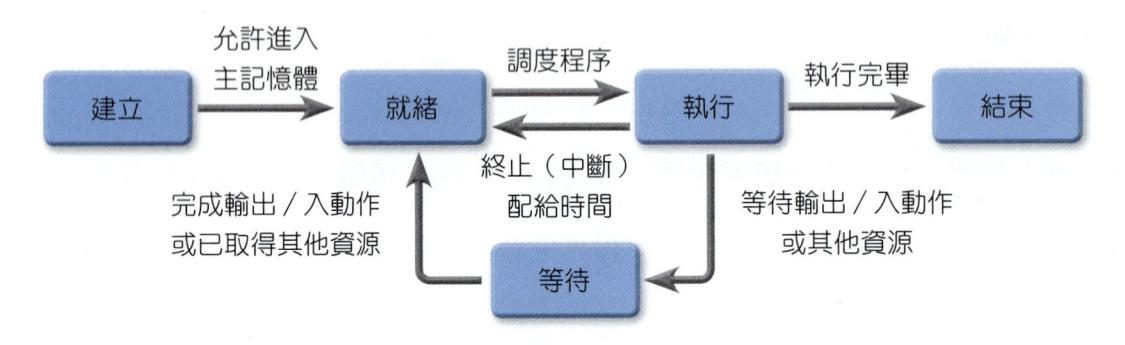

> **統測這樣考**
> (D)27. 程序或稱行程（process）是作業系統裡正在處理中的程式，它具有多種狀態。下列哪一種程序狀態是正等著被分配 CPU 時間來執行程式？
> (A)等待（waiting） (B)執行（running）
> (C)新建（new） (D)就緒（ready）。
> [112商管]

（程序狀態轉換流程圖：建立 →允許進入主記憶體→ 就緒 ⇌調度程序/終止（中斷）配給時間⇌ 執行 →執行完畢→ 結束；執行→等待輸出/入動作或其他資源→等待→完成輸出/入動作或已取得其他資源→就緒）

2. **程序的檢視**：在Windows中，按**Ctrl + Alt + Del**鍵，再按**工作管理員**鈕註，並按**更多詳細資料**，開啟**工作管理員**視窗，可檢視電腦正在執行的程序名稱、程序使用CPU及記憶體的狀況、結束程序等。

3. **工作排程演算法**：在作業系統中，工作排程的安排方式有很多種，作業系統會依照不同的資料處理需求，來使用不同的排程演算法。

   a. 以下介紹4種常見的工作排程演算法。

工作排程演算法	說明
先來先服務FCFS（First Come First Served）	先進入CPU工作排程的程序就先執行，一個程序執行完才執行下一個
最短工作優先SJF（Shortest Job First）	先判斷CPU處理程序所需的時間，處理時間愈短，愈優先處理。如果有2個程序所需的處理時間大致相同，就依先來先服務原則安排順序
優先排程PS（Priority Scheduling）	• 演算法中每個程序都事先安排了一個優先順序，優先順序愈高的程序愈先處理，若有2個程序的優先順序一樣，就依先來先服務原則決定順序 • 可能因不斷被高優先順序的程序「插隊」，造成低優先順序的程序被長時間擱置的情況，這種情況稱為飢餓
循環算法排程RR（Round-Robin Scheduling）	每個程序都被分配一個相同的時間量子（time quantum）/時間切片（time slice），並按照順序執行，持續循環直到所有程序都執行完畢

註：或是直接按Ctrl + Shift + Esc鍵，也可開啟工作管理員視窗。

統測這樣考

(B)28. 關於個人電腦CPU的敘述，下列何者正確？ (A)指令暫存器可用來存放下一個要執行的指令位址 (B)多核心CPU比單核心CPU較易支援平行處理 (C)快取記憶體通常分L1、L2、L3，其中L2、L3內建於CPU之中 (D)CPU的運作中一個機器週期包括擷取、編碼、執行、儲存四個主要步驟。　[112商管]

b. 以3個待執行的程序為例，依據4種工作排程演算法來計算平均等待時間。假設3個程序幾乎同時抵達等待佇列，所需CPU執行的時間分別是P1為6毫秒、P2為3毫秒、P3為9毫秒，其優先順序為P3 → P2 → P1，時間量子（時間切片）為3。

演算法	先來先服務FCFS	最短工作優先SJF
進入佇列順序	P1 → P2 → P3	P2 → P1 → P3
平均等待時間（單位：毫秒）	P1: 6, P2: 3, P3: 9 (0 + 6 + 9) / 3 = 5	P2: 3, P1: 6, P3: 9 (0 + 3 + 9) / 3 = 4

演算法	優先排程PS	循環算法排程RR
進入佇列順序	P3 → P2 → P1	P1 → P2 → P3 → P1 → P3 → P3
平均等待時間（單位：毫秒）	P3: 9, P2: 3, P1: 6 (0 + 9 + 12) / 3 = 7	P1: 3,3, P2: 3, P3: 3,3,3 (6 + 3 + 9) / 3 = 6

五秒自測 假設4個程序幾乎同時抵達等待佇列，每個程序所需CPU執行的時間分別為5毫秒、8毫秒、2毫秒、11毫秒，則SJF排程演算法的平均等待時間為多少毫秒？

平均等待時間：(0 + 2 + 7 + 15) / 4 = 6。

4. **平行處理**（parallel processing）：將要進行運算的工作分成數個部分，分別交給多個處理器核心來處理，以加快運算的速度，故多核心CPU比單核心CPU較易支援平行處理。平行處理的技術（以多核心CPU為例）：

   a. **資料平行**（Data Parallelism）：將大量要處理的資料，分成許多個部分，再將各個部分各自交給一個核心來處理，最後再將處理過的資料進行整合。

   例 一個雙核心CPU要處理1～10共十筆資料，可將資料分為1～5筆、6～10筆，每個核心各處理5筆，最後再將處理後的資料整合在一起。

   b. **任務平行**（Task parallelism）：為不同核心分配不同的處理任務，再將資料分給各個核心同時處理。

   例 一個雙核心CPU要從十筆資料中找出「最大值」、「最小值」，可讓一個核心負責運算最大值、另一個運算最小值，最後再將運算後的資料整合在一起。

   統測這樣考

   (A)34. 下列何者為使用時間切片（Time Slice）或時間量（Time Quantum）技術以避免飢餓（Starvation）現象的工作排程（Scheduling）演算法？
   (A)循環分配（Round Robin, RR）
   (B)插入排序法（Insertion Sort, IS）
   (C)最短的工作優先（Shortest Job First, SJF）
   (D)先到先服務（First Come First Serve, FCFS）。　[114工管]

四、作業系統的分類

作業系統種類	說明	作業系統	GUI
單人單工 程式1	一個使用者每次只執行1個程式	MS-DOS	
單人多工 程式1 … 程式n	一個使用者可同時執行1至多個程式	Windows 8/10/11、macOS、Chrome OS	✓
多人多工 程式1 … 程式n 程式1 … 程式n	一個以上使用者可同時執行多個程式	UNIX、Linux、macOS Server、Windows NT Server、Windows Server 2016/2019/2022	✓

1. **多工**（Multi-tasking、Multi-programming）是指同一時間電腦可執行多個程式，透過**排程**設定可決定程式執行的優先順序。

2. 多人作業系統必定為多工作業系統。
   解題密技 不存在「多人單工」。

3. 多人多工作業系統常作為**網路作業系統**（Network Operating System, **NOS**）使用，負責網路上的資源分配、安全控制及網路管理等工作。

4. UNIX、Linux等網路作業系統也可作為個人電腦作業系統使用。

5. 多工作業系統通常具有**分時處理**的功能。**分時處理**能將中央處理單元的控制權，分成許多個時段（time slice），並將這些時段輪流分配給多個程式使用。

得分區塊練

(D)1. 對檔案進行複製、更名、刪除等有效的管理，是作業系統的哪一項功能？
(A)資源管理　(B)網路通訊管理　(C)行程管理　(D)檔案管理。

(B)2. 系統平台主要由 ① 與 ② 所組成，再結合 ③ 技術，三者相互配合以解決現代大型應用（如Google Maps、汽車導航等）的需求，請問上述題目中，空格處分別依序為何？
(A)網路通訊、軟體、硬體
(B)硬體、軟體、網路通訊
(C)輸入、輸出、處理
(D)處理、輸出、輸入。

(D)3. Linux作業系統是屬於下列哪一種類型的作業系統？
(A)單人單工　(B)單人多工　(C)多人單工　(D)多人多工。

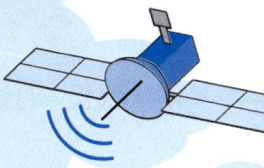

4-3　常見的作業系統

一、個人電腦作業系統　103　106　107　109

1. MS-DOS：微軟公司早期的個人作業系統，採文字介面（command-line interface）。

2. Windows系列：

    a. 單機作業系統：如8/10/11 ——————————————→ **單人多工**

    b. 伺服器作業系統：如NT Server、Windows Server 2016/2019/2022 → **多人多工**

    c. 具有圖形使用者介面（Graphical User Interface, **GUI**）。

    d. 具有**隨插即用**（Plug & Play, **PnP**）功能，可自動辨識並安裝支援隨插即用硬體的驅動程式。

    e. **驅動程式**：是硬體與作業系統之間相互溝通的橋樑，如安裝印表機的驅動程式，可讓使用者透過作業系統操控印表機工作。

    f. Windows 7/8/10/11提供有32位元及64位元的作業系統版本，其位元數代表作業系統一次能處理多少位元的資料。使用64位元版本的作業系統，必須搭配64位元的CPU（如Intel Core i9），才能發揮最佳效能。

3. UNIX、Linux：

    a. 多人多工作業系統，常作為網路作業系統使用。

    b. UNIX為美國AT&T公司的**貝爾**（Bell）實驗室所發展出來；Linux是由芬蘭人Linus Torvalds以UNIX為基礎所發展出來。

    c. 提供有**文字介面**及**X Window圖形使用者介面**。

    d. 使用**C語言**開發，系統可攜性佳，可在不同廠牌的電腦系統下使用。

    e. 在Windows系統中，檔名及指令的大寫與小寫英文字母視為同一個字，而在UNIX / Linux系統中，英文大小寫字母視為不同字母，例如book和Book是不同的名稱。

    f. 常見的UNIX版本有Solaris、FreeBSD 等。

    g. Linux為自由軟體，採用**開放原始碼**（open source）的作法，將程式原始碼公開，讓其他使用者能依個人需求自由複製、散布與修改作業系統的功能。

    h. Linux常見的版本有Red Hat、Fedora、Ubuntu 等，可上網免費下載，或付費購買。

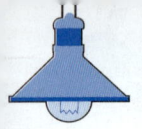

4. macOS：
   a. 第一個採用圖形使用者介面的作業系統，為蘋果公司所推出。
   b. 蘋果公司規定，macOS**僅能安裝在蘋果電腦上使用**[註]。
   c. macOS：以UNIX為基礎開發而成。
   d. 早期蘋果公司將作業系統稱為Mac OS，於2012年將Mac OS更名為OS X，於2016年又將OS X更名為macOS。
   e. 具有**隨插即用（PnP）**功能。

5. 其它作業系統：
   - Chrome OS：桌機、筆電適用，目前尚不普及。（Google公司推出，以Linux為基礎所發展的）

6. 常見的個人電腦作業系統比較表：

比較項目＼作業系統	Windows	Linux	macOS	Android	iOS
開發廠商	微軟	GNU組織	蘋果	Google	蘋果
使用者介面	GUI及文字介面	GUI及文字介面	GUI及文字介面	GUI及文字介面	GUI介面
開放原始碼		✓		✓	
硬體搭配	一般PC、平板電腦	一般PC、智慧型手機	蘋果電腦	智慧型手機、筆電、平板電腦	平板電腦、智慧型手機

（Linux、macOS、Android 都是以UNIX為基礎開發）

二、智慧型手機、平板電腦作業系統

作業系統	開發廠商	說明	App主要來源
iOS	Apple	供蘋果公司的可攜式電子產品（如iPhone、iPad）使用	App Store
Android	Google	以Linux為基礎開發而成	Play商店（Google Play）

（具多點觸控）

1. 支援多點觸控技術的電子產品（如iPhone、iPad），可讓使用者直接以手指滑動螢幕來操控。

2. 個人電腦的作業系統Linux，也可安裝在智慧型手機、平板電腦等產品中使用。

[註]：在網路上，有網友分享如何利用特殊技巧，將macOS安裝在一般個人電腦中，但此舉恐有違法之虞。

第4章 系統平台的運作與未來發展

得分區塊練

(A)1. 下列何種作業系統,因為原始程式碼完全公開可免費使用、系統穩定性高且對電腦硬體需求較低,而常應用於架設伺服器與網站?
(A)Linux (B)macOS (C)MS-DOS (D)Windows。

(D)2. 下列何者不屬於計算機作業系統(OS)?
(A)Windows (B)Linux (C)Unix (D)BIOS。

2. BIOS(基本輸入輸出系統):具有自我測試(POST)、載入作業系統及設定CMOS內容等功能。

(D)3. 下列何者是圖形化使用者介面的作業系統?
(A)Word (B)Excel (C)DOS (D)Windows。

(A)4. 下列哪一個作業系統包含了第一個在商業上得到成功的GUI程式?
(A)macOS (B)Windows (C)Unix (D)Linux。

(B)5. UNIX主要的實作語言為何?
(A)Java (B)C (C)C++ (D)Pascal。

6. Red Hat、Fedora、Ubuntu皆為Linux作業系統常見的版本;
macOS為蘋果電腦所發展的作業系統,以UNIX為基礎開發而成。

(B)6. 下列作業系統何者與Linux無關?
(A)Red Hat (B)macOS (C)Fedora (D)Ubuntu。

(C)7. 下列哪一套作業系統僅能安裝在蘋果電腦中使用?
(A)Windows 10 (B)MS-DOS (C)macOS (D)Linux。

7. 蘋果公司規定macOS僅能安裝於蘋果電腦。

(A)8. 阿星在組裝電腦時,希望能夠使用免費的作業系統軟體,請問他可以安裝下列哪一套作業系統? (A)Linux (B)iOS (C)macOS (D)Windows 10。

(D)9. 下列有關Windows 10的敘述何者錯誤?
(A)Windows 10具備圖形化的使用介面
(B)Windows 10提供程式執行的環境,並可控制程式的執行
(C)Windows 10可以管理主記憶體
(D)Windows 10允許多位使用者同時操作,而且能同時執行多項工作,是屬於多人多工的作業系統。

9. Windows 10為單人多工作業系統。

(D)10. 下列哪種作業系統最適合在智慧型手機上使用?
(A)macOS (B)Windows Server 2019 (C)Windows 10 (D)Android。

(B)11. 蘋果公司推出的iPhone可讓我們直接以觸控的方式來操控手機,請問該款手機使用的作業系統為下列何者?
(A)Windows 10 (B)iOS (C)macOS (D)Android。

4-4 雲端服務

統測這樣考

(D)13. 阿宏和小君畢業後共同合作創業設立公司,但是公司草創初期,沒有足夠的經費購置伺服器設備,也沒有人力維護管理網路硬體設備。兩人打算創業第一年先專注在研發的工作上,以租賃的方式向雲端供應商租用公司所需的伺服器、儲存空間及運算資源。基於以上敘述,阿宏和小君所租賃的方案屬於何種雲端運算服務類型?
(A)平台即服務（Platform as a Service, PaaS）
(B)軟體即服務（Software as a Service, SaaS）
(C)通訊即服務（Communications as a Service, CaaS）
(D)基礎架構即服務（Infrastructure as a Service, IaaS）。
[112工管]

一、雲端服務簡介

1. **雲端服務**（cloud service）是指可透過網際網路向雲端服務提供取得的服務,如網路電子信箱（如Gmail）、線上影音服務（如YouTube）、線上文件編輯（如Google文件）、網路硬碟（如SkyDrive）、線上轉檔（如Online Converter）、電腦硬體資源的租用等。

2. 電腦業界的人員常以雲朵狀來表示網際網路,故大家習慣以「雲端（Cloud）」來泛指網際網路。

3. 優點：可降低個人電腦的軟、硬體需求,且不太需要自己安裝與更新軟體版本。
   缺點：須網路連線才能使用服務、儲存在網路上的資料可能會有資安的問題等。

4. 系統平台中的雲端服務可從2個部分來探討：
   a. 使用者端：由使用者及其使用的資訊設備所組成。使用者可將這些資訊設備連上網路,以取得所需的資源。
   b. 雲端：網路中提供運算、儲存、資源分享、資料交換等資源的軟硬體及網路設備。使用者必須透過網路來取用這些雲端資源。

二、雲端資源的組成架構 111 114

雲端服務類型	服務對象	說明	範例
軟體即服務 SaaS（Software as a Service）	一般用戶	提供使用者線上使用應用程式的服務	Google地圖、YouTube、Gmail
平台即服務 PaaS（Platform as a Service）	開發人員	提供租借開發、測試與執行程式的平台服務	Oracle Cloud、Microsoft Azure、Amazon AWS、Google雲端平台（GCP）
基礎建設即服務 IaaS（Infrastructure as a Service）	企業	提供租借雲端運算基礎設備的服務	Amazon、Google、中華電信、AT&T

應用軟體
開發平台
基礎建設

統測這樣考

(D)27. Google Map地圖服務屬於下列何種雲端服務模式?
(A)IaaS (B)MaaS (C)PaaS (D)SaaS。 [111商管]

解：Google Map地圖服務屬於SaaS（軟體即服務）,提供使用者線上使用應用程式的服務。

第4章 系統平台的運作與未來發展

得分區塊練

(C)1. 雲端運算（Cloud Computing）技術中，透過網路提供一個能讓IT人員進行開發與執行的應用平台服務，稱為下列哪一項？
(A)SaaS (B)IaaS (C)PaaS (D)CaaS。 [技藝競賽]

(C)2. 下列何者屬於雲端資源架構中的PaaS？
(A)網路建設 (B)AT&T (C)Microsoft Azure (D)Facebook。

(A)3. 下列關於雲端資源的組成架構的敘述，何者正確？ (A)Oracle Cloud屬於PaaS (B)SaaS為Software as a System的縮寫 (C)App軟體的資料大都是儲存在智慧型手機記憶卡中 (D)YouTube屬於IaaS。

4-5 系統平台的未來發展趨勢

一、系統整合雲端化

- 隨著**網路**的普及與速度的增快（如5G），系統雲端化愈來愈容易達成。
- 在未來，資料與應用的「雲端化」會更加廣泛，使用者不需購買功能強大的電腦或大容量的儲存設備，就能使用存放在「雲端」的資料及服務。

二、體積微型化

- 科技廠商不斷致力於將數位科技設備的**硬體**「**微型化**」，使這些硬體設備的體積愈來愈小。

三、人工智慧普及化

- 人工智慧的發展：

人工智慧：主要在研究如何讓電腦模仿人類的思考模式，使電腦具有學習、記憶、推理及處理問題的能力

機器學習：使電腦系統具有學習能力的技術，其目標是設計出具有自動學習能力的「智慧系統」

深度學習：利用電腦（機器）模擬人類腦部神經訊號傳遞的方式，來訓練電腦模仿人類認知的技術

1950's 1960's 1970's 1980's 1990's 2000's 2010's

- 結合人工智慧（AI）技術的應用：

應用	說明	舉例
自動駕駛車	利用車上配備的感測器（如攝影鏡頭、測距雷達）與AI技術，使車輛可自動行駛並閃避障礙物	特斯拉汽車
語音助理	利用AI技術分析人類口語的語意（semantics），並遵從語意的命令提供服務（如播放音樂、查詢天氣等）	iPhone的Siri、Google的Google助理
機器人	利用AI系統分析人類的需求，並為人類提供服務（如為人帶位、回答簡單的問題）	軟銀開發的Pepper、日立開發的EMIEW3
圖片辨識系統	先蒐集大量的圖片資料，再利用AI技術，訓練系統學會辨識圖片中的特定物體或人臉身分	NEC的人臉辨識產品
人工智慧繪圖軟體	利用深度學習技術開發而成的繪圖軟體，可根據使用者的文字描述來生成圖像	Disco Diffusion、Midjourney、DALL・E 2等軟體
聊天機器人（Chatbot）	使用者可用「聊天」的方式來命令機器人做事，常應用在提供資訊分享、客服、心理諮商等領域，甚至可讓機器人寫程式、程式除錯、寫劇本／小說／詩詞／論文等	「ChatGPT」人工智慧聊天機器人、「Woebot」心理諮商機器人
AI PC	具有生成式AI能力的電腦產品，搭載神經網路處理器（NPU），使體積輕薄的筆記型電腦也能夠執行高效能的AI應用工作	搭載AI處理器的筆電

有背無患

- 生成式AI：透過機器學習和深度學習來分析歷史數據的AI模式，可創造出全新的成品，例如文字、圖像、音訊或影片。
- 神經網路處理器（Neural-network Processing Unit, NPU）：透過模仿人類腦部神經訊號傳遞的方式，所設計的網路運算架構之處理器。

四、運算處理速度持續加快

1. 透過不斷發展的各種運算處理技術（如平行運算、雲端運算、網格運算等）持續加快運算處理的速度，這些技術在可預見的未來仍會持續地發展進步。

2. 許多科技大廠投入具有更快速處理能力的電腦（如量子電腦）之研發，使電腦的運算處理速度高度成長。

3. 量子電腦（quantum computer）是一種使用量子邏輯進行通用計算的電腦裝置，它是採用量子位元（quantum bit, qubit）為儲存單位，可以是0、1線性組合的疊加態，而傳統電腦則是以位元（bit）為儲存單位，只有0或1單一狀態（如0、1），因此量子電腦可以儲存及處理更多、更複雜的資料。量子電腦可應用在藥品研發、預測天氣、挑選股票等。

第4章 系統平台的運作與未來發展

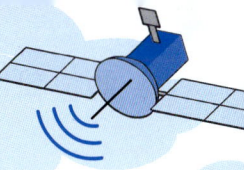

滿分晉級

★新課綱命題趨勢★
情境素養題

▲閱讀下文，回答第1至2題：

為了引領全球邁向永續發展，聯合國提出了「2030永續發展目標（SDGs）」，許多企業紛紛響應以與國際接軌。某科技大廠將人工智慧（AI）應用於醫療領域，透過分析大量的醫療資料（如心電圖、電腦斷層影像）訓練出一個模型，打造AI醫療照護平台。這個平台不僅提供偏鄉地區遠距醫療服務，更透過AI分析患者身上的感測器，快速且精確地判讀患者的身體狀況，將資訊傳遞給醫生做診療。該醫療照護平台的理念，即符合SDGs「目標3：確保及促進各年齡層健康生活與福祉」。

(D)1. 請問上述情境中提到的AI醫療照護平台，較屬於下列何種雲端服務模式？
　　(A)IaaS　(B)PaaS　(C)GaaS　(D)SaaS。 [4-4]

(A)2. 請問上述情境提到「透過分析大量的醫療資料（如心電圖、電腦斷層影像）訓練出一個模型」，是運用了下列哪一種技術來達成？
　　(A)機器學習　(B)生物辨識　(C)區塊鏈　(D)虛擬實境。 [4-5]

▲閱讀下文，回答第3至4題：

老師在說明有關作業系統與程序的上課內容時，建華認真做筆記。以下是他的筆記內容：
- 程序是指正在執行的程式區段，作業系統的「程序管理員」功能負責管理程序的啟動與結束，並在程序的執行過程中，協調電腦資源的分配。
- 程序的執行過程中，存在著5種不同的狀態：建立、就緒、執行、等待、結束。

(C)3. 建華的筆記中有提到，作業系統的「程序管理員」功能負責管理程序的啟動與結束。請問下列何者不是上述情境中，能提供此功能的作業系統？
　　(A)Windows 10　(B)macOS　(C)Chrome　(D)UNIX。 [4-3]

(C)4. 程序的執行過程有5種狀態，這些狀態根據處理程序的狀況有一定的執行順序，請問下列哪一個順序不會出現在程序的執行過程中？
　　(A)建立→就緒　(B)執行→就緒　(C)就緒→等待　(D)執行→等待。 [4-2]

(C)5. 丹鳳使用印表機列印文件時，她發現文件會依據她送出列印的先後，依序列印，請問這主要是因為作業系統具有下列哪一項管理功能？
　　(A)檔案管理　(B)資源管理　(C)輸入／輸出管理　(D)網路控管。 [4-2]

精選試題

4-2
(B)1. 電腦作業系統將時間分割成數小段的時間片段，將CPU的使用權輪流分配給系統中等待執行的程式使用，這種處理資料的方式稱為什麼？
　　(A)即時處理　(B)分時處理　(C)分散處理　(D)交談式處理。

(C)2. 下列何者是一般個人電腦常用作業系統必要提供的功能？
　　(A)提供即時通訊　(B)提供雲端管理　(C)提供檔案管理　(D)提供防毒管理。

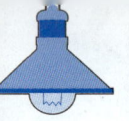

(C)3. 如果從企業網路環境建置的角度而言，下列何種作業系統最適合用來架設網路伺服器主機？　(A)Android　(B)Windows 10　(C)UNIX　(D)iOS。

(B)4. MS Windows與macOS等作業系統所使用的圖形化使用者介面，簡稱為何？
(A)GPS　(B)GUI　(C)IDE　(D)SAP。

(C)5. 有關作業系統的敘述，下列何者有誤？　(A)具有記憶體管理功能　(B)可以控制輸入及輸出裝置　(C)屬於應用軟體　(D)提供使用者操作介面。

(B)6. Android屬於下列何種作業系統？
(A)單人單工　(B)單人多工　(C)多人單工　(D)多人多工。

(B)7. 下列何者可以掌管電腦系統（包括軟體與硬體）的運作，它就像一個管理員，可以進行資源分配、排解衝突、維護電腦系統的穩定？
(A)檔案系統　(B)作業系統　(C)電子試算表　(D)文書處理系統。

(D)8. 由於電腦的主記憶體容量有限，作業系統必須協調主記憶體的分配與利用，讓程式執行完成後，由主記憶體中釋放，再讓其他程式使用。以上說明作業系統的何項功能？
(A)檔案管理　(B)輸入／輸出管理　(C)使用者管理　(D)資源管理。

(D)9. 伺服器所使用的Linux作業系統通常屬於下列何種類型？
(A)單人單工　(B)單人多工　(C)多人單工　(D)多人多工。

(C)10. 下列有關作業系統的敘述，何者不正確？　　10. UNIX為多人多工作業系統。
(A)MS-DOS為單人單工作業系統　　(B)Windows 10為單人多工作業系統
(C)UNIX為多人單工作業系統　　(D)Linux為多人多工作業系統。

(D)11. 下列何者不是作業系統的功能？
(A)輔助記憶體管理　(B)檔案管理　(C)網路控管　(D)程式編譯。

(C)12. 若依照能夠同時處理的程式數目，及同時上機的使用者數目來分類，下列哪一種作業系統的類型，實際上不存在？
(A)單人單工　(B)單人多工　(C)多人單工　(D)多人多工。

(D)13. 作業系統可以同時執行多個程式，這種功能稱為：
(A)多重處理（multi-processor）　　(B)批次處理（batch）
(C)多使用者（multi-user）　　(D)多工處理（multi-programming）。

(D)14. Unix作業系統是一個什麼類型的系統？
(A)單人單工系統　(B)單人多工系統　(C)多人單工系統　(D)多人多工系統。

(D)15. 以下哪一個敘述是錯的？
(A)一部電腦包含硬體及軟體兩大部分　　15. 不是所有作業系統都可在任何硬體
(B)硬體是指組成電腦的各項機械、電子設備　　配備上執行，如macOS就僅能在蘋
(C)軟體是用以控制電腦動作的指令、程式　　果電腦中執行。
(D)任何作業系統皆可在任何硬體配備上執行。

(D)16. 作業系統提供了一個介於電腦與使用者之間的一個界面，其中該作業系統係包含了下列何種功能，使得使用者不需關心檔案之儲存方式與位置？16. 檔案管理系統的作用在
(A)保護系統　　(B)輸出入系統　　於管理檔案之儲存方式
(C)記憶體管理系統　　(D)檔案管理系統。　　及位置。　[丙級軟體應用]

(B)17. 何者最不適合擔任網路作業系統？
(A)Windows Server 2022　(B)Windows 10　(C)Unix　(D)Linux。

第4章 系統平台的運作與未來發展

(C)18. 下列何者是多人多工的作業系統？
(A)Windows 10　(B)iOS　(C)UNIX　(D)MS-DOS。

18. Windows 10、iOS是單人多工的作業系統；MS-DOS是單人單工的作業系統。

(A)19. 目前多數作業系統均提供GUI的環境，其中I代表之意義為：
(A)介面（Interface）　　(B)資訊（Information）
(C)指令（Instruction）　(D)內涵（Internal）。

(A)20. 下列系統何者可幫助使用者管理硬體資源，使電腦發揮最大的效能？
(A)作業系統　(B)媒體　(C)資料系統　(D)編修系統。　[丙級軟體應用]

(C)21. 下列作業中，哪一項並非作業系統所提供之功能？
(A)分時作業（Time-sharing）
(B)多工作業（Multitasking）
(C)程式翻譯作業（Language Translation）
(D)多工程式作業（Multi-programming）。

20. 作業系統可幫助使用者管理硬體資源，使電腦發揮最大的效能。

21. 程式翻譯作業是語言翻譯程式所提供的功能而非作業系統。　[丙級軟體應用]

(A)22. 如果從企業網路環境建置的角度而言，下列哪一項作業系統最適合用來架設網路伺服器主機？　(A)Red Hat Linux　(B)iOS　(C)macOS　(D)Android。

(B)23. 下列何者不是作業系統最主要的功能之一？
(A)檔案管理　(B)製作投影片　(C)分配系統資源　(D)輸入／輸出管理。

(C)24. 作業系統不包括下列何種功能？　　24. 資料庫管理是資料庫管理系統的功能。
(A)檔案管理　(B)資源管理　(C)資料庫管理　(D)程序管理。

(C)25. 下列關於系統平台的基本運作流程之敘述，何者正確？
(A)輸出：透過傳輸媒介（如資料傳輸線、網路），將資料傳輸至系統中
(B)基本運作流程主要包含：整理、處理、分析等3個步驟
(C)處理：系統利用平台處理器來處理資料
(D)輸入：透過傳輸媒介，將資料傳輸至顯示器、儲存設備、雲端空間或系統平台的其他成員。

(A)26. 在Windows 10中，下列何種功能可以自動偵測新增硬體，並安裝適當的驅動程式？
(A)Plug & Play　(B)ODBC　(C)OLE　(D)Windows Update。

(B)27. 下列關於UNIX與LINUX的敘述，何者正確？
(A)LINUX是迪吉多實驗室於90年代為個人電腦用戶開發的
(B)LINUX可讓使用者自行更改作業系統的原始碼，以符合個人需求
(C)UNIX是由迪吉多實驗室在1970年初期發展的
(D)UNIX只能在大型電腦上使用。

(C)28. 作業系統（Operating System）之主要目的，是為了幫助使用者更有效率及更方便的使用電腦的硬體資源，下列哪一項不是一種作業系統的名稱？　28. PL/1是一種程式語言。
(A)Windows　(B)Linux　(C)PL/1　(D)UNIX。　[丙級軟體應用]

(D)29. 下列何種作業系統沒有圖形使用者操作介面？　29. MS-DOS是採文字介面的作業系統。
(A)Linux　(B)Windows Server　(C)macOS　(D)MS-DOS。

(B)30. 何種作業系統無法被安裝在PC上被使用？　30. iOS僅能安裝在蘋果公司所推出的行動設備（如iPhone、iPad）中，無法安裝在PC上。
(A)Linux　(B)iOS　(C)Windows 10　(D)Windows Server 2019。

(D)31. 下列有關Android作業系統的敘述何者有誤？　31. Android為Google公司所開發。
(A)以Linux為基礎開發而成　　　　(B)可用來作為智慧型手機的作業系統
(C)可用來作為小筆電的作業系統　　(D)開發廠商為蘋果公司。

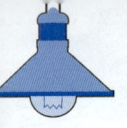

4-4 (D)32. Google Map是屬於哪一種雲端服務？
(A)IaaS（Infastructure as a Service）
(B)MaaS（Mobile as a Service）
(C)PaaS（Platform as a Service）
(D)SaaS（Software as a Service）。 [108技藝競賽]

(B)33. 在雲端資源的組成架構中，提供租借開發、測試與執行程式的平台服務給開發人員的架構，請問是下列何者？ (A)IaaS (B)PaaS (C)AaaS (D)SaaS。

4-5 (A)34. 「銀行數位生活好康」客服機器人提供貸款、匯率換算等資訊，也可以協助使用者查詢信用卡帳單，或是繳交卡費。請問上述機器人應用了下列哪一種技術讓使用者可用「聊天」的方式來命令它做事，就像是一位真人在提供服務？
(A)人工智慧 (B)量子電腦 (C)平行運算 (D)基礎建設即服務。

(C)35. 請問下列何者是指能夠使電腦系統具有學習能力的技術，其目標是設計出具有自動學習能力的「智慧系統」，這種智慧系統可以藉由分析大量的資料，來「學到」一些判斷的準則與經驗，進而找出解決問題的方法或做出較佳的決策？
(A)量子電腦 (B)平行運算 (C)機器學習 (D)雲端運算。

(A)36. 下列各項應用中，哪一項是最不需要使用人工智慧技術的應用？
(A)電動摩托車 (B)聊天機器人 (C)iPhone的Siri (D)圖片辨識系統。

統測試題

1. UNIX為美國AT&T公司的貝爾（Bell）實驗室所發展出來的作業系統。

(D)1. 下列何者為美國AT&T公司貝爾實驗室所發展的作業系統？
(A)Android (B)Chrome OS (C)macOS (D)UNIX。 [102工管類]

(B)2. 下列何者不是電腦或手機之作業系統？　2. Microsoft Office為辦公室自動化軟體。
(A)Android (B)Microsoft Office (C)iOS (D)Windows。 [102資電類]

(B)3. 請問下列有多少個項目可被歸類為作業系統（Operating System）？
①Android ②Microsoft SQL Server ③iOS ④Linux
⑤Facebook ⑥macOS ⑦OpenOffice.org ⑧Google Chrome
(A)3 (B)4 (C)5 (D)6。 [103商管群]

(C)4. 一般作業系統（Operating System）的主要功能不包含以下何者？
(A)行程（Process）管理
(B)提供使用者操作介面（User Interface）
(C)接收與管理電子郵件（Email）
(D)磁碟（Disk）與檔案（File）的管理。 [103資電類]

(C)5. 下列何者不是作業系統的主要功能？ (A)提供使用者操作介面 (B)提供程式執行的環境 (C)提供視訊剪輯平台 (D)管理及分配電腦系統的軟硬體資源。 [104工管類]

(B)6. 下列有關個人電腦作業系統的敘述，何者錯誤？
(A)應用軟體必需在作業系統載入後才能執行
(B)Microsoft Windows作業系統通常是儲存於唯讀記憶體（ROM）內
(C)管理記憶體資源是作業系統的功能之一　6. 作業系統通常是儲存於硬碟中。
(D)作業系統通常會提供方便操作的使用者介面。 [105商管群]

(D)7. 下列哪一種作業系統沒有開放原始碼？
(A)Chrome OS (B)Android (C)Linux (D)iOS。 [105工管類]

(C)8. 下列何者不是目前作業系統核心（Kernel）的主要工作？
(A)CPU程序管理　　　　　　　　(B)記憶體管理
(C)電源管理　　　　　　　　　　(D)檔案管理與輸入／輸出設備管理。 [105資電類]

(B)9. 下列關於雲端運算（Cloud Computing）之敘述何者錯誤？
(A)雲端運算的特性是動態、易擴充及虛擬化
(B)IaaS即為Intertexture as a Service層次的服務
(C)PaaS即為Platform as a Service層次的服務
(D)SaaS即為Software as a Service層次的服務。 [105資電類]

(D)10. 下列敘述何者正確？
(A)Unix是一種單人單工的作業系統
(B)Windows 8是一種多人多工的作業系統
(C)Windows Server 2008是一種專為智慧型手機設計的作業系統
(D)Linux是一種開放原始碼的作業系統。 [106商管群]

10. Unix是一種多人多工的作業系統；
Windows 8是一種單人多工的作業系統；
Windows Server 2008是一種網路作業系統。

(B)11. 在Android、iOS、Linux、macOS、Windows等作業系統中，有多少種是屬於開放原始碼的作業系統？　(A)1　(B)2　(C)3　(D)5。　11. Android、Linux。 [107商管群]

(C)12. 能控制與協調在電腦中運作的程式，並提供使用者介面、分配與管理資源、服務與保護等功能的系統，與下列哪項最相關？
(A)檔案系統（File System）
(B)文書系統（Office System）
(C)作業系統（Operating System）
(D)程式系統（Programming System）。 [107工管類]

(C)13. 下列關於Linux作業系統的敘述何者最正確？
(A)不具備記憶體管理的功能
(B)是一個單人多工的作業系統
(C)屬於開放原始碼（open source）的軟體，可自行依需求修改核心
(D)所有版本皆沒有圖形化使用者界面，只能以文字命令與其溝通。 [107工管類]

(D)14. 作業系統的組成包括操作環境（Shell）與核心程式（Kernel）二部份，下列何者是核心程式的主要功能之一？
(A)開機檢查（Booting Check）
(B)檔案內容掃描（File Content Scan）
(C)病毒防護（Virus Protection）
(D)程序管理（Process Management）。 [107資電類]

(D)15. 下列關於常見作業系統的敘述，何者最正確？
(A)Windows Server 2008是個人電腦普遍使用的作業系統
(B)Windows作業系統是行動裝置普遍使用的作業系統
(C)Windows作業系統的視窗，其縮小視窗功能在左上角
(D)Chrome OS是以Linux為核心的作業系統。 [108工管類]

15. Windows Server 2008是伺服器普遍使用的作業系統；
Windows作業系統是個人電腦普遍使用的作業系統；
Windows作業系統的視窗，其縮小視窗功能在右上角。

(D)16. 以下關於作業系統特性的敘述，何者正確？
(A)macOS是單人單工作業系統
(B)MS-DOS是單人多工作業系統
(C)Microsoft Windows 10是多人單工作業系統
(D)Linux是多人多工作業系統。 [109工管類]

16. macOS是單人多工作業系統；
MS-DOS是單人單工作業系統；
Microsoft Windows 10是單人多工作業系統。

(B)17. 下列有關作業系統的敘述，何者正確？
(A)MS-DOS作業系統適用於智慧型手機
(B)Android作業系統適用於平板電腦
(C)macOS作業系統適用於智慧型手機
(D)iOS作業系統適用於個人電腦。

17. MS-DOS：微軟公司早期的個人作業系統，採文字介面，適用於個人電腦；
macOS：為蘋果公司所推出，蘋果公司規定，僅能安裝在蘋果電腦上使用；
iOS：為蘋果公司所推出，平板電腦、智慧型手機等適用。 [109商管群]

(A)18. Linux為開源軟體，使用者可以依自己的需求修改成獨特的作業系統，下列哪一個是基於Linux所開發出來的作業系統？
(A)Android (B)Arduino (C)MS-DOS (D)Unix。

18. Android是以Linux為基礎開發的作業系統。 [109資電類]

(D)19. 下列何者不是Microsoft Windows作業系統中「工作管理員」的功能？
(A)結束執行中的應用程式
(B)查詢整體CPU使用率
(C)顯示每一個應用程式使用記憶體狀況
(D)顯示驅動程式的版本及詳細資訊。

19. 透過「裝置管理員」可查看電腦的硬體裝置或更新硬體的驅動程式，而非「工作管理員」。 [109工管類]

(A)20. 下列何者不屬於系統軟體？
(A)資料庫軟體 (B)直譯器 (C)編譯器 (D)Linux。

20. 資料庫軟體屬於應用軟體。 [109工管類]

(D)21. 下列有關Windows作業系統的操作敘述，何者最正確？
(A)隨身碟的位置通常在磁碟機C:
(B)名稱為Windows之系統資料夾的位置通常在磁碟機D:
(C)可以使用Ctrl + Shift組合鍵選擇開啟功能表
(D)可以使用Ctrl + Alt + Delete組合鍵選擇開啟工作管理員。 [110工管類]

(D)22. Google Map地圖服務屬於下列何種雲端服務模式？
(A)IaaS (B)MaaS (C)PaaS (D)SaaS。 [111商管群]

(B)23. 小明個人受委託開發應用程式，當小明不想自行建置開發所需之軟硬體工具時，下列哪一種雲端服務模式最符合小明的需求？
(A)基礎建設即服務（IaaS） (B)平台即服務（PaaS）
(C)軟體即服務（SaaS） (D)資料即服務（DaaS）。

23. 平台即服務（PaaS）提供租借開發、測試與執行程式的平台服務。 [111工管類]

(B)24. 關於電腦執行作業系統的主要目的，下列何者錯誤？
(A)管理記憶體 (B)編譯應用程式
(C)執行CPU使用排程 (D)提供使用者操作介面。 [111工管類]

(B)25. 個人電腦使用Windows作業系統，使用一段時間後儲存大檔案的效率漸漸變差，為改善效率，適合針對原磁碟機做下列何種合理的處理？
(A)磁碟清理
(B)重組並最佳化磁碟機
(C)磁碟檢查錯誤
(D)修復磁碟機。

25. 重組並最佳化磁碟機：將分散在許多磁區的檔案資料儲存於連續磁區，加快磁碟存取速度。 [112商管群]

(D)26. 程序或稱行程（process）是作業系統裡正在處理中的程式，它具有多種狀態。下列哪一種程序狀態是正等著被分配CPU時間來執行程式？
(A)等待（waiting）
(B)執行（running）
(C)新建（new）
(D)就緒（ready）。

26. 程序的執行過程中，存在著5種不同的狀態：
• 建立（new）：產生新程序。
• 就緒（ready）：正等著被分配CPU時間來執行程序。
• 執行（running）：正在執行程序。
• 等待（waiting）：程序正在等待某事件發生（如等待使用者輸入資料）。
• 結束（terminated）：程序執行結束。 [112商管群]

第4章 系統平台的運作與未來發展

27. 指令暫存器可用來暫存正在執行的指令；
    快取記憶體通常分L1、L2、L3，且3者皆內建於CPU之中；
    CPU的運作中一個機器週期包括擷取、解碼、執行、儲存四個主要步驟。

(B)27. 關於個人電腦CPU的敘述，下列何者正確？
  (A)指令暫存器可用來存放下一個要執行的指令位址
  (B)多核心CPU比單核心CPU較易支援平行處理
  (C)快取記憶體通常分L1、L2、L3，其中L2、L3內建於CPU之中
  (D)CPU的運作中一個機器週期包括擷取、編碼、執行、儲存四個主要步驟。
  [112商管群]

(D)28. 阿宏和小君畢業後共同合作創業設立公司，但是公司草創初期，沒有足夠的經費購置伺服器設備，也沒有人力維護管理網路硬體設備。兩人打算創業第一年先專注在研發的工作上，以租賃的方式向雲端供應商租用公司所需的伺服器、儲存空間及運算資源。基於以上敘述，阿宏和小君所租賃的方案屬於何種雲端運算服務類型？
  (A)平台即服務（Platform as a Service, PaaS）
  (B)軟體即服務（Software as a Service, SaaS）
  (C)通訊即服務（Communications as a Service, CaaS）
  (D)基礎架構即服務（Infrastructure as a Service, IaaS）。
  [112工管類]

(B)29. 作業系統中，常見的排程演算法如先到先服務（FCFS）、最短工作優先處理（SJF）、循環分時（round robin）及優先權（priority）排程等。現有三個行程（process）且在同一時間抵達等待佇列（ready queue），每個行程所需CPU執行的時間分別為6毫秒、3毫秒及9毫秒，則SJF排程演算法的平均等待時間為多少毫秒？
  (A)3　(B)4　(C)5　(D)6。
  [113商管群]

(A)30. 小華使用Microsoft Windows作業系統的電腦，執行單機版的繪圖軟體製作社團海報時，發現電腦系統的反應時間有愈來愈慢的情況，為了要檢視電腦系統資源的目前使用效能，下列何者是最直接可以使用的Windows內建工具軟體？
  (A)工作管理員　(B)檔案總管　(C)Windows防火牆　(D)工具管理員。
  [113工管類]

(C)31. 公司資訊部正在開發一項新專案，希望能靈活管理伺服器和儲存資源，但不想自行管理硬體設備。同時希望有更多控制權來安裝自訂的軟體和設定環境。基於這些需求，該公司應選擇以下哪一種雲端運算服務模式？
  (A)軟體即服務（SaaS）：提供現成的應用程式，讓使用者直接使用，無需進行任何開發或安裝工作
  (B)虛擬私人伺服器（VPS）：提供專屬的機櫃空間置放私人購買的主機，讓使用者遠端自行管理及維護
  (C)基礎設施即服務（IaaS）：提供虛擬伺服器、儲存和網路資源，讓使用者自行管理並安裝所需的軟體和設定環境
  (D)平台即服務（PaaS）：提供一個已建置好的開發平台，使用者僅需專注於開發應用程式，而不需要管理底層伺服器或系統設定。
  [114商管群]

(A)32. 下列何者為使用時間切片（Time Slice）或時間量（Time Quantum）技術以避免飢餓（Starvation）現象的工作排程（Scheduling）演算法？
  (A)循環分配（Round Robin, RR）
  (B)插入排序法（Insertion Sort, IS）
  (C)最短的工作優先（Shortest Job First, SJF）
  (D)先到先服務（First Come First Serve, FCFS）。
  [114工管類]

29. 三個行程在同一時間抵達等待佇列，若CPU使用SJF排程演算法，其平均等待時間為：

進入佇列順序	CPU處理時間	等待時間
1	3毫秒	0毫秒
2	6毫秒	3毫秒
3	9毫秒	3毫秒＋6毫秒＝9毫秒

平均等待時間：(0＋3＋9)／3＝4毫秒。

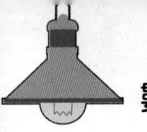

NOTE

統測考試範圍
單元 3

軟體應用

學習重點

第6章**每年必考**，務必要加強練習

章名	常考重點
第5章 常用軟體的認識與應用	• 常見的軟體開發程式 • 常見的應用軟體 ★★★☆☆ • ODF文件檔案格式
第6章 智慧財產權與軟體授權	• 智慧財產權 • 軟體授權 ★★★★★ • 創用CC

統測命題分析　最新統測趨勢分析（111～114年）

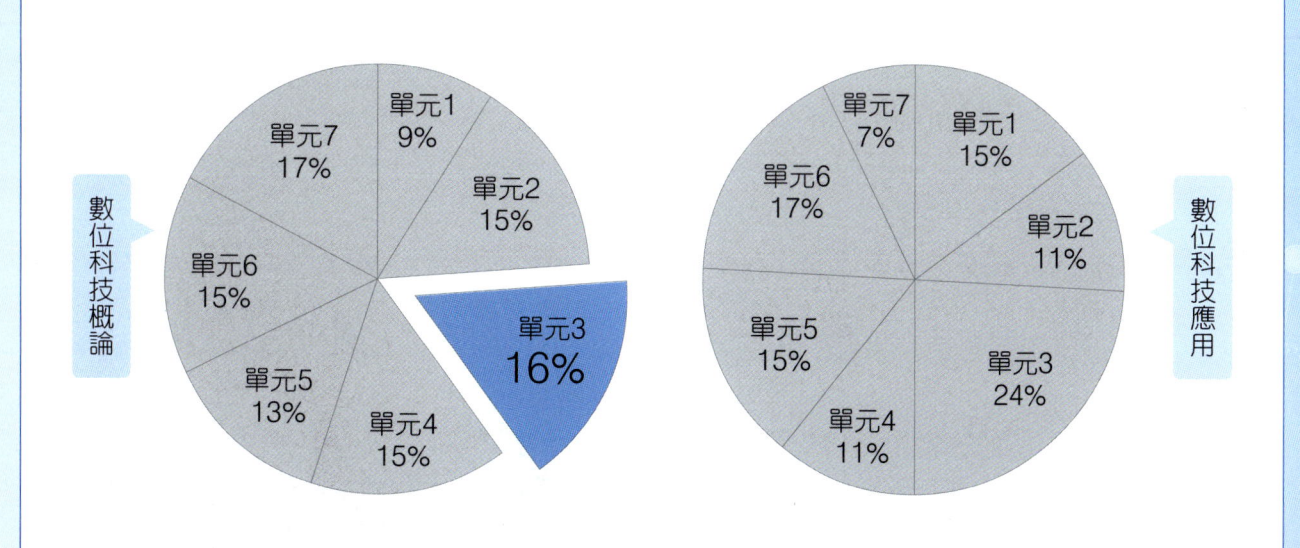

數位科技概論
- 單元1 9%
- 單元2 15%
- 單元3 16%
- 單元4 15%
- 單元5 13%
- 單元6 15%
- 單元7 17%

數位科技應用
- 單元1 15%
- 單元2 11%
- 單元3 24%
- 單元4 11%
- 單元5 15%
- 單元6 17%
- 單元7 7%

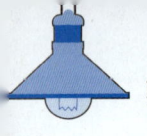

第 5 章 常用軟體的認識與應用

5-1 軟體開發程式與程式語言

一、常見的軟體開發程式 [113]

常見軟體	說明	適用語言
Visual Studio	• 由微軟公司推出的免費軟體 • 適用在Windows環境下撰寫程式	C#、C++、VB等
Xcode	• 由蘋果公司推出 • 適用在macOS環境下撰寫程式	Swift、Java、C / C++、Objective-C / C++等
Eclipse	• 最初由IBM開發的自由軟體 • 跨平台，適用在Windows、Linux、macOS環境下撰寫程式	Java為主，外掛支援Python、C++等
Code::Blocks	• 免費且開放原始碼的自由軟體 • 跨平台，適用在Windows、Linux、macOS、FreeBSD環境下撰寫程式	C++、C、Fortran等

1. 在使用軟體開發程式開發軟體時，程式設計者必須使用電腦可以接受的特定語言來下達指令，這種語言稱為**程式語言**（programming language）。
2. 軟體專案的開發流程：專案規劃→程式設計→功能測試→更新及維護。

統測這樣考

(A)30. 有關軟體開發程式的敘述，下列何者正確？
(A)Eclipse主要用來開發Java應用程式
(B)軟體開發程式主要提供程式的編譯與執行的功能，程式的編輯都須用記事本來處理
(C)Xcode是適合在Windows環境下撰寫不同程式語言，如C++、Objective-C等
(D)Visual Studio是適合在macOS環境下撰寫程式語言，主要用Swift來開發應用程式。
[113商管]

二、常見的行動裝置App開發軟體

常見軟體	說明	App適用OS
App Inventor	• 由Google實驗室開發，交由美國麻省理工學院（MIT）繼續開發與維護 • 不須安裝，透過瀏覽器即可在線上使用 • 使用者只要先佈建好使用者介面，再透過拖曳及拼接的方式，即可完成程式撰寫	Android
Android Studio	• 由Google實驗室開發 • 跨平台，可在Windows、macOS、Linux環境下執行 • 使用者須具備Java程式設計能力	
PowerApps	• 由微軟公司推出 • 使用者可線上開發應用程式，還可搭配微軟的雲端服務一起使用	Windows Android iOS
React Native	• 由Meta公司推出 • 可用來開發App、製作網頁、後端應用程式 • 使用者須具備JavaScript程式設計能力	Android iOS

1. 在開發行動裝置App時，不同手機作業系統的App，其檔案格式不同，例如Android作業系統的App為.apk檔；蘋果iOS作業系統的App為.ipa檔。

三、程式語言的簡介

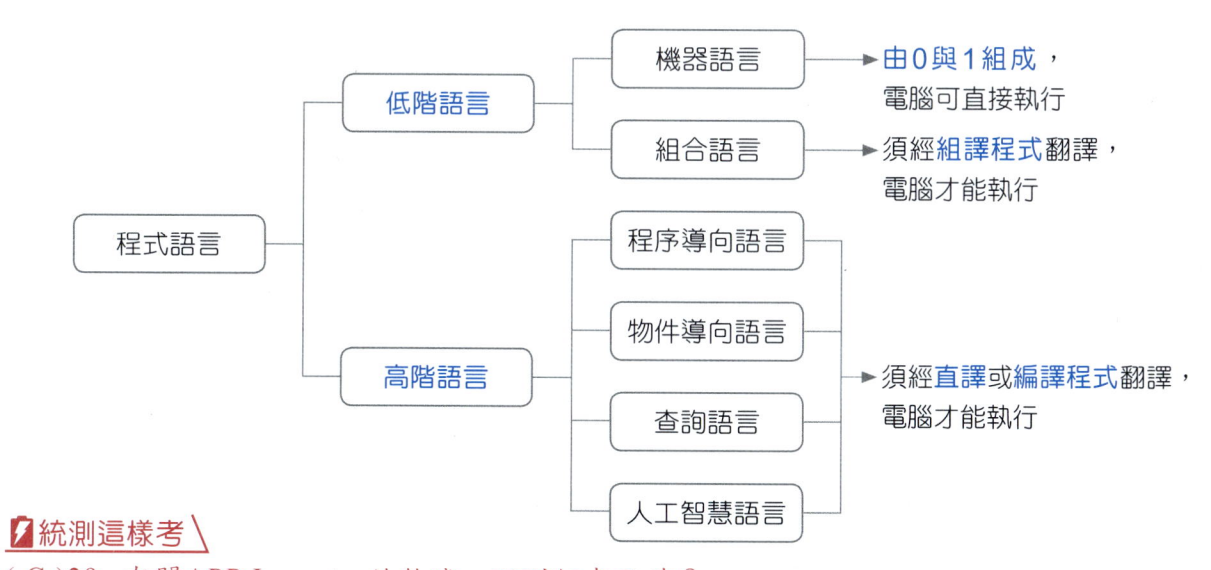

程式語言
- 低階語言
  - 機器語言 → 由0與1組成，電腦可直接執行
  - 組合語言 → 須經組譯程式翻譯，電腦才能執行
- 高階語言
  - 程序導向語言
  - 物件導向語言
  - 查詢語言
  - 人工智慧語言
  → 須經直譯或編譯程式翻譯，電腦才能執行

統測這樣考

(C)29. 有關APP Inventor的敘述，下列何者正確？
(A)必須在電腦安裝後才可以使用
(B)由Google開發後，交由哈佛大學繼續開發與維護
(C)操作方式是透過拖放組件或模塊來完成撰寫
(D)可以開發Windows下的應用程式。　　[111商管]

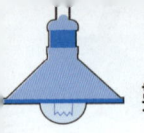

1. 低階語言：具有**機器依賴**（machine-dependent）特性，通常無法在不同的電腦系統上執行，故可攜性低。可分為以下2種：
    a. 機器語言（machine language）：由**0**與**1**兩種符號組成，**不須翻譯**即可執行，可讀性低。
    b. 組合語言（assembly language）：由英文或符號組成，如 "ADD"、"SUB"、"MUL"、"DIV" 分別代表加減乘除，這種類似英文簡寫的字組，稱為**助憶碼**（mnemonic code），**須翻譯後電腦才可執行**，可讀性較機器語言高。此種語言可用來撰寫硬體裝置的驅動程式。

2. 高階語言：與人類使用的語言較接近，**須翻譯後電腦才可執行**。

3. 機器語言、組合語言、高階語言的比較：

比較項目	機器語言	組合語言	高階語言
程式的撰寫	難	← →	易
維護與除錯	難	← →	易
可讀性	低	← →	高
可攜性	低	← →	高
執行速度	快	← →	慢
佔用記憶體空間	小	← →	大

4. **程序導向語言**（procedure-oriented language）：依照程式敘述的先後順序來執行。

程式語言	說明
FORTRAN	為第1個高階語言，具有運算速度快及準確度高的特色，適用於**科學**及**工程計算**領域
COBOL	為第1個商用語言，適合用來處理大量的**商業資料**及製作各種商業報表
BASIC	具有易學易用的優點，適合初學者使用，後來發展出QB（QuickBASIC）等不同版本
Pascal	具有結構化程式設計的概念，適合教學使用
C	由美國貝爾實驗室（Bell Labs）開發，**兼具組合語言與高階語言的特性**，適合開發系統軟體及一般應用程式，如UNIX作業系統即是以C語言所開發

5. **物件導向語言**（object-oriented language）：以設計個別物件功能的方式來開發程式。
    a. 先定義**類別**（class）及設計**物件**（object）的功能，再組合多個不同功能的物件成為完整的程式。
    b. **類別**是指某些具有相同特性的**物件**集合。
    在生活中，觸控式、滑蓋式等不同的手機，都具有可接聽／撥打電話、傳簡訊等相同特性，這些手機都是透過手機設計圖所設計的。若以物件導向程式概念來看，設計圖就好比**類別**，而依設計圖設計的手機即屬於**物件**。

統測這樣考

(A) 1. 若以「物件」的角度觀察貓熊，貓熊的特徵包括吃竹子、爬樹、毛色，以下敘述何者正確？　(A)吃竹子是屬性，爬樹是方法、毛色是屬性　(B)吃竹子是屬性，爬樹是屬性、毛色是屬性　(C)吃竹子是方法，爬樹是方法、毛色是屬性　(D)吃竹子是屬性，爬樹是屬性、毛色是方法。　[103工管]

c. 下圖是以「校務管理系統」為例，來呈現類別與物件的關係：

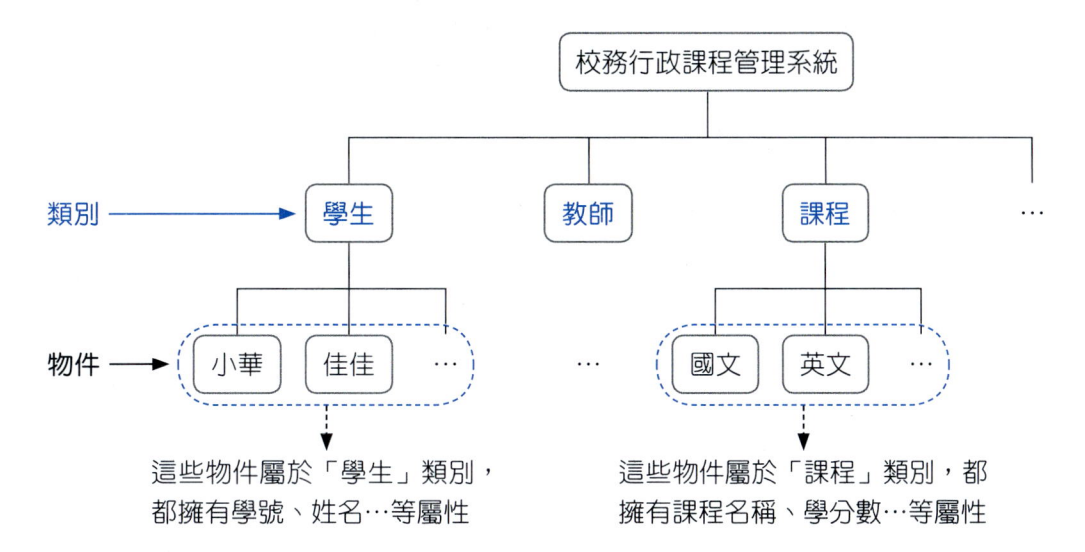

（圖：校務行政課程管理系統，類別：學生、教師、課程…；物件：小華、佳佳…屬於「學生」類別，都擁有學號、姓名…等屬性；國文、英文…屬於「課程」類別，都擁有課程名稱、學分數…等屬性）

d. 物件導向語言的特性：

- **封裝**（encapsulation）：**將具有特定功能的處理程序及資料包裝在物件中**，使用者**不需瞭解**物件內部的設計即可使用。

- **繼承**（inheritance）：**新類別或物件可以承襲既有類別的方法及屬性**，省去撰寫相同程式碼的時間。如設計「警車」物件，可承襲「車」類別的特性及功能，不需要全部重新設計。

- **多型**（polymorphism）：新類別或物件可以擁有與既有類別相同名稱但功能不同的方法。如「警車」、「救護車」物件都有「鳴笛」事件，但發出的鳴笛聲可以不同。

e. 常見的物件導向語言：

程式語言	說明
C++	以C語言為基礎，加入物件導向的特性
Java	源自C++語言，由昇陽（sun）[註]公司開發，具有可攜性高及安全性佳的優點，可用來開發系統軟體、手機應用程式
Visual Basic.NET	以Visual Basic為基礎，加強物件導向、網頁製作、多媒體等功能 VB 2005以上版本皆屬於.NET語言
C#	以C、C++語言為基礎，由微軟公司開發，具有易學易用的優點
SmallTalk	是物件導向語言，也是人工智慧語言的一種
Python	可跨平台使用，具有易學易用、功能完整的評價，在業界常被用於開發系統軟體、應用程式等
R語言	免費且開放原始碼的程式語言，擴充性強，有相當多免費套件可使用，常應用於人工智慧、財經分析等

註：昇陽公司已於2010年被甲骨文（Oracle）公司併購。

6. 查詢語言（query language）：用來查詢資料庫中的資料，常見的有SQL、QBE等。

7. 人工智慧語言：可用來設計讓人類利用自然語言（如英語、中文）直接對電腦下達命令的程式，常見的人工智慧語言有LISP、Prolog、SmallTalk、Python等。

8. 開發行動裝置作業系統的程式語言：

作業系統	開發者	使用的程式語言
Android	Google（谷歌）	Java、C
iOS	Apple（蘋果）	Swift、Objective-C

Swift → 也可用來開發App
Objective-C → 以C語言為基礎的物件導向程式語言

四、程式的翻譯

1. **組合語言**及**高階語言**所撰寫的程式，必須經過翻譯程式翻譯才能執行。

2. **組譯**：以組合語言撰寫的程式，必須經過**組譯程式**（assembler，又稱**組譯器**）翻譯成機器語言之後，才能在電腦上執行。

3. **編譯**：使用**編譯程式**（compiler，又稱**編譯器**）將整個程式翻譯成機器語言的一種程式翻譯方式。

4. **直譯**：使用**直譯程式**（interpreter，又稱**直譯器**）將程式逐行翻譯成機器語言，並立即執行的一種程式翻譯方式。

5. 組譯、編譯、直譯的比較：

翻譯方式	適用的程式語言	翻譯的次數	執行速度
組譯	組合語言	只需1次	快
編譯	高階語言	只需1次	快
直譯	高階語言	每次執行程式皆需翻譯	慢

得分區塊練

(C)1. 請問下列哪些程式開發軟體所開發的App應用程式，適用於蘋果支援的智慧型手機之iOS作業系統？
①App Inventor ②PowerApps ③Android Studio ④React Native
(A)①② (B)①③ (C)②④ (D)③④。

(B)2. 下列哪一種程式語言所撰寫的程式，在執行前無須先經過組譯、直譯或編譯的程序？ (A)組合語言 (B)機器語言 (C)物件導向語言 (D)程序性高階語言。

5-2 常見的應用軟體

一、辦公室軟體 110

(D)29. 到租書店租閱書籍時，店員輸入會員編號，租書系統即會列出會員的名稱、電話、住址、租閱紀錄等資料。此租書系統可使用下列哪一種應用軟體來完成？
(A)多媒體設計軟體
(B)簡報軟體
(C)檔案傳輸軟體
(D)資料庫軟體。 [110商管]

1. 常見的辦公室軟體：

種類	用途	常用軟體（代表自由軟體）
文書處理軟體	文書資料編輯及排版	Word、Writer、WordPad、記事本、Pages
排版軟體	編排書報雜誌	InDesign、QuarkXPress、Publisher、Scribus
電子試算表軟體	資料排序、計算與分析，及編製統計圖表	Excel、Calc、Numbers
簡報軟體	製作及播放簡報資料	PowerPoint、Impress、Keynote
資料庫管理軟體	又稱資料庫管理系統（DBMS），用來建立及管理資料庫	Access、Base[註1]、SQL、Oracle、MySQL、Informix、dBase、SAP Sybase
統計軟體	數據統計、管理、分析等	SAS、SPSS

2. 辦公室軟體的比較：

軟體系列＼比較項目	文書處理	電子試算表	簡報設計	資料庫	廠商	免費
Microsoft Office	Word	Excel	PowerPoint	Access	微軟	
LibreOffice	Writer	Calc	Impress	Base	TDF（文件基金會）	✓
OpenOffice	Writer	Calc	Impress	Base	Apache[註2]	✓
Google文件	文件	試算表	簡報	—	Google	✓
iWork	Pages	Numbers	Keynote	—	Apple	✓

3. OpenOffice軟體可開啟並編輯Microsoft Office文件檔案，如Writer可編輯Word檔（.doc、.docx）、Calc可編輯Excel檔（.xls、.xlsx）。

4. Microsoft 365：微軟公司的線上版Office軟體，只要申請帳號，即可透過瀏覽器使用精簡版的Word、Excel、PowerPoint等軟體。

5. Google文件：可透過瀏覽器在網路上編輯文件，並邀請多人一起共同編輯（共編），完成後可儲存在雲端，也可下載至電腦存成pdf、docx、odt、html等檔案格式。此外也具有將圖片轉換成文字的功能。

註1：Base是OpenOffice軟體系列的資料庫管理軟體。
註2：OpenOffice自2012年起，由Apache軟體基金會開發與維護，並更名Apache OpenOffice。

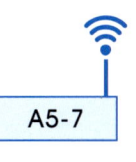

二、網路應用軟體

1. 常見的網路應用軟體：

種類	用途	常用軟體
瀏覽器	瀏覽網頁	Chrome、Firefox、Edge、Safari、Opera
郵件收發軟體	收發電子郵件	Outlook[註1]、Thunderbird
即時通訊軟體	線上文字、影音即時交談	LINE、WhatsApp、WeChat、Messenger
終端機模擬軟體	登入遠端電腦主機	NetTerm（可連上BBS站）
FTP軟體	上傳或下載檔案	WS FTP、CuteFTP、FileZilla
續傳軟體	檔案傳輸（可接續中斷的下載作業）	FlashGet、Go!Zilla
P2P軟體	可分享電腦中的檔案，讓安裝有P2P軟體的網友下載	BitComet、XfServer、eMule（驢子）
群組軟體	訊息傳遞、文件分享、會議排程	Notes、Exchange
社群網站附屬軟體	使社群網站（如Facebook）的功能多元、豐富	小遊戲（如Candy Crush Saga）、行事曆
視訊會議軟體	視訊會議、線上會議、螢幕分享	Google Meet、Microsoft Teams、Zoom、Cisco Webex

2. 即時通訊軟體通常也提供有檔案傳輸、視訊對話、撥打網路電話等功能。
3. 網路中有許多可透過瀏覽器使用的軟體（如Google文件），也都屬於網路應用軟體。

三、多媒體及影像軟體

1. 常見的多媒體軟體：

種類	用途	常用軟體
網頁設計軟體	製作及管理網頁	Dreamweaver、Namo WebEditor、Expression web、SharePoint Designer、Google Web Designer、KompoZer
影片播放軟體	播放影音	QuickTime、RealPlayer、iTunes、KMPlayer、Windows Media Player、PowerDVD、GOM Player
影片剪輯軟體	影片剪輯與轉檔	Windows Movie Maker、Premiere Pro、會聲會影（VideoStudio）、威力導演（PowerDirector）、Director、OpenShot
聲音剪輯軟體	聲音剪輯與轉檔	Audacity、mp3DirectCut、GoldWave、Adobe Audition、GarageBand
繪圖軟體	繪製圖像	CorelDRAW、Illustrator、小畫家、Draw[註2]、Visio、PaintTool SAI、Corel Painter

- iTunes可用來播放音樂與影片，也可用來進行音樂、影片的轉檔，還可以透過它來購買音樂、影片。

註1：Outlook是Office的成員之一，除了具有收發郵件的功能之外，還有行事曆編輯、收發手機簡訊等功能。
註2：Draw是OpenOffice的成員之一，且是一套向量繪圖軟體。

2. 常見的影像軟體：

種類	用途	常用軟體
影像處理軟體	編修、合成影像	Photoshop、PhotoImpact、GIMP、PhotoCap、PhotoScape、Pixlr Editor、PaintShop Pro
看圖軟體	檢視與管理大量圖像	ACDSee、XnView、IrfanView
動畫軟體	製作及播放2D／3D動畫	2D動畫：Animator（原Flash）、Ulead Gif Animator、SWiSH Max、Spine 3D動畫：Maya、3ds Max
電腦輔助設計軟體（3D建模軟體）	繪製各種設計圖，如建築工程圖、室內設計圖等	AutoCAD、FreeCAD、SketchUp、Tinkercad

- Animator（原Flash）是使用**向量**圖形技術，繪製的圖形放大、縮小、旋轉不會失真。

四、其他應用軟體

1. 其他常見的應用軟體：

種類	用途	常用軟體
PDF閱讀軟體	閱讀PDF文件檔案	Adobe Reader、Foxit Reader、Adobe Acrobat（可編修PDF檔）
防毒軟體	偵測電腦是否遭到病毒感染，並將受感染的檔案解毒	PC-cillin、Norton AntiVirus、Kaspersky Anti-Virus（卡巴斯基）、Avira（小紅傘）、Avast!、NOD32、McAfee、AVG Anti-Virus
壓縮軟體	縮減資料檔案的大小，節省檔案儲存空間	WinZip、WinRAR、7-Zip
系統備份工具	將系統或資料進行備份，當電腦出現不正常的情形時，將系統還原至備份時的狀態	Windows備份與還原工具、Norton Ghost
檔案備份軟體	幫助使用者備份資料	SyncBack、FreeFileSync、Acronis Backup、Google備份與同步處理
檔案救援軟體	將已刪除的檔案救回	Wise Data Recovery、Recuva File Recovery
遠端遙控軟體	透過網際網路控制遠端電腦	AnyDesk、TeamViewer
網路監控軟體	監控各軟體所消耗的網路流量及網路使用狀況	GlassWire、Speedtest
語言翻譯軟體	翻譯外文單字、查詢外文單字的音標、發音等	Lingoes、Dr.eye
筆記整理軟體	讓使用者以資訊設備整合筆記內容、建立目錄、標籤等	Evernote、OneNote
燒錄軟體	燒錄資料至光碟，以進行備份	Nero、CloneDVD、Alcohol 120%

2. 若要備份光碟內容，可用燒錄軟體將光碟對拷一份，或是將光碟內容製作成**映像檔**（副檔名為.iso、.nrg、.ccd、.img），存放在電腦中。

3. 壓縮軟體可將多個檔案壓縮成一個壓縮檔，或分割成多個壓縮檔。部分壓縮軟體，如WinRAR還可製作**自解壓縮檔**（副檔名通常為.exe），以便在沒有安裝壓縮軟體的電腦中，也能進行解壓縮。

4. **PDF**（Portable Document Format）：是一種「**可攜式**電子文件」，能精確地保留文件原貌，可**跨平台**使用。

5. PDF文件檔案須使用PDF閱讀軟體來開啟、瀏覽，部分PDF閱讀軟體有提供為PDF檔加密的功能。

6. Office 2010以上版本可將檔案儲存為PDF檔；Word 2013以上還可編修PDF檔案。

7. 可訓練邏輯思考能力與程式語言基礎的休閒娛樂軟體，例如Code.org、Blockly。

五、常見的行動裝置App

1. 常見的行動裝置App：

App種類	用途	常用軟體
社交軟體	讓使用者可透過網路與他人互動	Facebook、Instagram、X、Line、LinkedIn、Threads
串流影音	使用者可一邊下載一邊聽音樂、看影片	音樂App：KKBOX、Spotify 影音App：Netflix、KKTV
照片處理	可套用濾鏡、表情圖案等	Foodie、SNOW、B612、無他相機、SOVS、Snapseed、美圖秀秀、玩美彩妝
影片剪輯	可剪輯影片或加上特效	Quik、InShot、MaxCurve、威力導演
交通動態資訊	觀察路況、公車動態資訊、周邊服務等	台灣等公車
虛擬實境	模擬真實環境	VR Thrills雲霄飛車、Cardboard
擴增實境	在實體環境中，加入虛擬影像	AR導航及測速照相偵測、IKEA Place、星圖
益智教育	可讓使用者進行行動學習	超級單字王、智客、Algorithms、Cake
運動健身	紀錄運動過程	Nike Training Club、Runtastic
筆記整理	隨手筆記	OneNote、Evernote、ColorNote
行動裝置檢測	檢測行動裝置的各硬體狀態	手機醫生、電池魔術醫生、AMC手機管家
輔助醫療	協助偏遠地區的人能夠獲得醫療資訊	Babylon:Healthcare & Medical Advice

統測這樣考

(C)26. 智慧型手機所安裝之公共自行車租賃系統APP，例如YouBike微笑單車，為了要能查找並顯示附近場站位置及可租用車輛的數量狀態，下列何者不是實現該功能的必要技術？　(A)物聯網　(B)電子地圖　(C)自動駕駛　(D)衛星定位。　[113工管]

2. **App**（**App**lication，應用軟體）：用來泛指可安裝在智慧型手機、平板電腦等可攜式設備中的應用軟體。

3. 常見的App商店：App Store、Google Play、Microsoft Store、Amazon Appstore。

4. 行動裝置App常用之技術／設備：

常用技術／設備	說明	適用App種類
全球衛星定位系統（GPS）	可用來測量標的物位置的系統	交通動態資訊、運動健身
輔助全球衛星定位系統（AGPS）	利用電信業者的手機基地台，來輔助GPS衛星進行定位的系統	
地理資訊系統（GIS）	儲存地理資料及分析地理區域特性的系統	
航位推算導航（DR）	• 利用GPS偵測到的目前位置、移動距離與花用時間，可算出速度 • 利用GIS中的資料可計算到達下一個目的地的時間	
最短路徑的計算	利用GIS中的資料，找出可連接起點到終點的最短的路徑	
立體視覺	模擬人眼的立體視覺感官，利用人的左眼與右眼看到的影像會略有差異，大腦會根據這些差異產生視覺的立體感來設計VR App畫面	虛擬實境
陀螺儀	可用來偵測行動裝置的旋轉角度	
3D彩現技術	利用電腦軟體為3D模型上色、加入漸層、加入陰影等，最後形成圖像的技術	擴增實境
電腦視覺	一種實現圖像辨識的技術，目的是使電腦能辨識出圖像中的特定物體	
人工智慧（AI）	電腦模仿人類的思考方式，使電腦具有學習、記憶、推理及處理問題等能力	輔助醫療
專家系統	透過儲存某些事實或規則，並利用這些規則來推理、判斷以解決問題的系統	
智慧臉部偵測	從影像中偵測臉部的技術	美肌拍照、美妝造型
五官追蹤技術	從臉部影像中精準找出五官的技術	

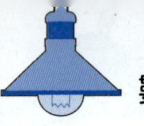

(A)1. 在Windows作業系統環境中，使用數位相機或數位攝影機所拍攝的相片與影片，適合使用下列哪一個軟體進行編輯成電腦能播放的視訊影片檔案？
(A)Windows Movie Maker
(B)Outlook
(C)WordPad
(D)Windows Media Player。

(A)2. Trend Micro PC-Cillin是屬於下列何種軟體？
(A)電腦防毒軟體
(B)資料壓縮軟體
(C)資料庫管理軟體
(D)檔案傳輸軟體。

(A)3. 下列何者不是即時通訊軟體？
(A)WinRAR　(B)WeChat　(C)LINE　(D)WhatsApp。

3. WinRAR是壓縮軟體；WeChat、LINE、WhatsApp皆為即時通訊軟體。

(C)4. 下列哪一套軟體為電子郵件軟體？
(A)Word　(B)Excel　(C)Outlook　(D)Visio。

4. Visio是一種用來繪製流程圖和組織圖的軟體。
[丙級軟體應用]

(C)5. 下列各應用軟體之用途對照，何者正確？
(A)Dreamweaver：影像處理
(B)威力導演：電腦病毒預防
(C)PowerPoint：多媒體簡報製作
(D)WinRAR：動畫製作。

5. Dreamweaver：網頁製作軟體；
威力導演：影片剪輯軟體；
WinRAR：壓縮軟體。

(B)6. 下列何者是可在智慧型手機或平板電腦上使用的筆記App？
(A)Spotify　(B)Evernote　(C)Instagram　(D)台灣等公車。

(C)7. 下列何者不是交通動態資訊App常應用的技術？
(A)全球衛星定位系統（GPS）
(B)航位推算導航（DR）
(C)智慧臉部偵測
(D)地理資訊系統（GIS）。

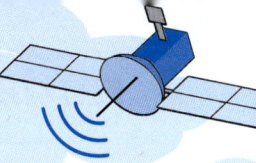

5-3 電腦軟體的檔案格式

一、認識「檔案格式」

1. 檔案格式依照是否開放版權，可分為**開放格式**與**封閉格式**：

檔案格式類型	說明	舉例
開放格式	公開檔案規格，且開放版權，任何人不需經過授權即可使用	文件檔：txt、pdf 圖片檔：jpg、png、tif、gif 音訊檔：wav、ogg、mp3 視訊檔：avi、mpeg 網頁檔：htm / html、xml 壓縮檔：zip、7z
封閉格式	不公開檔案規格，也不開放版權，若設計的軟、硬體需要存取封閉格式的檔案，該軟、硬體開發商必須支付版權費用	文件檔：doc、xls、ppt[註] 圖片檔：ufo 音訊檔：wma 視訊檔：rm、wmv 壓縮檔：rar

2. 開放格式的優點：

   a. 流通性高：開放格式不需要授權金，有較多免費軟體支援，流通性高（封閉格式通常只能使用付費軟體開啟，流通性低）。

   b. 保存性佳：若支援封閉格式的軟體不再販售，封閉格式的檔案可能無法再開啟，保存性差；開放格式有較多軟體支援，較不會有檔案無法開啟的問題，保存性佳。

   開放格式
   （有較多軟體支援）
   - 公開檔案規格
   - 開放格式的版權

   封閉格式
   （只有特定軟體支援）
   - 不公開檔案規格
   - 不開放格式的版權

3. 為了取得使用者認同，並促進檔案格式的交流，開放格式通常會向**國際標準組織**（如 ISO、IEC、IEEE）申請認證。

註：doc、xls、ppt屬於封閉格式，但微軟已開放部分授權。檔案格式屬於開放或封閉，可能會有變動，如mp3、gif原為封閉格式，但因檔案格式的版權過期，已歸屬為開放格式。

數位科技概論 滿分總複習

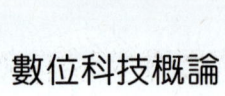

統測這樣考

(C)34. 將Microsoft Excel儲存成開放文件格式（ODF）的檔案，其副檔名為下列何者？
(A).odxl　(B).odx　(C).ods　(D).odt。　[108商管]

二、ODF文件檔案格式　105　108

1. 有鑑於開放格式的優點，**ODF組織**制定了**開放文件格式**（Open Document Format, ODF）規範，並提倡辦公室文件應使用odt、ods、odp等開放格式來儲存文件檔案。

2. ODF組織提出ODF格式後，微軟公司也提出另一種**OOXML**開放文件格式，比較如下：

比較項目	ODF	OOXML
開發者	ODF組織	微軟公司
副檔名	odt（文件檔）、ods（試算表）、odp（簡報檔）	docx（文件檔）、xlsx（試算表）、pptx（簡報檔）註
說明	以**XML**格式為基礎發展而來	
支援軟體	OpenOffice、Google文件、Microsoft Office（2007含以後版本）	

有背無患

XML（延伸標記語言）：是一種標記語言，電腦讀取XML語言後，可自動將語言轉換成圖文並茂的文件外觀。XML可描述資料的結構與意義，讓資料的使用及存取更便利。

統測這樣考

(C)15. 關於開放檔案格式（Open Document Format，簡稱ODF）副檔名的敘述，下列何者正確？
(A)odp為文書檔　(B)odt為資料庫檔
(C)ods為試算表檔　(D)odb為簡報檔。　[110工管]

得分區塊練

(D)1. 「開放格式」是指檔案格式具有什麼特點？
(A)僅開放給公務人員使用
(B)開放檔案編輯的權限
(C)開放給一般民眾使用
(D)開放檔案格式的版權。

1. 開放格式是指開放檔案格式的版權與檔案規格。

(C)2. 有關ODF文件格式的敘述，下列何者有誤？
(A)由ODF組織制定
(B)是一種開放文件格式
(C)ODF文件檔的副檔名為docx
(D)以XML格式為基礎發展而來。

2. ODF文件檔的副檔名為odt。

註：Office 2007（不含）以前的版本，預設的副檔名為doc、xls、ppt，是屬於封閉格式。

第5章 常用軟體的認識與應用

滿分晉級

★新課綱命題趨勢★
情境素養題

▲閱讀下文，回答第1至2題：

奕翔開設了一間專門銷售冷凍食品的線上商店，公司有4台電腦須依照員工工作性質來添購並安裝合適的應用軟體，4位員工的工作內容分別為：①員工負責公司網站的建置與維護、②員工負責公關行銷工作、③員工負責商品美感設計及影像編修、④員工負責財務會計工作。

(B)1. 奕翔公司的①員工負責公司網站的建置與維護，請問他所需使用的電腦最應該安裝哪些應用軟體？ (A)LINE、Windows Movie Maker (B)Chrome、Dreamweaver (C)PowerPoint、AutoCAD (D)ACDSee、Adobe Reader。 [5-2]

(C)2. 奕翔公司中的4台電腦，最不需要安裝下列哪一套應用軟體？
(A)PC-cillin (B)Google Web Designer (C)NetTerm (D)Excel。 [5-2]

(C)3. 在物件導向設計的觀念中，若以「物件」的角度來觀察車子，車子的特徵包括催油門、煞車、輪框尺寸、雙門，以下敘述何者正確？
(A)催油門是屬性、煞車是方法、輪框尺寸是屬性、雙門是方法
(B)催油門是屬性、煞車是屬性、輪框尺寸是屬性、雙門是屬性
(C)催油門是方法、煞車是方法、輪框尺寸是屬性、雙門是屬性
(D)催油門是屬性、煞車是屬性、輪框尺寸是方法、雙門是方法。 [5-1]

(B)4. 某生想用數位相機拍照製作簡報，但發覺照片有色差，必須用 _____ 軟體調校顏色，再使用 _____ 軟體與同學分享，下列何者為所需軟體的最佳組合？
(A)WordPad、PowerPoint (B)PhotoImpact、PowerPoint
(C)VB、CorelDRAW (D)Excel、Access。 [5-2]

精選試題

5-1
(C)1. 在物件導向程式語言中，用於描述物件外觀、大小、位置等的特徵值，稱之為何？
(A)方法 (B)繼承 (C)屬性 (D)裝封。

(B)2. 機器語言及組合語言是屬於下列何種程式語言類別？
(A)物件導向語言 (B)低階語言 (C)中階語言 (D)高階語言。

(C)3. 關於程式語言的敘述，下列何者不正確？
(A)機器語言對硬體有很強的控制能力
(B)Visual Basic.NET具有視覺化的設計，屬於物件導向語言
(C)組合語言可以用來寫硬體驅動程式，屬於高階語言
(D)Java具有物件導向特性，可應用在網際網路程式。

(A)4. 下列語言，何者為最低階語言？
(A)機器語言 (B)組合語言 (C)自然語言 (D)C語言。

(A)5. 下列何者為高階語言所具有的特性？
(A)易讀、易懂、易寫 (B)隨機種而改變
(C)不需經過翻譯便可執行 (D)執行時間最短。

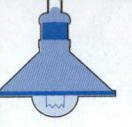

(B)6. 下列敘何者是錯的？
(A)BASIC是一種高階語言　　　　(B)高階語言的執行速度較機器語言為快
(C)機器語言是由0與1所構成的　　(D)高階語言的可讀性較機器語言為高。

(A)7. 下列何種資訊最有可能是儲存於電腦主記憶體內的機械碼指令？
(A)01010010 00000111
(B)ADD AL #11
(C)PRINT "Visual Basic"
(D)STAND UP PLEASE。

7. 機械碼是指利用機器語言撰寫的程式碼，機器語言是由0與1組成。

(B)8. 下列有關高階與低階電腦程式語言的比較，何者正確？
(A)高階語言程式撰寫比較困難
(B)低階語言程式執行速度較快
(C)高階語言程式除錯比較困難
(D)低階語言程式維護比較容易。

8. 高階語言因與人類使用的語言較接近，在程式的撰寫、除錯及維護上都比低階語言來得容易。

(B)9. 下列敘述何者最正確？
(A)C++語言是一種低階語言
(B)Java語言是一種物件導向語言
(C)機器語言的可讀性較高階語言高
(D)高階語言的執行速度較機器語言快。

9. C++語言是一種高階語言；高階語言的可讀性較機器語言高；高階語言的執行速度較機器語言慢。

(C)10. 有關電腦語言敘述下列何者是錯誤的？
(A)UNIX作業系統部份以C語言撰寫
(B)C語言是一種高階語言
(C)組合語言是一系列0與1數字所構成的
(D)COBOL適用於商業資料處理。

10. 機器語言才是由0與1所構成。

(D)11. 下列何者不適合用來編輯與製作網頁？
(A)Dreamweaver　　　　(B)Google Web Designer
(C)Microsoft Word　　　(D)Norton Utilities。

(D)12. 下列敘述何者正確？
(A)PhotoImpact是音樂編輯軟體　(B)Access是動畫製作軟體
(C)Outlook是繪圖軟體　　　　　(D)PowerPoint是簡報軟體。

12. PhotoImpact：影像處理軟體；Access：資料庫管理軟體；Outlook：郵件收發軟體。

(C)13. 下列何者不是電子試算表軟體的主要功能？
(A)編輯、計算資料　(B)分析、管理資料　(C)處理影像、圖片　(D)編製統計圖表。

(D)14. 下列套裝軟體中，哪一個被歸類為繪圖軟體？
(A)PhotoShop　(B)Photo Editor　(C)Imaging　(D)Painter。

(B)15. 最適合使用者撰寫、編輯處理、擷取儲存及列印各種文件資料的軟體為何？
(A)會計軟體　(B)文書處理軟體　(C)繪圖軟體　(D)通訊軟體。

(B)16. "WinZip" 是屬於哪類軟體？　(A)系統軟體　(B)壓縮及解壓縮工具軟體　(C)簡報軟體　(D)文書編輯軟體。 [丙級網頁設計]

(B)17. "Kaspersky" 屬於哪類軟體？
(A)系統軟體　(B)防毒軟體　(C)簡報軟體　(D)文書編輯軟體。 [丙級網頁設計]

(C)18. WinRAR與下列何種軟體屬於同類軟體？
(A)Powerpoint　(B)Access　(C)WinZip　(D)cuteftp。

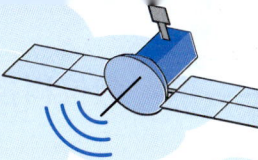

(C)19. 下列何者屬於檔案備份軟體？
(A)Wise Data Recovery (B)TeamViewer (C)SyncBack (D)GlassWire。

(A)20. 阿國平時晚上有運動的習慣，他想要利用智慧型手機紀錄自己的運動狀況，你可以推薦他下列哪一款App？
(A)Runtastic (B)Babylon Mobile Health (C)Netflix (D)LinkedIn。

(B)21. 香香想將用智慧型手機拍攝好的影片，直接在手機上加入特效，他可以使用下列哪一款App？ (A)KKBOX (B)InShot (C)玩美彩妝 (D)手機醫生。

(A)22. 關於開放格式檔案的描述，下列哪一項錯誤？
(A)開放格式的檔案，表示檔案格式的制定者已放棄檔案格式的專利權
(B)開放格式的檔案，檔案規格是公開的
(C).html是屬於開放格式的檔案類型
(D)製作可相容開放格式檔案的軟體，不需要付權利金。 [技藝競賽]

(A)23. 有關PDF文件的敘述，下列何者有誤？
(A)必須先解壓縮才能開啟 (B)可使用瀏覽器、PDF閱讀軟體來瀏覽PDF
(C)其檔案格式屬於開放格式 (D)可精確地保留文件原貌。

23. PDF是文件檔而非壓縮檔，不需解壓縮即可開啟。

(A)24. 開放格式是指符合下列何種條件的格式？ (A)公開檔案規格且開放版權 (B)通過ISO組織認證 (C)符合TCP/IP通訊協定 (D)自由軟體專用。

統測試題

1. FTP為負責檔案傳輸的通訊協定；
Outlook為電子郵件軟體；
Skype軟體提供即時影音訊息的服務（已終止服務）；
SMTP為負責郵件發送的電子郵件通訊協定。

(C)1. 下列何項能提供即時影音訊息的服務？
(A)FTP (B)Outlook (C)Skype (D)SMTP。 [102工管類]

(B)2. 某一張旅遊的紀念照片中，不小心拍到了一根電線桿，如果要把這張照片中的電線桿去除，請問下列哪一個應用軟體可以協助完成這項工作？
(A)Microsoft Excel (B)PhotoImpact (C)Access (D)WinRAR。 [102工管類]

(D)3. 相對於低階語言，下列何者不是高階語言的特性？ (A)可攜性較高 (B)使用者較易學習 (C)較容易除錯 (D)程式執行速度較快又較有效率。 [102工管類]

(A)4. Visual Basic程式被電腦執行前，最終須轉換成下列何種語言？
(A)機器語言 (B)組合語言 (C)高階語言 (D)自然語言。 [103工管類]

(C)5. 若以「物件」的角度觀察貓熊，貓熊的特徵包括吃竹子、爬樹、毛色，以下敘述何者正確？ (A)吃竹子是屬性，爬樹是方法、毛色是屬性 (B)吃竹子是屬性，爬樹是屬性、毛色是屬性 (C)吃竹子是方法，爬樹是方法、毛色是屬性 (D)吃竹子是屬性，爬樹是屬性、毛色是方法。 [103工管類]

(A)6. 下列何種多媒體軟體，可用來將輸入的視訊（video）信號加以編輯、配音，並儲存成影片檔？
(A)Windows Movie Maker (B)GIF Animator
(C)Adobe Reader (D)Windows Wordpad。 [104工管類]

(C)7. OpenOffice中的簡報設計軟體稱為：
(A)OpenOffice PowerPoint (B)OpenOffice Draw
(C)OpenOffice Impress (D)OpenOffice Base。 [104工管類]

(C)8. 下列何者為簡報檔的開放格式？ (A).odt (B).ods (C).odp (D).odg。 [105商管群]

8. ODF是開放文件格式，其中odt是文件檔、ods是試算表、odp是簡報檔。

(D)9. 下列哪一種應用程式可撥打市話與他人即時交談？
9. Skype已於2025年5月5日終止服務。
(A)Facebook　(B)Microsoft Outlook　(C)BBS　(D)Skype。 [105工管類]

(D)10. 下列哪一種軟體可以支援多人線上共同編輯文件？
(A)Microsoft WordPad　(B)Microsoft NotePad（記事本）
(C)OpenOffice Writer　(D)Google Docs（Google文件）。 [105工管類]

(D)11. 辦公室應用軟體中，使用開放文件格式，可以跨平台執行計算、分析、繪製圖表的軟體為下列何者？　(A)Writer　(B)Impress　(C)Base　(D)Calc。 [106工管類]

(D)12. 下列哪一種檔案格式不屬於國際標準的開放格式？
(A)HTML（HyperText Markup Language）網頁超文件標記語言檔案
(B)OOXML（Office Open XML）辦公室軟體檔案如.docx文件檔或.xlsx試算表檔
(C)PDF（Portable Document Format）可攜式文件檔案格式
(D)PhotoImpact的.ufo或是Photoshop的.psd等特定影像檔案格式。 [106商管群]

12. ufo和psd為封閉檔案格式，不公開檔案規格，也不開放版權，只有特定軟體支援。

(A)13. 下列何種開放文件格式主要用於文書處理？
(A).odt　(B).odp　(C).odb　(D).odg。 [106工管類]

(A)14. 下列軟體何者最適合用來計算家庭日常收支？
(A)Calc　(B)Impress　(C)Writer　(D)7-Zip。 [107工管類]

(B)15. 下列何者不是壓縮軟體？
(A)7-Zip　(B)FileZilla　(C)WinRAR　(D)WinZip。 [107工管類]

(C)16. 下列哪一種軟體不具有影音剪輯功能？
(A)PowerDirector　(B)VideoStudio
(C)Windows Media Player　(D)Windows Movie Maker。 [107工管類]

(D)17. 下列自由軟體，何者與Microsoft Word功能最相近？
(A)Impress　(B)NVU　(C)Picasa　(D)Writer。 [107工管類]

(C)18. 將Microsoft Excel儲存成開放文件格式（ODF）的檔案，其副檔名為下列何者？
(A).odxl　(B).odx　(C).ods　(D).odt。 [108商管群]

(A)19. 下列哪種軟體是P2P檔案交換軟體？
(A)eMule　(B)Exchange　(C)FileZilla　(D)RSS。 [108工管類]

19. Exchange是雲端商務用電子郵件服務；FileZilla是FTP檔案傳輸軟體；RSS是一種可將某個網站的最新內容或摘要，傳送給訂閱者的功能。

(B)20. 下列關於應用軟體的敘述，何者不正確？
(A)辦公室應用軟體讓使用者可以製作報告、試算表與簡報，例如Microsoft Office與OpenOffice
(B)網頁瀏覽軟體可以讓使用者存取各項網路資源，例如Skype與LINE
(C)影音播放軟體可以讓使用者播放影音檔案，例如Windows Media Player與PowerDVD
(D)影像編輯軟體可以檢視影像檔案內容與進行編輯工作，例如PhotoImpact與Photoshop。 [108工管類]

20. 網頁瀏覽軟體可以讓使用者存取各項網路資源，例如Firefox、Chrome、Microsoft Edge。

(C)21. 下列關於OpenOffice軟體的敘述，何者不正確？　(A)Base是資料庫管理軟體　(B)Calc是試算表軟體　(C)Draw是簡報設計軟體　(D)Writer是文書處理軟體。 [108工管類]

21. Draw是向量繪圖軟體；Impress是簡報設計軟體。

(D)22. 有關壓縮軟體的敘述，何者錯誤？
(A)WinRAR是常見的壓縮及解壓縮軟體之一，具有分片壓縮功能
(B)7-Zip是能提供加密解密服務的壓縮軟體
(C)WinZip壓縮軟體能夠解壓縮RAR及ZIP等格式的檔案
(D)壓縮軟體只能對執行檔案進行壓縮。 [109商管群]

第5章 常用軟體的認識與應用

(B)23. 網頁製作除了可以透過傳統「HTML」語言來設計，還可以使用網頁設計軟體，但是下列哪種軟體不適合用於網頁設計與製作？ 23.Windows Media Player屬於影音播放軟體。
(A)Expression Web　　　　　　(B)Windows Media Player
(C)KompoZer　　　　　　　　(D)Adobe Dreamweaver。 [109工管類]

(D)24. 到租書店租閱書籍時，店員輸入會員編號，租書系統即會列出會員的名稱、電話、住址、租閱紀錄等資料。此租書系統可使用下列哪一種應用軟體來完成？
(A)多媒體設計軟體　(B)簡報軟體　(C)檔案傳輸軟體　(D)資料庫軟體。 [110商管群]

(C)25. 關於開放檔案格式（Open Document Format，簡稱ODF）副檔名的敘述，下列何者正確？
(A)odp為文書檔　　　　　　　(B)odt為資料庫檔
(C)ods為試算表檔　　　　　　(D)odb為簡報檔。 [110工管類]

25. odp為簡報檔、odt為文件檔、odb為資料庫檔。

(D)26. 下列有關軟體的敘述，何者最正確？
(A)Chrome與LINE是網頁瀏覽軟體
(B)Linux與iOS是手機作業系統軟體
(C)MySQL與OpenOffice.org Impress是資料庫軟體
(D)Microsoft Excel與OpenOffice.org Calc是試算表軟體。 [110工管類]

26. LINE為即時通訊軟體、Linux為電腦作業系統、OpenOffice.org Impress為簡報軟體。

(C)27. 有關APP Inventor的敘述，下列何者正確？
(A)必須在電腦安裝後才可以使用
(B)由Google開發後，交由哈佛大學繼續開發與維護
(C)操作方式是透過拖放組件或模塊來完成撰寫
(D)可以開發Windows下的應用程式。 [111商管群]

27. 不須安裝，透過瀏覽器即可線上使用；由Google開發後，交由美國麻省理工學院繼續開發與維護；用來開發行動裝置App。

(A)28. 下列何者不是APP的開發工具或程式？
(A)Android　(B)App Inventor　(C)React Native　(D)Swift。 [111商管群]

28. Android為行動裝置的作業系統；App Inventor、React Native皆為APP的開發工具軟體；Swift為開發APP可使用的程式語言。

(B)29. 下列何者是用於關聯式資料庫的查詢語言？
(A)ISO　(B)SQL　(C)OCR　(D)OSI。 [111工管類]

(A)30. 有關軟體開發程式的敘述，下列何者正確？
(A)Eclipse主要用來開發Java應用程式
(B)軟體開發程式主要提供程式的編譯與執行的功能，程式的編輯都須用記事本來處理
(C)Xcode是適合在Windows環境下撰寫不同程式語言，如C++、Objective-C等
(D)Visual Studio是適合在macOS環境下撰寫程式語言，主要用Swift來開發應用程式。 [113商管群]

(C)31. 智慧型手機所安裝之公共自行車租賃系統APP，例如YouBike微笑單車，為了要能查找並顯示附近場站位置及可租用車輛的數量狀態，下列何者不是實現該功能的必要技術？　(A)物聯網　(B)電子地圖　(C)自動駕駛　(D)衛星定位。 [113工管類]

30. 軟體開發程式通常提供了程式碼編譯、語法檢查、除錯、版本控制等功能，程式的編輯除了可使用記事本之外，還可利用軟體開發程式來編輯；
Xcode是適合在macOS環境下撰寫程式，主要用Swift來開發應用程式；
Visual Studio是適合在Windows環境下撰寫程式。

A5-19

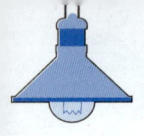

第 6 章 智慧財產權與軟體授權

6-1 智慧財產權 [103] [114]

一、認識智慧財產權

1. 智慧財產：一般人的創意、商譽和專業技術等腦力勞動的結晶，如寫作、畫作、音樂、舞蹈、圖形、視聽、電腦程式等。

2. 政府制定有**著作權法**、商標法、專利法、營業秘密法、積體電路電路布局保護法來保護**智慧財產權**。

3. 我國著作權主管機關：**經濟部**。

> **⚡統測這樣考**
> (C)16. 某人憑一己之力開發出一套新遊戲，在未向相關機關登記前，該作品受我國下列何項法規保護？
> (A)商標法　　(B)專利法
> (C)著作權法　(D)個人資料保護法。 [114工管]

二、我國著作權法的相關規定

1. 保障著作人：

   a. 著作人**完成著作時**即享有著作權（不需註冊或登記）。

   b. 著作權存續年限：著作人**生存期間及其死亡後50年**。若為共同著作，則為最後死亡之著作人死亡後50年。若著作人死亡後40～50年才發表，則保護期間為發表後10年。攝影、錄音、視聽之著作權存續至作品發表後50年。

   c. 著作權分為**著作人格權與著作財產權**，在無契約約定的情況下，受僱於公司的著作人於職務上完成之著作，其**著作人格權屬作者**，**著作財產權屬公司**；若有契約約定，則從其約定。

   d. 著作財產權：包含重製權、公開播送權、公開傳輸權等。著作財產權可以全部、部分轉讓或授權他人行使。

權利項目	說明
重製	以印刷、複印、錄音、錄影、攝影、筆錄或其他方法直接、間接、永久或暫時之重複製作，或依設計圖／模型建造建築物
公開播送	以廣播系統向公眾傳達著作內容
公開傳輸	透過網路或其他通訊方法向公眾提供或傳達著作內容
公開展示	向公眾展示著作內容
改作	以翻譯、編曲、改寫、拍攝影片或其他方法就原著作另為創作

◎五秒自測　著作權的取得時機及保障期限為何？　完成著作時即享有著作權。

統測這樣考

(D)15. 小明與阿美在共同撰寫學習歷程檔案的小論文時，應如何合法使用他人創作的內容？ (A)只要不作商業用途即可隨意使用 (B)隨意修改內容再標註自己的名字 (C)使用翻譯工具重新表述後可視為原創 (D)引用時標明來源並符合合理使用範圍。 [114工管]

e. 著作人格權包含：公開發表權、姓名表示權、禁止不當修改權。著作人格權不可以事先拋棄或是繼承、轉讓。

2. 保障合理使用著作物：

a. 教師為了授課需要，可在**合理範圍**重製他人著作，例如教師因授課需求，播放一小段電影，屬合理範圍；但若播放整部電影，即可能超出合理範圍。

b. 個人或家庭**不以營利**為目的，可在合理範圍重製他人著作。

c. 只要**不從事營利行為**，可以公開表演他人著作。

d. 在合理範圍內重製他人著作，應註明資料來源。

3. 保障電子著作物：

a. 合法擁有電腦軟體者，**可以修改程式或備份軟體**，但不可提供給他人使用。

b. 書籍、錄影帶等著作可以出租，但錄音及電腦程式等著作不得出租。

c. 販售或散布盜版軟體、音樂都屬於違法行為。

d. **合法軟體不能安裝在超過授權數量的電腦上**，如授權5台電腦，最多只能安裝在5台電腦上。

4. 不受著作權法保護，任何人皆可自由使用的資料：

a. 憲法、法律、命令或公文（含公務員於職務上草擬之文告、講稿、新聞稿）。

b. 中央或地方機關就前款著作作成之翻譯物或編輯物。

c. 標語及通用之符號、名詞、公式、數表、表格、簿冊或時曆。

d. 單純為傳達事實之新聞報導所作成之語文著作。

e. 依法令舉行之各類考試試題及其備用試題（如四技二專聯招考題）。

統測這樣考

(C)29. 下列哪一個情境屬於著作權中的「合理使用」？ (A)下載一部院線電影並上傳到自己的網站，供大眾免費觀看 (B)為朋友的商業網站置放一首受版權保護的歌曲，當作背景音樂 (C)在課堂上播放一小段影片片段，並用於教學討論，且未對外公開 (D)將一張知名攝影師的作品做細微修改後，用於自己的商業網站首頁。 [114商管]

有背無患

1. 專利權（patent right）：指創作者將發明、新型或設計的創作向主管機關（在我國為經濟部智慧財產局）申請，經審查核准後所取得的專利獨享權利。

2. DRM（數位版權管理）：保護數位檔案版權的技術，可以限定檔案的使用條件，如限定某首歌的播放次數，或是只能用特定的程式來播放，以防止檔案遭到盜版。

3. DRM常見應用：KKBOX線上音樂、Spotify、Kindle線上電子書店等服務，都有使用DRM技術來保護檔案防止盜版。

4. Copyright vs. Copyleft：Copyright ⓒ 代表具有著作權，不可任意複製、散布、改作；Copyleft Ɔ 則代表開放版權，允許自由使用、散布、改作，但所衍生之作品必須延續使用Copyleft授權。

5. P2P檔案交換軟體（如eMule）可讓網友交換彼此電腦中的檔案，但若網友利用這類軟體分享未經授權的檔案，將觸犯著作權法。

A6-3

得分區塊練

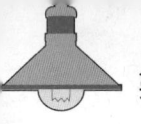

(D)1. 著作權法保護各種創作，有關智慧財產權的敘述，下列何者錯誤？ (A)電腦程式受著作權法保護 (B)將從網路下載的圖片加上自己的圖形或文字做成海報，違反著作權法 (C)智慧財產權保障的是人類思想、智慧、創作而產生具有財產價值的產物權利 (D)程式設計師受雇於某公司，公司為雇用人，程式設計師為受雇人；在無其他契約約定情況下，其於職務上所開發完成的程式，公司為著作人。

(D)2. 程式設計師受雇於某公司時，替該公司寫了一套商用軟體。下列有關此套商用軟體的著作權利歸屬（假設雙方於訂約時無特別約定者）之敘述，何者正確？ (A)著作人與著作財產權皆屬公司 (B)著作人與著作財產權皆屬程式設計師 (C)著作人屬公司，著作財產權屬程式設計師 (D)著作人屬程式設計師，著作財產權屬公司。

(B)3. 下列何者是符合著作權的行為？ (A)與好友分享MP3檔案 (B)在網路張貼自己的心情故事 (C)蒐集他人精美網頁集冊出售 (D)在網站上張貼別人的奇文妙語。

(D)4. 下列何種是智慧財產權正確的使用觀念？ (A)使用盜版光碟（大補帖）安裝軟體 (B)拷貝同學的電腦程式檔，繳交作業 (C)下載試用版軟體加以破解，才可以永久使用 (D)架設網站時，所使用有版權圖片需經過授權。

(B)5. 下列何者屬於侵害智慧財產權的行為？
(A)向朋友借有版權的CD來欣賞
(B)將自己購買的軟體複製給好友使用
(C)在網路上公佈自己撰寫的程式碼
(D)使用寬頻分享器讓多台電腦使用同一個ADSL帳號上網。

5. 寬頻分享器即為IP分享器，是可以讓區域網路中的電腦共用一個IP位址連上網路的設備；IP位址不是著作，與著作權無關，分享IP位址是合法的行為。

(D)6. 下列何者為守法行為？ (A)某電視台未付權利金，就逕自播放歌曲 (B)阿雄將近年來流行排行榜歌曲剪接翻錄作精選集出售 (C)阿貴在夜市販賣仿冒的勞力士錶 (D)阿櫻在電腦專賣店購買一套有版權的遊戲軟體。

(A)7. 有關「著作權」之敘述，下列何者正確？
(A)使用精美、特殊圖片或有版權的卡通圖案作為報告裝飾，仍應取得授權
(B)著作權保護表達形式，也保護製程及概念
(C)利用繪圖軟體練習編修同學的個人照片，雖未經照片當事者同意，仍可email給全班同學
(D)購得合法電腦軟體，因備份需要重製，且與好友分享。

(D)8. 繪畫大師在95年7月30日創作完成一幅畫，但不幸在99年4月4日死亡，請問這幅畫的著作財產權存續至哪一天？
(A)145年7月30日
(B)145年12月31日
(C)149年4月4日
(D)149年12月31日。

7. 著作權法僅保護著作的表達形式，但不保護其製程及概念；未經許可將編修後的照片散布給全班同學，會有侵犯拍攝者著作權之虞；合法軟體可以備份，但不能分享給他人。

8. 著作權存續年限為死亡後50年（期間屆滿日為該年12月31日），故終止日為149年12月31日。 [乙級軟體應用]

(D)9. 直接引用下列哪一項著作的內容，最可能侵犯著作權？
(A)論語 (B)聖經 (C)史記 (D)林志玲為電影刺陵主題曲寫的歌詞。

9. 論語、聖經、史記皆已超過著作權存續年限（著作人生存期間及其死亡後50年）。

(B)10. 購買原版的應用程式光碟之後，下列使用方法何者符合智慧財產權的規範？
(A)隨意複製到多部電腦硬碟上 (B)依授權安裝到自己的電腦上
(C)拷貝多份備份光碟，以備不時之需 (D)透過網路分享好朋友。

10. 合法軟體可備份，但「拷貝多份」會有侵權之虞，較不適當。

6-2 軟體的授權

統測這樣考
(B)28. 有關軟體的敘述，下列哪一些正確？
①Adobe Reader是免費軟體（freeware）
②OpenOffice 是自由軟體（free software）
③自由軟體不須買賣都能免費自由使用
④公用軟體（public domain software）不具有著作權，使用者不須付費即可複製使用
(A)①②③ (B)①②④ (C)①③④ (D)②③④。 [113商管]

一、授權範圍不同的軟體類型 102 111 112 113 114

比較項目 軟體別	保有著作權	免費複製及使用	開放原始碼	說明	範例軟體
公用軟體 （public domain software）		✓		可自由複製	SQLite （資料庫軟體）、FreeCAD
免費軟體 （freeware）	✓	✓		不可用於營利用途或修改	Adobe Reader、iTunes
共享軟體 （shareware）	✓	試用期間不須付費		試用期間通常功能會有限制，試用期滿必須付費購買才能取得合法使用權	WinRAR、Photoshop試用版、PaintShop Pro試用版
自由軟體 （free software）	✓	可銷售，不一定免費	✓	1. 可自由複製、散布與修改 2. 又稱開放原始碼軟體	Scratch、7-zip、Linux、OpenOffice、Firefox
商業軟體 （Commercial software）	✓			通常須付費購買才能使用	Word、Excel

解題密技 上表的5種軟體是統測命題的重點，同學必須能分辨其差異

> 目前有許多商業軟體提供試用體驗來吸引使用者，但本質上仍屬於「商業軟體」，試用只是促銷手段，並不改變其商業性質

1. 自由軟體 vs. 免費軟體：**自由軟體開放原始碼**，而免費軟體則沒有。

2. **開放原始碼**（open source）：指公開軟體的程式碼，供其他人能自由複製、散布與修改，但修改後的程式必須維持開放原始碼的原則。

   五秒自測 免費軟體、自由軟體有何差異？ 自由軟體開放原始碼，但免費軟體則沒有。

3. GNU GPL（**GNU G**eneral **P**ublic **L**icense）：是一種**自由軟體的授權聲明**。

4. 使用GPL散布的自由軟體賦予使用者以下自由：
   a. 可自由將軟體用在各種不同用途（如商業、學術等）。
   b. 可修改軟體原始碼。
   c. 可複製及散布軟體。
   d. 可將修改後的軟體散布給他人使用。

5. **綠色軟體**：製作成**免安裝**形式的各式軟體，常被儲存在可攜式裝置（如隨身碟）中，故也稱為「可攜式軟體」。

統測這樣考
(D)14. 下列哪種軟體也稱為綠色軟體（Green Software）？
(A)共享軟體 (B)自由軟體 (C)防毒軟體 (D)可攜式軟體。 [110工管]

數位科技概論 滿分總複習

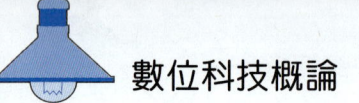

統測這樣考

(D)28. 下列哪一種軟體類型為免費且不具有著作權？
(A)免費軟體（Freeware）
(B)共享軟體（Shareware）
(C)自由軟體（Free Software）
(D)公用軟體（Public Domain Software）。 [111商管]

有背無患

- 請注意，我們購買的軟體，通常只取得軟體的使用權，並不包含散布、改作等權利。
- 為了拓展市場，有些軟體廠商會將其產品區分為下列4種版本來銷售：

版本種類	授權對象	使用注意事項
零售版	軟體購買者	軟體購買者只買到軟體的使用權，非軟體的所有權，所以不能轉售軟體[註]
隨機版	單一台電腦	只能安裝在搭配銷售的電腦上；一旦電腦毀壞，使用權即消失
大量授權版	視授權條款而定，通常是某一單位的人員（如學校）	通常有授權期間及數量的限制，超過授權期限即不能再使用
雲端版	取得會員帳號的使用者	可直接線上使用軟體，通常採包月制或包年制的授權方式，若超過授權期限即不能再使用

得分區塊練

(B)1. 每年財政部國稅局都會提供報稅程式讓納稅義務人下載使用，此項軟體是屬於下列何種軟體？ (A)公共軟體 (B)免費軟體 (C)共享軟體 (D)試用軟體。
　　1. 國稅局提供的程式免費但具有版權，所以屬於免費軟體。

(C)2. 下列哪一種軟體是將原始程式碼公開且允許他人使用與修改？
(A)免費軟體 (B)共享軟體 (C)自由軟體 (D)公用軟體。

(B)3. 下列何種行為是屬於著作權的合理使用？ (A)把從BBS上收集來的文章整理出版 (B)任意下載免費軟體（freeware） (C)未經授權而把別人的文章註明出處貼上BBS (D)定期以電子報方式大量轉寄別人在BBS上發表的文章。

(A)4. 下列關於免費軟體（freeware）、共享軟體（shareware）、自由軟體（free software）之敘述，何者正確？
(A)電腦廠商可以把從網路下載下來的自由軟體，燒錄成光碟販賣
(B)共享軟體是因為原創者願意免費和別人分享軟體，才稱為共享軟體
(C)免費軟體因為原創者已經免費提供別人使用，所以原創者不再擁有著作權
(D)電腦廠商可以把從網路下載下來的免費軟體，與其他商業程式包裝成套裝軟體販賣。
　　4. 共享軟體通常是廠商為推廣軟體，採行「先試用」的策略，而非免費分享；免費軟體具有著作權，且不能隨意重製販賣。

(C)5. 下列敘述何者有誤？
(A)免費軟體（Freeware）可完全免費使用，原設計者仍具其著作權
(B)著作人格權是指著作創作人所擁有權利，不會因任何理由而改變，具有無法轉移的特性
　　5. 單機版合法軟體可以備份，但不可任意安裝在兩台電腦。
(C)購買單機版合法軟體，可因備份重製，同時可安裝在兩台電腦
(D)共享軟體試用期滿應依規定付費。

註：根據著作權法第37條第3項「非專屬授權之被授權人非經著作財產權人同意，不得將其被授與之權利再授權第三人利用」，軟體購買者是不能再轉售軟體，除非該軟體有授權可自由轉售，若約定不明之部分，則推定為未授權。

第6章 智慧財產權與軟體授權

統測這樣考

(A)48. 創用CC有四個授權要素：① 👤 ② 💲 ③ ＝ ④ ↻，請問下列哪項組合不能同時出現在授權條款中？
(A)③④　(B)②③　(C)①②　(D)①③。　[110工管]

二、創用CC　103 104 112

1. 創用CC：一種**授權聲明**，主要是使用標章與文字來標示授權範圍。

2. 目的：讓引用者了解如何在合法範圍內使用著作物，以促進網路資源的「分享」與「交流」。

3. 使用的標章說明如下：

標章	姓名標示（BY）👤	禁止改作（ND）＝	相同方式分享（SA）↻	非商業性（NC）💲
說明	使用時必須標示作者（預設要標示）	不得改作作品	若改作作品，必須沿用原授權條款分享	不能用在商業目的

圖像記憶法
- 👤 人像代表作者 → 標示作者姓名
- ＝ 等號代表分享前要等於分享後 → 不能改作
- ↻ 循環圖案有「回到原點」與「分享」的涵義 → 相同方式分享
- 💲 禁止賣錢 → 禁止商業用途

a. 「禁止改作 ＝」與「相同方式分享 ↻」**互相牴觸**，所以不會同時出現。

b. 以上4個標章共可組成 CC BY、CC BY ND、CC BY SA、CC BY NC、CC BY NC ND、CC BY NC SA 等6種授權條款。

c. 部分圖片、影音分享網站（如Flickr網路相簿、YouTube影音網站），皆可讓創作者使用創用CC授權，將作品分享給他人使用。

4. 標示**CC0** ⓿ 的作品是採用「不保留權利」授權，可讓人無條件使用，且不可以撤回，意即授權後不得對該作品再主張權利。部分網站（如Pixabay、Unsplash）提供CC0授權的圖片，可讓網友在完全未經過許可的情況下，複製、修改、散布、商業利用這些圖片。

5. 公眾領域標章（Public Domain Mark, PDM）：標示此標章之作品，不受著作權保護，可供大眾無償使用。

得分區塊練

(D)1. 小直是網路漫畫家，她希望授予網友引用自己作品的權利，但是不能任意改作或用在商業用途。請問她應該使用下列哪一種創用CC授權條款？
(A) CC BY NC SA　(B) CC BY NC　(C) CC BY ND　(D) CC BY NC ND。

(C)2. 下列哪一項是「創用CC」中的「制止改作（ND）」標章？
(A) 👤　(B) ↻　(C) ＝　(D) 💲。

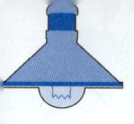

滿分晉級

★新課綱命題趨勢★ 情境素養題

▲閱讀下文，回答第1至2題：

政興是一位武俠小說迷，不論是金庸的射鵰英雄傳、天龍八部、古龍的楚留香傳奇、絕代雙驕等武俠小說作品，他都十分喜愛，多年的閱讀培養了他對武俠小說的創意，他自創一部短篇武俠小說－政興群俠傳，並發表在個人部落格中供網友觀賞，並使用創用CC標章，避免作品遭受侵權的問題發生。

(D)1. 政興在部落格上發表自己創作的武俠小說，請問他從何時開始擁有小說的著作權？
　　(A)通過經濟部智慧財產局核可後　　(B)小說上傳至部落格後
　　(C)小說出版後　　(D)小說著作完成後。 [6-1]

(A)2. 政興在部落格中使用了經濟部智慧財產局推動的「創用CC」標章，以減少侵權行為的發生。下列有關「創用CC」標誌的作用何者正確？
　　(A)標示著作物的授權範圍　　(B)避免著作遭他人篡改
　　(C)標示著作物的資料來源　　(D)禁止他人瀏覽自己的著作。 [6-2]

(D)3. 某網路書店想把暢銷書籍與雜誌的內容全部放在網路上供人瀏覽，針對上述情形，以下敘述何者正確？
　　(A)只有暢銷書籍不必取得授權　　(B)只有雜誌不必取得授權
　　(C)只有雜誌須事先取得授權　　(D)暢銷書籍與雜誌都須事先取得授權。 [6-1]

(C)4. 南韓一位男子搶先註冊登記sonycall.com等19個網域名稱，遭SONY公司提告，後來SONY公司成功取回這些網域名稱。根據上述，請問該男子侵犯了SONY公司哪一項智慧財產權？　(A)專利權　(B)著作權　(C)商標權　(D)營業秘密。 [6-1]

(B)5. 承旭為了證明曾經跟志玲相戀過，自行決定公開當初志玲寫的情書。根據上述情形，請問以下何者正確？
　　(A)承旭沒有侵害志玲的著作權，因為情書已經是承旭的
　　(B)承旭侵害志玲的著作權，因為只有志玲才有公開發表的權利
　　(C)承旭沒有侵害志玲的著作權，因為志玲並沒有去申請登記
　　(D)承旭侵害志玲的商標權，因為情書上有志玲的簽名。 [6-1]

精選試題

1. 無體財產權是以人類精神的產物為標的之權利，包含智慧財產權；網頁上的文章、圖像任意複製可能侵犯著作權。

6-1
(D)1. 關於智慧財產權的描述，下列何者不正確？
　　(A)內容符合著作權法保護要件之影音、動畫、電腦程式等都受到智慧財產權的保護
　　(B)智慧財產權又稱為無體財產權
　　(C)商標專用權、著作權、專利權都屬於智慧財產權
　　(D)任何人都可以重製網頁上的文章與圖像而不違反著作權法。

(D)2. 下列何者最不會有觸犯著作權法的疑慮？
　　(A)自己購買的軟體隨意複製給他人使用
　　(B)將版權音樂製作成MP3，透過網路讓他人下載
　　(C)想看院線電影不用上電影院，網路上就可以下載
　　(D)家裡有兩台電腦都使用Windows作業系統，就要買兩套作業系統的版權。

第6章 智慧財產權與軟體授權

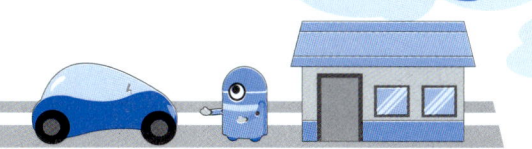

(A)3. 有關「著作權」之敘述，下列何者有誤？　　3. 著作人於完成著作時，即擁有著作權。
(A)需要向相關機關進行登記或註冊程序
(B)目前保護的權利包括改作權、編輯權、出租權、散佈權等
(C)著作人於著作完成時即自動享有著作權
(D)區分為著作人格權與著作財產權。

(C)4. 下列四種行為，何者最不會有觸犯著作權法的疑慮？
(A)抓取政府部門公開在網頁上的圖形，並貼製在自己的網頁上
(B)將網路上搜尋到的音樂，轉寄給朋友使用
(C)下載政府公告及申請表，並拷貝多份給友人
(D)複製盜版電腦遊戲光碟，供自己使用，但沒有販賣行為。

(D)5. MP3是目前非常受歡迎的音樂檔案格式，使用時要特別注意下列哪個問題？
(A)要先拷貝傳送給好朋友分享　　(B)燒錄到光碟上以防遺失
(C)使用學校的網路下載　　(D)取得合法的使用權。

(C)6. 下列哪一項是智慧財產權最主要保護的範圍？
(A)國家的利益　(B)消費者購買的權利　(C)創作者努力的結果　(D)消費者知的權利。

(C)7. 下列何者是指作品完成時即受到保護，他人未經授權不得任意引用？
(A)隱私權　(B)商標權　(C)著作權　(D)公開權。

(C)8. 影響電腦工業最大的法律議題，下列何者正確？
(A)售價統一，遵行不二價　　(B)產品製程不良，售後服務差
(C)軟體盜用，不尊重智慧財產權　　(D)電腦科技進步快，消費者更新不及。

(D)9. 地下光碟複製工廠，拷貝光碟的行為，係違反下列何者有關智慧財產權的法律？
(A)專利法　(B)商標法　(C)營業盜賣法　(D)著作權法。

(B)10. 在未經原作者同意的情況下，若在網路上轉貼或轉寄別人的文章，則下列敘述何者正確？
(A)只是奇文共欣賞，互通有無的行為，並不違法
(B)已經侵害作者的公開發表權和重製權
(C)僅侵害作者的公開發表權
(D)僅侵害作者的重製權。

10.網路是公開的場合，所以在網路上發布別人的文章，會侵犯公開發表權；轉貼或轉寄的行為是重製文章內容，會侵犯著作人的重製權。

(C)11. 若某學生將老師上課內容一字不漏且非常詳實做成的筆記，影印出售給其他同學，則下列敘述何者正確？
(A)因為是學生抄的筆記，所以此學生就是著作人
(B)依據辛勤原則，所以此學生可以出售得利
(C)此學生已經侵害老師語文著作的重製權
(D)因為是教育用途，所以此學生是合理使用老師的語文著作。

11.老師上課的內容也具有版權，學生可以做成筆記自用，但不得散布與出售。

(D)12. 下列有關智慧財產權的敘述，何者正確？
(A)學生可以不需經過上課教師的同意，自行錄下其上課內容並將之置於網上，供人下載
(B)任意套裝軟體皆可自行安裝於數台電腦上
(C)只要購買的是合法軟體，即可自行複製多份備份
(D)著作權財產權存續於著作人之生存期間及死亡後五十年之內。

12.教師上課的內容也具有版權，不可任意重製與散布；套裝軟體應視其授權數量安裝，不可任意安裝於多台電腦上；合法軟體可備份，但「拷貝多份」會有侵權之虞，較不適當。

A6-9

13.著作權法第11條規定：受雇人「於職務上完成之著作」，以該受雇人為著作人，但契約約定以雇用人為著作人者，從其約定。

(A)13. 下列敘述何者有誤？
(A)著作權法允許公司可以契約約定員工「非職務上完成之著作」，其著作權應屬於公司所有
(B)某甲擔任著作人之助手，僅協助電腦打字及資料整理，故不算是著作權法所稱的著作人
(C)若雇主與受雇人（員工）無特別約定，則受雇人為著作人，但著作財產權屬於雇主
(D)員工下班後，在家為興趣從事創作，則著作人格權及著作財產權均屬於員工當事人。

(B)14. 下列選項何者具有著作權？
(A)法律條文　(B)舞蹈表演　(C)各類國家考試試題　(D)數學公式。

(D)15. 若某公司內部存在100名員工、50部個人電腦、20部印表機、且運作時須特定軟體「Windows」方可運作，則至少應採購幾套此一特定軟體的授權？
(A)20套　(B)1套　(C)100套　(D)50套。　　　　　　　　　　　　　　[丙級軟體應用]

(D)16. 下列敘述何者有誤？
16.著作權僅保護著作的表達，但不保護其所表達之思想、程序、製程、系統、操作方法、概念、原理、發現。
(A)著作形式可包含建築、電腦程式和表演等
(B)共同著作在著作財產權保護期間的計算，是從最後死亡之著作人死亡後50年
(C)著作財產權的行使、讓與或設定質權，若共有人間無特別約定，須得到全體著作財產權人同意
(D)著作權法除保護該著作之表達，也包含其所表達之思想、程序、概念及操作方法。

17.著作權分為著作人格權與著作財產權，財產權可讓與，人格權不可；使用者購買Office軟體時，已取得軟體使用權，所以不需重新付費；若以研究、教學目的，可在合理範圍重製他人著作。

(C)17. 下列敘述何者不正確？
(A)作者可將著作財產權作全部或部分讓與
(B)若著作人（自然人）生前未發表，死亡後40年至50年才第一次公開發表，則保護期間為第一次公開發表後起算10年
(C)若微軟公司將Office的著作財產權賣給其他公司，新公司能要求國內Office的合法使用者，重新付費取得授權
(D)設計網頁時，若以研究、教學目的，而改製音樂、圖片，並加註出處，仍屬合理使用範圍。

(D)18. 著作權所享有的保護期間，為著作完成到著作人死亡後的多少年？
(A)20年　(B)10年　(C)40年　(D)50年。　　　　　　　　　　　　　　　　　[技藝競賽]

(D)19. 下列何種情形並未視為侵害著作權或製版權？
(A)明知為盜版軟體，仍作營利之用
(B)輸出未經著作財產權人或製版權人授權重製之重製物
(C)於公開場合播放自Netflix需付費才可觀賞的影片
(D)經著作財產權人同意，引用著作人之著作。

(A)20. 下列哪一種行為，可能侵犯到他人的著作權？　(A)拷貝DVD電影，並分享給網友下載　(B)在他人的部落格留言　(C)瀏覽網友的網路相簿　(D)使用明星的名字當曜稱。

(B)21. 下列哪一種行為最不可能觸犯著作權法的規定？
(A)將「我是歌手」節目的音樂上傳至部落格中，供網友下載
(B)自行拍攝家中寵物，並將影片放在網站中供網友瀏覽
(C)拷貝電影DVD的內容，贈好友觀賞
(D)將小說內容輸入至部落格中，供網友瀏覽。

第6章 智慧財產權與軟體授權

(B)22. 下列關於公共軟體（Public Domain Software）的敘述何者不正確？ (A)使用者不需付費 (B)仍受著作權保護 (C)使用者可以複製 (D)可以同時在多台電腦使用。

(B)23. 關於軟體類型和其授權的描述，下列何者不正確？ (A)一般來說，軟體授權可分為單一授權與集體授權 (B)已經超過著作權保護年限的軟體是一種自由軟體 (C)免費軟體是一種不需任何費用即可使用的軟體，但軟體本身仍具有著作權 (D)有一軟體基於先試用策略，允許使用者不須付費試用一段期間，但試用期滿須付費購買才能取得合法使用權，這軟體是一種共享軟體。　　　　　　　　　　　　　　　　[技藝競賽]

(B)24. 有一種類型的軟體，本身享有著作權保護，但可藉由發佈通用公共授權（General Public License）的形式，允許使用者對該軟體進行重製、散佈與修改。此種類型的軟體稱為： (A)商業試用軟體 (B)自由軟體 (C)共享軟體 (D)公共領域軟體。

(C)25. 下列何種行為不會違反著作權法？
(A)將市售CD借給同學拷貝使用
(B)將網路下載的圖片放在社團的網頁上
(C)在個人網頁上寫作介紹別人的文章
(D)傳送共享軟體（Shareware）給朋友。

25. CD不可以任意拷貝散布；
網路中的圖片大多具有版權，任意放在網頁上可能違反著作權法；
共享軟體可以下載使用，但不能任意重製與散布，否則會有侵權之虞。

(B)26. 下列哪一種軟體具有著作權，可以下載及使用，若使用人認為適用，則應繳費予原著作權人始可取得合法使用權？
(A)免費軟體（freeware）
(B)共享軟體（shareware）
(C)公用軟體（public domain software）
(D)公開原始碼軟體（open source software）。

(A)27. 下列何種軟體不具著作權，使用者不必付費即可複製、使用？
(A)公用軟體（Public Domain Software）　(B)專利軟體（Proprietary Software）
(C)免費軟體（Freeware）　(D)共享軟體（Shareware）。

(B)28. 下列哪一種軟體，其作者擁有著作權，但一般人無須付費即可永久合法使用？
(A)共享軟體 (B)免費軟體 (C)公共軟體 (D)特用軟體。

(B)29. 下列何者不屬於侵害智慧財產權的行為？
(A)自行將免費軟體（freeware）放在書中搭售
(B)將所購買軟體用燒錄機複製一份，以保護原版光碟片
(C)將所購買單機版軟體，同時安裝在家中兩台電腦中使用
(D)更改所購買軟體之安裝程式，使之不用輸入授權碼即可安裝使用。

(C)30. 下列敘述何者屬於著作權的合理使用範圍？
(A)將正版或備份版軟體借給他人使用
(B)聆聽演講時，自行錄音並放至網路
(C)將電子新聞，透過該網站轉寄給他人
(D)自由重製、傳播免費軟體（Freeware）及共享軟體（Shareware）。

30. 軟體不論是正版還是備份都不可以出借；
演講內容的著作權屬於演講人，聽講者不能任意重製與散布演講內容；
免費與共享軟體可以下載使用，但不可任意重製與散布。

(B)31. 有關「電腦軟體程式之著作」，下列敘述何者不正確？
(A)電腦程式也是著作的一種
(B)購買正版軟體，是取得該軟體光碟的所有權及著作權
(C)軟體工程師與僱主間若無特別約定，則程式的所有權是屬公司
(D)共享軟體仍享著作權的保護。

31. 購買軟體能取得該軟體的使用權，但不包含其所有權及著作權。

29. 免費軟體可以自由使用，但不能用在商業用途；
單機版軟體通常只授權給一部電腦使用，不能安裝在兩台電腦中；
合法軟體可以修改其程式自用，但不可破解、破壞或以其他方法規避其防盜措施。

32. 工具軟體多屬於免費或共享軟體，我們可下載使用，但不可任意重製分享。

(B)32. 下列敘述何者不屬於著作權的合理使用範圍？ (A)老師為授課需要，公開朗讀其他學術論文的一部分 (B)將工具軟體下載整合至光碟內並借人使用 (C)擔心CD磨損，而燒錄備份保存 (D)自由重製、傳播公共軟體。

(A)33. 製作成免安裝形式的軟體稱為？
(A)綠色軟體 (B)免費軟體 (C)版權軟體 (D)公用軟體。

統測試題

1. 自由軟體開放原始碼，可讓使用者任意複製、修改、銷售，原著作者保有著作權。

(D)1. 下列哪一類軟體，具有著作權，亦屬於開放原始碼，使用者可以任意複製、修改或銷售？ (A)公用軟體 (B)免費軟體 (C)共享軟體 (D)自由軟體。 [102商管群]

(C)2. 下列何種行為不違反著作權法？
(A)蒐集他人部落格文章出書銷售
(B)影印整本原文書
(C)考生下載四技二專聯招考古題閱讀
(D)使用網路上的盜版軟體及序號。

2. 四技二專聯招考古題屬於「依法令舉行之各類考試試題及其備用試題」，為不受著作權法保護，任何人皆可自由使用的資料。

3. 將有版權且未經授權的音樂檔放在部落格播放，就算非營利，也屬違法行為；發表自己撰寫的文章，即受著作權法保護；以點對點（Peer-to-Peer）通訊方式交換未經授權的軟體，有侵權問題。

[102工管類]

(A)3. 下列有關著作權的敘述，何者正確？
(A)在部落格中以「超連結」方式連結他人的著作，不會有重製他人著作的問題
(B)將有版權且未經授權的音樂檔放在部落格播放，只是分享而非營利，這不是違法行為
(C)在部落格上發表自己撰寫的文章，無法受著作權法的保護
(D)以點對點（Peer-to-Peer）通訊方式交換未經授權的軟體，不會有侵權問題。
[102資電類]

(B)4. 如圖（一）所示的創用CC授權條款，所代表的授權內容是下列哪一種？
(A)姓名標示－非商業性－相同方式分享
(B)姓名標示－非商業性－禁止改作
(C)姓名標示－商業性－相同方式分享
(D)姓名標示－商業性－禁止改作。

圖（一）
[103商管群]

(A)5. 下列關於自由軟體（Free Software）的敘述，何者正確？ (A)允許使用者自由下載、複製與散佈 (B)因為自由，所以不可以買賣 (C)與免費軟體（Freeware）相同，一定都是免費的 (D)自由軟體中的「自由」指的是沒有著作權。 [103商管群]

(D)6. 某人在網路相簿分享了一張自己拍攝的日出照片，請問該作者何時可以擁有該照片的著作權？ (A)傳的相片核准刊登時 (B)作者在網路相簿標註「版權所有」的時候 (C)跟智慧財產局申請時 (D)作者拍攝完這張照片的時候。 [103商管群]

(D)7. 下列何種軟體授權必須開放原始碼？
(A)公共財軟體（public domain software） (B)免費軟體（freeware）
(C)共享軟體（shareware） (D)自由軟體（free software）。
[103工管類]

(B)8. 關於網路上程式軟體的授權，下列敘述何者正確？
(A)免費軟體（Freeware）會提供原始的程式碼（Source Code）並可未經授權任意修改
(B)依GPL（General Public License）精神，使用者可以自由使用、複製、散佈與修改的軟體，稱為自由軟體（Free Software）
(C)共享軟體（Shareware）就是使用者可免費使用但不可以複製與散佈的軟體
(D)公共財軟體（Public Domain Software）就是政府提供給大眾使用的軟體。 [103資電類]

第6章 智慧財產權與軟體授權

(A)9. 下列何者為創用CC（CreativeCommons）之「姓名標示」標章？
(A) (B) (C) (D)。 [104商管群]

(C)10. 下列對自由軟體（Free Software）及免費軟體（Freeware）的敘述何者正確？
(A)自由軟體原始碼不公開
(B)免費軟體原始碼公開
(C)自由軟體可以任意修改
(D)免費軟體可以任意修改。 [105工管類]

(B)11. 圖（二）為創用CC（Creative Commons）之何種標章？
(A)姓名標示　　　　　　　　　(B)禁止改作
(C)非商業性　　　　　　　　　(D)相同方式分享。　圖（二） [105工管類]

(A)12. 下列何者為使用GPL（General Public License）方式發行的作業系統？
(A)Linux　(B)macOS　(C)FileZilla　(D)OpenOffice.org。 [105工管類]

(B)13. 下列何種創用CC（Creative Commons）授權條款，採用如圖（三）之授權標誌？
(A)姓名標示—相同方式分享　　　(B)姓名標示—禁止改作
(C)姓名標示—禁止改作—相同方式分享　(D)姓名標示—非商業性。 [105資電類]

圖（三）

14. 網址若以https開頭，表示該網站以SSL作為安全機制；SET為一種電子安全交易的標準，可以提供網路線上刷卡交易時的保障；一般文字檔較不易感染電腦蠕蟲（worm）。

(C)14. 下列關於資訊安全的敘述，何者正確？
(A)某網站網址（URL）若以https開頭，表示該網站主要以SET作為安全機制，會將使用者的資料加密
(B)FTP為一種電子安全交易的標準，可以提供網路線上刷卡交易時的保障
(C)六種創用CC授權條款中，都包含有姓名標示（Attribution）要素
(D)一般文字檔（*.txt）容易感染電腦蠕蟲（Worm）。 [106資電類]

(C)15. 下列關於軟體授權的敘述，何者錯誤？
(A)通常商業軟體是需要經過註冊授權後才能合法使用
(B)通常免費軟體的開發者不開放原始碼，但可免費使用
(C)自由軟體是可以免費取用，沒有著作權而可以自由修改後註冊專利
(D)共享軟體的開發者不開放原始碼，允許使用者不用付費就能試用。 [106工管類]

(A)16. 有關創用CC授權條款的標示，下列何種授權組合不存在？
(A)姓名標示、相同方式分享、禁止改作
(B)姓名標示、相同方式分享
(C)姓名標示、非商業性、相同方式分享
(D)姓名標示、非商業性、禁止改作。 [106工管類]

(A)17. 下列哪一個授權條款允許使用者重製、散布、傳輸著作（包括商業性利用），但不得修改該著作，使用時必須按照著作人指定的方式表彰其姓名？
(A) (B) (C) (D)。 [107工管類]

(B)18. 下列哪一個軟體會連同程式原始碼一併釋出？
(A)CorelDRAW　(B)FireFox　(C)Illustrator　(D)WinZip。 [108工管類]

(B)19. 下列何者是創用CC（Creative Commons）之「相同方式分享」標章？
(A) (B) (C) (D)。 [108工管類]

19. ＝禁止改作、🛉姓名標示、💲非商業性。

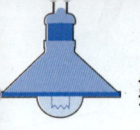

(B)20. GitHub為知名的開放式軟體（Open Source）網站，其中的開放式軟體專案都可以下載得到原始程式碼，關於此原始程式碼的敘述何者正確？
(A)此原始程式碼因為已經開放下載，因此該專案裡面的演算法不受到專利權的保護
(B)任何人都可以將自己的程式碼上傳到GitHub中，並宣告程式碼的授權方式
(C)GitHub網站中的原始程式碼的作者已經不具有著作權
(D)曾經在GitHub網站中貢獻原始程式碼的作者，可以下載其他人的程式碼，使用在任何場合，不須經過其他人的授權。 [109資電類]

(B)21. 下列何者行為觸犯著作權法的風險最高？
(A)為了要開啟教育部寄來以Open Document Format（簡稱ODF）開放文件格式儲存的公文電子檔，導師從國家發展委員會的官方網站下載並安裝「國家發展委員會ODF文件應用工具」軟體
(B)某生使用智慧型手機錄影功能，將自費購入的藍光DVD完整內容翻拍轉存成開放格式的視訊影片檔，轉寄給好同學免費觀看
(C)為了考取公職，某生從考選部官方網站下載歷屆高普考試題，拿到影印店輸出裝訂成冊，順便賣給同學
(D)某生自行開發了一套100%原創的手機APP遊戲軟體，同學試玩過後都說好玩、有賣點，於是某生便把該自創的手機APP遊戲軟體上傳到網路社群平台上販售。
21.將自費購入的藍光DVD完整內容翻拍轉存成開放格式的視訊影片檔，轉寄給好同學免費觀看，可能觸犯著作權法。 [109工管類]

(D)22. 下列哪種軟體也稱為綠色軟體（Green Software）？ 22.綠色軟體是一種免安裝的軟體，可以儲存在隨身碟中，因此被稱為「可攜式軟體」。
(A)共享軟體 (B)自由軟體
(C)防毒軟體 (D)可攜式軟體。 [110工管類]

(A)23. 創用CC有四個授權要素：① (人像) ② ($禁止) ③ (=) ④ (循環)，請問下列哪項組合不能同時出現在授權條款中？
(A)③④ (B)②③ (C)①② (D)①③ 23.「禁止改作(=)」與「相同方式分享(循環)」互相牴觸，所以不會同時出現。 [110工管類]

(D)24. 下列哪一種軟體類型為免費且不具有著作權？
(A)免費軟體（Freeware） (B)共享軟體（Shareware）
(C)自由軟體（Free Software） (D)公用軟體（Public Domain Software）。 [111商管群]

(C)25. 有些創作者樂於見到自己的創作物在外界流通，更歡迎大眾複製、散布或修改，於是創用CC（Creative Commons）的概念便因此誕生。若著作人依圖（四）之流程及其中的判斷條件來決定其著作授權方式，則該圖中所示之甲、乙、丙分別對應到何種創用CC的標章？
25.創用CC預設要標示(人像)，甲、乙、丙皆不允許被使用於商業目的，須標示($禁止)；
甲：不允許他人改作其著作，還須標示(=)；
丙：採用與原著作相同授權條款釋出，還須標示(循環)。
(A)甲：CC BY NC ND、乙：CC BY NC SA、丙：CC BY NC
(B)甲：CC BY NC ND、乙：CC BY NC SA、丙：CC BY NC
(C)甲：CC BY NC =、乙：CC BY $、丙：CC BY NC SA
(D)甲：CC BY NC SA、乙：CC BY ND、丙：CC BY NC = 。 [111工管類]

圖（四）流程：著作人允許他人利用其著作，但不允許被使用於商業目的 → 允許他人改作其著作？ → NO：甲；YES → 修改後之衍生著作是否須採用與原著作相同的授權條款釋出？ → NO：乙；YES：丙

圖（四）

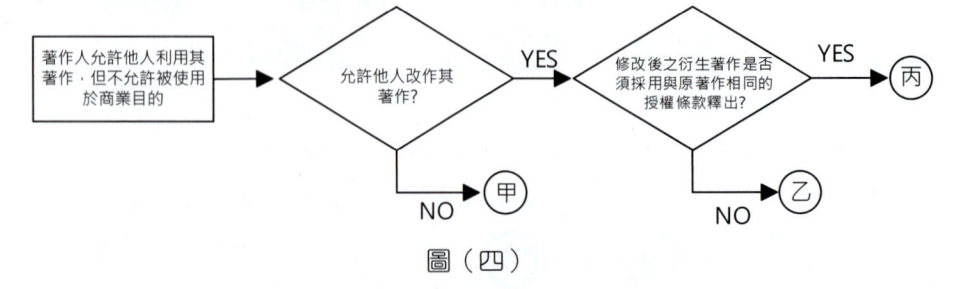

26. 自由軟體開放原始碼，可銷售，不一定免費；**第6章 智慧財產權與軟體授權**
Keynote是由Apple廠商開發的簡報軟體，屬於商業軟體；
Calc是由Apache開發之OpenOffice軟體系列的電子試算表，屬於自由軟體；
PaintShop Pro是由Corel廠商開發的影像處理軟體，屬於商業軟體。

(C)26. 關於自由軟體的敘述，下列何者正確？
(A)受著作權保護且一定都是免費的
(B)Keynote屬於自由軟體性質的簡報軟體
(C)Calc屬於自由軟體性質的電子試算表軟體
(D)PaintShop Pro屬於自由軟體性質的影像處理軟體。 [112商管群]

(A)27. 某學會設計了活動的圖示，預計授權給相關團體的推廣活動加以使用，但要求此活動圖示須標示該學會的作者姓名，可加入自己的元素但必須沿用原授權條款提供分享及不能用在商業用途。依創用授權條款，其CC授權標章為圖（五）中的何者？
(A)甲　(B)乙　(C)丙　(D)丁。 [112商管群]

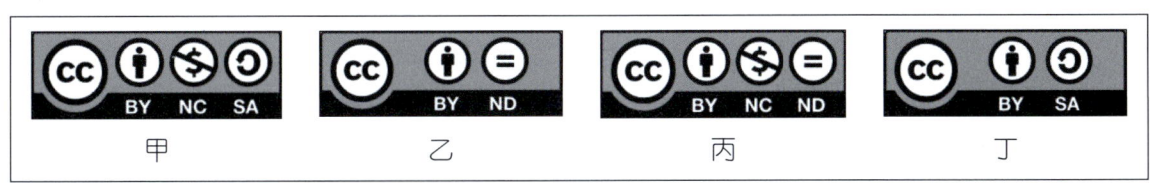

圖（五）

(A)28. 某些軟體基於推廣使用，開放提供部分或完整功能，若有一套軟體依據通用公共授權條款（General Public License）開放其原始碼，使用者亦可以重製、修改及散布，此軟體歸類為下列哪一項授權類型？
(A)自由軟體　(B)共享軟體　(C)免費軟體　(D)公用軟體。 [112工管類]

(A)29. 陳生是藝術設計系的學生，設計了一系列精美的畫作，並決定把這些作品公開在網路上，採用創用CC釋出，希望利用人可以依指定的方式表彰姓名，用於非商業性用途及以相同方式分享。陳生應標示何種創用CC核心授權條款？
(A)  ⓒⓒ BY NC SA　(B) ⓒⓒ BY SA　(C) ⓒⓒ BY NC　(D) ⓒⓒ BY NC ND。 [112工管類]

(C)30. 著作權法對權利人的作品及資料庫，提供著作權保護。「公眾領域貢獻宣告」（CC0）開放大眾使用，釋出公眾領域，讓其他人可以任何目的自由地以該著作為基礎，從事創作、提升或再使用等行為，下列關於CC0之敘述何者錯誤？
(A)CC0是一種「不保留權利」的授權選擇，任何人都可以使用該作品
(B)CC0能讓權利人選擇不受著作權以及資料庫相關法律保護的方式
(C)改作CC0釋出作品時，必須標示姓名，授權要素與CC條款皆相同
(D)CC0是不可以撤回的，意即授權後，事後不得對該作品再主張權利。 [112工管類]

(B)31. 有關軟體的敘述，下列哪一些正確？
①Adobe Reader是免費軟體（freeware）
②OpenOffice 是自由軟體（free software）
③自由軟體不須買賣都能免費自由使用
④公用軟體（public domain software）不具有著作權，使用者不須付費即可複製使用
(A)①②③　(B)①②④　(C)①③④　(D)②③④。 [113商管群]

31. 自由軟體可自由複製、散布與修改，但不一定免費。

(A)32. 圖（六）創用CC（Creative Commons）授權標章所代表之授權條款為何？
(A)姓名標示、非商業性、禁止改作
(B)姓名標示、不限制商業性、禁止改作
(C)姓名標示、非商業性、相同方式分享
(D)姓名標示、不限制商業性、相同方式分享。

圖（六） [113工管類]

33.
- 下載院線電影並供大眾觀看會侵害著作權的重製權與公開傳輸權，即使免費提供也違法。
- 屬於商業營利行為，歌曲需要取得授權，否則侵權。
- 「改作」行為，仍需取得原著作權人同意，否則屬於侵權。

(C)33. 下列哪一個情境屬於著作權中的「合理使用」？
(A)下載一部院線電影並上傳到自己的網站，供大眾免費觀看
(B)為朋友的商業網站置放一首受版權保護的歌曲，當作背景音樂
(C)在課堂上播放一小段影片片段，並用於教學討論，且未對外公開
(D)將一張知名攝影師的作品做細微修改後，用於自己的商業網站首頁。　　　[114商管群]

(B)34. 假設警政署有①至④工作任務需要完成，下列與任務相關之軟體授權敘述何者正確？
任務①：撰寫程式來抓取網路資料
任務②：發行一個報案APP
任務③：製作警政署的宣傳影片
任務④：協助署長製作月會簡報

34. 免費使用符合免費軟體的要件，所以此軟體授權敘述正確。

(A)任務①撰寫之程式屬於自由軟體，開放原始碼修改權
(B)任務②發行之報案 APP 開放免費使用，屬於免費軟體
(C)任務③製作之影片屬於公共財產權，可公開展示與傳播
(D)任務④製作之簡報以私有軟體產出，故該私有軟體開發商擁有著作權。　　[114商管群]

(D)35. 小明與阿美在共同撰寫學習歷程檔案的小論文時，應如何合法使用他人創作的內容？
(A)只要不作商業用途即可隨意使用
(B)隨意修改內容再標註自己的名字
(C)使用翻譯工具重新表述後可視為原創
(D)引用時標明來源並符合合理使用範圍。

35. 在合理範圍內重製他人著作，應註明資料來源。

36. 著作人完成作品時即享有著作權（不需註冊或登記）。
　　　[114工管類]

(C)36. 某人憑一己之力開發出一套新遊戲，在未向相關機關登記前，該作品受我國下列何項法規保護？　(A)商標法　(B)專利法　(C)著作權法　(D)個人資料保護法。　[114工管類]

(D)37. 某人計劃釋出自行設計的一套軟體，將採行姓名標示、非商業性、禁止改作，應使用下列哪個創用CC（Creative Commons）標示？
(A) [CC BY NC]　(B) [CC BY NC SA]　(C) [CC BY ND]　(D) [CC BY NC ND]。　　[114工管類]

(D)38. 下列行為何者不違反著作權法？
(A)影印全書僅供個人使用
(B)蒐集社群網路美圖出版販售
(C)購買與使用他人破解的軟體序號
(D)下載與列印公務人員高等考試試題供朋友參考。　　　[114工管類]

統測考試範圍

單元 4

通訊網路原理

學習重點

通訊協定及**IP位址**每年必考，
子網路遮罩已有3年入題，務必要加強練習

章名	常考重點
第7章 電腦通訊與電腦網路	• 依傳輸訊息多寡區分 • 頻寬與傳輸速度　★★★☆☆ • 電腦網路的種類
第8章 電腦網路的組成與通訊協定	• 網路連結裝置 • 網路拓樸 vs. 乙太網路規格 • OSI通訊標準　★★★★★ • TCP/IP通訊協定
第9章 認識網際網路	• 網際網路提供的服務 • 有線連線方式　★★★★★ • 網際網路的位址

統測命題分析　最新統測趨勢分析（111～114年）

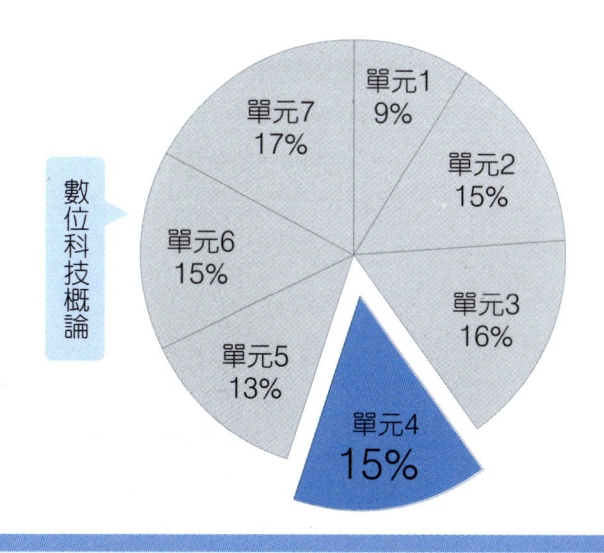

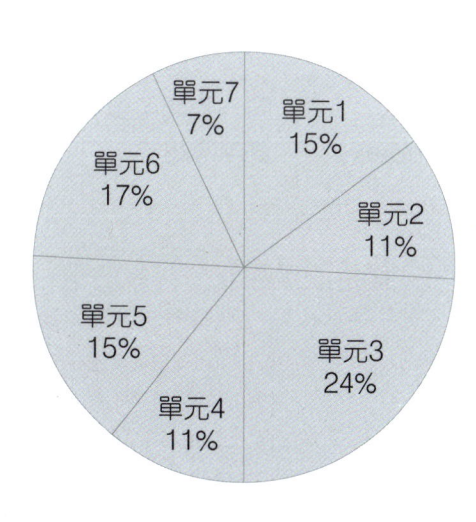

數位科技概論
- 單元7 17%
- 單元1 9%
- 單元2 15%
- 單元3 16%
- 單元4 15%
- 單元5 13%
- 單元6 15%

數位科技應用
- 單元7 7%
- 單元1 15%
- 單元2 11%
- 單元3 24%
- 單元4 11%
- 單元5 15%
- 單元6 17%

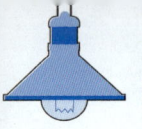

第 7 章 電腦通訊與電腦網路

7-1 電腦通訊簡介

統測這樣考
(D)45. 下列有關類比訊號與數位訊號的比較，何者正確？
(A)數位訊號較容易受到電磁干擾
(B)數位訊號較不適合進行資料壓縮
(C)類比訊號較適合進行資料加密
(D)類比訊號在長距離傳輸時較容易失真。 [110商管]

一、訊號的類型

訊號的類型	訊號的變化	傳輸方式	訊號範例
類比訊號（analog signal）	波形變化、影像等連續的訊號	可透過電波、電線（電纜線）傳輸	〜
數位訊號（digital signal）	訊號的變化只有 0 或 1 兩種狀態	可透過數據傳輸線（如USB線）傳輸	⊓⊔ 0 1 0 1 0

→ 類比訊號容易被雜訊影響，在長距離傳輸時，訊號較容易失真。

二、訊息傳輸的方式

1. 依訊息傳輸的方向區分：

傳輸方式	說明	電腦應用	生活實例
單工（simplex）	只能單向傳輸	• 電腦傳送列印資料給印表機 • 透過喇叭播放音樂	• 電視節目播放 • AM / FM廣播
半雙工（half-duplex）	可雙向傳輸，但同一時間只能做單向傳輸	• 電腦和SATA磁碟機間的資料傳輸	• 無線電對講機 • 傳真機的收發
全雙工（full-duplex）	同一時間可做雙向傳輸	• 使用網路電話聊天 • LINE和LINE間的資料傳輸	• 電話溝通 • 互動式電視（如MOD）

統測這樣考
(D)31. 下列敘述何者正確？
(A)透過網路電話聊天是一種半雙工的資料傳輸方式
(B)互動電視是一種半雙工的資料傳輸方式
(C)AM / FM廣播是一種全雙工的資料傳輸方式
(D)市話是一種全雙工的資料傳輸方式。 [110商管]

第7章 電腦通訊與電腦網路

2. 依傳輸**資料線數多寡（傳輸順序）**區分：

傳輸方式	說明	適合傳輸的距離	個人電腦中的連接埠
並列（平行）（parallel）	多個位元（如8 bits）同時傳輸	短	早期常用於印表機、硬碟等設備，目前個人電腦已少用並列埠來傳輸
串列（序列）（serial）	以1個接著1個位元的方式傳輸	長、短皆可	SATA、USB、RJ-45、HDMI、PCI-E

1次傳多個bits

並列傳輸　　　　　　　　串列傳輸　　　　　　（如交換器）

3. 依傳輸訊息多寡區分：

傳輸方式	說明	訊號類型
基頻（baseband）	將整個頻寬以單一頻率來傳送訊號	數位
寬頻（broadband）	將頻寬分割成數個通道，每個通道可分別以不同頻率來傳送訊號	類比

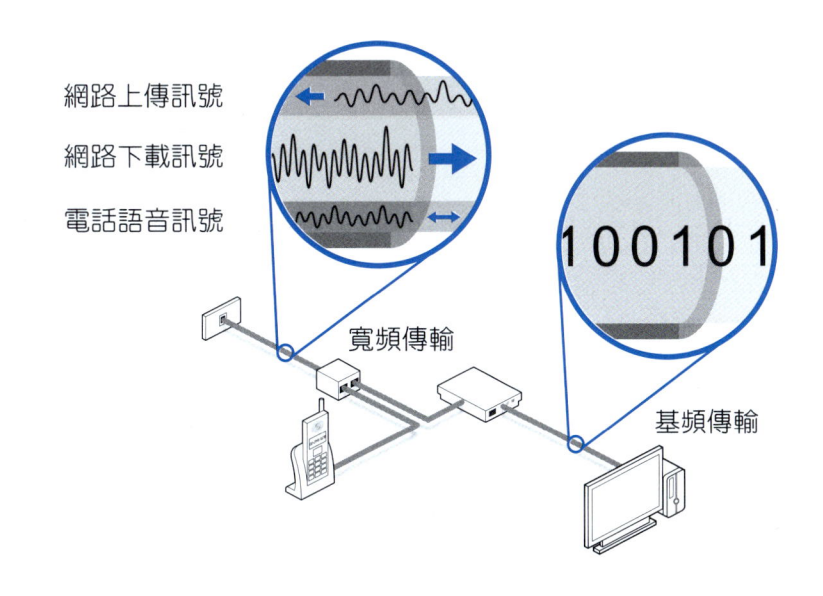

網路上傳訊號
網路下載訊號
電話語音訊號

寬頻傳輸　　　　　　　　100101

基頻傳輸

A7-3

得分區塊練

(A)1. 即時互動的即時通訊軟體，所使用的傳輸機制為何？
(A)全雙工　(B)半雙工　(C)單工　(D)半單工。

(D)2. 電話或手機的傳輸模式，屬於下列何者？
(A)單工傳輸　(B)半單工傳輸　(C)半雙工傳輸　(D)全雙工傳輸。

(A)3. 電台廣播是屬於哪種通訊模式？
(A)單工　(B)半雙工　(C)全雙工　(D)全工。

(A)4. 透過串列方式傳輸資料時，同一時間只能傳輸多少位元的資料？
(A)1位元　(B)8位元　(C)16位元　(D)32位元。

(A)5. 下列有關並列傳輸與串列傳輸的敘述，何者有誤？
(A)USB連接埠採用並列傳輸
(B)並列傳輸可在同一時間傳輸多個位元資料
(C)串列傳輸在同一時間只能傳輸1個位元
(D)HDMI連接埠採用串列傳輸。

(B)6. 採用ADSL上網時，我們仍然可以使用電話設備，這是因為ADSL採用下列哪一種技術？　(A)基頻　(B)寬頻　(C)窄頻　(D)變頻。

(A)7. 下列實例中，何者採用單工的方式來傳輸資料訊號？
(A)利用喇叭播放音樂
(B)使用網路電話聊天
(C)使用即時通訊軟體和朋友討論課業
(D)透過資料匯流排傳送資料至五大單元。

第 7 章 電腦通訊與電腦網路

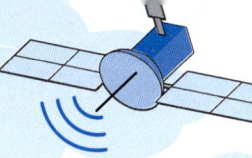

三、頻寬與傳輸速度

1. **頻寬**（bandwidth）：在單位時間內，傳輸媒介所能傳輸的資料量。

2. 常用的訊息傳輸速率單位：

速率單位	說明	單位換算
bps （**b**its **p**er **s**econd）	每秒傳輸位元數	
Kbps （**K**ilobits **p**er **s**econd）	每秒傳輸**千**位元數	1 Kbps = 2^{10} bps = 10^3 bps
Mbps （**M**egabits **p**er **s**econd）	每秒傳輸**百萬**位元數	1 Mbps = 2^{20} bps = 10^6 bps
Gbps （**G**igabits **p**er **s**econd）	每秒傳輸**十億**位元數	1 Gbps = 2^{30} bps = 10^9 bps
Tbps （**T**erabits **p**er **s**econd）	每秒傳輸**兆**位元數	1 Tbps = 2^{40} bps = 10^{12} bps
Pbps （**P**etabits **p**er **s**econd）	每秒傳輸**十兆**位元數	1 Pbps = 2^{50} bps = 10^{15} bps

解題密技 也有些電腦書籍將頻寬單位的換算定義為：1Kbps = 10^3 bps；1Mbps = 10^6 bps；1Gbps = 10^9 bps。在統測計算傳輸速率的考題中，多為計算相近的數值，故以1,000或1,024來換算，通常皆可計算出答案。

五秒自測 比比看10 Kbps與10 Tbps哪一個資料傳輸的速率較快？ 10 Tbps。

穩操勝算

假設網路的傳輸速率為2Mbps，請問要下載400KB的檔案需花費幾秒？（計算時請無條件進位至小數點第1位）

答 1.6秒

解 設x為下載400KB檔案所需花費的秒數

$$\frac{400KB}{x} = 2Mbps$$

$$x = \frac{400 \times 2^{10} \times 8}{2 \times 2^{20}} \approx 1.6秒$$

+1 題

明美上傳一張容量大小為500KB的照片至臉書，共花費了16秒，由此可知她使用的網路傳輸速度約為多少Kbps？

答 250Kbps

解 $\frac{500KB}{16} = \frac{500 \times 2^{10} \times 8}{16}$
$= 250Kbps$

A7-5

得分區塊練

2. 1個英文字母占用1個byte，
100個英文字母占用100bytes = (100 × 8)bits = 800bits；
設x為傳送100個英文字母所需花費的秒數：
$\frac{800bits}{x}$ = 10,000bps，x = $\frac{800}{10,000}$ = 0.08秒。

(C)1. 通訊資料傳送速率，通常以每秒傳送的位元數為單位，簡稱
(A)cps　(B)BBS　(C)bps　(D)pps。

(B)2. 以10000bps（bit per second）的傳輸速率傳送100個英文字母，需要多少時間？
(A)0.01秒　(B)0.08秒　(C)0.16秒　(D)0.32秒。

(D)3. 下列四個網路傳輸速率中，何者傳輸速度最快？
(A)500bps　(B)150Kbps　(C)300Mbps　(D)10Gbps。

(C)4. ADSL上傳速度為512Kbps，表示每秒最多可上傳的資料量為
(A)512KB　(B)512Bytes　(C)64KB　(D)64Bytes。
4. 512Kbps表示每秒可上傳512Kbits，512Kbits = 64KB。

(A)5. 一般校園網路的頻寬大都有T1（1.544Mbps）以上的資料傳輸速度，請問此頻寬可換算為多少Kbps？
(A)1.544 × 2^{10} Kbps　　　　　(B)1.544 × 2^{20} Kbps
(C)1.544 × 2^{-10} Kbps　　　　(D)1.544 × 2^{-20} Kbps。

(A)6. 倫華準備將檔案大小為4MB的企劃案資料，透過公司的ADSL網路傳送給國外的客戶，假設該公司ADSL網路的上傳速度為512Kbps，則完成資料傳輸需費時多久？
(A)64秒　(B)80秒　(C)100秒　(D)120秒。

6. 設x為傳送資料所需花費的秒數：
$\frac{4MB}{x}$ = 512Kbps，
x = $\frac{4 \times 2^{10} \times 2^{10} \times 8}{512 \times 2^{10}}$ = 64秒。

(B)7. 下列4個數值中，何者與其它三個不同？
(A)0.25Gbps
(B)(0.25 × 1,024 × 1,024)bps
(C)256Mbps
(D)(256 × 1,024)Kbps。

7. 0.25Gbps = 256Mbps = (256 × 1,024)Kbps；
(0.25 × 1,024 × 1,024)bps = 0.25Mbps。

7-2　認識電腦網路

一、電腦網路的功能

1. 檔案／設備共享：網路中的使用者可共用同一份檔案或同一台設備（如印表機）。

2. 訊息傳遞與交換：透過網路互相傳送訊息、交換資料。

3. 分工合作：彙集全球各地的電腦資源，合力完成需耗用大量運算資料的工作。

統測這樣考

(A)1. 網路規模介於區域網路（local area network）及廣域網路（wide area network）之間者稱為：(A)都會網路（metropolitan area network）(B)主從式網路（client-server）(C)對等式網路（peer-to-peer）(D)網際網路（internet）。　　[104工管]

二、電腦網路的種類

網路類型	說明	實例	規模大小
無線個人區域網路（WPAN）	利用數種3C設備，以無線的方式所形成的小型個人網路，通常是利用藍牙或紅外線技術來進行短距離（通常為10公尺內）的資料傳輸	由智慧型手機、智慧手錶、藍牙耳機等設備所形成的小型個人無線網路	小↓大
區域網路（LAN）	由同一棟大樓或是數公里範圍內的電腦設備所連接而成	・學校電腦教室的網路 ・同一棟大樓的辦公室網路	
都會網路（MAN）	可連接數公里至數十公里，介於區域網路及廣域網路間	同一城市中各圖書分館所形成的網路	
廣域網路（WAN）	橫跨不同地理區域的電腦設備所連接而成	・各地戶政機關間的網路 ・跨國企業連結各地分公司的網路	

1. **網際網路**（Internet）：連接範圍橫跨全世界的超大型廣域網路。

2. 很多企業使用網際網路的技術來建構內部專用的**企業網路**（Intranet），或建構專門用來與供應商及經銷商交換商業資料的**商際網路**（Extranet）。

3. 網際網路、企業網路及商際網路的比較：

網路類型	適用對象	網路性質	規模大小
企業網路	企業、組織內部員工	封閉型	小↓大
商際網路	與企業有業務往來的廠商	半封閉	
網際網路	全球性網路，使用對象幾乎沒有限制	開放型	

◎五秒自測　區域網路、都會網路、廣域網路及網際網路的規模由大到小，分別為何？

網際網路＞廣域網路＞都會網路＞區域網路。

得分區塊練

(C)1. LAN是哪一種網路的簡稱？
(A)廣域網路　(B)網際網路　(C)區域網路　(D)全球資訊網。

(A)2. 用來連接全世界大大小小網路的世界性網路，稱為
(A)網際網路　(B)區域網路　(C)企業網路　(D)都會網路。

(D)3. 志華家中有三台電腦，共用一台印表機來印製文件，這是因為電腦網路具有下列哪一項功能？　(A)檔案共享　(B)訊息傳遞與交換　(C)分工合作　(D)設備共享。

滿分晉級

★新課綱命題趨勢★ 情境素養題

▲閱讀下文，回答第1至3題：

阿堯的公司因應工作需求，實施遠端辦公來提高工作制度的靈活度，張經理因專案討論需求，想與阿堯及其它同事進行線上視訊會議。另外，阿堯在製作完成專案後，他依照公司的指示將檔案上傳至雲端硬碟，其檔案大小為100MB，共花費了16秒的傳輸時間。

(C)1. 張經理與阿堯及其他同事進行線上視訊會議時，下列何種下載／上傳網路頻寬（以bps為單位）是視訊會議的最佳選擇？
(A)2M/2M　(B)2M/50M　(C)50M/50M　(D)50M/2M。 [7-1]

> 1. 進行視訊會議時需要同時上傳及下載影音資料，因此50M/50M為最合適的網路頻寬。

(B)2. 阿堯依照公司的指示將100MB的檔案上傳至雲端硬碟，共花費了16秒的傳輸時間，請問他所使用的網路上傳速度約為多少？
(A)25Mbps　(B)50Mbps　(C)256Kbps　(D)512Kbps。 [7-1]

> 2. $\dfrac{100\text{MB}}{16\text{secs}} = \dfrac{(100\times 8)\text{Mbits}}{16\text{secs}} = 50\text{Mbps}$。

(C)3. 阿堯在新北市的家中工作，公司位於台北市中正區，他將製作完成的專案上傳至架設在公司的雲端硬碟空間中，他應當利用下列哪一種網路來達成？
(A)都會網路　(B)企業網路　(C)網際網路　(D)區域網路。 [7-2]

(B)4. 小彤是一名設計師，她在設計飯店的大門時，將大門設計成具有現代感的旋轉門，這種旋轉門可以左右旋轉，但是一次只能容許1個人進出。若將旋轉門比喻為傳輸媒介，人比喻為資料通訊所要傳遞的資料，則這種資料通訊的傳輸方式應為
(A)單工傳輸　(B)半雙工傳輸　(C)全雙工傳輸　(D)多工傳輸。 [7-1]

(A)5. 阿良使用iPhone手機從YouTube下載知名電視劇的預告片（15MB），約花了5秒鐘。請問網路的傳輸速度約為多少？
(A)24Mbps　(B)24Kbps　(C)48Mbps　(D)48Kbps。 [7-1]

> 5. $\dfrac{15\text{MB}}{5\text{secs}} = \dfrac{(15\times 8)\text{Mbits}}{5\text{secs}} = 24\text{Mbps}$。

精選試題

7-1

(D)1. 以一條傳輸速率為10Mbps的網路線直接連接主機（host）A與主機B，若主機A欲傳一個10M位元組的檔案至主機B，則傳送該檔案所需的傳輸時間（transmission delay）最少為幾秒？　(A)1秒　(B)2秒　(C)4秒　(D)8秒。

> 1. 設x為傳送檔案所需花費的秒數：$\dfrac{10\text{MB}}{x} = 10\text{Mbps}$，$x = \dfrac{10\times 2^{10}\times 2^{10}\times 8}{10\times 2^{10}\times 2^{10}} = 8$秒。

(A)2. 網路頻寬（bandwidth）指的是同一時間內，網路資料傳輸的速率，下列何者是其常用的單位？　(A)BPS　(B)CPS　(C)FPS　(D)GPS。

(D)3. 下列何者不是使用全雙工傳輸模式的生活應用？
(A)LINE之間的資料傳輸　　　　　　(B)網路電話的溝通
(C)多媒體內容傳輸平台（MOD）的資料傳輸　(D)傳真機的收發。

(A)4. 下列何者是單工傳輸模式？
(A)收音機　(B)警用對講機　(C)電話　(D)數據機。

(C)5. 數據通信系統中，可同時雙向傳輸資料的通訊方式是？
(A)單工　(B)半雙工　(C)全雙工　(D)倍雙工。

6. 1個中文字占用2個bytes，
6,000個中文字占用(6,000 × 2)bytes = (12,000 × 8)bits = 96,000bits
設x為傳送6,000個中文字所需的秒數：
$\frac{96,000bits}{x} = 19,200bps$，$x = \frac{96,000}{19,200} = 5$秒。

第7章 電腦通訊與電腦網路

(A)6. 若以19200bps的傳輸速度傳送6000個Big-5碼中文字，則需花多少時間？
(A)5秒 (B)10秒 (C)0.3125秒 (D)0.625秒。　　　　　　　[乙級軟體應用]

(C)7. 在數據通訊（Data Communication）系統中，線路兩端的電腦，彼此可同時交互傳送及接受資料的型態稱為
(A)單工 (B)半雙工 (C)全雙工 (D)線上雙工。　　　　　　　[乙級軟體應用]

(C)8. 目前台視、中視、華視、民視、公視、原視等無線電視台的電視節目，其資料通訊傳輸模式為
(A)全雙工傳輸 (B)半雙工傳輸 (C)單工傳輸 (D)全雙工傳輸和半雙工傳輸。

(D)9. 下列生活實例中，何者採用半雙工的方式來傳輸資料訊號？
(A)電視節目的播放　　　　　　(B)廣播節目的播放
(C)網路電話的撥打　　　　　　(D)無線電對講機的交談。

(B)10. 電腦與集線器之間的傳輸方式，同一時間只能傳輸1個位元，由此可知它是屬於下列哪一種傳輸方式？
(A)並列 (B)串列 (C)全雙工 (D)單工。

11. a. $60,000bps = \frac{60,000}{1,024} ≒ 58.6Kbps$
c. $100Mbps = (100 × 1,024)Kbps$
d. $0.5Gbps = (0.5 × 1,024 × 1,024)Kbps$
傳輸速度由慢到快排列依序為：
b < a < c < d。

(D)11. 下列4個網路傳輸速率，請依照傳輸速度慢到快排列
a.60,000bps　b.55Kbps　c.100Mbps　d.0.5Gbps
(A)abcd (B)cbad (C)cabd (D)bacd。

(B)12. T1線路（1.544Mbps）每秒可傳送多少MB？
(A)0.186MB/s (B)0.193MB/s (C)0.254MB/s (D)1.544MB/s。

12. $1.544Mbps = \frac{1.544}{8} = 0.193MB/s$。

(D)13. 董小軒要將40張照片上傳至網路相簿中，假設每張照片約600KB，若她花用了200秒上傳檔案，請問網路傳輸速率約為多少？
(A)120Mbps (B)2Mbps (C)120Kbps (D)960Kbps。

13. 40張600KB的照片，其檔案總容量為24,000KB。花用200秒傳輸檔案，傳輸速率為：
$\frac{24,000KB}{200secs} = \frac{(24,000 × 2^{10} × 8)bits}{200secs} = 960Kbps$。

(A)14. 關於傳輸技術及模式的敘述，下列哪一項錯誤？
(A)ADSL上網是採用基頻傳輸技術
(B)無線數位電視廣播是屬於單工傳輸模式
(C)電腦與印表機（使用USB）之間的資料傳輸是使用串列傳輸模式
(D)USB是一種匯流排標準，也是一種輸入輸出介面的技術規範，是使用串列傳輸模式。

14. ADSL上網是採用寬頻傳輸技術。

(B)15. 根據網路規模的大小以及距離的遠近，台灣學術網路（TANet）屬於：
(A)個人網路 (B)廣域網路 (C)都會網路 (D)區域網路。

(A)16. 「WAN」是下列哪一種網路的英文簡稱？
(A)廣域網路 (B)整體服務數位網路 (C)區域網路 (D)加值型網路。

(B)17. 下列3種電腦網路，請依據其規模（涵蓋的範圍）由大到小排列順序
a.區域網路　b.網際網路　c.廣域網路
(A)abc (B)bca (C)acb (D)cab。

(D)18. 下列哪些是電腦網路的功能？
a.檔案／設備共享　b.訊息傳遞與交換　c.分工合作
(A)ab (B)bc (C)ac (D)abc。

(D)19. 網際網路是屬於下列哪一種規模的電腦網路？
(A)個人化區域網路 (B)都會網路 (C)區域網路 (D)廣域網路。

(C)20. 下列何者代表「企業內部網路」？
(A)Hinet (B)Internet (C)Intranet (D)Seednet。

(B)21. 電腦網路依其傳輸距離的遠近、涵蓋範圍大小，可分為LAN、MAN、WAN。請問MAN是指下列哪一項？
(A)區域網路 (B)都會網路 (C)廣域網路 (D)商務網路。 [103技藝競賽]

統測試題

(B)1. 一般公司為連接各個部門資訊達到資源共享進而提升行政效率，所建立的企業內部網路稱為： (A)Extranet (B)Intranet (C)Internet (D)Telnet。 [102工管類]

(B)2. 關於電腦設備之間的傳輸模式，下列敘述何者正確？ (A)電腦和SATA磁碟機之間為全雙工、電腦和電腦之間為全雙工、電腦和鍵盤之間為單工 (B)電腦和SATA磁碟機之間為半雙工、電腦和電腦之間為全雙工、電腦和鍵盤之間為單工 (C)電腦和SATA磁碟機之間為半雙工、電腦和電腦之間為全雙工、電腦和鍵盤之間為半雙工 (D)電腦和SATA磁碟機之間為全雙工、電腦和電腦之間為半雙工、電腦和鍵盤之間為單工。 [103工管類]

3. 每分鐘可傳送(56 × 60) / 8 = 420KBytes。

(D)3. 若網路傳輸速度是56Kbps，每分鐘可傳送多少資料量？
(A)56Kbits (B)56KBytes (C)3360KBytes (D)420KBytes。 [103工管類]

(C)4. 大雄家中網路下載／上傳的速率為6Mbps/2Mbps，他從教育部網站下載一個12MBytes的檔案後，立刻將該檔案上傳給小明同學。下載與上傳該檔案資料總共約需要多少的資料傳輸時間？ (A)8秒 (B)32秒 (C)64秒 (D)96秒。 [104商管群]

(A)5. 網路規模介於區域網路（local area network）及廣域網路（wide area network）之間者稱為： (A)都會網路（metropolitan area network） (B)主從式網路（client-server） (C)對等式網路（peer-to-peer） (D)網際網路（internet）。 [104工管類]

(B)6. 下列有關基頻傳輸（Baseband Transmission）與寬頻傳輸（Broadband Transmission）的敘述何者錯誤？
(A)基頻傳輸使用數位訊號來傳送資料 (B)基頻傳輸通常具有多個頻道
(C)寬頻傳輸常用於廣域網路 (D)寬頻傳輸常用於有線電視。 [105工管類]

(A)7. 通訊頻道想要獲取最佳效能，應該滿足下列哪一個條件？
(A)頻寬要大，延遲時間要短 (B)頻寬要小，延遲時間要長
(C)頻寬要大，延遲時間要長 (D)頻寬要小，延遲時間要短。 [107工管類]

(D)8. 下列敘述何者正確？
(A)透過網路電話聊天是一種半雙工的資料傳輸方式
(B)互動電視是一種半雙工的資料傳輸方式
(C)AM／FM廣播是一種全雙工的資料傳輸方式
(D)市話是一種全雙工的資料傳輸方式。

8. 透過網路電話聊天是一種「全雙工」的資料傳輸方式；
互動電視是一種「全雙工」的資料傳輸方式；
AM／FM廣播是一種「單工」的資料傳輸方式。 [110商管群]

(D)9. 下列有關類比訊號與數位訊號的比較，何者正確？
(A)數位訊號較容易受到電磁干擾
(B)數位訊號較不適合進行資料壓縮
(C)類比訊號較適合進行資料加密
(D)類比訊號在長距離傳輸時較容易失真。 [110商管群]

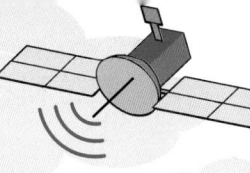

NOTE

第 8 章 電腦網路的組成與通訊協定

8-1 傳輸媒介

一、電腦網路的傳輸媒介

1. 電腦網路是藉由傳輸媒介來傳輸資料（訊號）。

2. 常見的傳輸媒介：

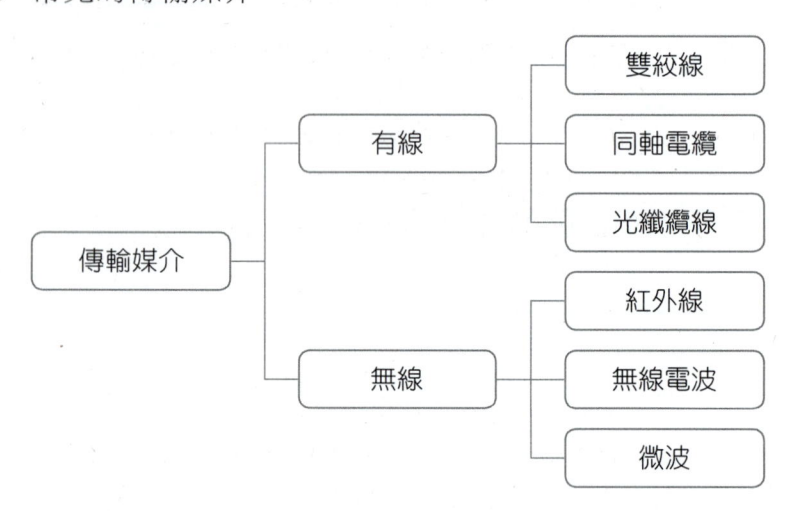

```
                    ┌─ 雙絞線
         ┌─ 有線 ──┼─ 同軸電纜
         │         └─ 光纖纜線
傳輸媒介 ─┤
         │         ┌─ 紅外線
         └─ 無線 ──┼─ 無線電波
                    └─ 微波
```

二、有線傳輸媒介

1. 雙絞線（twisted pair）：

   a. 使用**銅線**作為傳輸線路，成對相互纏繞、外覆絕緣材料的傳輸媒介。

   b. 分為**無遮蔽式雙絞線（UTP）**與**遮蔽式雙絞線（STP）**；STP多了一層金屬遮蔽物，可阻隔外界干擾，傳輸品質較佳，但價格較高。

   c. UTP線材可分成8種等級：Cat 1、Cat 2、Cat 3、Cat 4、Cat 5、Cat 5e、Cat 6、Cat 7、Cat 8，其中Cat 7傳輸速率可達10 Gbps、Cat 8傳輸速率可達25或40Gbps。

   d. 常應用在**區域網路**的佈線。

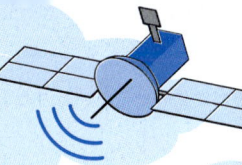

2. 同軸電纜（coaxial cable）：

   a. 內層使用**銅線**作為傳輸線路，外層以塑膠包裝，兩者之間以絕緣材料隔開。

   b. 同軸電纜可分為：

類型	線材規格	使用接頭	常見的應用
粗同軸電纜	RG-11	無[註1]	過去常用在區域網路的佈線，但因其傳輸的頻寬較小，目前已被雙絞線取代
細同軸電纜	RG-58	BNC	
有線電視纜線	RG-59	F型接頭	有線電視系統的佈線

3. 光纖纜線（fiber optic cable）：

   a. 使用極細的玻璃纖維材質來傳輸光源訊號。

   b. 常應用於高速網路或跨國網路的佈線。

   c. 光纖依照其軸芯直徑寬度，可分為：

類型	軸芯直徑	適合傳輸距離
單模光纖（SMF）	較細，約5～10微米	長
多模光纖（MMF）	較粗，約50～100微米	短

4. 有線傳輸媒介的比較：

傳輸媒介	使用接頭	傳輸速度	傳輸距離	價格	受外界干擾程度
雙絞線	RJ-45	較快	短	低	易
同軸電纜	BNC	較慢	↓	↓	↓
光纖纜線	ST[註2]	最快	長	高	不易

   ◉**五秒自測** 雙絞線、同軸電纜及光纖纜線，何者的傳輸速度最快？ 光纖纜線。

註1：粗同軸電纜是透過轉接器將訊號引出。
註2：光纖纜線的接頭種類繁多，早期由不同企業開發形成的標準，其使用效果相同，例如ST、LC、SC、FC等。

得分區塊練

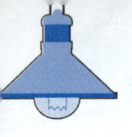

(D)1. 下列何種介質的傳輸速率最快？
(A)電話線 (B)同軸電纜 (C)雙絞線電纜 (D)光纖纜線。 [丙級網路架設]

(A)2. 下列何者不是光纖網路的特性？
(A)價格較便宜 (B)訊號衰減率低 (C)重量輕 (D)安全性高。

(B)3. 利用玻璃纖維為介質傳遞資料，具小體積、高頻寬、不易受干擾特性的線路是？
(A)聲波 (B)光纖 (C)同軸電纜 (D)微波。 [丙級網路架設]

(C)4. 由內、外兩層導體和一層絕緣材料所組成，最外層再包裹著保護的外皮，這是哪一種傳輸媒介？ (A)光纖 (B)雙絞線 (C)同軸電纜 (D)單芯線。 [乙級軟體應用]

(C)5. 架設高速網路，或連接跨國網路時，會使用下列哪一項設備？
(A)紅外線 (B)雙絞線 (C)光纖 (D)同軸電纜。 [技藝競賽]

(B)6. 下列四種傳輸媒介中，何者最容易受到電磁波干擾？
(A)光纖 (B)雙絞線 (C)細同軸電纜 (D)粗同軸電纜。

(B)7. 一般住家網路長度小於100公尺，電腦要透過ADSL寬頻數據機上網，考量經濟因素，應選購下列哪一種傳輸媒介？
(A)光纖 (B)雙絞線 (C)粗同軸電纜 (D)細同軸電纜。

三、無線傳輸媒介 102

1. 紅外線（infrared）：

    a. 利用紅外線光波傳送訊號，傳輸距離約在1公尺以內。

    b. 傳輸方向必須為直線，角度必須在**正負15度**以內。

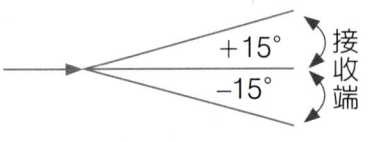

2. 無線電波（radio wave）：

    a. 無線電波的頻率在300MHz以下。

    b. 具穿透力強、不侷限於特定傳輸方向、不易受天候影響等特性。

3. 微波（microwave）：

    a. 是一種電磁波（electromagnetic wave）。

    b. 微波無方向性，透過碟形天線（小耳朵）以**直線傳輸**的方式傳送訊號，天線之間不能有障礙物阻擋，以確保傳送訊號的穩定性，否則容易使得訊號變弱；若距離較遠，須依靠通訊衛星作為中繼站來傳送訊號。

    ◉五秒自測　光纖、紅外線、雙絞線、同軸電纜等，何者是無線傳輸媒介？　紅外線。

第 8 章 電腦網路的組成與通訊協定

4. 無線傳輸媒介的比較：

傳輸媒介	傳輸速度	傳輸距離	受障礙物干擾程度	應用
紅外線	慢	短	大	遙控器
無線電波	↓	↓	小	收音機、廣播電台
微波	快	長	中	衛星定位（GPS）導航、電視SNG轉播、行動電話系統（如4G、5G）、藍牙

有背無患

1. 無線電波、微波及紅外線都屬於電磁波的一種。
2. 電磁波依其波長的不同分為無線電波、微波、紅外線、可見光、紫外線、X射線等。
3. 波長越長頻率越低，較不易受障礙物的干擾，適用於資料通訊；波長越短，電磁波能量越強，適用於醫學檢測。

名稱＼項目	無線電波	微波	紅外線	可見光	紫外線	X射線
波長	長 →					短
頻率	低 →					高
應用範例	無線對講機	衛星	遙控器	彩虹	驗鈔筆	X光機

4. 低軌衛星（Low Earth Orbit Satellite, LEOS）是運行在離地面2,000公里以下的衛星，主要用途為通訊，具有延遲短、消耗功率低、無地形限制等特性。

得分區塊練

(B)1. 下列哪一種傳輸媒體的有效傳輸距離最短，且易受地形地物之干擾？
(A)光纖 (B)紅外線 (C)雙絞線 (D)同軸電纜。

(B)2. 下列何者是一種無線網路的傳輸媒介？
(A)光纖 (B)紅外線 (C)雙絞線 (D)同軸電纜。

(A)3. 全球定位系統主要是利用下列哪一項網路傳輸媒介？
(A)微波 (B)光纖 (C)同軸電纜 (D)紅外線。

(C)4. 每當發生重大政經、社會事件時，電視台業者通常都會透過SNG連線，提供民眾即時的現場報導，請問SNG連線是採用下列哪一種傳輸媒介來傳遞即時的新聞畫面？
(A)光纖 (B)紅外線 (C)微波 (D)雙絞線。

8-2 網路設備與軟體

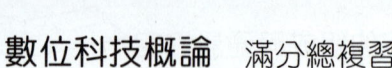

一、電腦設備

1. **伺服器**（server），又稱網路主機：
   a. 負責監控網路、驗證使用者身分及提供各項服務。
   b. 大型電腦、伺服器專用機及功能較強的個人電腦皆可作為伺服器。
   c. 常見的伺服器：

名稱	提供的服務
網站（web）伺服器	存放可供瀏覽器讀取的網頁資料
檔案（file）伺服器	檔案存取，及集中管理檔案
列印（print）伺服器	文件列印
郵件（mail）伺服器	郵件收發
FTP伺服器	提供檔案下載與上傳
資料庫（database）伺服器	存放可供使用者存取的資料
網域名稱（DNS）伺服器	互轉網域名稱與IP位址
動態主機組態協定（DHCP）伺服器	動態分配IP位址，即每次電腦取得的IP位址可能會不一樣
代理（proxy）伺服器	• 暫存使用者瀏覽過的網頁資料，以便下次瀏覽相同網頁時，可不必再從遠端伺服器下載，加快瀏覽速度 • 提供簡易的防火牆功能

◎**五秒自測** 網域名稱伺服器的功用為何？ 互轉網域名稱與IP位址。

統測這樣考

(A)34. 學校辦公室職員反應自己電腦的網頁瀏覽器無法使用網域名稱www.edu.tw連至教育部網站，維修工程師到場檢查時發現，該電腦的網頁瀏覽器若直接使用該網站的IP位址連接，則可以成功連至該網站，下列何者是該問題的可能發生原因？
(A)職員電腦所設定的DNS伺服器位址不當
(B)職員電腦所設定的預設閘道器位址不當
(C)網站所在網路的路由器路由表設定不當
(D)網站伺服器主機的網路卡驅動程式失效。

[113工管]

有背無患

1. 動態IP：每次上網使用的IP位址是由電信業者所分配，IP位址不固定。如非固定制寬頻上網的ADSL就是使用動態IP。
2. 固定IP：每次都使用固定的IP位址來上網。適合用來架設網站、郵件伺服器等。

2. **端點設備**，又稱工作站（workstation）：
   a. 使用者使用的電腦連上網路後，就能使用伺服器所提供的服務及其他端點設備所分享出來的資源。
   b. 一般個人電腦、筆記型電腦、智慧型手機、平板電腦、智慧手錶皆可作為端點設備使用。

第8章 電腦網路的組成與通訊協定

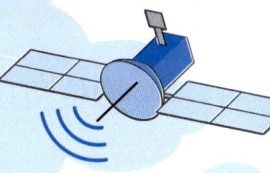

得分區塊練

(C)1. 下列何種伺服器主要是提供檔案上傳或下載的服務？
(A)SMTP伺服器　　(B)DNS伺服器
(C)FTP伺服器　　(D)DHCP伺服器。

(D)2. 在同一辦公室裡，如果有20部以上的電腦，要分享一部具有網路功能的高速雷射印表機，下列何者是最合適的設備？
(A)集線器　　(B)閘道器
(C)路由器　　(D)列印伺服器。

(D)3. 下列何種伺服器的主要功能是暫存網頁資料，並可以提供使用者最近曾使用的網頁資料？
(A)DHCP Server　　(B)DNS
(C)FTP Server　　(D)Proxy Server。

(B)4. 下列哪一種伺服器可用來提供郵件收發的服務？
(A)檔案伺服器　　(B)郵件伺服器
(C)列印伺服器　　(D)網域名稱伺服器。

二、網路連結裝置　105　113

1. 網路卡（Network Interface Card, NIC）：

    a. 架設區域網路或連上網際網路必備的硬體設備。

    b. 主要的功能為**定義電腦在網路中的實體位址**（Media Access Control address, MAC位址）。

    c. 每一張網路卡都有唯一的一個MAC位址，它是由6組數字組成，每組數字佔用1byte，總長度為6bytes，通常以16進位表示，每一個byte的範圍為00～FF。

    d. MAC位址的各組數字間通常是以 "-" 或 ":" 隔開，如08-20-12-6A-34-8D。
    （製造商代號　網卡序號）

    e. 電腦主機I/O連接埠中若有RJ-45網路埠，代表該部電腦內建有網路卡功能。

    f. 現今桌上型電腦多半內建有網路卡功能，市售的筆電也大多內建了無線網路卡的功能。

    > 📢 統測這樣考
    >
    > (B)38. 下列哪一項代表網路卡實體位址（MAC Address）？
    > (A)https://tw.yahoo.com　　(B)00:16:E6:5B:58:60
    > (C)140.111.34.147　　(D)2001:DB8:2DE::E13。　[108工管]
    >
    > 解：網路卡實體位址（MAC Address）是由是由6組數字組成，每組數字佔用1byte，總長度為6bytes，通常以16進位表示，每一個byte的範圍為00～FF，各組數字間是以 ":" 隔開。

A8-7

2. **數據機（modem）**，又稱調變解調器：
   a. **轉換類比訊號與數位訊號**的裝置。
   b. 不同上網方式須使用不同的數據機，如ADSL數據機，與傳統撥接上網使用的56K數據機，二者都具有轉換類比與數位訊號的功能。

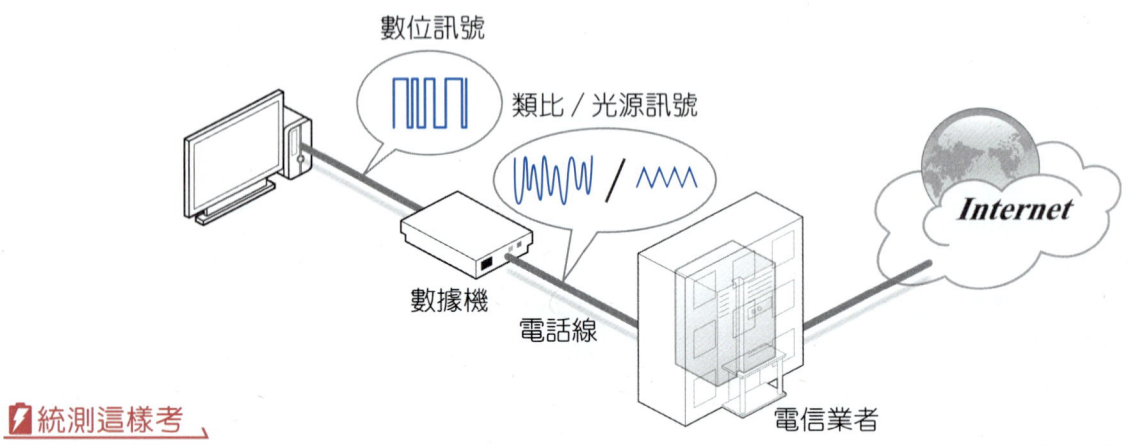

   統測這樣考
   (D)5. 林生家裡有上網使用網際網路的需求，經洽詢網際網路服務提供者（ISP）後，決定採用非對稱數位用戶迴路（ADSL），讓家裡的電腦可以透過電話線路存取網際網路，安裝完成後林生發現家裡電話機旁邊多一部裝置，服務人員稱呼該裝置為數據機，下列何者是該裝置的必要功能？
   (A)將電話機語音訊號加密處理　　　(B)提供家裡電話來電顯示功能
   (C)提供電話機語音費用計算功能　　(D)將數位訊號與類比訊號雙向轉換。
   [112工管]

3. **中繼器（repeater）**：
   a. **增強傳輸訊號**之設備，延伸訊號的傳輸距離。
   b. 每一種傳輸媒介都有最長傳輸距離的限制，一旦超過了，訊號就會衰減，必須透過中繼器來加強訊號。

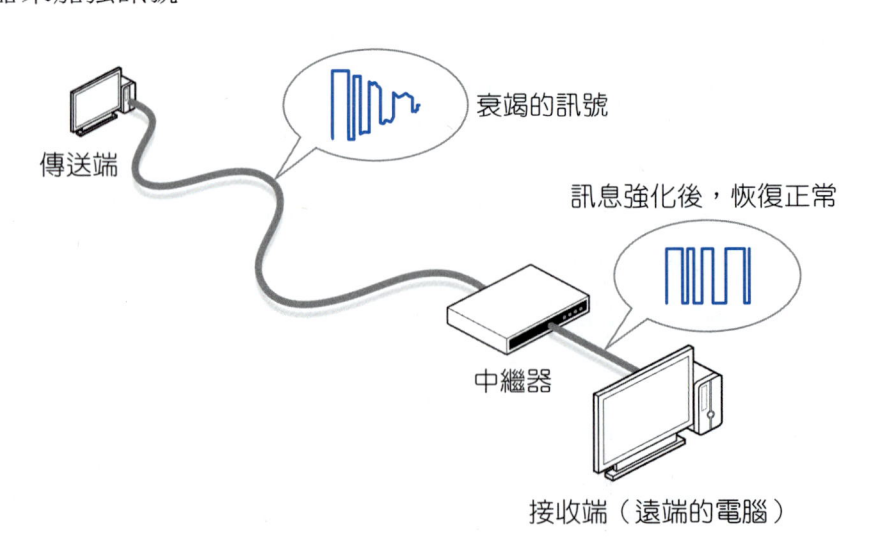

   五秒自測 數據機與中繼器的主要功能為何？
   - 數據機：轉換類比訊號與數位訊號。
   - 中繼器：增強傳輸訊號，以延伸訊號的傳輸距離。

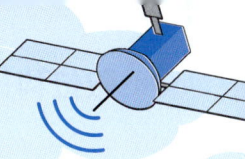

4. **集線器**（hub）：
   a. 連接**星狀網路**上的多台電腦設備。
   b. hub收到資料後，會將資料以**廣播**的方式傳送給所有連接埠。
      例如A電腦透過hub傳送資料給B電腦，hub在收到資料後，會將資料傳給所有連接hub的電腦，但只有B電腦會收下資料，其他電腦則將資料丟棄。
   c. hub僅支援**半雙工**傳輸，亦即不能同時傳送或接收資料，一次只能做其中一種。
   d. 所有連接埠**共享hub的頻寬**。
   e. 會將訊號增強再廣播給所有連接埠。

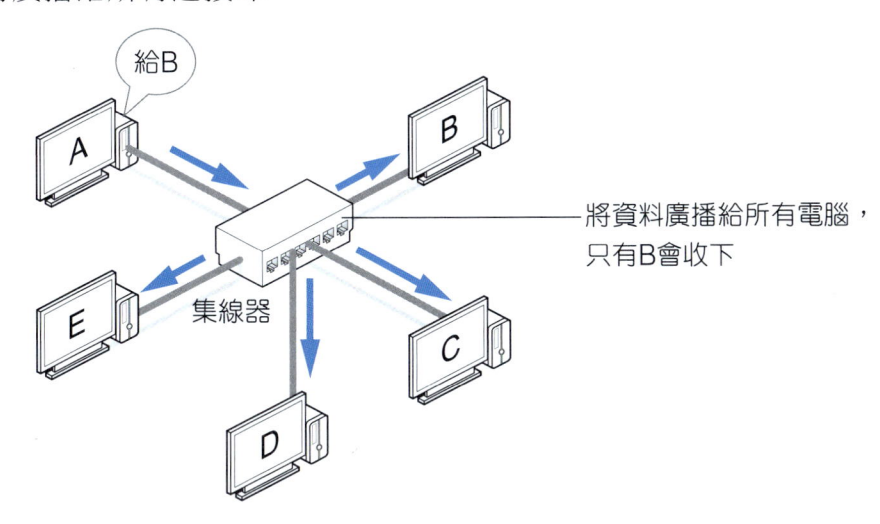

5. 交換式集線器（switching hub），簡稱**交換器**（switch）：
   a. 連接**星狀網路**上的多台電腦設備。
   b. 收到資料後，switch會根據目的地的**Mac位址**將資料傳送給正確的連接埠。
   c. switch支援**全雙工**傳輸，可以同時傳送或接收資料。
   d. 每個連接埠都有**獨立的頻寬**。
   e. 較不會有資料碰撞（collision）的情形發生。

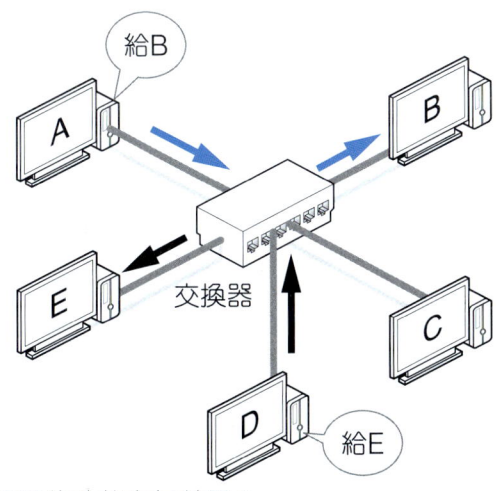

◎五秒自測　集線器與交換器的功能有何差異？
 • 集線器：用來將訊號增強再廣播給所有連接埠。
 • 交換器：根據目的地的Mac位址將資料傳送給正確的連接埠。

統測這樣考

(A)32. 下列何種網路設備用來連接兩個以上相同通訊協定的網路區段，可依傳送資料中目的地MAC位址來傳送到目的網路，如此可過濾無關的訊框，以提升傳輸效率？ (A)橋接器 (B)中繼器 (C)路由器 (D)閘道器。

6. **無線網路基地台**（Access Point, AP，又稱存取點）： [113商管]

   a. 可透過接收及傳送電磁波來連結多部電腦設備，以構成無線區域網路。

   b. 多半會配備數個連接埠，用來連接電腦設備，提供無線和有線兩種網路連接方式。

   c. **熱點**（hotspot）是指提供有無線上網的場所（如機場、咖啡店），這些場所通常會設置AP及數據機等設備。

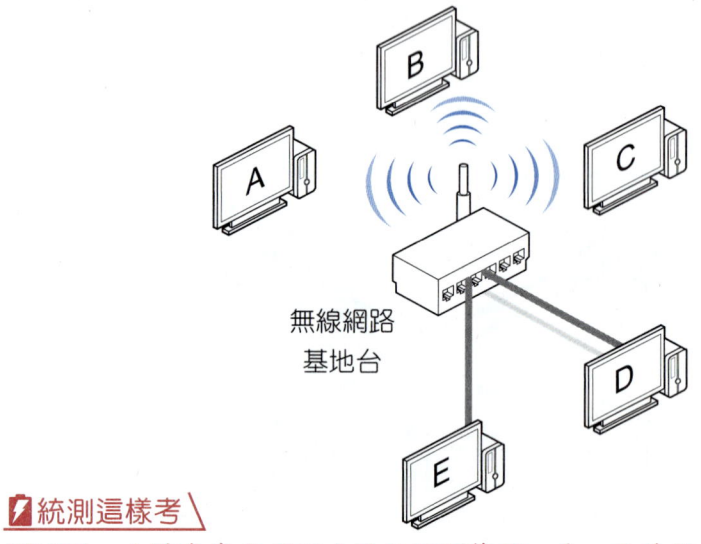

統測這樣考

(D)27. 小胖負責公司辦公區的網路管理工作，目前辦公區所有的電腦皆連接在同一個乙太網路交換器上，某天業務經理提出應該讓同仁的智慧型手機也可以透過Wi-Fi訊號連接辦公區的網路，請小胖在最少變動條件下擴充網路，下列何者是小胖必要增加的設備？ (A)防火牆 (B)5G基地台 (C)Wi-Fi訊號掃描器 (D)無線網路基地台（Access Point, AP）。 [112工管]

7. **橋接器**（bridge）：

   a. **連接同一個網路中的兩個（含）以上區段**的設備。

   b. 會根據封包的目的**Mac位址**來判斷應傳送到哪一個區段。

   c. 若當封包的目的**Mac位址**是屬同一區段，就不往其他區段傳送，可降低網路流量。

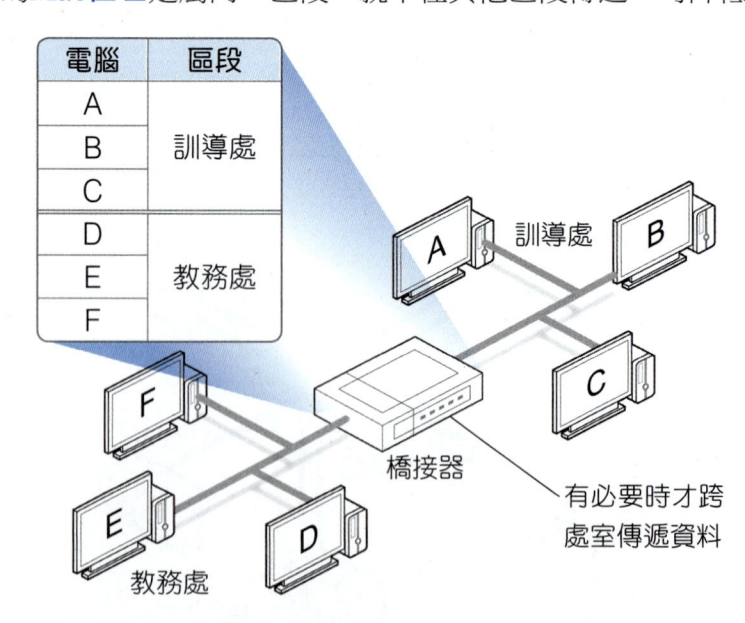

◎五秒自測　哪一種網路連結裝置用來連接同一個網路中的兩個區段？
橋接器。

8. **IP分享器**：

   a. 可讓多台電腦**共用1個IP位址**連上網際網路。

   b. 具有**網路位址變換**（NAT）功能，可將虛擬IP位址轉換成網際網路IP位址，讓區域網路中多部使用虛擬IP的電腦，共用一個網際網路IP來上網。

   c. 具有**動態主機組態協定伺服器**（DHCP Server）功能，可動態分配IP位址。

   d. 具有交換式集線器的功能。

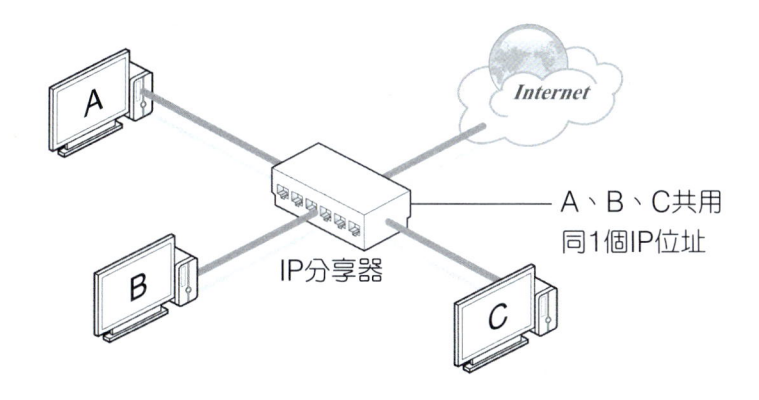

9. **路由器**（router）：

   a. 具有**傳輸資料**及**選擇封包最佳傳送路徑**的功能。

   b. 根據路由表（routing table）來選擇封包的傳送路徑。

   c. 要將資料傳送至網際網路（Internet）中的目的位置，通常須透過數部路由器的轉址，才能達成。

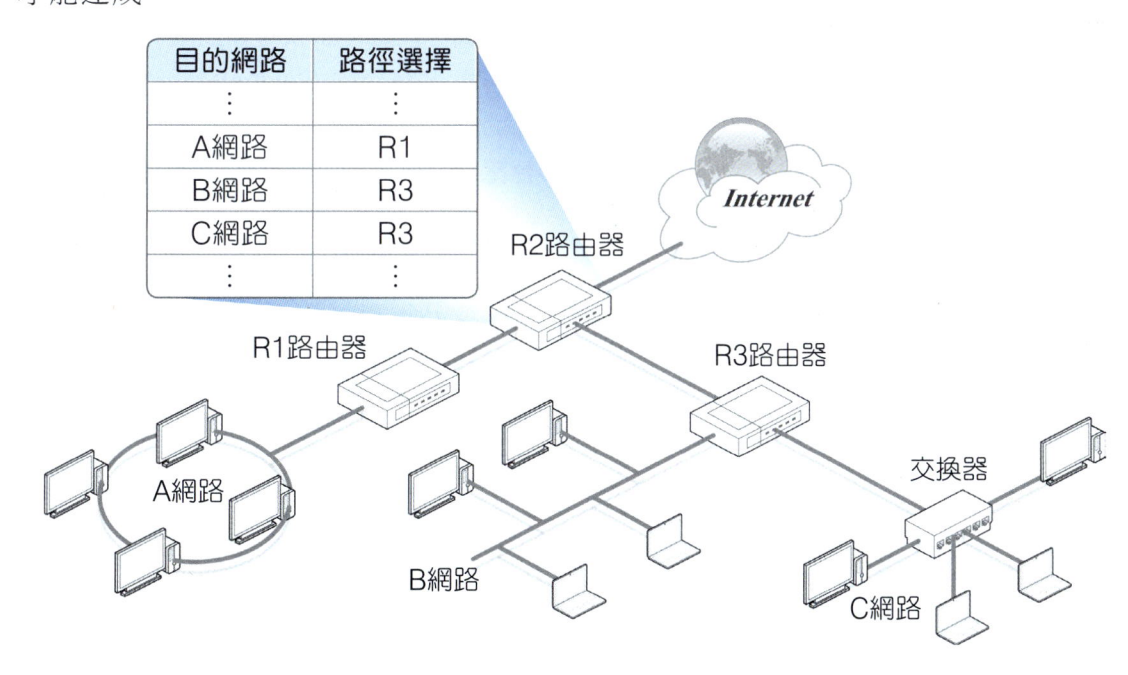

● 五秒自測　路由器的主要功能為何？

路由器：具有傳輸資料及選擇封包最佳傳送路徑的功能。

笑話記憶法

哪一種設備會為封包選擇最佳傳輸路徑？
答：路由器（路由我選）。

A8-11

10. **閘道器（gateway）**：
    a. 連接**使用不同通訊協定的網路**。
    b. 當A網路的資料要傳送至B網路時，閘道器便會將該資料轉換成B網路所能辨識的格式。

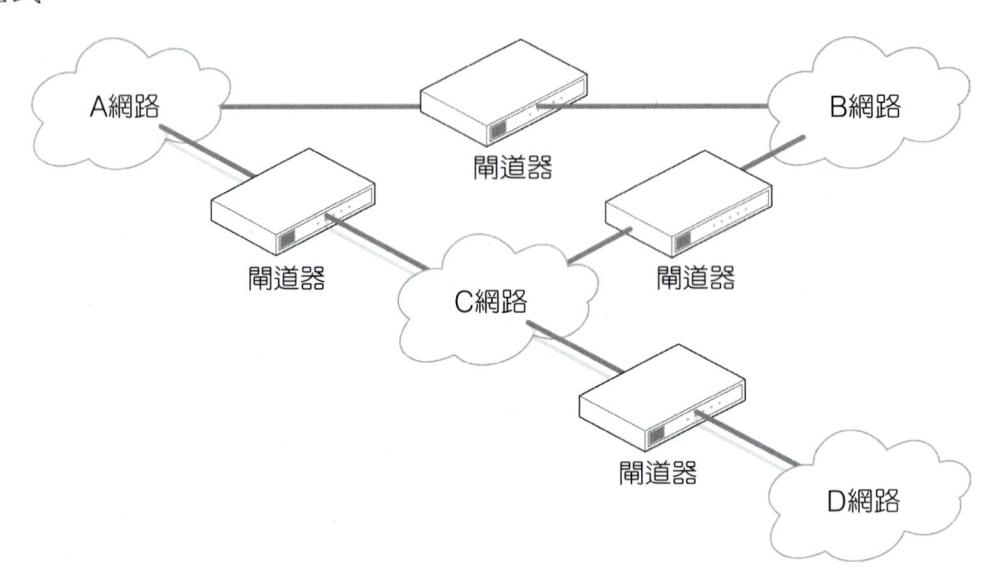

11. 網路連結裝置速覽：

連結裝置	功能
網路卡（NIC）	定義電腦在網路中的實體位址（MAC Address）
數據機（modem）	轉換數位訊號及類比訊號
中繼器（repeater）	增強傳輸訊號，以延伸訊號傳輸距離
集線器（hub）	連接多台電腦設備，同一時間內只能2台電腦傳輸資料
交換式集線器（switching hub）	連接多台電腦設備，同一時間內可多台電腦傳輸資料
無線網路基地台（AP）	以無線的方式，來連接多部電腦設備，形成無線區域網路
橋接器（bridge）	連接同一網路中不同區段的電腦
IP分享器	讓多台電腦共用1個IP位址連上網際網路
路由器（router）	傳輸資料，並為封包選擇最佳的傳輸路徑
閘道器（gateway）	連接使用不同通訊協定的網路

→ 市售的網路連結裝置越來越多設計成「整合型網路設備」，多半會整合上述多種裝置的功能。如交換器、路由器也具有中繼器增強訊號的功能。

統測這樣考

(A)1. 下列何者最適合用來連接LAN（Local Area Network）與Internet，並能根據IP位址來傳送封包？
(A)路由器（Router） (B)中繼器（Repeater）
(C)集線器（Hub） (D)瀏覽器（Browser）。　　　[105商管]

三、網路軟體

1. **網路作業系統（NOS）**：負責網路上的資源分配、安全控制及網路管理等工作。如 Windows Server、UNIX、Linux等。

2. 網路應用軟體：提供使用者使用各項網路服務的軟體。如瀏覽器Chrome、電子郵件軟體Thunderbird及檔案傳輸軟體CuteFTP等。

得分區塊練

(D)1. 網路卡實體位址（MAC address）的長度總共有幾個位元（bits）？
　　(A)16　(B)24　(C)32　(D)48。

(C)2. 當資料經由傳輸媒體到達電腦時，便需要藉由網路卡接收，而每張網路卡都有唯一的位址號碼，此稱之為？
　　(A)IP位址　(B)邏輯位址　(C)實體位址　(D)節點位址。

(B)3. 下列網路傳輸設備中，何者是用來將網路訊號增強後再送出？
　　(A)橋接器（Bridge）　　　　　　(B)中繼器（Repeater）
　　(C)路由器（Router）　　　　　　(D)交換器（Switch）。

(D)4. 下列有關網路設備的敘述，何者正確？
　　(A)交換器是用來轉換數位訊號與類比訊號
　　(B)橋接器是用來連接同一區域網路內的多部電腦
　　(C)路由器是用來定義電腦在區域網路上的位置
　　(D)閘道器是用來連接不同類型的通訊協定。

4. 交換器是用來連接星狀網路上多台電腦設備；橋接器是用來連接同一網路中的兩個（含）以上區段；路由器是用來選擇封包最佳的傳送路徑。

(C)5. 在沒有區域網路設備的家中，想連上網際網路，以下哪一種硬體設備不是必要的？
　　(A)電腦　(B)電話線路　(C)讀卡機　(D)數據機。

(A)6. 下列哪些是建置電腦網路所需使用的軟、硬體配備：
　　a.電腦設備　b.傳輸媒介　c.連結裝置　d.網路作業系統
　　(A)a, b, c, d　(B)b, c, d　(C)a, c, d　(D)a, b, c。

(D)7. 下列何種網路設備，可讓多對電腦在同一時間互相傳送資料？
　　(A)Bridge　(B)HUB　(C)Router　(D)Switch。

(B)8. 大強的公司有三層樓，每一層樓都有一個獨立的區域網路，若要將這些區域網路連結起來，則可以使用下列何種網路裝置來避免各網路間的訊息干擾？
　　(A)交換器　(B)橋接器　(C)路由器　(D)閘道器。

(C)9. 下列敘述何者不正確？　(A)IP分享器可讓多台電腦共用1個IP位址　(B)閘道器可連接使用不同通訊協定的網路　(C)UNIX不能作為網路作業系統　(D)Chrome是常見的網路應用軟體。

(A)10. 公司外面的網際網路與內部的區域網路是屬於不同網路拓樸的網路，若要連接這兩個不同網路區段，且具有選擇資料傳輸路徑的功能，則使用下列哪一種網路通訊設備最合適？　(A)路由器　(B)閘道器　(C)橋接器　(D)中繼器。

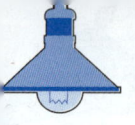

8-3　網路架構與交換技術

一、電腦網路的架構　105　112

網路架構	說明	實例
主從式 （client / server）	資源**集中管理**，由伺服器（server）專門提供各項資源給每台獨立的電腦（client）	以網路作業系統（如Windows Server 2016/2019/2022）所架設的網路
對等式 （peer-to-peer, P2P）	• 又稱為同儕間網路，此種網路中每台電腦的地位都相等 • 每台電腦都可以提供資源給其它電腦	多台使用如Windows 7/8/10/11等電腦所形成的網路

◎**五秒自測**　主從式網路與對等式網路的主要差異為何？
主從式網路是由伺服器專門提供各項資源給每台獨立的電腦，對等式網路則是每台電腦都可以提供資源給其他電腦。

1. 網際網路同時並存有上述2種架構，如：
   線上遊戲伺服器與玩家們的電腦所構成的網路 ────→ 主從式網路
   透過**P2P檔案交換軟體**，直接與其他網友交換電腦中的資料 ──→ **對等式網路**

2. 部分P2P檔案交換軟體（如eMule、BitComet）可讓我們同時從多台電腦下載同一檔案，因此當分享檔案的電腦越多，下載的速度就越快。

得分區塊練

(A)1. Facebook網站提供許多線上遊戲，玩家必須登入該網站，才能夠玩這些遊戲。請問這類線上遊戲所構成的網路是屬於下列哪一種網路架構？
(A)主從式網路　(B)對等式網路　(C)區域網路　(D)共享網路。

(D)2. 如果哥哥想和朋友投資一家網路咖啡店，他們希望將店內的數十台電腦架設為「對等式網路」，請問下列哪一套作業系統最適合安裝在這些電腦上？
(A)MS-DOS　(B)UNIX　(C)Windows Server 2022　(D)Windows 10。

(B)3. 下列哪一種網路架構，參與之電腦均扮演著伺服器與用戶端的角色？
(A)主從式網路（Client-Server）　　　(B)對等式網路（P2P）
(C)多層式網路（MLN）　　　　　　(D)加值式網路（VAN）。　[102技藝競賽]

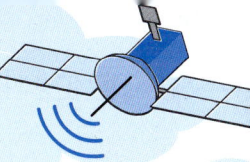

二、網路拓樸（network topology）

1. **匯流排**（bus）架構：以一條電纜線來串連網路上的電腦設備，在纜線的頭、尾兩端需加裝終端器（terminator），使訊號在傳送到兩端時即可停止，以避免干擾後續的資料傳輸。匯流排架構具有**廣播**特性（即資料送上電纜線後，訊號會向兩端傳遞）。

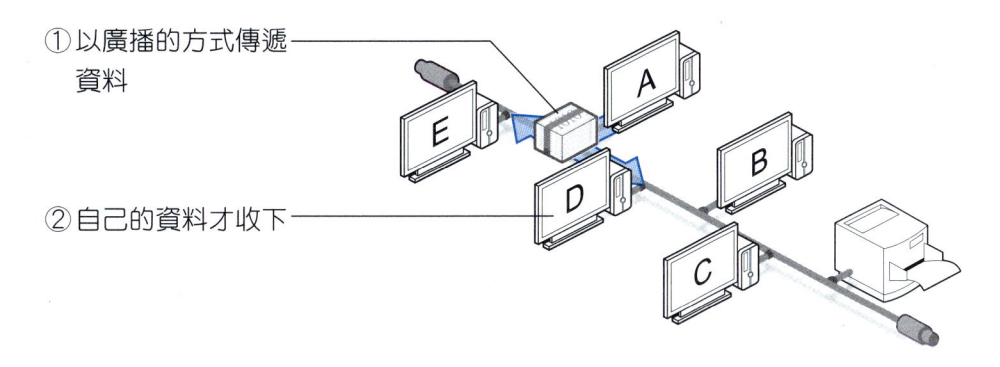

2. **星狀**（star）架構：以**中央裝置**（如交換器）為中心，將電腦設備連接到該連結裝置上。

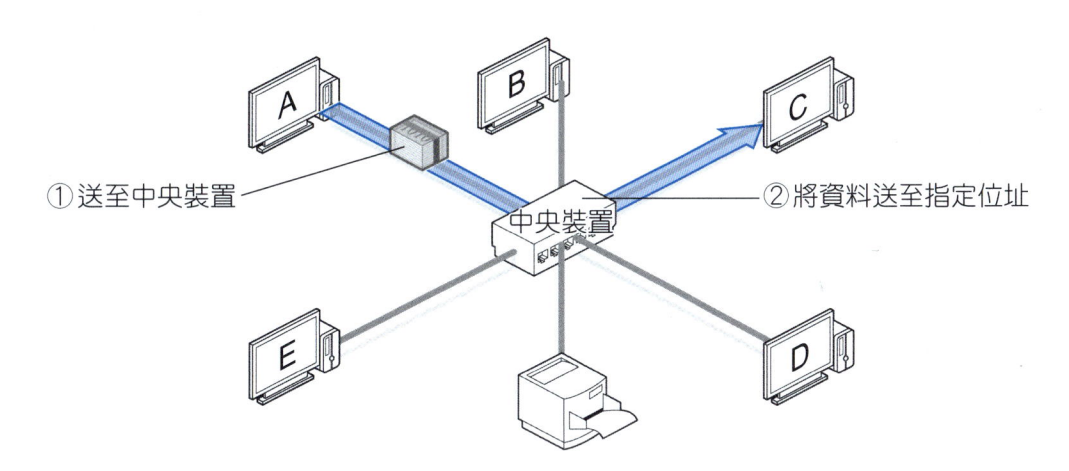

3. **環狀**（ring）架構：資料只能**單向**傳輸，取得**記號封包**的節點，才能傳送資料。

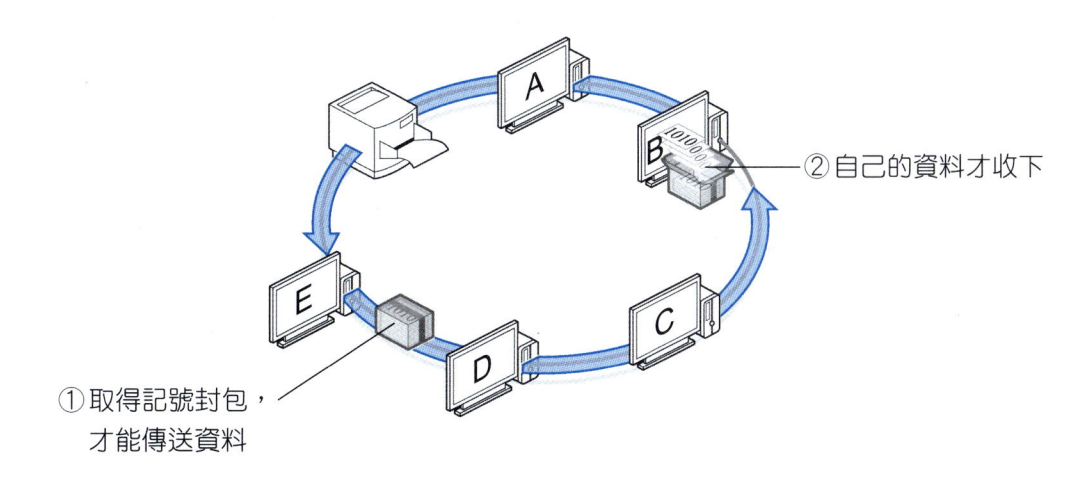

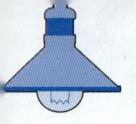

4. **樹狀（tree）架構**：以階層式來連接多部電腦與相關設備。若中央裝置（如交換器）故障，此中央裝置左右兩端的設備即無法互傳資料。

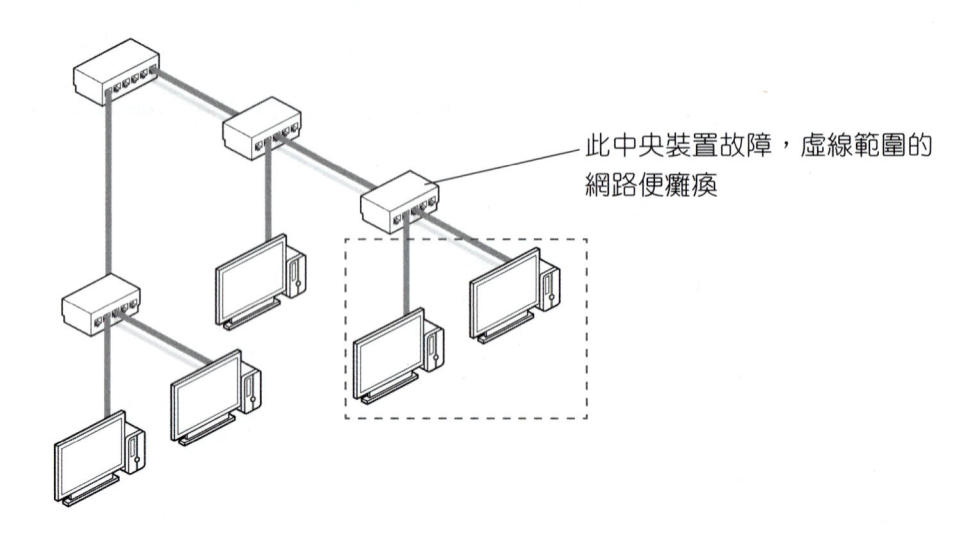

此中央裝置故障，虛線範圍的網路便癱瘓

5. **網狀（mesh）架構**：每個節點之間都有多條線路連結，所以若某個路徑不通，可改走其它路徑到達目的地，故網路穩定性高，但架設成本較高。**網際網路**就是一種網狀架構的連結形式。

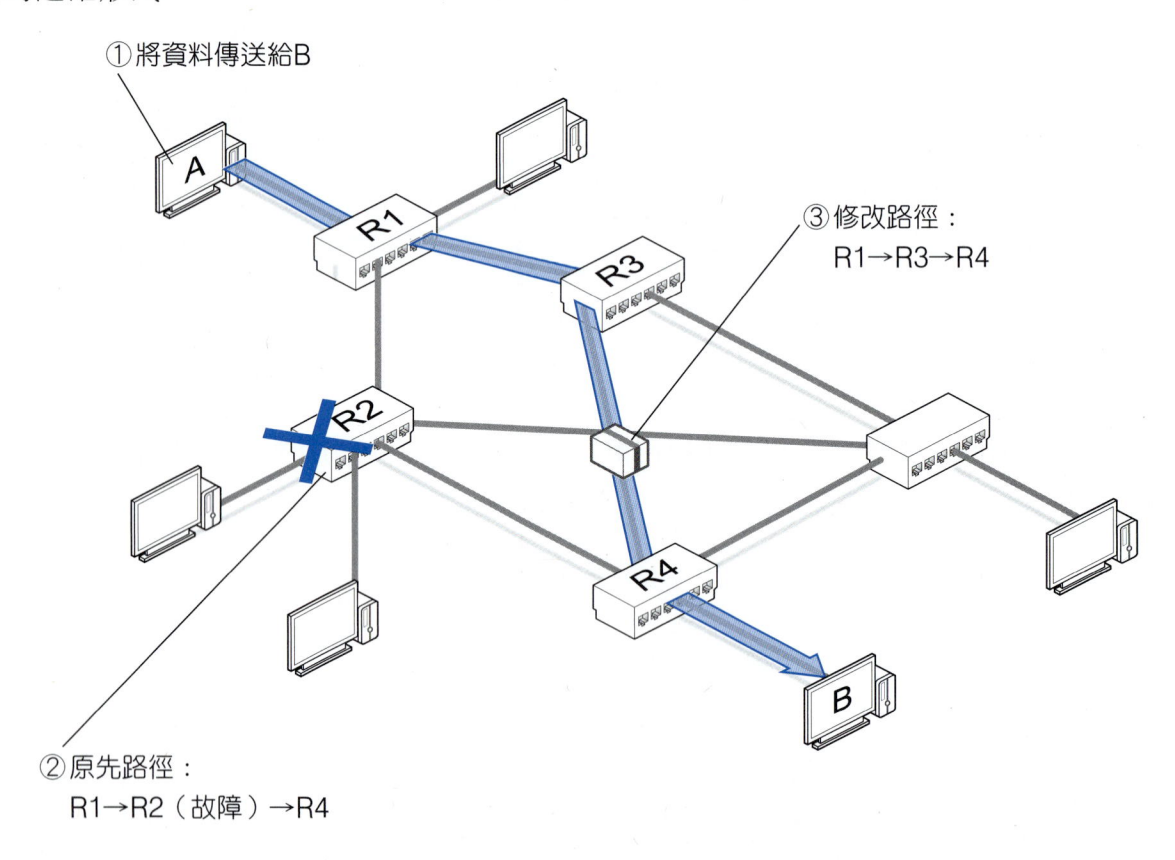

①將資料傳送給B

③修改路徑：
　R1→R3→R4

②原先路徑：
　R1→R2（故障）→R4

第 8 章 電腦網路的組成與通訊協定

統測這樣考 (B)42. 某電腦教室內有10部桌上型電腦以及一台16埠集線器（Hub），每部電腦都只有一張具備一組RJ-45雙絞線接頭的網路卡，若要讓該電腦教室內的所有電腦同一時間連接到網際網路，請問使用哪種網路連線拓樸架構最合適？ (A)匯流排拓樸 (B)星狀拓樸 (C)環狀拓樸 (D)P2P拓樸。 [109工管]

6. 比較：

種類	優點	缺點	實例
匯流排（bus）	任一節點故障不會影響其他節點的傳輸	• 電纜線故障，網路便會癱瘓 • 當有多個節點要同時傳輸資料時，傳輸效率會大幅降低	10Base2乙太網路 10Base5乙太網路
星狀（star）	• 安裝與擴充容易 • 任一節點故障不會影響其他節點的傳輸	中央裝置（如交換器）故障，網路會癱瘓	10BaseT乙太網路
環狀（ring）	取得記號封包才可傳送資料，因此每個節點傳送資料的機會都是公平的	任一節點發生故障，網路便會癱瘓	記號環網路 FDDI網路
樹狀（tree）	• 安裝與擴充容易 • 任一節點故障，不會影響上層或其他分支節點的傳輸	最上層中央裝置（如交換器）故障，整個網路便會癱瘓	區域網路
網狀（mesh）	• 某個路徑不通，可改走其它路徑到達目的地 • 網路穩定性高	架設成本較高	網際網路

五秒自測 以雙絞線連接至交換器的網路連接架構是何種網路拓樸？此種拓樸會不會因為任一節點故障而影響其他節點的傳輸？ 星狀拓樸、不會。

7. 電腦網路的架構是依照資源分享的方式來區分；網路拓樸則是依照網路實體的連結形式來區分。

得分區塊練

(A)1. 當有一個節點損壞時，整個網路就癱瘓不能動，是下列哪一種網路拓樸？
(A)環狀拓樸 (B)匯流排拓樸 (C)星狀拓樸 (D)網狀拓樸。

(B)2. 下列哪一種網路拓樸，在資料傳送過程中，需要使用記號或權杖（Token），來決定網路傳輸媒體的使用權？ (A)星狀 (B)環狀 (C)樹狀 (D)匯流排。

(A)3. 下列哪一種網路拓樸（Topology），是以一條線路來連接所有的節點，線路兩端結尾處則以終端電阻來結束佈線？
(A)匯流排拓樸 (B)環狀拓樸 (C)星狀拓樸 (D)網狀拓樸。

(B)4. 電腦教室內的5部電腦，若以雙絞線直接連至具有10個埠的集線器上，請問此種網路連線架構稱為 (A)匯流排拓樸 (B)星狀拓樸 (C)環狀拓樸 (D)半圓狀拓樸。

(B)5. 下列哪種網路架構是屬於匯流排式（bus）的拓樸（topology）？
(A)10BaseT (B)10Base5 (C)Token Ring (D)FDDI。

(C)6. 下列何者為環狀網路架構圖？
(A) (B) (C) (D)。 [丙級網路架設]

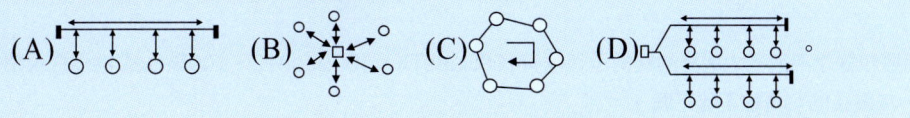

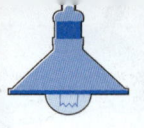

三、網路拓樸 vs. 乙太網路規格

1. 不同的乙太網路規格，適用的拓樸不盡相同。
2. **乙太網路**（Ethernet）是一種區域網路標準，其規格有100BaseT、10Base2、10Base5等，這些規格中，英數字代表的意義如下：

100 Base T

A. 資料傳輸速率
「100」代表每秒可傳輸100Mbps的資料

B. 傳送訊號的技術
「Base」代表基頻；
「Broad」代表寬頻

C. 英文代表採用的線材
「T」為雙絞線；「F」為光纖；數字代表距離，如10Base5代表每段纜線最長距離為500公尺

◎ **五秒自測** 乙太網路規格中，最前方的數字及最後的英文分別代表何種意思？
- 最前面的數字：資料傳輸速率。
- 最後面的英文：採用的線材。

3. 常見的乙太網路規格及其使用的網路拓樸對照：

規格	網路拓樸	使用線材	每段纜線最長距離	傳輸速率
10Base5	匯流排	粗同軸電纜	500 公尺	10 Mbps
10Base2	匯流排	細同軸電纜	200 公尺	10 Mbps
10BaseT	星狀	雙絞線	100 公尺	10 Mbps
100BaseT[註1]	星狀	雙絞線	100 公尺	100 Mbps
100BaseFX	星狀	光纖	2 公里以上[註2]	100 Mbps
1000BaseSX	星狀	光纖	550 公尺	1000 Mbps
1000BaseLX	星狀	光纖	5 公里	1000 Mbps
10GBaseSX	星狀	光纖	550 公尺	10 Gbps
1000BaseT	星狀	雙絞線	100 公尺	1000 Mbps
10GBaseT	星狀	雙絞線	100 公尺	10 Gbps

💡 **解題密技** 考題中常會出現如上表中的乙太網路規格，規格中英數字所代表的意義要清楚了解。

a. 「高速乙太網路」傳輸速率為100Mbps。

b. 「超高速乙太網路」傳輸速率為1000Mbps。

c. 因應雲端服務的發展與進步，目前亦發展出40Gbps、100Gbps、400Gbps等超高速乙太網路，目前尚未普及。

註1：100BaseT是使用雙絞線之高速乙太網路的統稱，包含有100BaseTX、100BaseT2、100BaseT4等3種規格。
註2：不同種類的光纖，其最長的可傳輸距離不同。

得分區塊練

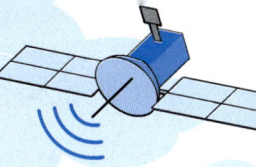

(B)1. 區域網路中，常有以下之規格：1000BaseT、100BaseT、10BaseT，請問下列何者正確？ (A)T指的是傳輸時間 (B)數字10指的是10Mbps (C)數字100指的是100bits (D)Base指的是網路基礎架構。

(A)2. 乙太網路採用10BaseT傳輸規格，其中字母T是代表什麼意義？
(A)雙絞線 (B)網際網路連線 (C)資料傳輸端 (D)資料傳輸速度。

(A)3. 下列有關10BaseT網路特色的敘述，何者有誤？
(A)為環狀拓樸（Ring Topology）
(B)使用UTP纜線
(C)屬於乙太網路（Ethernet）的一種
(D)最高傳輸速度為10Mbps。

3. 10BaseT為星狀拓樸；
UTP（無遮蔽式雙絞線）是雙絞線的一種。

(C)4. 10Base2乙太網路使用RG 58同軸電纜為傳輸媒介，其網路拓樸（topology）為下列哪種結構？ (A)星狀 (B)環狀 (C)匯流排 (D)網狀。

(A)5. 10Base5架構是使用哪一種傳輸媒介？
(A)同軸電纜 (B)雙絞線 (C)光纖 (D)紅外線。

四、資料交換的技術

1. **電路交換**（circuit switching）：傳送及接收端須有線路連接，才能傳送資料；傳送完畢前，線路無法開放給其他節點使用。如撥打電話。

    a. 優點：不共用頻寬，傳輸速度快、錯誤率低。

    b. 缺點：容易發生占線的情形。

2. **訊息交換**（message switching）：資料在傳輸過程中可選擇不同傳輸路徑，此種技術運用**存轉交換**的功能，在資料尚未傳送到接收端之前，可將資料暫時存放在傳輸路徑的某一個節點，直到確定下一段傳輸路徑暢通後，再將資料傳輸出去。

    a. 優點：整體線路的使用效率較高。

    b. 缺點：因傳輸的資料未分割，當資料量龐大時，會長時間佔用所選擇的傳輸路徑，造成壅塞的情形。

3. **封包交換**（packet switching）（或稱分封交換）：會將要傳輸的資料，分割成多個特定大小的封包，再依封包中的目的位址來決定傳輸路徑。**網際網路、行動通訊（如3G、4G）就是採用分封交換技術來傳輸資料。**

    a. 優點：避免占線情形、降低線路壅塞。

    b. 缺點：封包可能不會按照順序送達，故接收端須花費時間重整資料。

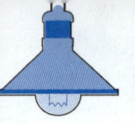

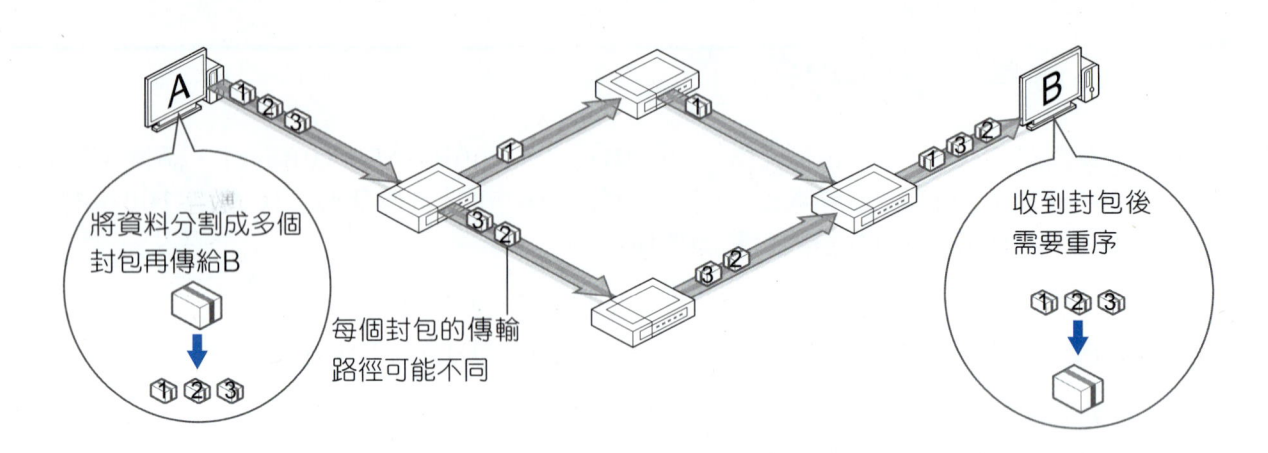

4. 資料交換技術的比較：

項目	電路交換	訊息交換	封包交換
是否需建立連線	✓		
是否需使用暫存空間		✓	✓
傳輸速度（由傳送端到接收端間所花用的時間）	最快	最慢	中等
可靠性（資料正確送到接收端的能力）	高	低	高
線路使用率	低	高	高

得分區塊練

(A)1. 網際網路（Internet）是依據下列哪一種資料交換技術運作？
(A)分封交換（packet switching）　(B)電路交換（circuit switching）
(C)數位交換（digital switching）　(D)訊息交換（message switching）。

(D)2. 一般電話系統通常採用何種資料交換技術？
(A)資料交換　(B)分封交換　(C)訊息交換　(D)電路交換。

8-4　通訊協定

一、OSI通訊標準　102 103 106 107 108 110

1. 通訊協定（communication protocol）：是一種公認的通訊標準或法則；用來規範電腦間資料傳遞的方式。

2. **OSI**（Open System Interconnection）網路通訊標準[註]：為國際標準組織（ISO）所制定，用來作為電腦廠商發展通訊產品的依循標準。

註：OSI標準不是一種通訊協定，它只是一種規範。

統測這樣考

(B)39. OSI通訊標準中,下列哪一層最靠近應用層?
(A)網路層　(B)表達層
(C)傳輸層　(D)會議層。　　[108工管]

3. **OSI七層**負責處理的工作:

層別	OSI階層	負責的工作
7	應用層 Application Layer	規範各項網路服務(如電子郵件、檔案傳輸等)的使用者介面,讓使用者可存取網路中的資源
6	表達層 Presentation Layer	將資料進行格式轉換、壓縮/解壓縮、加密/解密等處理
5	會議層 Session Layer	負責協調及建立傳輸雙方的連線,並建立傳輸時所遵循的規則
4	傳輸層 Transport Layer	將資料切割成區段,確保資料能正確送達目的位址,並監控網路流量及處理資料遺失時重送
3	網路層 Network Layer	將區段轉成資料封包,並為封包選擇最佳傳輸路徑
2	資料連結層 Data Link Layer	將資料封包轉成訊框,並監督資料傳輸的過程
1	實體層 Physical Layer	將資料轉換成傳輸媒介所能傳遞的電子訊號,並將訊號傳送出去

軟體程式 ↑ 應用 / 資料傳輸 ↓ 硬體設備

口訣記憶法

英 打 會 輸 入 結 石　　(以各層英文第1個字母來記憶)
應 達 會 輸 路 結 實　　**A**ll **P**eople **S**eem **T**o **N**eed **D**ata **P**rocessing
→意:英文打字會輸入結石　　→意:每個人都需要資料處理

4. OSI對應的連結裝置及軟體:

7. 應用層　　網路應用程式,如瀏覽器、電子郵件軟體
6. 表達層　　壓/解壓縮及加/解密網路應用程式
5. 會議層
4. 傳輸層
3. 網路層
2. 資料連結層
1. 實體層

中繼器　集線器　數據機　交換器　網路卡　橋接器　IP分享器　路由器　閘道器

支援OSI 1～3層

五秒自測　集線器、閘道器等網路連結裝置的功能,與OSI七層的對應關係為何?
- 集線器:用來將訊號增強再廣播給所有連接埠,主要運作層次為「實體層」。
- 閘道器:用來連接使用不同通訊協定的網路,主要運作層次為「應用層」。

統測這樣考

(B)30. 在TCP/IP通訊協定中，哪一層將訊息（Messages）分割成符合網際網路傳輸大小的區塊？
(A)Internet層　　(B)Transport層
(C)Session層　　(D)Application層。[110商管]

得分區塊練

(D)1. 將資料轉換成傳輸媒介所能負載、傳遞的電子訊號，並經由網路設備傳送出去，是用於開放系統連結（OSI）七層架構中的哪一層？
(A)傳輸層　(B)網路層　(C)資料鏈結層　(D)實體層。

(B)2. 在OSI七層網路通訊協定架構中，下列何層負責處理資料的轉換（包括將資料編碼、壓縮、解壓縮、加密、解密等），並建立上層可以使用的格式？
(A)資料連結層（Data Link Layer）　　(B)表達層（Presentation Layer）
(C)會議層（Session Layer）　　(D)傳輸層（Transport Layer）。

(B)3. 國際標準組織（ISO）制訂的開放式系統連接模型（OSI）中，下列哪一層是負責選擇封包的最佳傳輸路徑？　(A)資料鏈結層　(B)網路層　(C)傳輸層　(D)應用層。

(D)4. 下列哪一種設備，其主要運作層次為『網路層』？
(A)橋接器（bridge）　　(B)檔案伺服器（file server）
(C)中繼器（repeater）　　(D)路由器（router）。

(B)5. 下列何者在開放系統互連參考模型（OSI model）中，運作的層次最低？
(A)路由器（router）　　(B)中繼器（repeater）
(C)橋接器（bridge）　　(D)閘道器（gateway）。

(B)6. 閘道器在OSI參考模型中哪些層運作？
(A)只在第七層　(B)全部七層　(C)只在第四層　(D)在第一～第四層。

(D)7. 開放式系統互連的參考模型中，第三層通訊協定為？
(A)傳輸（Transport）層
(B)資料鏈結（Data Link）層
(C)實體（Physical）層
(D)網路（Network）層。

7. OSI 1～7層名稱依序為：實體層、資料連結層、網路層、傳輸層、會議層、表達層、應用層。

[丙級網路架設]

(A)8. 開放式系統互連的參考模型中，一個封包如果在丟失的情況下，要等待多久才會被重新發送，這是由以下哪一層通訊協定決定？
(A)傳輸（Transport）層　　(B)資料鏈結（Data Link）層
(C)實體（Physical）層　　(D)網路（Network）層。[丙級網路架設]

(A)9. 國際標準組織（ISO）所制定的開放式系統連結（OSI）參考模式中，下列哪一層最接近網路硬體？
(A)資料連結層　(B)會議層　(C)傳輸層　(D)網路層。[技藝競賽]

(D)10. 從功能面來看，即時通訊軟體應歸屬於ISO所規範的OSI架構中的哪一層？
(A)傳輸層　(B)會議層　(C)表達層　(D)應用層。

(C)11. OSI參考模型中，下列哪一層主要在發送和接收端之間建立連線，管理連線的傳輸方式、安全機制？
(A)應用層　(B)表達層　(C)會議層　(D)傳輸層。

⚡統測這樣考
(A)14. 在網際網路協定中，HTTP（Hypertext Transfer Protocol）是屬於哪一層的通訊協定？　(A)應用層　(B)傳輸層　(C)網路層　(D)鏈結層。　[113工管]

二、TCP/IP通訊協定　102　105　106　109　111

1. **網際網路採用的通訊協定即為TCP/IP**（**T**ransmission **C**ontrol **P**rotocol/**I**nternet **P**rotocol）。

2. 安裝TCP/IP通訊協定的步驟（以Windows 10為例）：
   在桌面右下方**通知區域**的**網際網路存取**按右鍵，按**開啟網路和網際網路設定**，按**網路和共用中心**，按使用中的網路連線，按**內容**，雙按**網際網路通訊協定第4版**（**TCP/IPv4**）。

3. 安裝TCP/IP通訊協定後，可視需要設定IP位址、子網路遮罩、預設閘道（gateway）的位址。

   ⚡統測這樣考
   (B)31. 有關TCP／IP通訊協定應用於網際網路服務的敘述，下列何者正確？
   (A)ARP通訊協定為選擇資料封包的傳輸路徑
   (B)DHCP通訊協定為動態分配IP位址
   (C)IP通訊協定為將IP位址轉換成實體位址
   (D)SMTP通訊協定為網域名稱與IP位址的互轉。　[111商管]

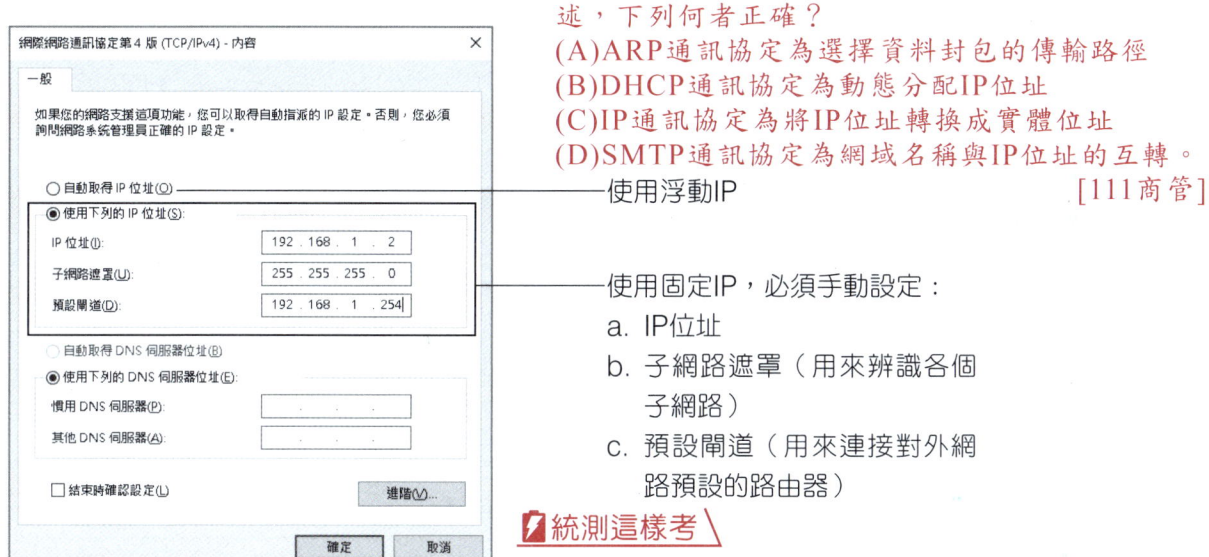

   ─使用浮動IP

   ─使用固定IP，必須手動設定：
   　a. IP位址
   　b. 子網路遮罩（用來辨識各個子網路）
   　c. 預設閘道（用來連接對外網路預設的路由器）

   ⚡統測這樣考
   (D)10. 網際網路通訊協定的TCP／IP分層架構中，下列何者是屬於應用層的通訊協定？
   (A)IP　(B)TCP　(C)UDP　(D)HTTP。　[112工管]

4. TCP/IP與OSI通訊協定對應關係圖：

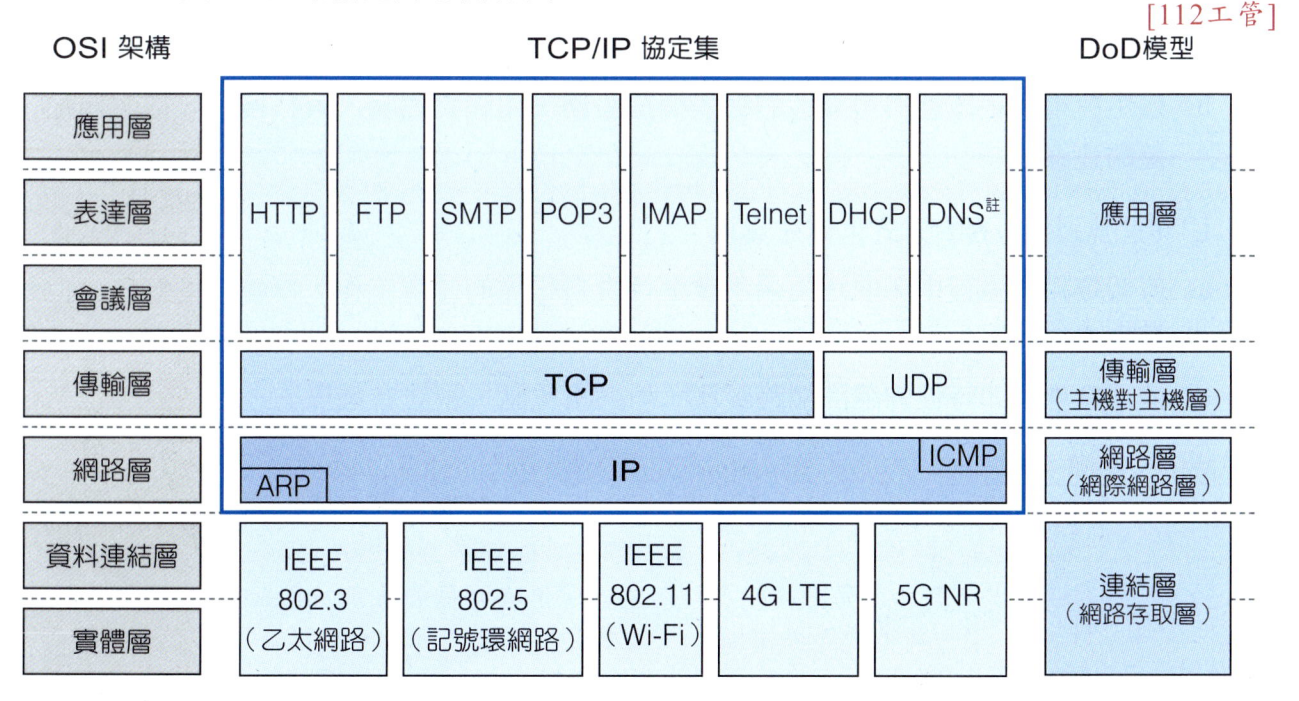

OSI 架構	TCP/IP 協定集	DoD模型
應用層	HTTP／FTP／SMTP／POP3／IMAP／Telnet／DHCP／DNS註	應用層
表達層	同上	同上
會議層	同上	同上
傳輸層	TCP　UDP	傳輸層（主機對主機層）
網路層	ARP　IP　ICMP	網路層（網際網路層）
資料連結層	IEEE 802.3（乙太網路）／IEEE 802.5（記號環網路）／IEEE 802.11（Wi-Fi）／4G LTE／5G NR	連結層（網路存取層）
實體層	同上	同上

註：當用戶端（client）向DNS查詢資料時，會採用UDP的方式來傳輸；當DNS與DNS之間在同步設定資料（Zone Transfer）則會採用TCP的方式來傳輸。

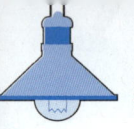

5. TCP/IP是一個協定集，包含了數種通訊協定：

通訊協定	用途說明
HTTP	瀏覽全球資訊網（WWW）
FTP	檔案傳輸
SMTP	將郵件**傳送**至郵件伺服器，如電子郵件軟體就是使用此種協定來傳送郵件
POP3	**接收**郵件伺服器上的郵件，如電子郵件軟體就是使用此種協定來接收郵件
IMAP	用途與POP3相同，主要差別在於，IMAP會先從郵件伺服器下載郵件標題，待瀏覽者要閱讀某封郵件時，才下載該郵件內容，故採用IMAP可節省網路頻寬的使用
Telnet	用戶端以模擬終端機的方式，登入遠端主機
DHCP	動態分配IP位址
TCP	規範如何將資料正確地送達接收端
UDP	同TCP，差別在於UDP採「無連接服務」來傳輸資料
IP	規範封包傳輸路徑的選擇
ICMP	負責傳送錯誤訊息（如封包傳送失敗）
ARP	將IP位址轉換成實體位址（MAC Address）
DNS	互轉網域名稱與IP位址

◉五秒自測　在TCP/IP協定集中，SMTP通訊協定有何用途？
　　　　　　SMTP：將郵件傳送至郵件伺服器。

6. TCP採**連接導向服務**的方式來傳送資料：
   a. 傳輸資料的過程中，收送兩端會不斷地確認資料是否正確送達，傳輸速度較慢。
   b. 適用於重視正確性與可靠性的網際網路服務，如網頁瀏覽、資料搜尋、檔案傳輸、遠端連線。

7. UDP採**無連接服務**的方式來傳送資料：
   a. 傳輸資料的過程中，收送兩端不會進行資料送達的確認工作，傳輸速度較快，但易發生資料「漏失」。
   b. 適用於重視即時性的網際網路服務，如網路電話、視訊會議等。

⚡統測這樣考

(D)40. 關於通訊協定，下列敘述何者正確？
　　　　(A)POP3（郵局傳輸協定）為電子郵件傳送服務的通訊協定
　　　　(B)ARP（位址求解協定）為動態分配IP位址服務的通訊協定
　　　　(C)SMTP（簡單郵件傳輸協定）為電子郵件接收服務的通訊協定
　　　　(D)IMAP（網際網路資訊存取協定）為從本地郵件客戶端存取遠端伺服器上郵件的通訊協定
　　　　　　　　　　　　　　　　　　　　　　　　　　　　　　　　　　[110工管]

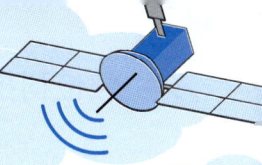

第 8 章 電腦網路的組成與通訊協定

得分區塊練

(A)1. 在TCP/IP通訊協定中，下列何者不屬於應用層（application layer）的通訊協定？
(A)ARP　(B)FTP　(C)HTTP　(D)SMTP。

(C)2. 下列何者不是Windows中「Internet Protocol（TCP/IP）內容」的設定選項？
(A)子網路遮罩　(B)預設閘道　(C)主機名稱　(D)慣用DNS伺服器。

(B)3. TCP/IP通訊協定提供下列哪兩層的功能？　(A)應用層與傳輸層　(B)傳輸層與網際網路層　(C)網際網路層與網路存取層　(D)網路存取層與實體層。

(B)4. 有關網際網路通訊協定的敘述，下列何者不正確？　(A)IP為Internet的網路層通訊協定　(B)POP3為電子郵件外送的通訊協定　(C)HTTP為WWW的通訊協定　(D)TELNET為遠端登錄的通訊協定。

4. POP3為電子郵件接收的通訊協定；SMTP為電子郵件外送的通訊協定。

(B)5. 下列哪一個協定為目前網際網路所採用？
(A)OSI　(B)TCP/IP　(C)IPX/SPX　(D)NetBEUI。　[技藝競賽]

(C)6. 在全球資訊網中，瀏覽器與網站之間傳送訊息時，使用的通訊協定是
(A)HTML　(B)URL　(C)HTTP　(D)ASP。

(A)7. 下列何種通訊協定提供動態分配IP位址及相關網路設定的服務？
(A)DHCP　(B)FTP　(C)TCP/IP　(D)UDP。

三、區域網路通訊協定

1. **載波感測多元存取／碰撞偵測**（CSMA/CD）：

    a. 透過偵聽傳輸線路上有無資料正在傳輸，才決定是否送出資料，以避免資料發生碰撞。

    b. 屬於OSI七層架構中的**資料連結層**協定。

2. **記號傳遞**（token passing）：

    a. 利用是否取得在各節點傳遞的記號封包，來決定資料傳遞的權限或順序。

    b. 屬於OSI七層架構中的**資料連結層**協定。

3. 上述通訊協定適用的區域網路架構：

區域網路架構	採用的通訊協定	網路拓樸
乙太網路	CSMA/CD	匯流排、星狀
記號環網路	token passing	環狀
光纖分散式資料介面	token passing	雙環狀

  a. 光纖分散式資料介面（FDDI）採用兩條環狀架構的網路拓樸，其中主環用來傳遞資料，次環作為備用。

四、無線網路通訊協定 106 110

1. **IEEE 802.11x（Wi-Fi）**：
   a. 美國電機電子工程師協會（IEEE）制訂的無線區域網路通訊標準。
   b. Wi-Fi聯盟的成立是為了推廣此一協定的使用，故IEEE 802.11x通訊協定又被稱為Wi-Fi。
   c. IEEE 802.11x協定（以發表先後順序排序）：

無線通訊協定	對應Wi-Fi名稱	使用頻段	傳輸速度（理論值）[註]
IEEE 802.11b	Wi-Fi 1	2.4 GHz	11 Mbps
IEEE 802.11a	Wi-Fi 2	5.0 GHz	54 Mbps
IEEE 802.11g	Wi-Fi 3	2.4 GHz	54 Mbps
IEEE 802.11n	Wi-Fi 4	2.4、5.0 GHz	600 Mbps
IEEE 802.11ac	Wi-Fi 5	5.0 GHz	6.93 Gbps
IEEE 802.11ad	—	60 GHz	7 Gbps
IEEE 802.11ax	Wi-Fi 6	2.4、5.0 GHz	9.6 Gbps
IEEE 802.11be	Wi-Fi 7	2.4、5.0、6.0 GHz	46 Gbps
IEEE 802.11bb	Li-Fi	60 Hz	224 Gbps

2. **Li-Fi**（光照上網技術）：
   a. 利用LED燈所發出的可見光來傳輸資料，藉由控制燈光以特定頻率快速閃爍，即可高速傳輸0與1的訊號。
   b. 優點為傳輸速度快（可高達224Gbps），但有無法穿透牆壁、只能直線傳輸、傳輸距離短（約10公尺）等限制。

3. **4G LTE**（Long Term Evolution，長期演進技術）：
   a. 4G是指第4代行動通訊協定。
   b. 傳輸距離最遠可達100公里，傳輸速率最高可達300Mbps。
   c. 由3G技術發展而來，是一種無線廣域網路通訊協定。
   d. 在行動裝置上使用4G需向電信業者申請，並開啟行動數據服務才能連上網路。

統測這樣考

(C)38. 下列通訊網路相關的標準中，何者常被歸類為無線區域網路（WLAN）？
(A)RS485　(B)RS232　(C)IEEE 802.11　(D)IEEE 802.3。　　[106資電]

解：RS485、RS232是序列資料通訊的介面標準；
　　IEEE 802.3是IEEE制定在乙太網路的技術標準。

註：傳輸速度會隨著技術不斷演進而有所改變。

4. **5G NR**（New Radio，新無線）：

   a. 5G是指第5代行動通訊協定。

   b. 傳輸距離最遠可達250公尺，傳輸速率最高可達10Gbps。

   c. 具備**高速率**、**低延遲**、**多連結**等3項特性。

   d. 4G與5G行動通訊協定的比較：

行動通訊協定\\項目	4G LTE	5G NR
制定組織	3GPP（第三代合作夥伴計畫）	3GPP（第三代合作夥伴計畫）
發展基礎	3G/3.5G	4G
最遠傳輸距離	100公里	250公尺
最快傳輸速率	300Mbps	10Gbps
延遲	平均50ms（0.05秒）	低於1ms（0.001秒）
連結的裝置數量（每平方公里）	約2,000台裝置	約100萬台裝置

5. **藍牙**（Bluetooth）：

   a. 應用在短距離（約10公尺內）的數據及語音通訊，傳輸速率約為1～24Mbps。

   b. 使用藍牙協定的設備（如手機、藍牙無線耳機、筆電、智慧手錶等），都內建有藍牙晶片，才能收發藍牙訊號。

   c. 藍牙與紅外線傳輸比較如下：

比較項目	藍牙	紅外線
傳輸媒介	微波	紅外線
傳輸距離	10公尺內	1公尺內
傳輸速度	1～24 Mbps	4～16 Mbps
資料安全性	佳	差
耗電率	低	高
傳輸對象	1對多	1對1
角度	無傳輸方向限制	±15度

   💡 **解題密技** 在統測考題中，常考藍牙與紅外線傳輸的比較，上表內容請同學要多加留意。

   d. 最新藍牙技術已發展至5.4版本，藍牙5.4的晶片具有低耗電、傳輸速度可達48Mbps（理論值）、傳輸距離可達300公尺（理論值）的特色。

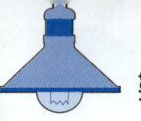

(D)3. 欲使用手機以感應方式刷信用卡、悠遊卡或一卡通，手機需具有下列哪種功能？ (A)QR Code (B)藍芽（Bluetooth） (C)Wi-Fi Direct (D)NFC（Near Field Communication）。 [110工管]

6. **無線射頻辨識（RFID）**：

   a. 以讀取器接收電子標籤（RFID Tag）發出的電波訊號，達到資料傳輸目的。

   b. 常應用於交通運輸的電子票證（如悠遊卡）、賣場的商品販售、高速公路的電子收費（ETC）、門禁管制、動物晶片、圖書管理、交通運輸、物流管理、醫療安全等方面。

   c. RFID標籤依照有無內建電池，可分為被動式及主動式標籤2種。
   - **被動式**標籤：需依賴讀取器所發射的電波將其轉換為電源，才能將標籤中內建的資料傳送給讀取器。
   - **主動式**標籤：內建有電源供應（如電池），可主動將資料傳送給讀取器。
   - 被動式 vs. 主動式標籤：

RFID標籤	內建電池	感應距離	使用期限	應用範例
被動式		短	長	門禁卡、電子票證（如悠遊卡、一卡通）
主動式	✓	長	短	貨櫃管理（貨櫃位置的定位）

7. **NFC（近距離通訊）**：

   a. 源自RFID所發展出來的通訊技術，具有傳輸距離短（約10公分內）、耗電量低、安全性高、只能一對一傳輸等特性。

   b. 常應用在個人資料傳輸、行動支付（如蘋果公司的Apple Pay、Samsung公司推出的Samsung Pay、Google公司推出的Google Pay等）、門禁管制等領域。

項目＼種類	RFID（無線射頻辨識）	NFC（近距離通訊）
運作原理	透過RFID讀取器發送訊號，讓範圍內的RFID電子標籤接收到訊號後，將晶片中的資料回傳給讀取器，以達到資料交換	兩個內建有NFC的裝置輕碰，即可完成配對，並互相交換訊息
傳輸對象	一對多傳輸	一對一傳輸
傳輸距離	較長	較短
安全性	較低	較高
應用範圍	電子票證（如實體悠遊卡）、交通運輸（如ETC）	行動支付（如電信悠遊卡[註]）、個人資料傳輸

註：電信悠遊卡（又稱為NFC SIM卡）是由悠遊卡與國內電信公司（如中華電信）聯合發行的產品，使用者可向電信公司申辦具有悠遊卡功能的SIM卡，並放入內建有NFC的手機中，即可透過手機來感應付款。

五、其他通訊協定

通訊協定	說明	應用
NetBEUI	由IBM、Microsoft公司發展，適用於區域網路的通訊協定	區域網路
PPPoE	可讓乙太網路上的多部電腦透過數據機，並共用一條線路連上網際網路	ADSL、cable數據機撥接上網

得分區塊練

(B)1. 採用下列哪一個通訊協定的網路，在傳送資料前，必須先偵測傳輸線上是否有資料正在傳輸？　(A)TCP/IP　(B)CSMA/CD　(C)token passing　(D)IPX/SPX。

(A)2. 記號環網路適用於下列哪一種網路拓撲？
(A)環狀　(B)匯流排　(C)樹狀　(D)網狀。

(A)3. 行動電話所使用的無線耳機，最常採用下列哪一種通訊技術？
(A)Bluetooth　(B)RFID　(C)Wi-Fi　(D)NFC。

(A)4. 下列何者最符合「藍牙」技術的目的？
(A)讓資訊設備無線傳輸資料　　(B)改善辦公室空氣品質
(C)減少資訊設備耗電量　　　　(D)增進網站曝光機率。

(B)5. 下列何者不屬於無線網路的範疇？
(A)IEEE 802.11b　(B)光纖　(C)微波　(D)藍牙技術。

(D)6. 在Windows作業系統中，下列何者是以ADSL上網時，最常採用之通訊協定？
(A)HTTP　(B)ISP　(C)WWW　(D)PPPoE。

(A)7. 無線網路通訊協定IEEE 802.11b的傳輸速度可高達：
(A)11Mbps　(B)8.02Mbps　(C)54Mbps　(D)100Mbps。

(A)8. 下列哪一種不是常見的無線網路規格？
(A)802.11z　(B)802.11a　(C)802.11b　(D)802.11g。

(C)9. 下列哪一種無線傳輸方式，因成本較低、無固定傳輸方向障礙等優點，廣泛應用於手機、PDA、無線耳機等周邊設備的傳輸工作？
(A)紅外線　(B)雷射　(C)藍牙　(D)微波。　　　　　　　　　　　　[技藝競賽]

(A)10. 巴黎奧運採用內嵌晶片的門票，觀眾進出會場時，只要手持門票在驗票機上感應，即可判別門票的真偽及進出者的身分。請問這種門票，最可能是應用了下列哪一種技術？　(A)RFID　(B)SMTP　(C)Bluetooth　(D)Li-Fi。

(A)11. 電子商務所使用的RFID技術，關於RFID的特性，下列哪一項錯誤？
(A)電子資料不可更新　　　　　(B)讀取器可同時讀取多個RFID標籤
(C)讀取時不需要光線　　　　　(D)可在高速移動中讀取標籤資料。　[技藝競賽]

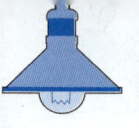

滿分晉級

★新課綱命題趨勢★
情境素養題

▲閱讀下文，回答第1至3題：

鴻德資訊公司建置了一個官方網站，可提供網友隨時上網瀏覽商品資訊，另外還提供內部客服專區可供公司同仁留言發表意見。阿凱是該公司的網管人員，負責管理網站並檢視留言，他發現同事常抱怨網路連線速度太慢，甚至某位同事的電腦發生故障，使得公司整個區域網路癱瘓等問題。

(B)1. 阿凱為了解決同仁抱怨網路連線速度太慢的問題，你知道他可以利用下列哪一種網路設備，將不同部門分割成數個網路區段，以減低網路壅塞的情形嗎？
(A)交換器　(B)橋接器　(C)集線器　(D)中繼器。 [8-1]

(B)2. 該公司曾發生某位同事的電腦發生故障，使得公司整個區域網路癱瘓的問題，請問阿凱的公司最有可能採用下列哪一種網路拓樸來架設區域網路？
(A)匯流排架構　(B)環狀架構　(C)星狀架構　(D)樹狀架構。 [8-3]

(A)3. 『鴻德資訊』官網提供網友隨時上網瀏覽商品資訊，請問以網路上述資源分享方式的角度來看，上述情境所構成的網路，歸屬為哪一種網路架構最恰當？
(A)主從式網路　(B)對等式網路　(C)匯流排網路　(D)星狀網路。 [8-3]

(B)4. 「動能感溫」變頻冷氣機的廣告宣稱能自動感應室內的人體活動量，當活動量增高或人數增加時，會自動調降溫度；而當活動量減低或室內人數減少時，會進入省電模式。試問此款家電的溫度感知晶片最可能使用下列哪一種傳輸媒介來接收室內人體活動量的強度？　(A)雙絞線　(B)紅外線　(C)微波　(D)光纖。 [8-1]

(A)5. 國立宜蘭大學與格瑪數位公司產學合作，研發了一款內建有GPS全球定位系統的枴杖，讓持有這款枴杖的老人不管走到哪裡，都能讓他的家人找到他。請問這款枴杖最有可能是使用何種網路傳輸媒介來發送訊息？
(A)微波　(B)紅外線　(C)光纖　(D)雙絞線。 [8-1]

(B)6. 近年來環保意識抬頭，小李的公司主管為了帶起公司員工的環保觀念，要求全體員工使用電子公文來減少列印傳統公文的紙張成本，請問使用下列哪一個設備，對減少紙張的使用毫無幫助？
(A)郵件伺服器　(B)列印伺服器　(C)檔案伺服器　(D)網站伺服器。 [8-2]

(A)7. 冠均回憶起大學生活的時光，他記得在多人共住的宿舍時，大家會使用一部交換器將所有電腦連接來形成一個區域乙太網路，則該網路最可能為下列哪種拓樸（Topology）？　(A)星狀　(B)環狀　(C)網狀　(D)匯流排。 [8-3]

(D)8. 為宣導流感防治的衛教資訊，行政院衛福部網站提供最新疫情及預防方法的PDF檔案可供下載。根據以上情境，請問下列敘述何者錯誤？　(A)衛福部網站的網址類型為gov　(B)將「最新疫情」網頁加入「書籤」，即可使用選按的方式來連上該網頁　(C)PDF檔案類型是屬於開放格式　(D)在瀏覽器輸入衛福部的網址後，DHCP伺服器會自動將網址的網域名稱轉換成IP位址。 [8-4]

(A)9. 小花很喜歡知名連鎖咖啡店－星巴克，她通常在店內使用智慧型手機時，會使用店內的無線上網的服務來追劇。請問星巴克的無線區域網路最可能採用下列哪一種通訊協定？　(A)Wi-Fi　(B)RFID　(C)Bluetooth　(D)HTTP。 [8-4]

A8-30

(B)10. 蘋果公司推出的「AirPods Pro」令許多時下年輕人愛不釋手，這款無線耳機可讓使用者以此來接聽電話。請問目前用於手機的無線耳機大多是採用下列哪一種通訊協定？
(A)RFID　(B)Bluetooth　(C)LTE　(D)TCP/IP。 [8-4]

(B)11. 在A廠牌的智慧型手機廣告中，女主角可以在遠離塵囂的海邊一邊收聽音樂一邊上網。請問該部智慧型手機最可能使用下列哪一個傳輸技術來連上網際網路？
(A)紅外線傳輸　(B)NR　(C)Bluetooth　(D)RFID。 [8-4]

精選試題

2. 光纖的抗雜訊力較雙絞線、同軸電纜等傳輸媒介強。

8-1 (B)1. 下列何種數據通信（Data Communication）傳輸媒體，具有最佳的雜訊隔離、安全性與傳輸效率？　(A)同軸電纜　(B)光纖　(C)微波　(D)紅外線。

(C)2. 對於雙絞線、同軸電纜和光纖作為有線傳輸媒介的比較，下列敘述何者不正確？
(A)同軸電纜抗雜訊力較雙絞線為佳
(B)雙絞線傳輸距離最短
(C)光纖的頻寬最寬，但抗雜訊力最差
(D)光纖是以光脈衝信號的形式傳輸訊號。

3. 雙絞線等級5（cat 5）的傳輸速率為100Mbps，等級1（cat 1）的傳輸速率為2Mbps；同軸電纜的最遠傳輸距離較雙絞線遠；雙絞線最遠傳輸距離約為100公尺。

(B)3. 下列關於在乙太網路中，所使用的雙絞線（UTP）和同軸電纜的敘述，何者正確？
(A)雙絞線等級1的傳輸速率，比雙絞線等級5的傳輸速率高
(B)雙絞線的最高傳輸速率，比同軸電纜的最高傳輸速率高
(C)雙絞線的最大傳輸距離，比同軸電纜的最大傳輸距離遠
(D)不同等級的雙絞線的最大傳輸距離都不同。

(C)4. 下列傳輸媒介中何者在單位時間內的資料傳輸量最大
(A)同軸電纜　(B)電話線　(C)光纖　(D)雙絞線。

(A)5. 在電腦通訊的傳輸媒體中，何者正確？
(A)雙絞線可當數位信號傳輸
(B)100BaseT理論上最高可達100Kbps的傳輸速度
(C)同軸電纜是目前使用的傳輸媒體之一，但不適用於寬頻
(D)光纖的傳輸媒體最高可達100Mbps傳輸速度，可適用於有線電視系統。

(D)6. 以下哪一種電腦網路傳輸媒介，收訊端必須對準發訊端（誤差不得超過收訊角度）？
(A)光纖　(B)微波　(C)Wi-Fi　(D)紅外線。

(C)7. 下列何者不是數據通訊之傳輸媒體？
(A)同軸電纜　(B)微波　(C)數據機　(D)光纖。 [乙級軟體應用]

(A)8. 下列有關通訊媒體的敘述，何者正確？
(A)相較於光纖（fiber optic），同軸電纜（coaxial cable）通常比較容易受到雜訊干擾
(B)微波（microwave）在傳送資料時，可以隨著地表曲線而彎曲進行
(C)紅外線沒有傳輸方向的限制
(D)Wi-Fi（wireless fidelity）是指以藍牙技術（Bluetooth）進行無線傳輸。

8. 微波及紅外線是以直線傳輸的方式來傳送資料；
Wi-Fi是以802.11x通訊協定進行無線傳輸。

(A)9. 下列何者是雙絞線使用的接頭？ (A)RJ-45 (B)RG-58 (C)RG-59 (D)ST。

(A)10. 下列何種網路設備可以作為區域網路與廣域網路連接時的橋樑？
(A)路由器（Router） (B)中繼器（Repeater）
(C)集線器（Hub） (D)數據機（Modem）。

(B)11. 下列有關網路傳輸設備的敘述，何者錯誤？
(A)集線器（hub）可連接多個網路節點
(B)中繼器（repeater）主要用於連接兩個區域網路
(C)路由器（router）可連接多個網路
(D)交換器（switch）類似集線器可減少訊息發生碰撞的機率。

11.中繼器是用來增強傳輸訊號，延伸訊號的傳輸距離。

(A)12. 下列哪一項設備並不是建構一電腦網路所需的設備？
(A)掃描器 (B)集線器 (C)網路卡 (D)無線網卡。

(D)13. 在網際網路（Internet）中，下列何種通訊設備主要用於連接兩個不同的子網路？
(A)集線器（hub） (B)中繼器（repeater）
(C)數據機（modem） (D)路由器（router）。

(A)14. 在網際網路（Internet）中的每一片網路卡，可有幾個MAC位址？
(A)一個 (B)二個 (C)三個 (D)任意個。　　　　[丙級網路架設]

(D)15. 下列敘述何者錯誤？
(A)數據機（MODEM）可以將類比信號轉成數位信號、或將數位信號轉變成類比信號
(B)資料傳輸時，若線路兩端可以在同一時間互相傳送資料，此種方式稱全雙工（Full Duplex）
(C)星狀（Star）拓樸是採資源集中管理的網路架構
(D)經由數據機傳送至電話線上的信號為數位信號。

15.數據機傳送至電話線上的信號為類比信號。

(C)16. 下列哪一種裝置可以讓二個相同類型的網路互相通訊？
(A)集線器（HUB） (B)訊號增益器（Repeater）
(C)橋接器（Bridge） (D)路由器（Router）。　　　[乙級軟體應用]

(A)17. 用來管理網路設備的最小單位，可以將網路設備集中管理，避免有問題的區段影響整個網路運作的是哪一種裝置？ (A)集線器（HUB） (B)訊號增益器（Repeater）
(C)橋接器（Bridge） (D)路由器（Router）。　　　[乙級軟體應用]

(D)18. 下列敘述中，何者不是橋接器對電腦網路的貢獻？
(A)協助排除網路中的局部當機區域，使網路功能不停頓
(B)克服網路架構纜線距離的限制
(C)讓傳輸媒介或纜線可以混接
(D)提供多重路徑的協定。　　　　　　　　　　　[乙級軟體應用]

(B)19. 下列哪個網路連線設備能協助訊息封包（Packets）於Internet傳遞過程中找到適當路徑，並順利將此訊息封包順利傳送至目的地？
(A)ADSL數據機（ADSL Modem） (B)路由器（Router）
(C)乙太交換器（Ether Switch） (D)橋接器（Bridge）。　　[技藝競賽]

(C)20. 讓多部電腦共用一個IP連上Internet時，需要下列何種技術？
(A)DNS (B)POP3 (C)NAT (D)FTP。

(D)21. 網頁製作完成之後，必須上傳至下列哪一種伺服器才能讓網路上的使用者瀏覽？
(A)列印伺服器 (B)檔案伺服器 (C)郵件伺服器 (D)網站伺服器。

(A)22. 下列哪一種設備是用來定義電腦在區域網路上的位址？
(A)網路卡　(B)數據機　(C)集線器　(D)交換器。

(D)23. 下列何種設備可將電腦的數位訊號轉換成類比訊號，並可透過網路將訊號傳遞給其他電腦？　(A)列表機　(B)掃描器　(C)讀卡機　(D)數據機。

(A)24. 下列何種區域網路（Local Area Network）的佈線方式，係各電腦間經由中央控制設備（例如：集線器或伺服器）連繫，而易於集中管理？
(A)星狀拓樸　(B)環狀拓樸　(C)半圓狀拓樸　(D)匯流排拓樸。

(A)25. 10BaseT的乙太網路的傳輸速率是　(A)每秒10Mega bits　(B)每秒10Mega bytes　(C)每秒100Mega bits　(D)每秒100Mega bytes。

(C)26. 下列何者是環狀拓樸的連接方式？
(A)網路上的所有工作站都與一個中央控制器連接
(B)網路上的所有工作站都直接與一個共同的通道連接
(C)網路上的所有工作站都是一部接一部的連接
(D)網路上的所有工作站都彼此獨立。　[丙級網路架設]

(A)27. 下列哪一種不是區域網路常見的網路拓樸？
(A)網狀拓樸　(B)星狀拓樸　(C)環狀拓樸　(D)匯流排拓樸。　[技藝競賽]

(C)28. 下列哪一種資料交換技術，在傳輸資料前必須先將資料分割成許多特定大小的封包？
(A)電路交換　(B)訊息交換　(C)分封交換　(D)資訊交換。

(B)29. 下列區域網路架構（LAN Topology）中，具廣播特性，且任何一部電腦將資料傳送上電纜線後，其訊號會向兩端傳遞，如有一部電腦故障，仍不會影響其他電腦之間通訊的是　(A)星狀（Star）　(B)匯流排（Bus）　(C)環狀（Ring）　(D)網狀　架構。

(C)30. 若要將學校電腦教室內的數十台電腦架設為「主從式網路」，我們可以選擇安裝下列哪一套作業系統作為網路作業系統？
(A)MS-DOS　(B)Mac OS　(C)Windows Server 2019　(D)Windows 10。

(B)31. 環狀網路是利用下列何者來決定資料傳遞的權限？
(A)電腦連接的順序　(B)記號封包　(C)中央裝置　(D)資料量的大小。

(B)32. 下列哪一種網路拓樸不會同時發生兩部電腦都要傳送資料的情況？
(A)星狀網路　(B)環狀網路　(C)樹狀網路　(D)匯流排網路。

(A)33. 下列哪一種網路架構，不會因為某一節點故障而影響其他電腦間的通訊？
a.星狀　b.匯流排　c.環狀
(A)ab　(B)ac　(C)bc　(D)abc。

(B)34. 下列有關100BaseFX網路的特色，何者有誤？
(A)使用光纖　(B)使用雙絞線　(C)傳輸速度為100Mbps　(D)適用於星狀拓樸。

(A)35. 網路拓樸（Topology）指的是
(A)網路的實體佈線　(B)網路傳輸速度　(C)網路規模大小　(D)網路傳輸距離。

(C)36. 下列何種網路拓樸，在每個節點間均有兩個以上的傳輸路徑可供選擇？
(A)匯流排　(B)星狀　(C)網狀　(D)環狀。　[丙級網路架設]

(B)37. 若要將學校電腦教室內的45台電腦，以具有12個連接埠的交換器連接成一個星狀網路，則至少需要幾台交換器設備？　(A)4　(B)5　(C)6　(D)7。

37.雖然每一個交換器皆有12個連接埠，但須扣除用來串聯其他交換器的連接埠，以右圖為例，共須5台交換器才能連接45台電腦。

(C)38. 標準IEEE 802.11b無線網路之最大傳輸速率為何？
(A)56Kbps　(B)2Mbps　(C)11Mbps　(D)54Mbps。

(D)39. 下列何者為美國電機電子工程師協會（IEEE）所制訂的無線區域網路標準？
(A)802.3　(B)802.4　(C)802.5　(D)802.11。

(D)40. 在Windows作業系統中，以手動方式設定TCP/IP網路連線，設定項目包含IP位址、子網路遮罩及下列何種設備的IP位址？
(A)集線器（Hub）　(B)橋接器（Bridge）
(C)交換器（Switch）　(D)路由器（Router）。

(C)41. 下列有關藍牙（Bluetooth）技術的敘述，何者正確？
(A)使用紅外線傳輸　(B)有傳輸夾角的限制
(C)可充當短距離無線傳輸媒介　(D)為虛擬實境的主要裝置。

(B)42. OSI網路七層（OSI 7-Layer）參考模型中，IP協定所屬層級為：
(A)資料連結層　(B)網路層　(C)傳輸層　(D)應用層。

(C)43. 下列各種通訊協定的說明，何者不正確？　43.Telnet是用來登入遠端主機的通訊協定。
(A)ARP是負責將IP位址轉換成實體位址的通訊協定
(B)DHCP是提供動態分配IP位址服務的通訊協定
(C)Telnet是提供傳送網頁所用的通訊協定
(D)SMTP是提供電子郵件傳送服務的通訊協定。

(D)44. 下列哪一種網路設備具備支援網路層（network layer）的功能？
(A)橋接器（bridge）
(B)集線器（hub）
(C)中繼器（repeater）
(D)路由器（router）。

45.UDP協定對應的是TCP/IP協定集中的傳輸層；SNMP（簡單網路管理協定）的用途為監控網路狀態及管理網路設備，對應在TCP/IP協定集中的應用層。

(A)45. 下列何者不屬於TCP/IP網路中應用層的通訊協定？
(A)UDP　(B)SMTP　(C)SNMP　(D)HTTP。　　　　　　　[公務考試]

(C)46. 一般所謂的WiFi網路，指的是下列何種網路？
(A)區域網路　(B)通訊網路　(C)無線網路　(D)衛星網路。　　[公務考試]

(B)47. User Datagram Protocol（UDP）協定屬於開放系統互連（Open System Interconnection, OSI）參考模型中哪一層？
(A)應用層　(B)傳輸層　(C)網路層　(D)鏈結層。　　　　　　[公務考試]

(A)48. 假設客戶端電腦是利用路由器連上網際網路，除了客戶端的IP地址與子網路遮罩之外，還需要設定哪一種TCP/IP地址？　(A)預設通訊閘道器（gateway IP address）
(B)SMTP伺服器地址　(C)WINS客戶端地址　(D)FTP伺服器地址。

(B)49. IEEE 802標準之定義相當於OSI模型中哪些層的標準？
(A)應用（Application）層與表示（Presentation）層
(B)實體（Physical）層與資料鏈結（Data Link）層
(C)網路（Network）層與資料鏈結（Data Link）層
(D)傳輸（Transport）層與網路（Network）層。　　　　　　[丙級網路架設]

(B)50. 對於OSI（Open System Interconnection）的七層架構圖，下列敘述何者錯誤？
(A)第一層為實體層　(B)第二層為網路層
(C)第四層為傳輸層　(D)第七層為應用層。
50.OSI第二層為資料連結層；第三層為網路層。

第8章 電腦網路的組成與通訊協定

(D)51. 「動態主機設定協定」允許IP位址動態分配,其英文縮寫為?
(A)WWW　(B)TCP/IP　(C)POP　(D)DHCP。

(B)52. 架設區域網路所必須使用的網路卡,屬於OSI七層架構中的哪一層?
(A)會議層　(B)資料鏈結層　(C)網路層　(D)傳輸層。

(C)53. 在OSI七層架構中,哪一層負責協調及建立傳輸雙方的連線?
(A)應用層　(B)表達層　(C)會議層　(D)傳輸層。

(A)54. 用來強化傳輸訊號的中繼器,其功能可對應至OSI七層架構中的哪一層?
(A)實體層　(B)資料鏈結層　(C)網路層　(D)傳輸層。

(D)55. 目前市面上銷售的無線傳輸產品(例如無線網路卡、無線橋接器)大多採用下列哪一種通訊協定?
(A)IEEE 802.3　(B)IEEE 802.5　(C)IEEE 802.6　(D)IEEE 802.11x。

(D)56. 新加坡郵輪中心採用電子登船證,旅客只需在驗票口感應這種登船證,即能快速完成登船的手續,大幅縮短傳統人工查驗票證的時間。請問這種技術最可能運用了下列哪一種無線通訊協定?　(A)Wi-Fi　(B)LTE　(C)Bluetooth　(D)RFID。

(A)57. 集線器工作於OSI 7層架構中的哪一層?
(A)實體層　(B)資料鏈結層　(C)網路層　(D)傳輸層。

(C)58. 網路線上的使用者與遠端的伺服主機連線進行檔案傳輸,所使用的協定稱為
(A)ARP　(B)SNA　(C)FTP　(D)TCP/IP。

(C)59. 關於網路中CSMA/CD協定,下列敘述何者不正確?
(A)連接到區域網路上各節點的電腦,都可以接收資料
(B)每個節點的電腦要傳送資料前,會先偵測網路內是否有其他資料正在進行傳輸
(C)取得權限(token)的電腦才能傳送資料,所以不會有資料碰撞(collision)的情形發生
(D)常應用於乙太網路(Ethernet)架構。

統測試題

1. 傳播距離:微波 > 廣播無線電波 > 紅外線 > 紫外線。

(C)1. 下列哪一種通信媒體最適用於長距離直線傳播?
(A)廣播無線電波　(B)紅外線　(C)微波　(D)紫外線。　　　[102商管群]

(A)2. 電子郵件的傳輸協定SMTP、POP3、IMAP,是屬於下列哪一層的傳輸協定?
(A)應用層　(B)傳輸層　(C)網路層　(D)鏈結層。　[102商管群]
2. SMTP、POP3、IMAP 皆屬於應用層

(A)3. 在OSI參考模型(Open System Interconnection Reference Model)的七層架構中,下列哪一層主要負責規範各項網路服務的使用者介面?
(A)應用層　(B)會議層　(C)網路層　(D)傳輸層。　　　[103商管群]

(C)4. 下列有關網路設備的敘述,何者正確?
(A)交換器(switch)內有MAC表記錄封包的來源IP位址
(B)橋接器(bridge)可連通不同區域網路的多部電腦
(C)路由器(router)可連通多個不同類型的區域網路
(D)集線器(hub)只能連接電腦不能直接連接路由器。　　　[104工管類]

(C)5. 在OSI網路架構中,確保資料於接收端能依發送端的編序正確組合的是屬於哪一層?
(A)資料鏈結層　(B)網路層　(C)傳輸層　(D)應用層。　　　[104工管類]

A8-35

(A)6. 於瀏覽器輸入www.edu.tw網址就可順利地連到該網站，這需要下列何種伺服器來提供網址轉換服務？ (A)DNS (B)WWW (C)FTP (D)MAIL。 [104工管類]

(A)7. 路由器的路徑選擇能力可完成OSI中哪一層功能？
(A)網路層 (B)應用層 (C)實體層 (D)表達層。 [104工管類]

(B)8. 在OSI模型中，網路卡功能最高屬於下列哪一層？
(A)實體層 (B)資料鏈結層 (C)網路層 (D)應用層。 [104工管類]

(C)9. 下列有關電腦網路的敘述，何者錯誤？
(A)TCP/IP為用在Internet中的通訊協定
(B)集線器（Hub）工作在OSI的實體層，通常是用來管理網路設備的最小單位
(C)路由器（Router）主要工作在OSI的實體層，通常作為信號放大與整波之用
(D)在Windows作業系統的電腦上，可利用「ipconfig/all」指令查得本機在網路上的MAC位址編號、IP位址等資訊。 [104資電類]

(A)10. 下列何者最適合用來連接LAN（Local Area Network）與Internet，並能根據IP位址來傳送封包？
(A)路由器（Router） (B)中繼器（Repeater）
(C)集線器（Hub） (D)瀏覽器（Browser）。 [105商管群]

(D)11. 當透過電腦網路下載檔案至個人電腦時，下列何種方式，最有可能會使下載者的個人電腦在邏輯上同時扮演用戶端（client）與伺服器端（server）的角色？
(A)HTTP下載
(B)FTP下載
(C)SMTP下載
(D)P2P下載。

11. P2P是peer-to-peer，每台電腦都同時扮演用戶端與伺服器端，提供資源給其他電腦。 [105商管群]

(D)12. 在OSI七層網路通訊協定中，哪一層是負責端點資料的正確送達？
(A)資料鏈結層 (B)會議層 (C)實體層 (D)傳輸層。 [105工管類]

(A)13. 下列何者是個人電腦自伺服器接收E-mail時所採用的通訊協定？
(A)POP3 (B)FTP (C)SMTP (D)DNS。 [105資電類]

(A)14. 網路OSI模型第二層的交換器（Switch）設備，依據下列哪種位址來轉換及傳送訊框（Frame）？
(A)實體位址（MAC）
(B)網路位址（IP）
(C)電腦名稱（Hostname）
(D)群組名稱（Groupname）。

14. 資料連結層會將每一個封包加上傳送端及接收端的MAC位址等標頭資訊，形成一個訊框，以便資料連結層的網路連結裝置（如交換器）可根據這些資訊將資料傳送給接收端。 [106商管群]

(A)15. 下列敘述何者正確？
(A)IEEE 802.11是一種無線區域網路的標準
(B)TCP是一種網路層的協定
(C)POP3負責郵件伺服器間郵件的傳送
(D)SMTP負責郵件伺服器與用戶端之間的電子郵件下載。

15. TCP是一種傳輸層的協定；POP3負責郵件伺服器與用戶端之間的電子郵件下載；SMTP負責郵件伺服器間郵件的傳送。 [106商管群]

(A)16. 下列哪一種伺服器最適合用來將網域名稱轉換成IP位址？
(A)DNS Server (B)IIS Server (C)DHCP Server (D)NAT Server。 [106工管類]

(A)17. 下列哪一種網路連接設備具有過濾封包的功能，可避免網路區段間的訊息干擾，提高網路傳輸效率？ (A)橋接器 (B)中繼器 (C)集線器 (D)IP分享器。 [106工管類]

第8章 電腦網路的組成與通訊協定

(D)18. 下列關於各種通訊協定的敘述，何者正確？
(A)TCP/IP協定是廣泛運用在網際網路的通訊協定，在OSI架構中屬於網路層
(B)Telnet協定是用於遠端登入的通訊協定，負責網路封包傳送，在OSI架構中屬於傳輸層
(C)IEEE802.11協定是專用於行動電話上網的通訊協定
(D)SMTP和POP3協定是用於電子郵件的通訊協定，前者負責傳送，後者負責接收。

19. 傳輸層負責「將資料切割成區段，並確保資料能正確送達目的位址」； [106工管類]
　　網路層負責「決定封包傳送的最佳傳輸路徑」。

(B)19. 下列關於開放式系統互連（Open System Interconnection, OSI）參考模型的描述，何者錯誤？
(A)該模型是由ISO組織制定，是一個用來規範不同電腦系統之間進行通訊的原則
(B)該模型中的傳輸層（Transport Layer）負責工作包含「決定封包傳送的最佳傳輸路徑」
(C)該模型中的資料連結層（Data Link Layer）負責工作包含「錯誤偵測及更正」
(D)該模型中的實體層（Physical Layer）相對應的設備包含有中繼器（Repeater）、集線器（Hub）。 [106資電類]

(C)20. 下列通訊網路相關的標準中，何者常被歸類為無線區域網路（WLAN）？
(A)RS485
(B)RS232
(C)IEEE 802.11
(D)IEEE 802.3。 [106資電類]

20. RS485、RS232是序列資料通訊的介面標準；
　　IEEE 802.3是IEEE制定在乙太網路的技術標準。

(D)21. 下列有關OSI（Open System Interconnection，開放系統連結）的敘述，何者正確？
(A)TCP（Transmission Control Protocol）的功能是對應OSI七層架構中的網路層（Network Layer）
(B)IP（Internet Protocol）的功能是對應OSI七層架構中的傳輸層（Transport Layer）
(C)在OSI七層架構中，應用層（Application Layer）負責資料格式的轉換
(D)在OSI七層架構中，實體層（Physical Layer）負責將資料轉換成傳輸媒介所能傳遞的電子信號。 [107商管群]

(D)22. 下列何者不是電腦網路的連結架構？
(A)環狀　　　　　　　　(B)星狀
(C)匯流排　　　　　　　(D)對等狀。 [107工管類]

21. TCP的功能是對應OSI七層架構中的傳輸層；
　　IP的功能是對應OSI七層架構中的網路層；
　　應用層是負責規範各項網路資源的使用者介面。

(A)23. OSI通訊標準中，哪一層是介於傳輸層與資料鏈結層之間？
(A)網路層　(B)表達層　(C)應用層　(D)實體層。 [107工管類]

(B)24. 下列關於使用郵件軟體來收發電子郵件的通訊協定，哪一個敘述最正確？ (A)POP3協定（Post Office Protocol）可以協助使用者將信件送出　(B)POP3協定（Post Office Protocol）可讓郵件軟體在下載信件後，提供離線讀信的功能　(C)SMTP協定（Simple Mail Transfer Protocol）可以協助使用者將伺服器上的信件取回　(D)IMAP協定（Internet Message Access Protocol）可以協助使用者在下載信件標題後，自動將郵件伺服器上的信件全數刪除。 [107工管類]

(B)25. 下列對於網路的拓墣（Topology）的描述，何者錯誤？
(A)匯流排（Bus）結構適合廣播（Broadcast）的方式傳遞資料
(B)樹狀（Tree）的結構，可以形成封閉性迴路
(C)環狀（Ring）結構網路上的節點依環形順序傳遞資料
(D)星狀（Star）的結構，經常需要一個集線器（HUB）。 [107資電類]

25. 樹狀（Tree）的結構：具有階層性，若中央裝置故障，與該裝置連結之電腦的網路就無法運作。

A8-37

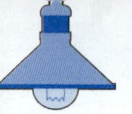

(A)26. 在網路通訊標準-開放系統連結（Open System Interconnection, OSI）七層分類中，最上層與最下層分別是：
(A)最上層為應用層（Application Layer），最下層為實體層（Physical Layer）
(B)最上層為表達層（Presentation Layer），最下層為資料鏈結層（Data Link Layer）
(C)最上層為會議層（Session Layer），最下層為傳輸層（Transport Layer）
(D)最上層為實體層（Physical Layer），最下層為網路層（Network Layer）。
[107資電類]

(D)27. 有關OSI（open system interconnection）模型之敘述，下列何者錯誤？
(A)OSI模型的第四層稱為傳輸層
(B)OSI模型一共有七層
(C)OSI模型是由國際標準組織（ISO）所提出的網路參考模型
(D)HTTP協定屬於OSI模型中的實體層協定。
[108商管群]

27. HTTP協定屬於OSI模型中的第七層應用層協定。

(B)28. 下列哪一項代表網路卡實體位址（MAC Address）？
(A)https://tw.yahoo.com
(B)00:16:E6:5B:58:60
(C)140.111.34.147
(D)2001:DB8:2DE::E13。
[108工管類]

28. 網路卡實體位址（MAC Address）是由6組數字組成，每組數字佔用1byte，總長度為6bytes，通常以16進位表示，每一個byte的範圍為00～FF，各組數字間是以":"隔開。

(A)29. 下列哪一項網路設備適合用來建構無線區域網路？
(A)Access Point　(B)Router　(C)Gateway　(D)Bridge。
[108工管類]

(B)30. OSI通訊標準中，下列哪一層最靠近應用層？
(A)網路層　(B)表達層　(C)傳輸層　(D)會議層。
[108工管類]

(A)31. 如圖（一）所示，電腦A、電腦B、電腦C，固定使用了Class C中的私有IP，只供內部使用，無法連接上網際網路。伺服器D可以把內部使用的私有IP位址轉成可連上網際網路的真實IP位址。伺服器D所提供的服務，下列何者最為適切？
(A)NAT　(B)HTTP　(C)ARP　(D)DNS。
[109商管群]

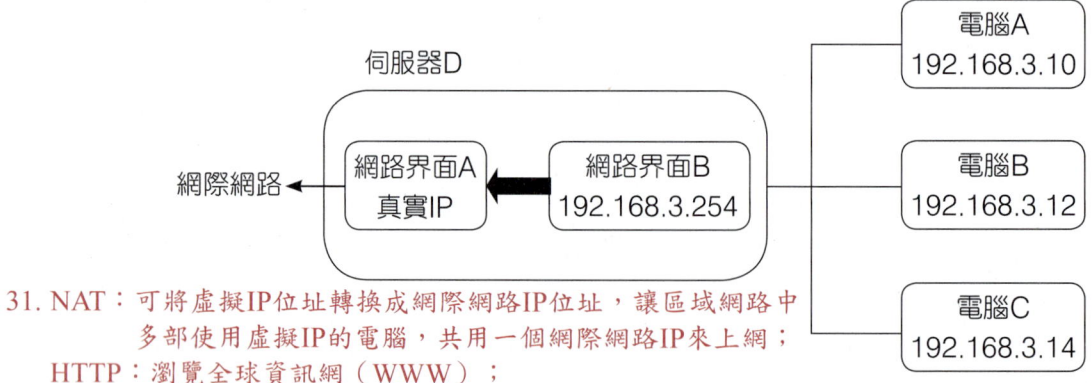

31. NAT：可將虛擬IP位址轉換成網際網路IP位址，讓區域網路中多部使用虛擬IP的電腦，共用一個網際網路IP來上網；
HTTP：瀏覽全球資訊網（WWW）；
ARP：將IP位址轉換成實體位址（MAC Address）；
DNS：互轉網域名稱與IP位址。　圖（一）

32. 因具備16埠集線器及每部電腦都只有一張具備一組RJ-45雙絞線接頭的網路卡，故星狀拓撲架構最合適。

(B)32. 某電腦教室內有10部桌上型電腦以及一台16埠集線器（Hub），每部電腦都只有一張具備一組RJ-45雙絞線接頭的網路卡，若要讓該電腦教室內的所有電腦同一時間連接到網際網路，請問使用哪種網路連線拓撲架構最合適？
(A)匯流排拓撲　(B)星狀拓撲　(C)環狀拓撲　(D)P2P拓撲。
[109工管類]

(B)33. 在TCP/IP通訊協定中，哪一層將訊息（Messages）分割成符合網際網路傳輸大小的區塊？　(A)Internet層　(B)Transport層　(C)Session層　(D)Application層。　[110商管群]
33. 傳輸層（Transport Layer）：將資料切割成區段，並確保資料能正確送達目的位址。

第8章 電腦網路的組成與通訊協定

(B)34. 關於以IEEE 802.11為基礎的無線區域網路（Wireless Local Area Network, WLAN），下列敘述何者正確？
  (A)其通訊協定又可分為802.11a/802.11b/802.11g/802.11n，其中以802.11a的「最大傳輸速度」的數值是最大的
  (B)在應用時，常使用無線基地臺（Access Point, AP）這類的設備連上網際網路
  (C)3G、4G或5G網路也是使用微波通訊，與IEEE 802.11屬於同一種通訊協定，只是主導發展的國家不同而已
  (D)只要看到Wi-Fi標章，代表該店家提供免費且安全的上網熱點。 [110商管群]

(D)35. 欲使用手機以感應方式刷信用卡、悠遊卡或一卡通，手機需具有下列哪種功能？
  (A)QR Code   (B)藍芽（Bluetooth）
  (C)Wi-Fi Direct   (D)NFC（Near Field Communication）。 [110工管類]

(B)36. 在Windows作業系統的「命令提示字元」執行ping指令，結果如圖（二）所示。請問過程中將網域名稱web-server2.twnic.net.tw轉換成IP 124.9.9.9所使用的是下列哪一項協定？ (A)FTP (B)DNS (C)HTTP (D)DHCP。 [110工管類]

36.網域名稱（DNS）伺服器：互轉網域名稱與IP位址。

(D)37. 關於通訊協定，下列敘述何者正確？
  (A)POP3（郵局傳輸協定）為電子郵件傳送服務的通訊協定
  (B)ARP（位址求解協定）為動態分配IP位址服務的通訊協定
  (C)SMTP（簡單郵件傳輸協定）為電子郵件接收服務的通訊協定
  (D)IMAP（網際網路資訊存取協定）為從本地郵件客戶端存取遠端伺服器上郵件的通訊協定。 [110工管類]

(A)38. 某甲使用筆記型電腦並透過手機中的熱點分享上網，進行許多個檔案傳輸，需要從室內走到陽台才能獲得較佳的傳輸速度，最有可能原因為下列何者？
  (A)室內牆壁與隔間遮蔽了手機和基地台之間的信號，導致通訊不良
  (B)藍芽耳機的信號干擾了4G基地台的信號，導致4G信號品質下降
  (C)藍芽耳機的信號干擾了4G手機對外通訊的信號，導致4G信號品質下降
  (D)室內WiFi信號和4G的信號佔據相同的頻段互相干擾。 [110資電類]

(D)39. 關於第四代以及第五代行動通訊，分別簡稱4G和5G，下列敘述何者錯誤？
  (A)以傳輸速率來說，每秒鐘可以傳遞的位元數5G比4G更高
  (B)傳輸的頻寬範圍5G比4G更寬
  (C)傳輸的延遲5G比4G更低
  (D)所需的通訊衛星數量5G比4G更少。 [110資電類]

(B)40. 有關TCP／IP通訊協定應用於網際網路服務的敘述，下列何者正確？
  (A)ARP通訊協定為選擇資料封包的傳輸路徑
  (B)DHCP通訊協定為動態分配IP位址
  (C)IP通訊協定為將IP位址轉換成實體位址
  (D)SMTP通訊協定為網域名稱與IP位址的互轉。 [111商管群]

40.ARP通訊協定：將IP位址轉換成實體位址；IP通訊協定：規範封包傳輸路徑的選擇；SMTP通訊協定：將郵件傳送至郵件伺服器。

(D)41. 小君的平板電腦在學校透過無線網路連接之後，不需要設定IP位址資訊即可連接網際網路瀏覽網頁，這是因為學校的網路系統應該提供下列何種服務才能完成此項作業？
  (A)HTTP (B)SMTP (C)DNS (D)DHCP。 [111工管類]

41.學校的網路系統提供DHCP（動態分配IP位址）的服務，不用設定IP即可連接網路。

A8-39

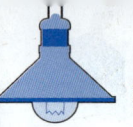

(D)42. 林生家裡有上網使用網際網路的需求，經洽詢網際網路服務提供者（ISP）後，決定採用非對稱數位用戶迴路（ADSL），讓家裡的電腦可以透過電話線路存取網際網路，安裝完成後林生發現家裡電話機旁邊多一部裝置，服務人員稱呼該裝置為數據機，下列何者是該裝置的必要功能？
(A)將電話機語音訊號加密處理
(B)提供家裡電話來電顯示功能
(C)提供電話機語音費用計算功能
(D)將數位訊號與類比訊號雙向轉換。 [112工管類]

(D)43. 小胖負責公司辦公區的網路管理工作，目前辦公區所有的電腦皆連接在同一個乙太網路交換器上，某天業務經理提出應該讓同仁的智慧型手機也可以透過Wi-Fi訊號連接辦公區的網路，請小胖在最少變動條件下擴充網路，下列何者是小胖必要增加的設備？
(A)防火牆
(B)5G基地台
(C)Wi-Fi訊號掃描器
(D)無線網路基地台（Access Point, AP）。 [112工管類]

(D)44. 網際網路通訊協定的TCP／IP分層架構中，下列何者是屬於應用層的通訊協定？
(A)IP　(B)TCP　(C)UDP　(D)HTTP。 [112工管類]

(C)45. 開放系統連結（Open System Interconnection, OSI）通訊協定當中的每一層，均有特定的處理作業，並與其上下層進行通訊，關於OSI通訊協定七層架構中，各層處理資料之說明，下列何者敘述正確？
(A)資料連結層（Data Link Layer）在區段資料中加入IP位址形成封包（Package），並選取傳輸的最佳路徑
(B)網路層（Network Layer）會在封包資料中加入目的位址（MAC）形成資料框（Frame），再加上錯誤檢查碼
(C)傳輸層（Transport Layer）將訊息切割成區段（Segment），該層會監控網路流量及處理資料遺失時重送
(D)表達層（Presentation Layer）主要確認雙方的通訊模式，以及傳輸工作的偵錯、復原和結束連線方式等。 [112工管類]

(A)46. 下列何種網路設備用來連接兩個以上相同通訊協定的網路區段，可依傳送資料中目的地MAC位址來傳送到目的網路，如此可過濾無關的訊框，以提升傳輸效率？
(A)橋接器
(B)中繼器
(C)路由器
(D)閘道器。 [113商管群]

46. 橋接器（bridge）：
- 連接同一個網路中的兩個（含）以上區段的設備。
- 會根據封包的目的Mac位址來判斷應傳送到哪一個區段。
- 若當封包的目的Mac位址是屬同一區段，就不往其他區段傳送可降低網路流量。

(A)47. 在網際網路協定中，HTTP（Hypertext Transfer Protocol）是屬於哪一層的通訊協定？ (A)應用層　(B)傳輸層　(C)網路層　(D)鏈結層。 [113工管類]

(A)48. 學校辦公室職員反應自己電腦的網頁瀏覽器無法使用網域名稱www.edu.tw連至教育部網站，維修工程師到場檢查時發現，該電腦的網頁瀏覽器若直接使用該網站的IP位址連接，則可以成功連至該網站，下列何者是該問題的可能發生原因？
(A)職員電腦所設定的DNS伺服器位址不當
(B)職員電腦所設定的預設閘道器位址不當
(C)網站所在網路的路由器路由表設定不當
(D)網站伺服器主機的網路卡驅動程式失效。 [113工管類]

(A)49. 下列何者是TCP／IP協定組中傳輸層的標準通訊協定之一？
(A)UDP（User Datagram Protocol）
(B)FTP（File Transfer Protocol）
(C)HTTP（HyperText Transfer Protocol）
(D)SMTP（Simple Mail Transfer Protocol）。 [114工管類]

49.傳輸層主要是TCP與UDP，而FTP、HTTP、SMTP都是應用層協定。

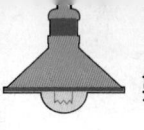

NOTE

第 9 章 認識網際網路

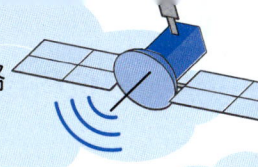

9-1 連接網際網路的方式

一、網際網路提供者

1. **網際網路服務提供者**（Internet Service Provider, **ISP**）：提供連接網際網路服務的電信業者或政府單位（如下表）。

ISP業者名稱	成立單位	是否收費	服務的對象
TANet（臺灣學術網路）	教育部	免費	各級學校及研究單位
HiNet	中華電信公司	收費	公司行號、一般大眾
TWM（台灣大寬頻）	台灣固網公司		
Seednet	數位聯合電信公司[註]		
So-net	索尼（Sony）公司		

2. ISP業者通常還會提供入口網站、電子郵件帳號及網頁存放空間等附加服務。

3. 網際網路內容提供者（Internet Content Provider, ICP）：提供各類資訊的網站經營業者，如Yahoo!奇摩、聯合新聞網、PChome、104人力銀行等。

4. 網路服務提供者（Network Service Provider, NSP）：提供ISP業者租用骨幹網路的服務，如國內的中華電信、國外的AT&T。以中華電信的角色而言，它既是NSP也是ISP。

得分區塊練

(B)1. 一部電腦要上網至網際網路時，一般均需透過網際網路服務公司（即ISP）的伺服主機進入Internet世界，下列何者不是這類網際網路服務公司？
(A)台灣學術網路（TANet） (B)PChome或Yahoo!奇摩
(C)有線電視業者 (D)HiNet或SeedNet。

(B)2. 大部分的組織及個人都必須經由ISP的伺服器，才能和網際網路相連，下列何者為台灣學術網路？ (A)HiNet (B)TANet (C)SEEDNet (D)Intel。

(C)3. 何者不可能是ISP（Internet Service Provider）所提供的服務？ (A)提供連網服務 (B)提供網頁空間 (C)提供國安局機密資料全文免費查詢服務 (D)提供電子郵件服務。
[丙級網頁設計]

(B)4. 下列哪一個機構是扮演網際網路內容提供者（ICP）的角色？
(A)So-net (B)Yahoo!奇摩 (C)TANet (D)SeedNet。

註：數位聯合電信公司已於2009年被新世紀資通股份有限公司併購。

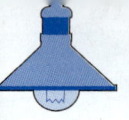

二、網際網路連接方式

上網方式		說明
有線	電話線撥接	上網同時，不能撥打或接聽電話
	ADSL	使用電話線，上網同時可撥打或接聽電話
	纜線數據機	利用第四台纜線上網
	專線	利用固定線路（如T1～T4）上網
	光纖	利用光纖纜線上網
無線	Wi-Fi	利用IEEE 802.11x通訊協定上網
	3G/3.5G	在收得到手機訊號的區域皆可上網，適用於手機、平板等行動裝置
	4G LTE	
	5G	

三、有線連線方式　102　105　109

1. 電話線撥接上網：

   a. 透過家用的電話系統撥號連上網際網路。

   b. **上網時電話線路會被占用**。

2. ADSL上網：

   a. 採「電話語音訊號」及「網路傳輸訊號」分離技術，用戶在**上網同時也能使用電話**。

   b. ADSL的**「下載/上傳」的傳輸速度不同**（下載速度 > 上傳速度），稱為**非對稱式數位用戶線**（**A**symmetric **D**igital **S**ubscriber **L**ine, ADSL）。

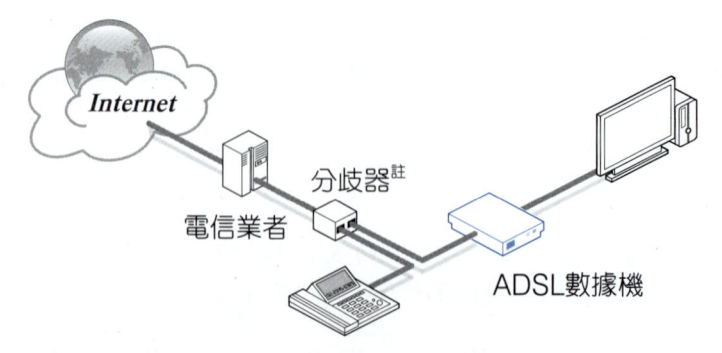

◉五秒自測　使用ADSL上網時能否撥打電話？ADSL的上傳與下載速度是否相同？
　　　　　能、不同（下載速度 > 上傳速度）。

註：目前市售的ADSL數據機大多內建有分岐器功能。

3. 纜線數據機上網：

   a. 透過有線電視業者的纜線系統，並在用戶端加裝一台**纜線數據機**（cable modem），來連上網際網路。

   b. **頻寬由所有用戶共享**，上線用戶越多網路速度會越慢。

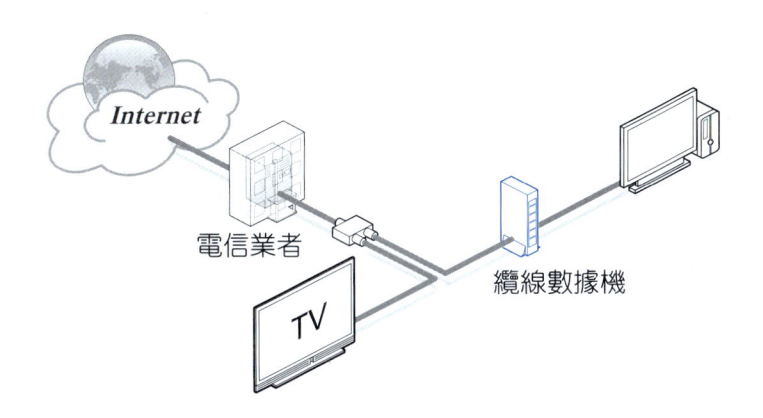

4. 專線上網：

   a. 透過電信業者提供的固定線路（如T1～T4），讓用戶隨時連著網際網路。

   b. 通訊品質穩定，但費用高。

線路	傳輸速度	
T1	1.544 Mbps	慢
T2	6.312 Mbps	↓
T3	44.736 Mbps	
T4	274.176 Mbps	快

5. 光纖上網：

   a. 透過光纖纜線來連上網際網路。

   b. 3種光纖上網方式：

上網方式	光纖網路的架設範圍	常見應用
光纖到府（Fiber To The Home, FTTH）	電信業者至住宅間	新世代數位住宅
光纖到大樓（Fiber To The Building, FTTB）	電信業者至大樓間	企業大樓、社區大廈、學校
光纖到路側（Fiber To The Curb, FTTC）	電信業者至建築物附近的交換箱（通常會再透過雙絞線等線路與住宅連接）	社區型的住宅

   速度最快 ↑

   c. 中華電信所推出的「光世代」網路服務是採用光纖到大樓、光纖到府的上網方式。

   d. 由於光纖是靠光傳播，不具導電性，故光纖不受電流衝擊影響（如雷擊）。

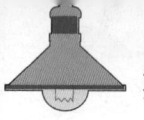

6. 有線上網方式的比較：

有線上網方式	傳輸媒介	傳輸速度	費用
電話線撥接	電話線	最慢	便宜
ADSL	電話線	快	中等
纜線數據機	有線電視之纜線	快	中等
光纖	光纖	較快	中等
專線	雙絞線或光纖	較快	昂貴

得分區塊練

(B)1. 網路傳輸專線：T1的傳輸速率為何？
(A)每秒傳送1.544 × 1000000bytes　(B)每秒傳送1.544 × 1000000bits
(C)每分鐘傳送1.544 × 1000000bytes　(D)每分鐘傳送1.544 × 1000000bits。

(D)2. 關於ADSL寬頻上網的敘述，下列何者正確？
(A)ADSL提供同步數位用戶迴路上網服務，故傳送與接收必須同步
(B)ADSL提供非同步數位用戶迴路上網服務，故傳送與接收必須不同步
(C)ADSL提供對稱數位用戶迴路上網服務，故傳送與接收速率相同
(D)ADSL提供非對稱數位用戶迴路上網服務，故傳送與接收速率不同。

(A)3. 以下有關於Cable Modem和ADSL寬頻上網的敘述何者有錯誤？
(A)Cable Modem是專屬頻寬
(B)ADSL上傳和下載的頻寬可以不同
(C)Cable Modem是利用有線電視的線路上網
(D)ADSL是利用現有的傳統電話線路上網。

3. cable modem是共享頻寬，共用同一條纜線的用戶越多，速度越慢。

(B)4. ADSL的中文意思是非對稱式數位用戶迴路，請問非對稱指的是？
(A)傳輸語音和數據的速率不對稱　(B)上傳和下傳檔案的速率不對稱
(C)傳輸圖片和文字的速率不對稱　(D)傳送和接收的價格不對稱。

(B)5. 下列環境，何者較適合使用同軸電纜數據機（cable modem）上網？
(A)傳統電話線　(B)有線電視纜線　(C)無線電視天線　(D)網路雙絞線。

(B)6. 下列何種連線方式無法提供寬頻上網？
(A)固接專線（T1）　(B)數據機（Modem）
(C)非對稱數位用戶迴路（ADSL）　(D)電視電纜數據機（Cable Modem）。

(C)7. 假設志華家使用HiNet光世代1G/600M上網，曉鳳家使用ADSL 500M/500M上網，則當志華透過網路傳送檔案給曉鳳時，曉鳳接收檔案的傳輸速度約為多少？
(A)1G　(B)300M　(C)500M　(D)600M。

四、無線連線方式

1. 無線上網常見的方式有Wi-Fi、3G/3.5G、4G LTE、5G NR等。

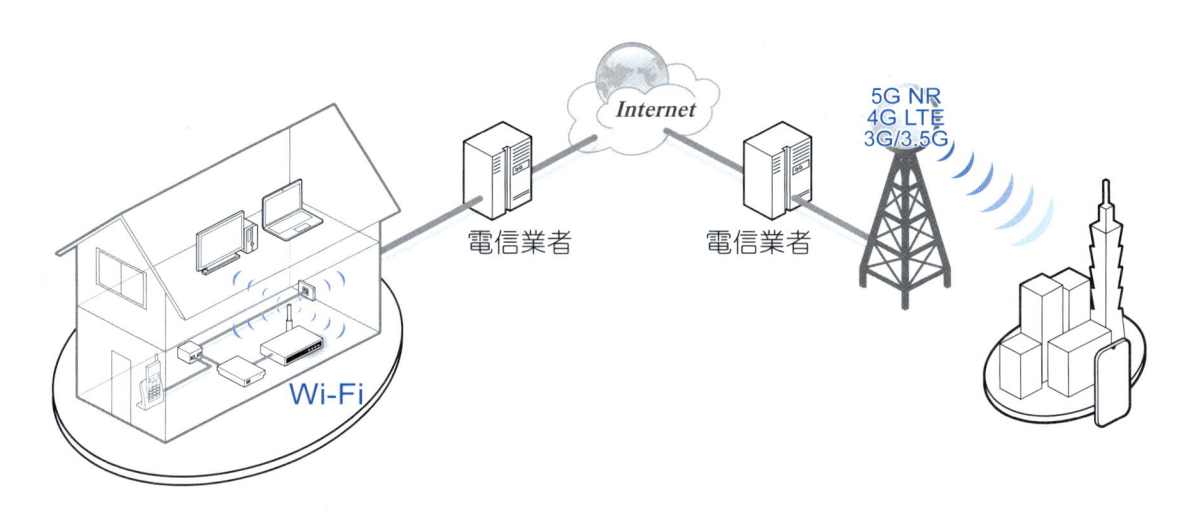

2. 無線上網須依照選用的上網方式，安裝特定的網路卡（如無線網卡、3G/3.5G網卡、4G LTE、5G網卡）。

3. 提供Wi-Fi上網的場所（如圖書館、咖啡廳等），會架設**無線網路基地台**（AP）及數據機，讓電腦能夠連上網際網路。

4. 無線上網方式比較：

無線上網方式	傳輸速度（理論值）	傳輸距離	應用實例
Wi-Fi	11Mbps ～ 9.6 Gbps	100 ～ 200 m	咖啡廳、捷運站上網服務
3G/3.5G	2Mbps ～ 14.4 Mbps	2 ～ 14 km	行動上網服務
4G LTE	最高 300 Mbps	100 km	
5G NR	10 Gbps	250 m	

最短、最快、最遠

4G LTE 100km以內
3G/3.5G 14km以內
5G NR 250m以內
Wi-Fi 200m以內

5. 4G LTE與5G NR的應用：

無線上網方式	4G LTE	5G NR
主要應用範圍	手機、平板、個人電腦等	手機、平板、個人電腦等、自駕車、物聯網應用等

A9-5

數位科技概論 滿分總複習

有背無患

1. 不同行動電話系統的比較：

比較項目 世代	主要特色	使用技術	傳輸速率	適合收送的資料
2G	以語音通訊為主	GSM	9.6 Kbps	語音、數據
2.5G	可傳送少量的影像資料	GPRS、CDMA	115.2 Kbps	語音、數據、影像
3G	支援影像電話及影音多媒體服務	W-CDWA、CDWA2000、TD-SCDMA	2 Mbps	語音、數據、影像、視訊、多媒體
3.5G	與3G的特色相近，但傳輸速度較快	HSDPA	14.4 Mbps	
4G	適合傳輸大量的影音多媒體資料	LTE	300 Mbps	
5G	可實現「物聯網」的目標	NR	10 Gbps	

2. 台鐵／高鐵車站、捷運站等公共場所，多半提供有免／付費的Wi-Fi無線上網服務，如WiFly、THSR_freeWIFI及Taipei Free。

得分區塊練

(C)1. 下列何者是第4代（4G）的行動通訊技術？
(A)HSDPA (B)NR (C)LTE (D)W-CDMA。

(C)2. 小美常帶著筆電到提供有無線上網的咖啡廳，一邊喝下午茶一邊上網，請問這是因為該咖啡廳提供有下列何種上網方式？
(A)ADSL (B)光纖 (C)Wi-Fi (D)cable modem。

(D)3. 在捷運站中，如果想要使用筆記型電腦上網查詢電影的播放場次，請問最不可能採用下列哪一種上網方式？
(A)Wi-Fi (B)LTE (C)5G (D)ADSL。

(D)4. 國內某家行動電信業者標榜要讓消費者享受「有聲有色、即時傳遞」的便利行動生活，請問該家業者最可能採用下列哪一世代的行動電話系統，才能提供消費者這種行動影音多媒體服務？
(A)1G (B)2G (C)2.5G (D)4G。

9-2　網際網路的位址

一、IP位址　[104] [105] [108] [112] [113]

1. IP位址相當於電腦主機在網路上的門牌號碼，每個**IP位址是唯一**的。

2. **IPv4**是由**4個**數值所組成的IP位址，每個數值介於**0～255**之間，數值之間以 "." 隔開，如140.111.34.147。

   五秒自測　組成IP位址的4個數值，每個數值須介於多少之間？且數值間是以哪一個符號隔開？
   介於0～255之間、以「.」隔開。

3. IP位址依網路規模，分為Class A、B、C、D及E五個等級，Class D、E的IP位址保留作為特殊用途，如群播（群體廣播）、學術研究等。

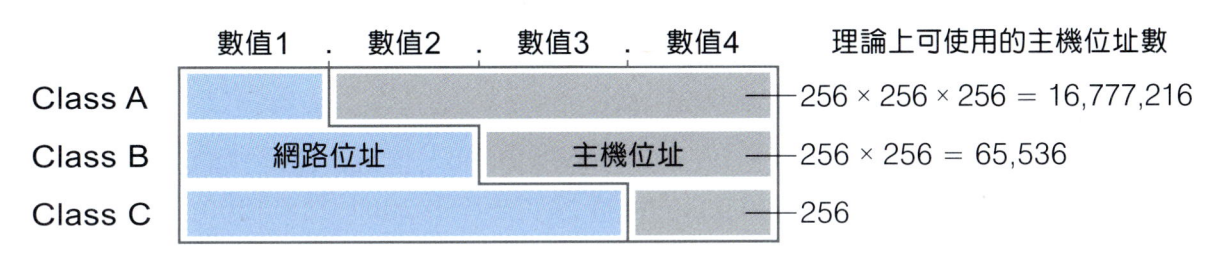

	數值1 . 數值2 . 數值3 . 數值4	理論上可使用的主機位址數
Class A	網路位址 ／ 主機位址	256 × 256 × 256 = 16,777,216
Class B	網路位址 ／ 主機位址	256 × 256 = 65,536
Class C		256

   a. 網路位址：識別所屬的網路
   b. 主機位址：識別網路上的個別電腦設備

4. Class A～E等級的比較：

網路等級	第1個數值的二進位值	IP位址第1個數值	使用單位	IP位址範例
Class A	0××××××××	0～127	政府機關、國家級研究單位	18.9.22.69（麻省理工學院）
Class B	10××××××	128～191	大企業、ISP、學術單位	140.112.8.116（台灣大學）
Class C	110×××××	192～223	一般企業	203.73.178.203（王品牛排）
Class D	1110××××	224～239	保留作為特殊用途，如群播（群體廣播）、學術用途等	
Class E	1111××××	240～255		

口訣記憶法

IP位址第一個數值（最小值）
Class **A**：**0** → A冷
Class **B**：**128** → B伊愛爸
Class **C**：**192** → C伊就餓

統測這樣考

(C)40. 下列何項是屬於CLASS C等級的IP位址？
(A)10.16.1.1
(B)172.16.1.1
(C)192.168.1.1
(D)255.255.255.0。　[108商管]

統測這樣考 (D)31. 關於IPv6的敘述，下列何者錯誤？
(A)其位址長度是IPv4的4倍
(B)2001：288：4200：：24符合IPv6位址格式
(C)單一網卡介面可同時設定IPv4及IPv6位址
(D)2001：288：4200：：24此IPv6位址符合以十進制表示方式。
[112商管]

5. 為了解決現行IP位址（IPv4）不夠使用的問題，IETF（Internet Engineering Task Force，網際網路工程任務組）發展出IPv6格式來因應此項問題。

6. IPv4 vs. IPv6：

格式	IPv4	IPv6
位元	32	128
表示方式	4個10進位數值	8組，每組4個16進位數值
每個數值範圍	0～255	0000～FFFF
分隔符號	.	:
範例	140.111.34.147	ACDC:1536:11A5:62B7:7423:1869:559E:1432

> 位址長度是IPv4的4倍（128 / 32 = 4）

a. 單一網路卡介面可同時設定IPv4位址和IPv6位址。

b. IPv6位址的每4個位數，前面的0可被省略，例如：
0024可表示成24，而0000可表示成0。

c. IPv6位址可用2個冒號（::）代表1個或多組0000，但每個位址**只能出現1次**，例如：
2001:288:4200:**0000:0000:0000:0000**:24可表示為2001:288:4200**::**24。

統測這樣考 (B)31. 下列何項是正確的IPv6格式？
(A)2001.0.0.0.0.0.0.0 (B)2001:ABCD:0:0:0:0:1428:57ab
(C)2001.168.21.13 (D)2001:0000:0000:00000:2500:0000:deaf。
[113商管]

有背無患

1. IPv6 Ready：通過IPv6認證的網路設備，認證機構會核發IPv6 Ready的標章。「中華電信研究所」是台灣IPv6 Ready的認證機構。

2. 物聯網（IoT）：IPv6位址的數量極為龐大，足夠讓我們為每個物品都設定1個IP位址，使這些物品都可連上網際網路，形成物聯網。如下班打卡後，打卡鐘（物品）可透過網際網路傳送訊息，通知家中的電鍋（物品）自動煮飯。

五秒自測 如何從IP位址的第一個數值，辨別網路的等級（Class A～E）？
Class A：0～127、Class B：128～191、Class C：192～223、Class D：224～239、Class E：240～255。

得分區塊練

(B)1. 在IPv4的網路定址中，如果IP位址最前面開始的兩個位元為10，則該IP位址是屬於哪一個網路等級？ (A)Class A (B)Class B (C)Class C (D)Class D。

(D)2. IP位址：224.224.224.224，請問是屬於哪一等級的IP位址？
(A)Class A (B)Class B (C)Class C (D)Class D。

(B)3. 下列何者不是正確的IP位址？ 3. IP位址每個各數值都必須介於0～255之間。
(A)210.121.8.32 (B)256.16.21.10 (C)121.107.255.33 (D)63.11.35.1。

二、IP位址的分類 　103　109

1. 固定IP與浮動IP：

    a. **固定IP**：電信業者提供給用戶的專屬IP位址，通常是要架設網站的用戶才需申請此種IP。

    b. **浮動IP**：一般用戶要上網時，由電信業者的DHCP Server所分配的IP位址，每次分配給用戶的IP位址可能不同。

2. 公有IP與私有IP：

    a. **公有IP**（Public IP）：又稱**合法IP**，指可用來連上網際網路的IP位址。公有IP是由位於美國的網際網路資訊中心（InterNIC）管理。

    b. **私有IP**（Private IP）：又稱**虛擬IP**，供內部網路使用的IP位址（如下表），不需付費即可使用，但無法連上網際網路。

網路等級	虛擬IP位址範圍
Class A	10. 0.0.0 ～ 10.255.255.255
Class B	172. 16.0.0 ～ 172. 31.255.255
Class C	192.168.0.0 ～ 192.168.255.255

    c. 網路位址變換（Network Address Translation, NAT）：可用在將虛擬IP轉換成合法IP，這種技術可讓區域網路中的多台電腦共用同一個合法IP位址。IP分享器通常都具有NAT功能。

3. 特殊IP位址：

    a. **127.0.0.1**：透過「ping 127.0.0.1」指令，可測試本機電腦的TCP/IP環境是否正常。

    b. **主機位址為0**：代表網路位址所指的整個網路；
    以Class C為例，IP位址203.74.205.0代表203.74.205的整個網路。

    c. **主機位址為255**：代表網路中的全部裝置；以Class C為例，在203.74.205的網路中，若電腦送出目的位址為203.74.205.255的封包，代表要對此網路進行**廣播**。

統測這樣考

(B)32. 假設甲乙不同網路內主機均設定合法的真實IP位址，今一台主機從甲網路搬移到另一個乙網路時，需進行以下何種處理才能正常連上網路？
(A)必需同時更改它的IP位址和MAC位址
(B)只需更改它的IP位址
(C)必需更改它的MAC位址，但不需更改IP位址
(D)它的MAC位址及IP位址都不需要更改。　　　　　　　[109商管]

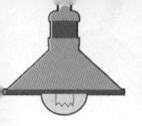

三、網路指令

指令	用途
ping	測試目的主機是否運作正常；當主機運作正常會傳回回應時間
ipconfig	查詢本機的IP位址及相關設定值
tracert	顯示本機連線到某台主機所經過的所有路由器位置
telnet	登入遠端主機，可用來連上BBS站
ftp	登入提供檔案傳輸服務的主機

→ 若使用ipconfig/all指令還可查得電腦的**MAC位址編號**、IP位址等資訊

💡 **解題密技** 上表中Windows內建的網路指令，常會出現在統測考題，請同學要熟記這些指令的用途。

得分區塊練

(B)1. 下列哪個IP位址，可作為本機測試用的IP位址？
(A)0.0.0.0　(B)127.0.0.1　(C)192.168.10.1　(D)255.255.255.255。

(B)2. 當IP位址的主機位址為255時，代表何種意義？
(A)虛擬IP位址
(B)對該IP位址所在的網路進行廣播
(C)用來測試本機電腦的IP位址
(D)不可使用的IP位址。

(C)3. 當IP位址的主機位址為0時，如203.74.205.0，代表何種意義？
(A)不可使用的IP位址　　　　　　(B)對該IP位址所在的網路進行廣播
(C)是用來代表203.74.205整個網路　(D)虛擬IP位址。

(A)4. 下列何者是虛擬IP位址的用途？
(A)用來提供給區域網路內的電腦使用
(B)用來對所在的網路進行廣播
(C)用來測試連線是否正常
(D)用來測試本機電腦的IP位址。

(B)5. 若家中電腦數目比可取得的IP位址還要多且需同時上網時，可以使用下列哪一種技術來達成？　(A)DHCP　(B)NAT　(C)TCP　(D)UDP。　　　　　　　　　　[技藝競賽]

(C)6. 下列哪一項功能是用來測試網路的連線狀況？
(A)mail　(B)ftp　(C)ping　(D)telnet。　　　　　　　　　　　　　　　　[技藝競賽]

(D)7. 我們可以使用下列哪一個指令來連線到BBS站？
(A)ping　(B)ipconfig　(C)tracert　(D)telnet。

統測這樣考

(D)32. 某公司申請了一個IPv4的IP位址範圍為201.201.201.0至201.201.201.255，該公司考量網路管理擬規劃成2個子網路，則其子網路遮罩應為下列何者？
(A)255.255.254.0　(B)255.255.255.0
(C)255.255.255.127　(D)255.255.255.128。[112商管]

四、子網路　111　112　114

1. 為方便網路的管理及維護，網管人員可將單位內的網路適當地切割成數個**子網路**（subnet）。

2. **切割子網路的方法**：

   由IP位址的主機位址為主，取部分位元來作為子網路位址。下列以Class C的IP位址為例，從主機位址借用2個位元，可切割出4（2^2）個子網路，其步驟如下（IP範圍以192.168.123.0～192.168.123.255為例）：

   ### Step 1
   確認每個子網路的IP數量
   192.168.123.0～192.168.123.255屬於Class C，共有256個IP位址，
   256 ÷ 4 = 64，每個子網路可容納64個IP位址。

   ### Step 2
   切割子網路
   若要將IP位址切割出4（2^2）個子網路，則須從主機位址最左邊取用2個位元，以00、01、10、11來切割：

   ```
             網路位址              主機位址
   11000000.10101000.01111011.[00]000000（192.168.123.0）
   11000000.10101000.01111011.[01]000000（192.168.123.64）
   11000000.10101000.01111011.[10]000000（192.168.123.128）
   11000000.10101000.01111011.[11]000000（192.168.123.192）
   ```

   可得知4個子網路的IP範圍分別如下：
   192.168.123.0　～　192.168.123.63
   192.168.123.64　～　192.168.123.127　　每個子網路都有
   192.168.123.128　～　192.168.123.191　　64個IP位址可使用
   192.168.123.192　～　192.168.123.255

3. **子網路遮罩**（subnet mask）：

   a. 由4個0～255的數值組成，用來區別IP位址中哪些代表網路位址、哪些代表子網路位址、哪些代表主機位址，透過它，路由器才能辨識子網路，以選擇傳送的路徑。

   b. 以 "1" 代表對應至網路位址位元，以 "0" 代表對應至主機位址位元。

   c. 不同網路等級所預設的子網路遮罩：

網路等級	子網路遮罩
Class A	255. 0. 0.0
Class B	255.255. 0.0
Class C	255.255.255.0

統測這樣考

(D)33. 某電腦教室的子網路遮罩是255.255.255.0、預設閘道位址是192.168.100.254，下列何者可設定為該電腦教室中某一台電腦的IP位址來提供正常連網服務？
(A)192.168.100.0
(B)192.168.100.255
(C)192.168.100.254
(D)192.168.100.194。[114商管]

統測這樣考 (B)32. 某台個人電腦其名稱為PC 123、IP位址為192.168.123.132、子網路遮罩為255.255.255.128，下列何項IP與PC 123位於相同子網路？
(A)192.168.123.123　　(B)192.168.123.254
(C)192.168.132.123　　(D)192.168.132.254。　[111商管]

4. 利用**子網路遮罩**判斷IP位址是否為相同**網段**：

    將網路切割成4個子網路後，可透過**子網路遮罩**來判斷IP位址是否處在相同的子網路網段中，假設A電腦的IP位址為192.168.123.112，B電腦的IP位址為192.168.123.68，其判斷步驟如下：

    Step 1
    找到子網路遮罩
    網路位址皆以1表示，主機位址以0表示，當子網路有4（2^2）個時，須從主機位址最左邊取用2位元設定為子網路遮罩：

    11111111.11111111.11111111.11000000（255.255.255.192）

    從主機位址取用2位元設定為**子網路遮罩**

    Step 2
    利用子網路遮罩運算出網路位址（使用AND運算）
    A電腦

    　　　11000000 . 10101000 . 01111011 . 01110000（IP位址：192.168.123.112）
    AND　11111111 . 11111111 . 11111111 . 11000000（子網路遮罩：255.255.255.192）
    　　　11000000 . 10101000 . 01111011 . 01000000（運算結果：192.168.123.64）
    　　　　　　　　　網路位址

    B電腦

    　　　11000000 . 10101000 . 01111011 . 01000100（IP位址：192.168.123.68）
    AND　11111111 . 11111111 . 11111111 . 11000000（子網路遮罩：255.255.255.192）
    　　　11000000 . 10101000 . 01111011 . 01000000（運算結果：192.168.123.64）
    　　　　　　　　　網路位址

    由運算結果可得知，A、B兩台電腦的網路位址皆為192.168.123.64，因此屬於同一個子網路網段。

穩操勝**算**

某一IP位址為210.242.128.129，其子網路遮罩設定為255.255.255.0，請問該IP的子網路（網段）為何？

答 210.242.128.0

解 依子網路遮罩可判斷出IP位址前3碼（210.242.128）為網路位址，後1碼（129）為主機位址。

　　　11010010 . 11110010 . 10000000 . 10000001（IP位址：210.242.128.129）
AND　11111111 . 11111111 . 11111111 . 00000000（子網路遮罩：255.255.255.0）
　　　11010010 . 11110010 . 10000000 . 00000000（運算結果：210.242.128.0）
　　　　　　　　　網路位址

得分區塊練

(D)1. 下列哪個IP位址可以通過Firewall的管制，直接在Internet上流通？
(A)127.0.0.1　(B)255.255.0.0　(C)192.168.4.2　(D)168.95.192.1。

(B)2. 若某個IP位址為124.121.77.139，想知道它是否屬於124.121.77.0的網域，要使用下列哪一個子網路遮罩？　(A)255.255.0.0　(B)255.255.255.0　(C)255.0.0.0　(D)0.0.0.0。

(C)3. 為了方便網路的管理及維護，網路管理人員通常會將單位內的整個網路適當地切割，此種網路稱為？　(A)網際網路　(B)區域網路　(C)子網路　(D)企業網路。

(A)4. 下列哪一個為Class A等級所預設的子網路遮罩？
(A)255.0.0.0　(B)255.255.0.0　(C)255.255.255.0　(D)255.255.255.255。

(C)5. 下列關於子網路遮罩的敘述，何者有誤？　(A)路由器可透過子網路遮罩，來辨識各個子網路　(B)由4組8位元的二進位數字所組成　(C)255.0.0.0表示Class B的子網路遮罩　(D)子網路遮罩中，以0表示對應至IP位址中的主機位址位元。

五、網域名稱

1. **網域名稱**（domain name）：網際網路上電腦主機的代稱，作用與IP位址相同。
2. 分成主機名稱、機構名稱、機構類別及地理名稱，每一部分以 "." 連結。

www . cwb . gov . tw

A. 主機名稱
通常依主機提供的服務種類來命名

B. 機構名稱
機構的名稱或簡稱

C. 機構類別
機構的性質

D. 地理名稱
伺服器主機的所在地（美國地區不需地理名稱）

a. 常見的類別與地理名稱如下：

類別名稱	意義
edu（education）	教育機構
gov（government）	政府機構
org（organization）	非營利組織
net（network）	網路機構
com（company）	公司行號
mil（military）	軍事組織
idv（individual）	個人網站
biz（business）	商業機構

地理名稱	意義
tw	臺灣
hk	香港
cn	中國
jp	日本
uk	英國
au	澳洲
ca	加拿大
eu	歐盟
kr	韓國
（省略）	美國

五秒自測　網域名稱中的edu、gov、com、mil代表什麼意義？
edu：教育機構、gov：政府機構、com：公司行號、mil：軍事組織。

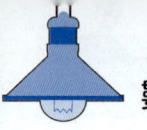

統測這樣考 （ A ）46. 工程師在檢測電腦無法連網時發現以下情況：若使用目標網站的IP位址可以連網；改使用目標網站的網域名稱（domain name）時就無法連網。以上所述可能的原因是何選項？ (A)該電腦的DNS伺服器位址未設定或設定錯誤 (B)網路介面卡未啟用IPv6協定 (C)私人網路的防火牆已被關閉 (D)預設閘道位址設定錯誤。　　　　　　　　　　　　　　　　　　　　　　　　　　　　[114商管]

3. TWNIC（台灣網路資訊中心）：為國內負責統籌網域名稱及IP發放之組織。

4. **網域名稱伺服器**（Domain Name System Server, DNS Server）：用來將網域名稱轉換為IP位址。如透過DNS伺服器可將網址www.cwb.gov.tw，轉換成相對應的IP位址210.65.0.71。

   解題密技 在統測考題中，有時會以DNS（Domain Name Server）來表示DNS Server。

5. **網域名稱系統**（Domain Name System, DNS）：用來記錄各網域名稱及其IP位址。網域名稱伺服器必須利用此系統，才能進行IP位址的轉換。

6. MAC位址 vs. IP位址 vs. DN：
   - 1台電腦可插多張網路卡（每張網路卡只有1個MAC位址）。
   - 1個MAC位址可對應多個虛擬IP位址或實體IP位址。
   - 多個虛擬IP位址可對應1個公有IP位址。
   - 1個公有IP位址可對應多個網域名稱（DN）。

   電腦 →(1對多)→ 網路卡（Mac位址）→(1對多)→ 虛擬IP →(多對1)→ 公有IP →(1對多)→ 網域名稱

7. ICANN（網際網路名稱與數位位址分配機構）統籌全球IP位址的分配與管理。TWNIC（台灣網路資訊中心）是負責我國IP位址的分配與管理。

8. 中文網域名稱可省略一般英文網域名稱中的類別（如com），具有易記的優點，如http://中華電信.台灣/。

9. 網路蟑螂（cybersquatting）是指某些會搶先註冊登記一些公司、品牌名稱、或人名的網域名稱，以便日後以高價出售給需要這些網域名稱的企業。1999年聯合國成立世界智慧財產權組織（WIPO），將網路蟑螂剽竊網域名稱的行為列為非法。

得分區塊練

(C)1. 下列何者為「中華民國行政院」的網址
(A)www.ey.com.tw　(B)www.ey.edu.tw　(C)www.ey.gov.tw　(D)www.ey.org.tw。

(B)2. 網址www.mohw.gov.tw為某衛生主管機關的網站，其中何者是該機關名稱的縮寫？
(A)www　(B)mohw　(C)gov　(D)tw。

(D)3. 某合法機構網域名稱的類別為gov，則該機構的性質為？
(A)商業機構　(B)非官方機構　(C)軍方機構　(D)政府機構。

4. com代表公司行號；mil代表軍事組織；org代表法人組織。

(B)4. 在網際網路的網域組織中，下列機構類別代碼，何者正確？ (A)com代表教育機構 (B)idv代表個人 (C)mil代表政府機構 (D)org代表軍事單位。

(C)5. 網域名稱（Domain Name）包含了主機名稱、機構名稱、機構類別以及下列何種資訊？ (A)路徑檔名 (B)存取方法 (C)地理名稱 (D)資料結構。

> **統測這樣考**
> (C)39. 下列關於網路相關敘述何者最正確？
> (A)IPv6以256位元來表示位址
> (B)IPv4以256位元來表示位址
> (C)一個IP位址可以對應多個網域名稱
> (D)URL是專門負責IP位址與網域名稱轉換的伺服器。　[110工管]

六、全球資源定址器

1. **全球資源定址器**（Uniform Resource Locator, URL）：即**網址**，用來指示網際網路上某一項資源的所在位置及存取該資源所使用的協定。

2. URL格式：

   http:// www.edu.tw [:80]/index.aspx

   A. 通訊協定　　　B. 網域名稱　　　C. 埠位址　　　D. 路徑檔名
   網路服務使用　　資源所在的伺　　網路服務項目
   的通訊協定　　　服器主機位址　　對應的編號

   a. 常用的通訊協定：

通訊協定	網路服務	範例
http	全球資訊網（WWW）	http://www.edu.tw
https	SSL安全機制	https://www.google.com.tw/
ftp	檔案傳輸	ftp://ftp.ntu.edu.tw
mailto	電子郵件	mailto:abc@mail.com.tw
telnet	遠端登入（終端機模擬）	telnet://bbs.nsysu.edu.tw
file	檔案伺服器	file://share/

   解題密技　http通訊協定可省略 "http://"、mailto通訊協定不需加上 "//"。

   b. 埠位址**可省略不輸入**，因為網路應用軟體（如瀏覽器）會自動將預設埠位址編號加入網址中。常見的埠位址：

網路服務	HTTP	HTTPS	Telnet	FTP	SMTP	POP3	IMAP	DNS
預設埠位址	80	443	23	21	25	110	143	53

   五秒自測　在URL中，全球資訊網、檔案傳輸、電子郵件等網路服務所對應的通訊協定各為何？
   全球資訊網：http、檔案傳輸：ftp、電子郵件：mailto。

3. 輸入URL的注意事項：

   a. 網域名稱不分大小寫，如輸入www.edu.tw或WWW.EDU.TW皆可連上教育部網站。

   b. 路徑檔名的大小寫須正確，否則可能會出現網頁找不到的訊息。

   c. 瀏覽器預設的通訊協定為https，在輸入URL時可省略輸入https://。

4. 自訂埠位址：有些伺服器為了提高資安或只提供特定人士使用，會更改預設的埠位址編號。例如：更改埠位址編號的網站，使用者就必須在網址中輸入指定修改後的埠位址才能進行瀏覽。

5. 在網際網路中，資源存放的位置是以URL格式來表示；在Windows區域網路中，資源所在位置，則是以通用名稱規則（UNC）格式來表示，例如：\\電腦主機名稱\路徑檔名。

得分區塊練

(C)1. 在瀏覽器的網址列內輸入下列網址（URL, Uniform Resource Locator），何者之通訊協定雖然省略，仍會完成我們想要的動作？
(A)telnet://198.116.142.34
(B)mailto:chen@msa.hinet.net
(C)https://www.twnic.tw
(D)ftp://63.83.194.46。

1. 瀏覽器預設的通訊協定為https，在輸入URL時可省略輸入https://。

(A)2. 我們常看到的URL格式為https://aaa.bbb.ccc/xxx.html，其中aaa.bbb.ccc所代表的意義為何？
(A)主機位址　(B)國名或地域名　(C)通訊協定或存取方式　(D)路徑檔名。

(A)3. 以http://www.cea.org.tw/tvc/title.html為例，「http」所代表的涵意是？
(A)一種通訊協定　(B)電腦目前的網址　(C)網頁名稱　(D)路徑。　　[丙級網路架設]

(C)4. 使用瀏覽器連結到www.evta.gov.tw的電腦上埠號（Port Number）為8000的Web虛擬主機，位址應如何輸入？
(A)http://www.evta.com.tw/
(B)http://www.tw/8000.htm
(C)http://www.evta.gov.tw:8000/
(D)http://www.evta.com.tw/8000。　　[丙級網路架設]

(C)5. 接收郵件的POP3協定，所使用的預設埠號（Port Number）是多少？
(A)21　(B)23　(C)110　(D)80。　　[丙級網路架設]

(D)6. 下列哪一項通訊協定為遠端登入服務？
(A)http://　(B)ftp://　(C)gopher://　(D)telnet://。

(D)7. URL（Uniform Resource Locator）是用來表示某個網站或檔案在網際網路中，獨一無二的位址。下列何者屬於URL的一部分？
(A)檔案格式、檔案屬性　　(B)檔案建立時間、日期
(C)檔案大小、檔案格式　　(D)檔案路徑、檔案名稱。

(C)8. 以下URL的表示何者錯誤？
(A)https://www.abc.com
(B)ftp://server1.abc.com
(C)bbs://server2.abc.com
(D)mailto:fish@mail.com.tw。

8. BBS使用telnet通訊協定，如telnet://ptt.cc。

第9章 認識網際網路

滿分晉級

★新課綱命題趨勢★ 情境素養題

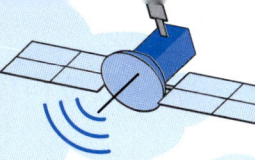

▲ 閱讀下文，回答第1至2題：

在美國職業籃球（NBA）球員中，勒布朗‧詹姆斯（LeBron James）在場上表現搶眼，數次拿下大三元成績，他在自己的臉書中，感謝球迷與家人的支持，另外他也分享未來之星－盧卡‧東契奇（Luka Dončić）近期不可思議的絕佳表現影片。

(D)1. 根據上述情境，下列敘述何者錯誤？
(A)臉書網址是以 "https://" 開頭，它代表該網站採用SSL協定
(B)利用關鍵字 "NBA 詹姆斯 新聞" 可搜尋有關NBA球員詹姆斯的新聞
(C)利用ping網路指令可測試臉書主機是否運作正常
(D)臉書網址 "https://www.facebook.com:443"，其中443埠位址是代表HTTP服務。
[9-2]

(B)2. 許多網友看到詹姆斯所分享的東契奇影片，紛紛連上「PTT」電子佈告欄與其他使用者討論觀看影片後的心得，阿叡也是其中之一，請問他應該使用下列哪一個存取協定來登入遠端主機？ (A)http (B)telnet (C)ftp (D)mailto。
[9-2]

(C)3. 建宇想購買iPad mini，他上網查詢有關iPad的相關介紹，發現有位賣家標示此商品為「Apple iPad mini Wi-Fi + cellular 4G平板電腦」，請問上述中的4G指的是？
(A)4G的記憶卡儲存空間
(B)4GHz的處理器
(C)4G LTE上網技術
(D)4G的RAM容量。
[9-1]

(B)4. 依婷將電腦中學校舉辦校慶的照片及影片上傳至雲端硬碟中，供班上同學檢視或下載，假設她家的ADSL頻寬為8M/640K，請問上傳照片及影片的傳輸速度最高可為多少？ (A)8M (B)640K (C)1M (D)256K。
[9-1]

(D)5. 小天家裡是利用第四台的纜線來連上網際網路，每當家裡越多人上網，連線速率就越慢，由此可判斷，他家所採用的上網方式，最有可能為下列何者？
(A)ISDN (B)電話線撥接 (C)ADSL (D)cable modem。
[9-1]

(A)6. 哲倫與同學約好要在暑假時去美國進行畢業旅行，同行的其他同學在桃園中正機場時，已經申請了隨身Wi-Fi分享器，但是他並不想使用這種上網方式，當他一下飛機，便向當地的AT&T公司申請ADSL上網服務。根據以上敘述判斷，AT&T公司最可能是？ (A)ISP業者 (B)網咖業者 (C)ICP業者 (D)手機製造業者。
[9-1]

(B)7. 據報導指出，近年來越來越多起網路霸凌的案件，許多網友會在特定人士的臉書個人頁面，留下不堪入目的污辱性文字；在接獲受害者報案後，警方會利用IP位址來尋找嫌犯。請問警方最有可能是利用下列哪一項IP特性來尋找嫌犯？
(A)IPv4位址是由4個數值（0～255）組成
(B)每1個IP，只對應1台電腦
(C)IP位址 = 網路位址 + 主機位址
(D)IP位址分成Class A、B、C、D、E五大類。
[9-2]

A9-17

精選試題

9-1
(D)1. Hinet、SeedNet及TANet是服務大家上網的機構及公司，我們稱之為？
(A)NIC（網路訊息中心） (B)WWW（全球資訊網）
(C)NI（網路仲介） (D)ISP（網際網路服務提供者）。

(C)2. 提供給使用者Internet帳號的機構稱為？
(A)ISDN (B)IPX (C)ISP (D)PSDN。

(D)3. 下列哪一項只屬於網際網路內容提供者？
(A)TANET (B)HINET (C)遠傳大寬頻 (D)104人力銀行。 [技藝競賽]

(B)4. 為了符合網路朝向視訊、語音、資料傳輸三者整合的時代，下列何種連線方式最不適用？
(A)非對稱數位用戶迴路（ADSL）
(B)56K數據機（Modem）撥接
(C)纜線數據機（Cable Modem）
(D)專線（T1）固接。

(C)5. 個人電腦利用ADSL連上Internet，下列敘述，何者正確？
(A)ADSL使用純數位電路，其下載速度大於上傳速度
(B)ADSL使用純數位電路，其上傳速度大於下載速度
(C)ADSL使用傳統電話線路，其下載速度大於上傳速度
(D)ADSL使用傳統電話線路，其上傳速度大於下載速度。

(C)6. 下列哪一種FTTx光纖網路的速度最快？
(A)FTTB (B)FTTC (C)FTTH (D)FTTN。 [技藝競賽]

(D)7. 一般而言，下列哪一種上網方式的資料傳輸速度最慢？
(A)ADSL上網 (B)cable modem上網 (C)光纖上網 (D)電話線撥接上網。

(D)8. 下列四種不同的線路頻寬，何者傳輸速率最快？
(A)128K (B)256K (C)T1 (D)T3。

(D)9. 下列有關非對稱數位用戶線路（ADSL, Asymmetric Digital Subscriber Line）的敘述，何者不正確？
9. ADSL的上傳及下載速度不同。
(A)可以雙向傳載（上傳與下載）
(B)可以同時使用電話及上網，且不會相互干擾
(C)是透過現有的電話線路連接至電信公司的機房
(D)資料上傳與下載速度一定相同。

9-2
(A)10. 下列何者不是通用的全球資源定址器（URL）中通訊協定（protocol）的名稱？
(A)mail (B)http (C)ftp (D)telnet。

(D)11. 下列哪一個選項不是「全球資源定位器」（URL）第一部分所標示出的常用存取協定？ (A)ftp (B)http (C)mailto (D)tcpip。

(D)12. 下列哪一個網域名稱（Domain Name）是屬於我國政府機關所擁有的網域名稱？
(A)www.twn.org (B)www.tw.gov.com
(C)www.cwb.gov.org (D)www.cwb.gov.tw。

(A)13. 下列URL（Uniform Resource Locator）格式，何者正確？
(A)http://ts1.com/123/ (B)sysop@www.cs.edu
(C)http:wxy.org:80 (D)ftp:\\ftp.dst.net。

14. 連接到網際網路的每一台裝置不一定要使用固定的IP位址；
    IP位址長度為4bytes，MAC位址長度為6bytes；
    IP位址的子網路遮罩為32bits；
    1個IP位址可對應多個網域名稱，例如http://www.taiwanmobile.com.tw/
    及http://www.taiwanmobile.com/，皆對應到124.29.137.11。

第9章 認識網際網路

(B)14. 下列有關IP位址的敘述，何者正確？
  (A)連接到網際網路的每一台裝置都必須具備有固定的IP位址
  (B)IP位址的長度小於MAC（Media Access Control）位址的長度
  (C)IP位址的子網路遮罩必須為8個位元
  (D)一個IP位址不能對應多個網域名稱。

(B)15. 學校的同學反應使用瀏覽器軟體時，輸入網站的網址（domain name）無法瀏覽網站資料，但輸入該網站的IP address卻可以正常連線，此問題的可能原因是學校的
  (A)switch故障　　　　　　　　(B)DNS故障
  (C)mail server故障　　　　　　(D)DHCP server故障。

(C)16. URL的表示規則為「通訊協定://伺服器名稱/檔案路徑/檔案名稱」，其中哪一個部分用來表示「以該URL所連結之伺服器」的服務性質？
  (A)檔案路徑　(B)檔案名稱　(C)通訊協定　(D)伺服器名稱。

(A)17. 下列對於網際網路相關知識的敘述，何者不正確？
  (A)DHCP（動態主機配置協定）可將網域名稱轉換為對應的IP位址
  (B)電子郵件之位址為shin@haw.ntust.edu.tw，其中haw.ntust.edu.tw為郵件伺服器
  (C)192.192.232.11是合法的IP位址　　　17. DHCP是用來動態分配IP位址。
  (D)固接專線T3提供的頻寬，大於T1所提供的頻寬。

(C)18. 在瀏覽器的網址列鍵入下面哪一項內容，會看到我國教育部全球資訊網的首頁？
  (A)https://www.abc.com　　　　(B)https://www.abc.com.tw
  (C)https://www.edu.tw　　　　　(D)https://www.hinet.net。

(C)19. 下列關於電腦網路的敘述，何者正確？
  (A)david&dcs.ntu.edu.tw為有效的電子郵件位址
  (B)140.150.300.15為有效的IP位址　19.電子郵件位址的格式：使用者帳號@郵件伺服器位址；
  (C)Telnet可用來遠端登錄　　　　　IP位址每個數值都必須介於0～255之間；
  (D)BBS為檔案傳輸系統。　　　　　BBS為電子佈告欄系統。

(D)20. 已知某URL為http://www.ncl.edu.tw/，下列何者對此URL的描述有錯誤？
  (A)指向台灣某教育單位　　　　(B)指向首頁的伺服器
  (C)可以公開讓大眾使用　　　　(D)格式書寫錯誤。

(D)21. http://www.cea.org.tw的網址中，哪一段代表國家或地理區域？
  (A)www　(B)cea　(C)org　(D)tw。

(C)22. 下列何種全球資源定位法（URL）不正確？
  (A)http://www.kimo.com:99/　　　(B)telnet://bbs.kyc.com.tw/
  (C)mailto://jeanch@mail.hit.net　(D)ftp://ftp2.nctu.org.uk/。

(B)23. 下列有關IP位址的敘述，何者不正確？
  (A)255.255.255.0是一個子網路遮罩
  (B)129.0.0.1保留做本機電腦的IP位址
  (C)140.138.2.4是Class B等級的IP位址
  (D)IPv6使用16個位元組（bytes）來表示IP位址。

(C)24. 若將一個Class C的網路分為兩個子網路，則子網路遮罩應設為？
  (A)255.255.255.0　　　　(B)255.255.0.0
  (C)255.255.255.128　　　(D)255.255.255.192。　　[丙級網路架設]

24.將一個Class C網路分成2個子網路，必須從主機位址借用1個位元：
   11111111 . 11111111 . 11111111 . 10000000
   (255   .   255   .   255   .   128   )

(D)25. IP位址第四版，一般稱為IPv4位址，由32位元構成，下一代的IP位址一般稱為IPv6位址，請問IPv6位址是由多少位元構成？
(A)64位元　(B)8位元　(C)32位元　(D)128位元。

(D)26. TCP/IP網路中，一個B類的位址，其主機部分占用多少位元？
(A)2　(B)4　(C)8　(D)16。

(D)27. 下列哪一個是正確的IP位址？
(A)140.124.3　(B)140.35.14.6.3　(C)258.24.38.166　(D)168.95.7.21。

(D)28. 應用層服務DNS，所使用的預設埠號（Port Number）是多少？
(A)21　(B)23　(C)25　(D)53。　　　　　　　　　　　　　　　　　[丙級網路架設]

(C)29. 何者屬於「企業單位」的網域名稱？
(A).edu　(B).gov　(C).com　(D).org。　　　　　　　　　　　　[丙級網頁設計]

(D)30. 網址名稱http://www.evta.gov.tw之中「tw」代表的是下列何者？
(A)主機名稱　(B)單位名稱　(C)單位性質　(D)地理位置或國別。　[丙級網路架設]

(C)31. 下列哪一個IP位址的寫法是合法的？
(A)257.120.8.12　(B)23.12.34:56　(C)198.177.240.101　(D)10.1201.12.1。[技藝競賽]

(B)32. IPv6使用多少個位元表示IP位址？
(A)32 bits　(B)128 bits　(C)64 bits　(D)256 bits。　　　　　　　　[技藝競賽]

(B)33. 網域名稱會由什麼系統轉成網際網路的位址？
(A)IP　(B)DNS　(C)URL　(D)WWW。

(D)34. IP位址127.0.0.1代表何種意義？　(A)虛擬IP位址　(B)不可使用的IP位址　(C)用來查詢本機電腦的IP位址　(D)用來測試本機電腦的網路環境是否正常。

(B)35. IPv6各組數字之間是以哪一個符號隔開？　(A)．　(B):　(C)。　(D);。

(B)36. 台灣大學的網站IP位址為140.112.8.116，請問該網站使用的IP位址其網路等級應為？
(A)Class A　(B)Class B　(C)Class C　(D)Class D。

(A)37. 使用下列哪一個命令可用來查詢本機的IP位址？
(A)ipconfig　(B)telnet　(C)ftp　(D)tracert。

(A)38. 下列何者是用來將虛擬IP位址轉換成網際網路IP位址的技術？
(A)NAT　(B)DNS　(C)TCP/IP　(D)DHCP。

(D)39. 下列哪一個是FTP預設的埠位址編號？　(A)143　(B)110　(C)80　(D)21。

(C)40. 關於電腦網路的敘述，下列何者有誤？　(A)通訊協定TCP/IP可適用於區域網路或廣域網路　(B)有線傳輸媒介中，光纖比雙絞線與同軸電纜較不容易受電磁波干擾　(C)環狀網路架構藉由一集線器以連接各節點電腦，故一旦集線器故障，則會使整個網路停擺　(D)區域名稱（domain name）與IP位址均代表網址且具唯一性，但區域名稱比較容易記憶。

(C)41. 關於現在普遍使用的IP位址的敘述，下列何者正確？
(A)IP位址由四組字元串列組成，每組字元串列長度最長可達4個字元
(B)168.11.271.42是一個符合規定的IP位址
(C)瀏覽器必須透過DNS（網域名稱伺服器）將網址轉換成IP位址
(D)可以為自己的電腦設定任意的IP位址，以方便記憶。

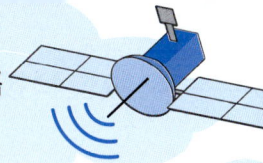

(D)42. 下列關於網域名稱的敘述，何者正確？
(A)www.business.org.uk是英國的一個商業團體
(B)www.cow.mil.jp是日本的一個牛奶協會
(C)www.network.net.au是奧地利的一個網路組織
(D)www.usc.edu是美國的一個學術單位。

(C)43. 下列哪一個IP位址是屬於Class D？
(A)127.0.0.1　(B)192.168.0.1　(C)224.0.0.1　(D)240.0.0.1。　[103技藝競賽]

(D)44. 下列哪一項技術是將私有IP位址轉換成公有IP位址？
(A)DHCP　(B)DNS　(C)URL　(D)NAT。　[103技藝競賽]

(D)45. 請問網路IP位置230.100.10.5是屬於IPv4的哪一種類型（Class）？
(A)Class A　(B)Class B　(C)Class C　(D)Class D。　[103技藝競賽]

(A)46. 陳國雄上網到http://www.ntu.mil.tw網站找資料，由其網域名稱可知它所代表的機構為：　(A)軍事機構　(B)教育學術機構　(C)商業機構　(D)網路機構。

(C)47. DNS伺服器提供下列何種服務？　(A)將網路卡位址轉換成IP位址　(B)將IP位址轉換成網路卡位址　(C)將網域名稱（domain name）轉換成IP位址　(D)電子郵件遞送服務。

(C)48. 網址：http://www.usau.edu.tw/最可能為下列哪一單位？　(A)台灣某家財團法人　(B)中國某家私人企業　(C)台灣某教育單位　(D)美國某所大學。

統測試題

1. ADSL的下載速度 > 上傳速度。

(A)1. ADSL的頻寬速度通常以「下載速度/上傳速度」來表示。在不同通訊標準中，會有不同下載速度/上傳速度，下列何者為不正確的頻寬速度？　(A)1.5Mbps/8Mbps　(B)1.5Mbps/512Kbps　(C)24Mbps/3.5Mbps　(D)8Mbps/896Kbps。　[102商管群]

(D)2. 下列關於192.168.1.1這個IP位址的敘述，何者正確？
(A)是一個class A的多點廣播（Multicast）位址
(B)是一個class D的某企業專屬IP位址
(C)是一個class B的廣播（Broadcast）位址
(D)是一個class C的保留IP位址，可供私有區域網路使用。　[103商管群]

(C)3. 在IPv4的位址中，一個B級（Class B）的網路系統可管轄的IP位址個數，和下列何者最接近？　(A)2^8個　(B)2^{12}個　(C)2^{16}個　(D)2^{20}個。　[104商管群]

(D)4. 下列有關IPv4位址的敘述，何者錯誤？
(A)使用32位元來定址
(B)其位址的表示一般分為四個欄位
(C)203.74.1.255是一個Class C的廣播位址
(D)每欄位的數值範圍從1至255。　[104工管類]

(D)5. C類IPv4位址的範圍是：
(A)192.0.0.0起，至255.255.255.255
(B)192.0.0.0起，至244.255.255.255
(C)192.0.0.0起，至239.255.255.255
(D)192.0.0.0起，至223.255.255.255。　[104工管類]

(C)6. IPv6使用幾個位元來定址？　(A)32　(B)64　(C)128　(D)256。　[104工管類]

(B)7. 下列哪一個IPv4位址是有問題的位址,它無法在網路上使用?
(A)11.11.11.11　　　　　　　　(B)172.712.71.12
(C)192.92.92.92　　　　　　　　(D)193.193.193.193。　　　　[104工管類]

(D)8. IPv6所能表示的IP位址數量是IPv4所能表示IP位址數量的多少倍?
(A)4　(B)2^4　(C)9^6　(D)2^{96}。　8. $2^{128} \div 2^{32} = 2^{96}$。　[105商管群]

(C)9. 以固定專線上網費用昂貴,但傳輸速度快且品質穩定,下列何者最適合?
(A)ADSL　(B)Cable Modem　(C)T3　(D)4G。　　　　　　　[105工管類]

(A)10. 下列有關IP位址的敘述,何者錯誤?
(A)IPv6以8組4個16進位數字所組成,每組數字以 "." 隔開
(B)202.168.6.5是一個Class C的IP位址
(C)Class B等級的IP,其網路位址(net ID)和主機位址(host ID)所佔位元數相等
(D)IPv4由4個介於0~255之間的數字所組成,每組數字以 "." 隔開。　[105工管類]

(A)11. 若已知網際網路中A電腦之IP為192.168.127.38,且子網路遮罩(Subnet Mask)為255.255.248.0,下列哪一IP與A電腦不在同一子網路(網段)?
(A)192.168.128.11
(B)192.168.126.22
(C)192.168.125.33
(D)192.168.124.44。　　　　　　　　　　　　　　　　　[105資電類]

12. IPv6位址用8個16位元的數字來表示,這些數字彼此會用「:」隔開。

(D)12. 下列關於網際網路位址的表示方式之敘述,下列何者正確?
(A)IPv4位址用6組4位元的數字來表示,這些數字彼此會用「.」隔開
(B)IPv6位址用4組6位元的數字來表示,這些數字彼此會用「:」隔開
(C)IPv6位址用6個8位元的數字來表示,這些數字彼此會用「:」隔開
(D)IPv4位址用4個8位元的數字來表示,這些數字彼此會用「.」隔開。　[106資電類]

(B)13. 在台灣,關於IP位址的分配工作,是由以下哪一個單位所負責?
(A)國家高速網路與計算中心　　　(B)台灣網路資訊中心
(C)中華民國電腦技能基金會　　　(D)工業技術研究院。　　　[107資電類]

(C)14. 下列對於網際網路協定IP(Internet Protocol)的描述何者正確?
(A)全世界的IP位址可以分為A, B, C, D四種等級(Class)
(B)IPv4為16位元組成的位址,IPv6為32位元組成的位址
(C)IPv4位址包含了網路位址(Network ID)與主機位址(Host ID)
(D)IP位址與網域名稱(Domain Name)的對應是透過閘道器(Gateway)來協助。
　　　　　　　　　　　　　　　　　　　　　　　　　　　　[107資電類]
14. 可以分為A, B, C, D, E五種等級(Class);IPv4為32位元組成的位址,IPv6為128位元組成的位址;IP位址與網域名稱的對應是透過網域名稱伺服器來協助。

(B)15. Class A等級的IP位址從10.0.0.251至10.0.1.5共有幾個IP位址?
(A)10個　(B)11個　(C)12個　(D)13個。　15. 10.0.0.251~10.0.0.255共5個,[108商管群]
10.0.1.0~10.0.1.5共6個,總共11個。

(C)16. 下列何項是屬於CLASS C等級的IP位址?
(A)10.16.1.1　(B)172.16.1.1　(C)192.168.1.1　(D)255.255.255.0。　[108商管群]

(D)17. 假設有一網頁伺服器(web server)的IP是192.168.3.10,透過8080埠號(port)提供網頁服務。若要請求這網頁伺服器的網頁服務,下列哪一個請求服務的格式是正確的?
(A)http://192.168.3.10/8080/index.html
(B)http://192.168.3.10+8080/index.html
(C)http://192.168.3.10/index.html@8080
(D)http://192.168.3.10:8080/index.html。　　　　　　　　　[108工管類]

19. Cable Modem不支援非對稱速率傳輸模式；ADSL使用家用電話線路連上網際網路，採「電話語音訊號」及「網路傳輸訊號」分離技術，用戶在上網同時也能使用電話；Cable Modem頻寬由所有用戶共享，上線用戶越多網路速度會越慢。

(B)18. 假設甲乙不同網路內主機均設定合法的真實IP位址，今一台主機從甲網路搬移到另一個乙網路時，需進行以下何種處理才能正常連上網路？ (A)必需同時更改它的IP位址和MAC位址 (B)只需更改它的IP位址 (C)必需更改它的MAC位址，但不需更改IP位址 (D)它的MAC位址及IP位址都不需要更改。 [109商管群]

(A)19. 以下有關連接網際網路的方式說明，何者正確？
(A)ADSL採用非對稱速率傳輸模式，例如速率標示為5M／384K的ADSL網路系統，其下載速率可達5Mbps，上傳速率可達384Kbps
(B)Cable Modem可支援非對稱速率傳輸模式，例如速率標示為8M／512K的Cable Modem網路系統，其上傳速率可達8Mbps，下載速率可達512Kbps
(C)ADSL使用家用電話線路連上網際網路，因此無法在同一時間連線上網並使用家用電話機打電話
(D)Cable Modem使用有線電視業者提供的有線電視纜線連上網際網路，因為該條有線電視纜線屬於單一用戶專屬使用，Cable Modem的傳輸速率相當穩定，不會因連線用戶增加而降低傳輸速率。 [109工管類]

(C)20. 下列關於網路相關敘述何者最正確？
(A)IPv6以256位元來表示位址
(B)IPv4以256位元來表示位址
(C)一個IP位址可以對應多個網域名稱
(D)URL是專門負責IP位址與網域名稱轉換的伺服器。 [110工管類]

20. IPv6以128位元來表示位址；
IPv4以32位元來表示位址；
URL（全球資源定址器）：即網址，用來指示網際網路上某一項資源的所在位置及存取該資源所使用的協定。

(B)21. 某台個人電腦其名稱為PC 123、IP位址為192.168.123.132、子網路遮罩為255.255.255.128，下列何項IP與PC 123位於相同子網路？
(A)192.168.123.123 (B)192.168.123.254
(C)192.168.132.123 (D)192.168.132.254。 [111商管群]

(D)22. 關於IPv6的敘述，下列何者錯誤？
(A)其位址長度是IPv4的4倍
(B)2001：288：4200：：24符合IPv6位址格式
(C)單一網卡介面可同時設定IPv4及IPv6位址
(D)2001：288：4200：：24此IPv6位址符合以十進制表示方式。 [112商管群]

22. IPv4的位址長度為32位元，IPv6的位址長度為128位元，故IPv6的位址長度是IPv4的4倍；
IPv6位址可用2個冒號（::）代表0，例如2001:0288:4200:0000:0000:0000:0000:0024可表示為2001:288:4200::24；
IPv6位址須以十六進制表示。

(D)23. 某公司申請了一個IPv4的IP位址範圍為201.201.201.0至201.201.201.255，該公司考量網路管理擬規劃成2個子網路，則其子網路遮罩應為下列何者？
(A)255.255.254.0
(B)255.255.255.0
(C)255.255.255.127
(D)255.255.255.128。 [112商管群]

23. 擬規劃將201.201.201.0至201.201.201.255切割成2個子網路：
• 第一個子網路的IP位址範圍：201.201.201.0 至 201.201.201.127
• 第二個子網路的IP位址範圍：201.201.201.128 至 201.201.201.255
→結論：對應的子網路遮罩應為255.255.255.128。

(B)24. 下列何項是正確的IPv6格式？
(A)2001.0.0.0.0.0.0 (B)2001:ABCD:0:0:0:0:1428:57ab
(C)2001.168.21.13 (D)2001:0000:0000:00000:2500:0000:deaf。 [113商管群]

24. IPv6是由8組，每組4個16進位的數值所組成，每組數值之間以 ":" 隔開。

21. PC 123電腦
```
        11000000 . 10101000 . 01111011 . 10000100（IP位址：192.168.123.132）
AND     11111111 . 11111111 . 11111111 . 10000000（子網路遮罩：255.255.255.128）
        11000000 . 10101000 . 01111011 . 10000000（運算結果192.168.123.128）
```
(B)選項
```
        11000000 . 10101000 . 01111011 . 11111110（IP位址：192.168.123.254）
AND     11111111 . 11111111 . 11111111 . 10000000（子網路遮罩：255.255.255.128）
        11000000 . 10101000 . 01111011 . 10000000（運算結果192.168.123.128）
```
→結論：(B)選項的運算結果（192.168.123.128）與PC 123電腦的運算結果（192.168.123.128）一樣，所以(B)選項的IP與PC 123電腦在同一個子網路中。

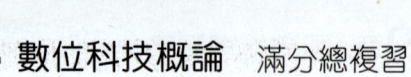

25.
- 192.168.100.0 → 網路位址（不能用）
- 192.168.100.255 → 廣播位址（不能用）
- 192.168.100.254 → 已設定為預設閘道位址（分配給閘道器使用）
- 192.168.100.194 → 可提供正常連網服務。

(D)25. 某電腦教室的子網路遮罩是255.255.255.0、預設閘道位址是192.168.100.254，下列何者可設定為該電腦教室中某一台電腦的IP位址來提供正常連網服務？
(A)192.168.100.0　　　　　　　　(B)192.168.100.255
(C)192.168.100.254　　　　　　　(D)192.168.100.194。 [114商管群]

(A)26. 工程師在檢測電腦無法連網時發現以下情況：若使用目標網站的IP位址可以連網；改使用目標網站的網域名稱（domain name）時就無法連網。以上所述可能的原因是何選項？
(A)該電腦的DNS伺服器位址未設定或設定錯誤
(B)網路介面卡未啟用IPv6協定
(C)私人網路的防火牆已被關閉
(D)預設閘道位址設定錯誤。

26. 網域名稱（DNS）伺服器是提供互轉網域名稱與IP位址的服務，因此題目中提到，用IP位址能連網，但用網址不能連網，最可能是DNS伺服器位址未設定或設定錯誤 [114商管群]

(C)27. 由於IPv4位址數量不敷使用，因而推出128位元位址長度的IPv6，下列何者是正確的IPv6位址？
27. IPv6是由8組，每組4個16進位的數值組成，並以「:」隔開。
(A)192.168.0.100　　　　　　　　(B)30:32:34:A5:DC:81
(C)2001:282:2:2:0:0:0:1　　　　　(D)FEC0:0:0:FFFF::1%1。 [114工管類]

統測考試範圍

單元 5

網路服務與應用

學習重點

全球資訊網最常考，曾連續考了10年！
物聯網與巨量資料入題機率高，應熟記觀念及應用

章名	常考重點	
第10章 網路服務	• 全球資訊網（WWW） • 電子郵件	★★★☆☆
第11章 雲端運算與物聯網	• 雲端運算應用 • 物聯網	★★★★☆

統測命題分析 最新統測趨勢分析（111～114年）

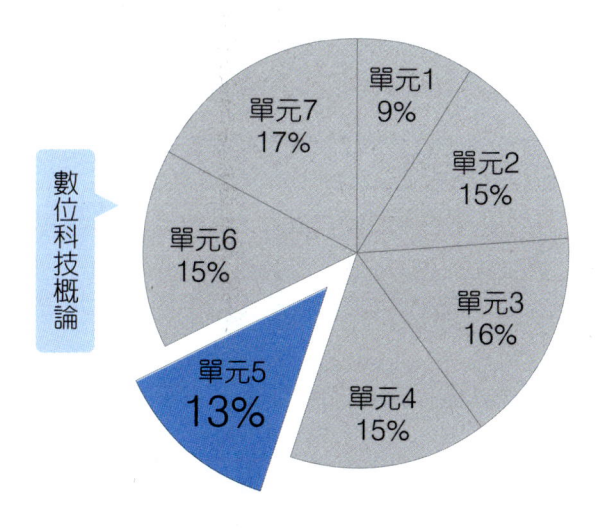

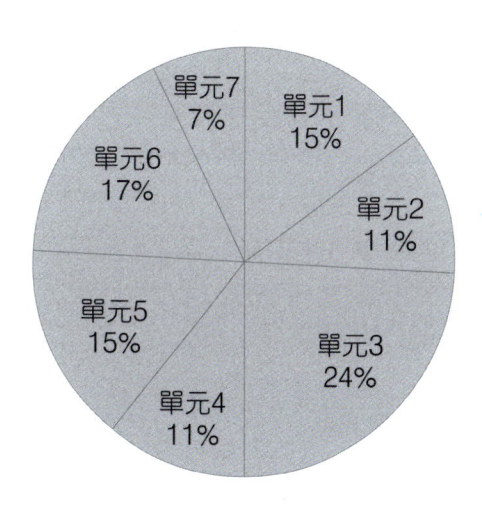

數位科技概論
- 單元1 9%
- 單元2 15%
- 單元3 16%
- 單元4 15%
- 單元5 13%
- 單元6 15%
- 單元7 17%

數位科技應用
- 單元1 15%
- 單元2 11%
- 單元3 24%
- 單元4 11%
- 單元5 15%
- 單元6 17%
- 單元7 7%

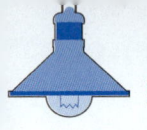

第10章 網路服務

10-1 資訊傳遞

一、全球資訊網 103 104 110

1. **WWW**（**全球資訊網**）是由許多**網站**（web site）所組成，內容包含文字、圖片、動畫、聲音……等。網站是**網頁**（web pages）的集合，進入網站的第一個網頁，稱為**首頁**（homepage）。

2. **瀏覽器**（browser）是指瀏覽WWW網頁的工具。常見的瀏覽器有：

名稱	Microsoft Edge	Firefox	Chrome	Safari	Opera
廠商	Microsoft	Mozilla	Google	Apple	Opera
說明	Windows 10內建	自由軟體	免費軟體	macOS內建	免費軟體

→ 以上瀏覽器皆有提供手機版本，如iPhone手機內建的瀏覽器，即為Safari手機版的瀏覽器。

a. 在瀏覽網頁時，將游標移至設有超連結的文字或圖片上時，游標外觀會變成 👆。

b. 瀏覽器瀏覽網頁的過程：

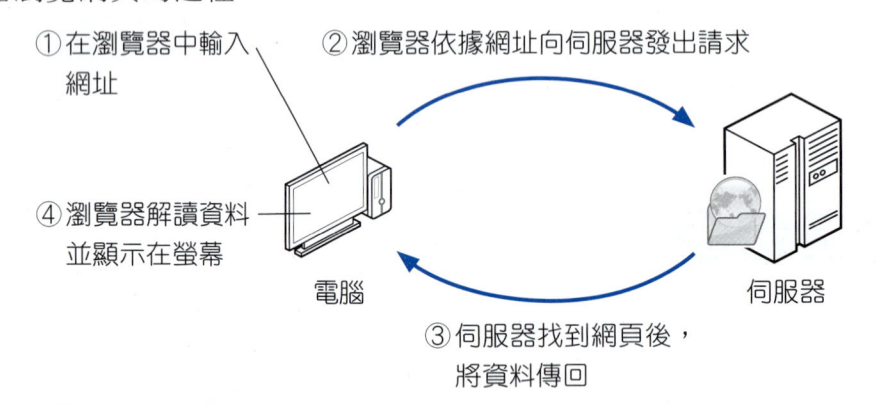

① 在瀏覽器中輸入網址
② 瀏覽器依據網址向伺服器發出請求
③ 伺服器找到網頁後，將資料傳回
④ 瀏覽器解讀資料並顯示在螢幕

c. 常見的瀏覽器安全性設定：

內容	說明
存取Cookie	Cookie是網站所記錄的使用者瀏覽資訊。使用者可透過瀏覽器的設定，來限制網站存取Cookie
下載外掛程式	外掛程式是指安裝在瀏覽器上以擴充功能的程式。使用者可決定是否下載安裝外掛程式
執行程式碼	瀏覽器可藉由執行網頁上的程式碼，來增加網頁呈現的效果與功能。使用者可設定是否要執行程式碼
顯示彈出式視窗	彈出式視窗是用於顯示額外訊息（如廣告、認證等）且另外開啟的網頁。使用者可決定是否封鎖該類視窗
安全性	調整瀏覽器的安全設定，可提供更主動且預測性的防護，降低潛在的網路威脅風險

第10章 網路服務

得分區塊練

(D)1. 要看WWW中的各類資訊，通常藉助下列哪一種軟體？
(A)影像處理軟體 (B)電子郵件軟體 (C)簡報軟體 (D)瀏覽器。

(B)2. 下列何者不是瀏覽器軟體？ (A)Firefox (B)Outlook (C)Chrome (D)Safari。

統測這樣考
(A)43. 使用Google搜尋具完全相符字串的網頁，下列何種搜尋技巧最相關？ (A)"" (B)* (C)- (D).. 。 [110工管]

3. 入口網站與資料搜尋：

   a. 某些網站分類蒐集了許多網頁資料，以方便使用者查詢，這類網站稱為**入口網站**（portal site），通常提供有**搜尋引擎**（search engine）的功能。

   b. 常見的入口網站，如Yahoo!奇摩、PChome Online網路家庭、yam蕃薯藤、MSN台灣。

   c. 要在網際網路中搜尋資料，除了可透過上述的入口網站之外，也可透過專門提供搜尋引擎功能的網站（如Google、Bing）來進行。

   d. 當我們在搜尋資料時，若搭配下表之搜尋語法，可讓搜尋結果更精確。

搜尋語法	說明	使用範例	搜尋標的
NOT（搜尋時須使用**減號 -**）	搜尋結果不包含某個關鍵字	資訊展△-高雄（△代表空白）	搜尋"資訊展"但不包含"高雄"
AND（搜尋時須使用**空白**）	搜尋結果包含2個以上的關鍵字	台北資訊展△時間	搜尋"台北資訊展"及"時間"
OR	搜尋結果只需符合任一關鍵字	台北資訊展△OR△台北資訊月	搜尋"台北資訊展"或"台北資訊月"
" "	搜尋結果必須完全符合	"11月資訊展"	搜尋完全符合"11月資訊展"
site:	可指定在特定網域中搜尋資料	site:gov△資訊展	在「政府網站」中搜尋"資訊展"
filetype:	可指定只搜尋特定檔案類型的資料	考古題filetype:PDF	搜尋"考古題"的PDF檔案

   ● **五秒自測** 在搜尋資料時，若在兩個關鍵字之間加上空白，代表何種意思？
   搜尋結果包含2個以上的關鍵字。

   e. 不同搜尋引擎，搜尋出來的結果可能略有不同。

   f. 網路中有許多專門用來搜尋影片（如YouTube）、搜尋圖片（如Flickr、Pixabay）、電子地圖（如Google地圖、UrMap你的地圖網）及以圖找圖（如Google圖片、TinEye）的搜尋網站。

   g. 在網路上有許多知識，使用者透過搜尋引擎自行搜尋學習。例如：由全球網友協同創作的維基百科（Wikipedia）。

A10-3

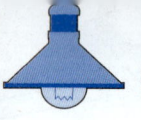

得分區塊練

(A)1. 在網路上，若要找到同時討論「瑪利歐」與「寶可夢」的網路資訊，你可在Google網站輸入下列哪一組搜尋條件？
(A)瑪利歐　寶可夢　　　　　　(B)瑪利歐 # 寶可夢
(C)瑪利歐 $ 寶可夢　　　　　　(D)瑪利歐 % 寶可夢。

(B)2. Google、Yahoo!奇摩等網站提供使用者可以透過關鍵字查詢網路上的資源，請問上述功能稱之為？
(A)Routers　(B)Search Engines　(C)Web site　(D)Web Servers。

二、電子郵件　107

1. 認識電子郵件（E-mail）：

   a. 電子郵件地址的格式如下，其中@念為「at」。

   使用者帳號 @ 郵件伺服器位址

   例 jameschen@yahoo.com.tw

   b. 電子郵件地址中不可以含有空白字元。

   c. 電子郵件伺服器（mail server）：提供電子郵件傳遞服務的伺服器。

   d. **垃圾郵件**（spam）：通常不是收件者想要收到的郵件，如各類廣告信。

2. 電子郵件通訊協定：

   a. 常見的電子郵件通訊協定：

通訊協定	功能
SMTP（Simple Mail Transfer Protocol）	寄信
POP3（Post Office Protocol 3）	收信 ── 會將伺服器上所有的郵件下載到電腦中
IMAP（Internet Message Access Protocol）	收信 ── 郵件會一直存放在伺服器中，使用者可先檢視郵件的寄件者與主旨，再決定是否下載郵件內容

   b. 收信與寄信功能可使用不同郵件伺服器來處理，但規模較小的機關（如一般學校、公司），通常是用同一部伺服器處理郵件的收、發。

   ◎五秒自測　POP3與SMTP通訊協定的主要功能為何？
   POP3：收信、SMTP：寄信。

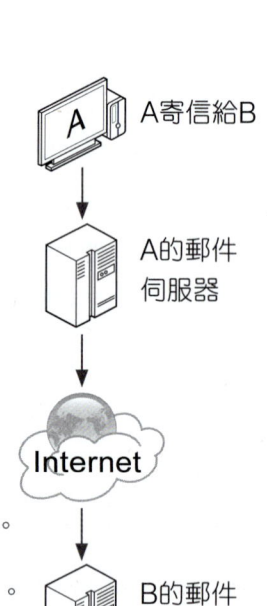

> 📌 統測這樣考
> (D)45. 關於電子郵件（E-mail）的使用，缺少何種正確資訊則無法順利寄達？
> (A)副本　　　　(B)主旨
> (C)密件副本　　(D)收件者信箱地址。　[110工管]

3. 電子郵件軟體：
   a. 電子郵件軟體：收發及管理郵件的軟體，如Outlook、Thunderbird等。
   b. 首次使用電子郵件軟體，必須先設定郵件帳戶、內收（內送）郵件伺服器（POP3、IMAP）、外寄郵件伺服器（SMTP）及帳戶名稱與密碼等資料。

4. 電子郵件常見的功能：
   a. **附加檔案**：在郵件中可附加檔案寄送給收件者。有附加檔案的郵件，會顯示**迴紋針**（📎）符號。
      ◎五秒自測　收到的郵件若有顯示迴紋針，代表何種意思？　有附加檔案。
   b. **副本**：可讓與該封郵件內容相關的人也能收到郵件。
   c. **密件副本**：可隱藏密件副本收件者的名稱及電子郵件地址，使其他收件者看不到，達到知會與保密的雙重目的。
   d. 在收件者、副本或密件副本欄中，須至少輸入1位收件者的電子郵件地址，才能寄發郵件。
   e. 通訊錄：用來記錄連絡人的郵件地址及基本資料，可省去每次寄信輸入郵件地址的麻煩。
   f. 將郵件**回信**給寄件者時，會自動在郵件主旨前方加上「**Re:**」；
      將郵件**轉寄**給他人時，會自動在郵件主旨前方加上「**Fw:**」。

5. 網路電子信箱（web mail）：
   a. 網路電子信箱：只要用瀏覽器，就可以收發電子郵件。
   b. 連上網路電子信箱服務網站（如Yahoo!奇摩、Gmail、Outlook.com等），輸入事先申請取得的帳號及密碼，即可收發及閱讀郵件。

網路電子信箱服務	網址	信箱空間
Yahoo!奇摩電子信箱	https://mail.yahoo.com/	1TB
Outlook.com電子信箱	https://outlook.live.com/	15GB
Gmail電子信箱	https://mail.google.com/	與Google雲端硬碟、Google相簿共用15GB儲存空間

> 📌 統測這樣考
> (D)45. 下列有關Gmail的說明，何者正確？　(A)每個人只能申請一組Gmail帳戶　(B)使用者必須要在電腦安裝專用的Gmail郵件軟體才能開啟或是透過Gmail寄送電子信件　(C)使用「回覆」功能處理對方寄來的電子郵件時，若使用者沒有另行編輯回覆的信件內容，Gmail會將對方寄來的電子郵件所有內容（包含附加檔案）寄回給該郵件的發信者　(D)使用「轉寄」功能處理對方寄來的電子郵件時，若使用者沒有另行編輯轉寄的信件內容，Gmail會將對方寄來的電子郵件所有內容（包含附加檔案）寄給指定的收信者。　[109工管]

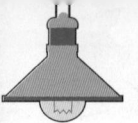

6. 電子郵件軟體 vs. 網路電子信箱：

收發工具	優點	缺點
電子郵件軟體	• 郵件可離線閱讀 • 郵件易於管理與保存	• 在不同的電腦收發郵件，必須重新建立郵件帳號及通訊錄 • 收發的郵件會儲存在電腦中，佔用硬碟空間
網路電子信箱	• 任何一台可上網的電腦皆可收發郵件 • 郵件儲存在網路上，不會佔用電腦的硬碟空間	• 必須連線才能閱讀郵件 • 免費信箱的空間由網路業者決定；可付費擴大空間

得分區塊練

(A)1. 李小明的電子郵件地址為：lee643@nfu.edu.tw，試問lee643代表意義為何？
(A)小明的帳號　(B)小明的姓名　(C)小明的密碼　(D)小明的伺服器。

(B)2. 下列哪一個不可能是EMAIL（電子郵件）帳號？
(A)dos_tw.tw@yahoo.com
(B)A213$ms75.hinet.net
(C)jjw_7@tsmc.com
(D)d8203222@mail.asd.com.tw。

2. 電子郵件地址包含使用者帳號與郵件伺服器位址，這兩部分必須以 "@" 符號連結。

(D)3. 收發電子郵件時，負責郵件收取的是 (1) 伺服器，負責郵件發送的是 (2) 伺服器。請問空格(1)、(2)應分別填入
(A)HTTP、FTP　(B)FTP、SMTP　(C)SMTP、POP3　(D)POP3、SMTP。

(C)4. 技安想使用Thunderbird寄電子郵件給阿福，請問通常外寄郵件伺服器是採用下列哪一種通訊協定？　(A)IMAP　(B)POP3　(C)SMTP　(D)HTTP。

(A)5. 下列對電子郵件（E-mail）的敘述何者有誤？　(A)電子郵件帳號格式為：帳號&伺服器主機網址　(B)可同時寄一信給多人　(C)可在信中加入附加檔案　(D)利用SMTP外寄主機寄信。　5. 電子郵件帳號格式為：使用者帳號@郵件伺服器位址。

(A)6. 如果想把電子郵件寄送給許多人，卻又不想讓收件者彼此之間知道你到底寄給哪些人，可以利用下列哪一項功能完成？
(A)密件副本　(B)副本　(C)加密　(D)無此功能。

7. 郵件前面出現「迴紋針」表示郵件含有附加檔案。

(D)7. 在電子郵件軟體的收件匣中，若郵件前面出現迴紋針（📎）的符號，表示此郵件：
(A)含有讀取回條　(B)含有數位簽名檔　(C)具有高優先順序　(D)含有附加檔案。

(A)8. 下列有關網路電子信箱的敘述，何者錯誤？　(A)收取的郵件可以下載並儲存在電腦硬碟中，供離線閱讀　(B)個人可使用的電子信箱空間通常是由網路業者決定　(C)可直接以瀏覽器軟體來閱讀郵件　(D)只要使用可連上網際網路的電腦即可收發郵件。　8. 網路電子信箱中的郵件不會下載並儲存在電腦中。

三、其他資訊傳遞的應用

> **統測這樣考**
> (A)44. 小華可以在網路與他人進行即時訊息的交換，配合電腦週邊還可使用網路視訊進行小組會議。請問以上情境與下列何項應用程式的功能最不相關？ (A)BBS (B)LINE (C)Skype (D)Hangouts。 [110工管]
> 解：Google Hangouts、Skype已終止服務。

常見應用	說明	舉例
即時通訊 （Instant Message, IM）	提供線上即時訊息傳遞、視訊語音交談、檔案分享等服務	LINE、 WeChat、 Facebook Messenger
社群網站 （social network）	提供使用者記錄個人心情、打卡、相簿、影音、直播影片、遊戲、心理測驗等服務的平台，並可將訊息發送社群中的好友或大眾分享	Instagram（IG）、 Facebook、 TikTok、 Dcard、 Threads
部落格 （blog）	又稱網誌，通常是一種個人化的生活記錄網站，可讓部落客發表個人的見解、心得或張貼照片，並可讓網友參與討論	痞客邦、 udn部落格
微型網誌 （microblog）	又稱微網誌，適合用來記錄個人心情、生活隨想等簡短訊息，通常限制字數在200字以內	微博、 X（推特）
電子佈告欄系統 （BBS）	提供許多不同主題的討論看板，讓使用者與網友交換意見或線上交談的系統	批踢踢實業坊

1. **六度分隔理論**：2個互相不認識的人，透過週遭6個人的關係聯繫後，即會產生關聯，社群網站是此一理論的實踐產品。

2. 連接BBS方式：可以在個人電腦中使用終端機模擬軟體（如PCMan、Welly等），或是在Windows的命令提示字元視窗中，以telnet指令來連上BBS站。

得分區塊練

(A)1. 部落格可讓網友發表個人見解、心得或張貼照片，且可讓網友在留言處參與討論。下列何者是常見的部落格？
(A)痞客邦 (B)Yahoo!奇摩 (C)momo購物網 (D)WeChat。

(D)2. 下列何者不是即時通訊軟體常見的功能？
(A)線上即時訊息 (B)視訊語音交談 (C)檔案分享 (D)檔案壓縮。

10-2 檔案傳輸

> **統測這樣考**
> (D)34. 關於檔案傳輸的敘述,下列何者錯誤？
> (A)FTP與P2P兩種方式均可分享檔案
> (B)BitComet為P2P用戶端常用的軟體之一
> (C)FileZilla為FTP用戶端常用的軟體之一
> (D)用主從式架構來分享檔案之一的方式包含P2P。
> [112商管]
> 解：P2P檔案傳輸軟體是採用對等式架構來分享檔案。

一、HTTP檔案傳輸

1. 透過**瀏覽器**（如Chrome、Firefox、Safari）傳輸。
2. 下載的檔案尚未傳輸完畢前,若網路斷線,必須重新下載。

二、FTP檔案傳輸

1. 透過瀏覽器或**FTP軟體**（如CuteFTP、FileZilla）來傳輸。
2. 必須輸入帳號、密碼,才能登入FTP伺服器。
3. 有些FTP網站,提供有匿名帳號（Anonymous）,不需輸入帳號、密碼,即可登入。

三、P2P檔案傳輸

1. 透過**P2P**（peer-to-peer,點對點,又稱對等式）**軟體**（如eMule、BitComet、Send Anywhere）來傳輸。
2. 直接與網路上其他使用者交換電腦中的資料,不需經過特定的伺服器。
3. 多數P2P軟體採用「多點對多點的下載方式」來傳輸資料,即指可從不同電腦下載同一檔案,當分享檔案的電腦越多,下載速度越快。如要下載X檔案,可從有分享X檔案的眾電腦中,下載檔案的不同部分,最後再組合回原檔案。

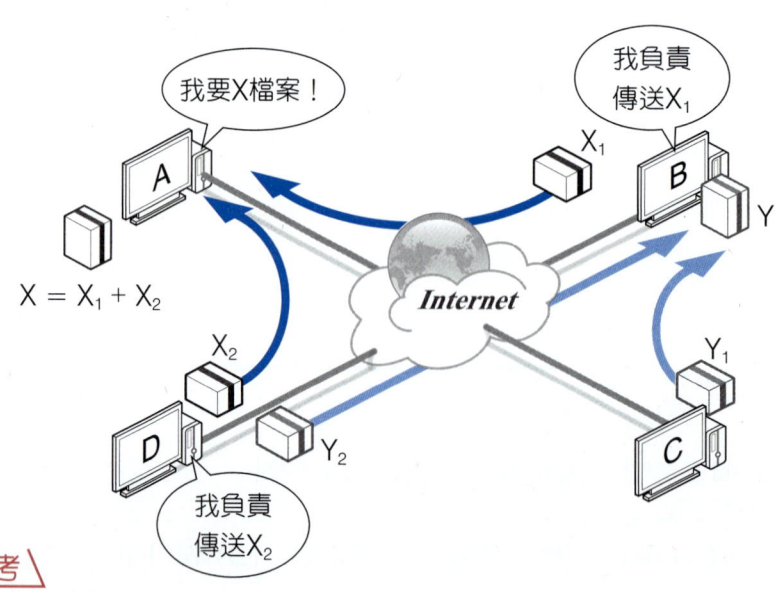

> **統測這樣考**
> (C)46. 下列敘述何者最不正確？
> (A)FileZilla為FTP檔案傳輸軟體
> (B)FTP屬於TCP/IP協定中的應用層
> (C)Windows作業系統的檔案總管不支援FTP服務
> (D)以「ftp://ftp.tcte.edu.tw」而言,表示該網站使用FTP通訊協定。 [110工管]

4. P2P檔案分享易有感染惡意軟體、侵犯著作權以及隱私外洩等問題，使用時要特別留意。

四、雲端硬碟上傳／下載資料

1. 利用業者提供的儲存空間，可讓使用者透過網路存放檔案的應用服務。可方便使用者在不同地點、不同裝置與他人分享／編輯檔案。

2. 常見的免費雲端硬碟網站：

網站名稱	網址	可用空間[註]
MEGA	https://mega.io/	20 GB
Google雲端硬碟	https://drive.google.com/	15 GB
Microsoft OneDrive	https://onedrive.live.com/	5 GB
Dropbox	https://www.dropbox.com/	2 GB

得分區塊練

(D)1. 使用檔案分享軟體，可與網友分享自己電腦中的檔案，但警方提醒民眾別把自己的私密資料（如網路報稅資料）也分享出去了！請問這類檔案分享軟體稱為？
(A)瀏覽器　(B)FTP軟體　(C)即時通訊軟體　(D)P2P軟體。

(D)2. 下列何者是以P2P（peer-to-peer）方式提供服務？
(A)WWW　(B)YouTube　(C)Wikipedia　(D)Send Anywhere。

註：網站可能會調整可用空間的大小。

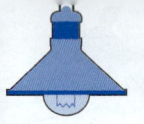

10-3 數位內容

一、認識數位內容

1. **數位內容**（digital content）泛指利用資訊科技將文字、圖像、影像、語音等多媒體內容數位化，並整合而成的產品或服務。

2. 常見的數位內容：

數位內容	說明
電子書 （eBook）	• 一種電子化的書籍，使用者可利用數位裝置（如手機、平板電腦及電子書閱讀器等）來下載、儲存及閱讀 • 可呈現動態多媒體內容 • 可節省紙張及書籍的存放空間 • 電子墨水（E Ink）顯像技術的電子紙顯示器，具有較不反光、低耗電、可在太陽下閱讀的特性，如Kindle電子書閱讀器 • 常見的電子書資源：台灣雲端書庫、國立公共資訊圖書館電子書服務平台、Readmoo讀墨、樂天kobo、Amazon的Kindle Store、博客來等
數位影像 （digital image）	• 透過資訊設備以數位化方式記錄的影像／圖片 • 可使用手機、數位相機、掃描器直接取得數位影像，也可用繪圖軟體繪製數位化的影像 • 常見的免費圖片網站：Pixabay、Flickr、iStock等 • 網路相簿是一種可將數位影像備份到雲端的平台，常見的網路相簿平台：Google相簿、Flickr
數位音樂	• 數位化儲存的音樂 • 常見的數位音樂網站：KKBOX、Spotify、Apple Music、freesound、Musopen等
數位影片	• 數位化儲存的影片 • 電腦動畫是數位影片的一種，它是由快速連續播放的影像畫面所組成 • 常見的數位影片網站：YouTube、Netflix、LINE TV等
數位學習	• 使用資訊科技將教學內容提供給使用者進行學習的產品或服務 • 常見的數位學習平台：ewant育網開放教育平台、MOOCs磨課師、均一教育平台
數位遊戲	• 提供娛樂性質的軟體，常見的有電腦遊戲（單機、線上版）、手機遊戲、電子遊戲機遊戲等 • 常見的遊戲取得管道： 　■ 電腦遊戲：Steam平台 　■ 手機遊戲：Google的Play商店、Apple的App store 　■ 電子遊戲機遊戲：Switch、PS5

第10章 網路服務

a. 在網路上使用數位內容（如電子書、數位影像、數位音樂、數位影片等）時，務必遵守著作權規範。

b. 常見的電子書格式：

常見的電子書格式	特色
txt、html、chm、docx	使用電腦閱讀電子書常見的格式
pdf	可保留電子文件原貌，支援中文直排，但檔案較大、翻頁較慢
ePub	是目前電子書出版廠商最常使用的格式，較新的版本可嵌入影音內容
azw、mobi、azw3	• Amazon電子書城專用的電子書格式 • azw的版權保護功能比mobi更齊全，且可嵌入影音內容 • azw3以mobi為基礎所開發，支援更豐富的圖文排版，是目前Amazon電子書城主要使用的電子書格式

得分區塊練

(B)1. 下列何者不是常見的數位內容？
(A)電子書　　　　　　　　　(B)書面報章雜誌
(C)數位音樂　　　　　　　　(D)數位影片。

(D)2. 下列何者不是使用電子墨水（E Ink）顯像技術製造的電子書閱讀器之特色？
(A)低耗電　　　　　　　　　(B)不易反光
(C)在太陽下可閱讀　　　　　(D)易使眼睛疲勞。

A10-11

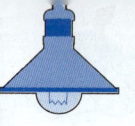

滿分晉級

★新課綱命題趨勢★ 情境素養題

▲ 閱讀下文，回答第1至2題：

小惠是一個重度依賴智慧型手機的使用者，幾乎已到「機不離身」的地步，平時會與朋友使用LINE互相傳遞訊息，在她出門逛街時也會在各個景點拍照、打卡，將照片上傳Instagram，偶爾還會上推特看朋友們的隨手心情紀錄。

(B)1. 請問在上述情境中，小惠沒有使用下列哪一種類型的網路服務？
(A)即時通訊　(B)電子佈告欄系統　(C)社群網站　(D)微型網誌。 [10-1]

(D)2. 小惠在看朋友們的推特內容時，不太可能看到下列何者？
(A)阿文用2句李白的詩來表達自己的心情
(B)曉倫用一張圖片及1行文字記錄旅遊點滴
(C)仁荷引用告五人的歌曲歌詞來抒發心情
(D)俊憲分享自創的1萬字武俠小說。 [10-1]

(B)3. 如果你有住在國外的朋友，你想寄一張相片給他（她），可以先將照片掃瞄成檔案，然後用電子郵件軟體的哪一項功能寄過去？
(A)遠端登入　(B)附加檔案　(C)搜尋　(D)密件副本。 [10-1]

(C)4. 偌涵發現收到的多封電子郵件中，有一封郵件的收件者未顯示自己的電子郵件地址，請問這是因為下列何種原因所引起的結果？
(A)該郵件含有附加檔案
(B)該郵件沒有主旨
(C)對方將她的電子郵件地址輸入在「密件副本」欄
(D)該郵件為轉寄信件。 [10-1]

精選試題

10-1

(A)1. 下列何者可以利用Web mail來達成？
(A)收發電子郵件（E-mail）　　　(B)架設BBS網站
(C)與好友小芳進行網路聊天　　　(D)架設電子郵件伺服器（mail server）。

(B)2. 小明欲以電子郵件軟體寄一封電子郵件給兩位好朋友，下列何者為正確的「收件者」欄位的填寫方式？
(A)can@au.edu~bin@pu.edu　　　(B)can@au.edu;bin@pu.edu
(C)can@au.edu:bin@pu.edu　　　(D)can@au.edu&bin@pu.edu。

(B)3. 電子郵件地址（Email Address）如何組成？
(A)郵件伺服器名稱@使用者名稱　　(B)使用者名稱@郵件伺服器名稱
(C)使用者名稱#郵件伺服器名稱　　(D)郵件伺服器名稱#使用者名稱。

(A)4. 在設定電子郵件的哪一項功能時，可能會選用POP3（郵局通訊協定第三版）？
(A)收信　(B)寄信　(C)通訊錄　(D)郵件規則。

第10章 網路服務

(A)5. 下列有關電子郵件的敘述何者不正確？
(A)電子郵件不可以沒有郵件內容
(B)電子郵件可以同時送給許多人
(C)電子郵件位址中不可以沒有@的符號
(D)電子郵件軟體可以隨時送收電子郵件。

(B)6. 電子郵件允許你發送訊息到？
(A)只有在相同網域的使用者　　(B)可以在相同或不同網域的使用者
(C)只可以發給認識的人　　(D)只可以發給通訊錄上的人。

(C)7. 琳達去捐血，醫護人員請她留下電子郵件地址，她告訴醫護人員：『我的帳號是linda，使用Yahoo信箱（yahoo.com.tw）。』請問琳達的郵件地址為
(A)yahoo@linda.com.tw
(B)yahoo#linda.com.tw
(C)linda@yahoo.com.tw
(D)linda#yahoo.com.tw。

8. 電子郵件軟體只須在收發郵件時保持連線，可離線閱讀；網路電子信箱使用POP3或IMAP通訊協定來收信；第1次在某台電腦使用電子郵件軟體，須先設定郵件帳戶才可收發郵件。

(D)8. 下列關於電子郵件軟體與網路電子信箱的敘述，何者正確？
(A)電子郵件軟體必須保持連線才可閱讀郵件
(B)網路電子信箱是使用POP3或IMAP通訊協定來發送信件
(C)使用電子郵件軟體不需設定帳戶資料即可收發郵件
(D)網路電子信箱中的郵件是存放在網路上，不會佔用電腦的硬碟空間。

(A)9. 有關網路電子信箱之敘述，下列何者錯誤？
(A)無法刪除郵件　　(B)可以回覆郵件
(C)方便旅遊者接收郵件　　(D)可使用網頁瀏覽器閱讀郵件。

(D)10. 如果你參加猜謎節目，有一道問題不會回答，但是可以使用一項網際網路的服務來找答案。請問你最不可能利用下列哪一項服務？
(A)Google搜尋引擎　(B)Yahoo!奇摩搜尋　(C)維基百科　(D)MOD互動電視。

(B)11. 許多線上教學網站將授課內容放置在網站上，讓學習者可隨時隨地上網瀏覽，請問這種教學方式稱為？
(A)電腦輔助教學　(B)網路教學　(C)線上廣播教學　(D)模擬訓練。

(D)12. 下列何者不是常見的網路檔案傳輸方式？
(A)HTTP傳輸　(B)FTP傳輸　(C)P2P傳輸　(D)C2C傳輸。

(B)13. 下列何者是採用多點對多點的下載方式，可從不同的電腦中下載檔案，當分享檔案越多，下載速度就越快？
(A)HTTP傳輸　(B)P2P傳輸　(C)FTP傳輸　(D)雲端硬碟下載。

(C)14. 下列哪一種電子書格式是目前電子書廠商最常使用的，且較新的版本還可嵌入影音內容？　(A)pdf　(B)txt　(C)ePub　(D)azw。

(D)15. 下列何者不是使用電腦閱讀的電子書之常見格式？
(A)txt　(B)html　(C)docx　(D)azw。

(D)16. 使用電子書好處多多，下列何者不是電子書的特色？
　　(A)節省紙張　　　　　　　　　　(B)節省書籍的存放空間
　　(C)可呈現多媒體內容　　　　　　(D)可自行列印出來販售。

(D)17. 下列何者無法用來閱讀電子書？
　　(A)智慧型手機　(B)平板電腦　(C)個人電腦　(D)數位相機。

(A)18. 利用資訊科技將文字、圖像、影像、語音等多媒體內容數位化，並整合而成的產品或服務稱為？　(A)數位內容　(B)數位服務　(C)數位科技　(D)雲端應用。

(A)19. 下列何者不是常見的數位學習平台？
　　(A)Steam平台　　　　　　　　　(B)ewant育網開放教育平台
　　(C)MOOCs磨課師　　　　　　　(D)均一教育平台。

統測試題

(A)1. 欲用Google網站搜尋台灣教育機構網域（edu.tw）中有關ADSL的網頁，請問下列何項查詢字串最適合？
　　(A)ADSL site:edu.tw　　　　　　(B)area:edu.tw ADSL
　　(C)ADSL www.edu.tw　　　　　　(D)www:edu.tw ADSL。　　[102工管類]

1. 輸入"site:"，可指定在特定網域中搜尋資料。

(C)2. 一個電子郵件地址格式如king@ntu.edu.tw，其中@之後ntu.edu.tw代表：
　　(A)使用者帳號
　　(B)檔案傳輸之協定
　　(C)郵件伺服器地址
　　(D)個人網頁帳號。　　[102資電類]

2. king@ntu.edu.tw
→使用者帳戶@郵件伺服器位址。

3. CuteFTP是一套FTP軟體，具有檔案傳輸的功能。

(A)3. 下列何者最容易使公眾人物在網路上發表自己的動態、活動消息或張貼照片等供大眾分享？　(A)部落格　(B)網路電話　(C)電子信箱　(D)CuteFTP。　　[102資電類]

(B)4. 在Google網站的搜尋欄位中，輸入下列哪一個字串，會得到數目最多的搜尋結果？
　　(A)"紅樓夢背景"　　　　　　　　(B)"紅樓夢" OR "背景"
　　(C)"紅樓夢" AND "背景"　　　　(D)"紅樓夢" "背景"。　　[103商管群]

(B)5. 請問一般電子郵件伺服器（Email Server）間的「寄送郵件」是透過何種通訊協定？
　　(A)HTTP　(B)SMTP　(C)POP3　(D)DHCP。　　[103資電類]

(D)6. 如果大雄要用Google搜尋引擎找出含有完整關鍵字「資訊科技」之網頁，並且剔除含「公司」兩字之網頁，下列哪一項關鍵字搜尋指令較適合？
　　(A)"資訊科技 no公司"　　　　　(B)"資訊科技" !="公司"
　　(C)"資訊科技" not"公司"　　　　(D)"資訊科技" -"公司"。　　[104商管群]

(D)7. 若欲將一封電子郵件用Outlook Express寄送給許多人但收件者之間彼此不知道寄件者同時寄給哪些人，則可使用下列何項功能？
　　(A)加密　(B)副本收件人　(C)正本收件人　(D)密件副本收件人。　　[104工管類]

(C)8. 下列哪一個通訊軟體屬於VoIP（voice over internet protocol）網路電話應用軟體？
　　(A)FileZilla　(B)eMule　(C)Skype　(D)Google Wallet。　　[104工管類]

8. Skype已於2025年5月5日終止服務。

(B)9. 在Google搜尋引擎之欲搜尋關鍵字欄位中進行下列哪一種資料輸入，可以在aa.com網站中搜尋到內容有「BB」但排除「CC」及「DD」的網頁？
　　(A)BB -CC DD site:aa.com　　　　(B)BB -CC -DD site:aa.com
　　(C)BB -CC DD http:aa.com　　　　(D)BB -CC -DD http:aa.com。　　[105工管類]

第10章 網路服務

(C)10. 下列有關資料搜尋的敘述何者錯誤？
(A)Google Map可以建議行車路線
(B)維基百科提供知識搜尋的服務
(C)搜尋網路中的檔案必須透過檔案伺服器來完成
(D)在搜尋引擎中輸入關鍵字可以快速找到相關資料。 [105工管類]

(D)11. 以Google搜尋引擎為例，使用下列字串搜尋，哪一種搜尋結果的項目數最少？
(A)統測 學測　(B)統測 OR 學測　(C)統測 -學測　(D)"統測 學測"。 [106工管類]

(A)12. 下列哪一個Google運算子用來搜尋特定網站的資料？
(A)site:　(B)inurl:　(C)link:　(D)location:。 [106工管類]

(B)13. 使用Microsoft Outlook Express電子郵件軟體撰寫信件，必須正確填寫下列哪一項資料才能順利傳送至目的地？
(A)附加檔案　(B)收件者　(C)主旨　(D)內容。 [106工管類]

> 14.Gmail是由Google公司提供的一種郵件服務，它不會自動將網際網路中的郵件儲存到個人電腦中。

(B)14. 下列關於雲端運算以及服務的敘述，何者不適當？
(A)雲端運算是一種分散式運算技術的運用，由多部伺服器進行運算和分析
(B)Gmail是由Google公司提供的一種郵件服務，它會自動將網際網路中的郵件快速儲存到個人電腦中，以提供使用者離線（Off-line）瀏覽所有郵件內容
(C)雲端服務可以提供一些便利的服務，這些服務包含多人可以透過瀏覽器同時進行文書編輯工作
(D)使用智慧型手機在臉書上發佈多媒體訊息時，會使用到雲端服務。 [106資電類]

(D)15. 下列有關abc@mail.com.tw電子郵件地址的敘述，何者正確？
(A).com.tw為使用者帳號
(B)abc@mail為使用者帳號
(C)@mail為郵件傳輸協定
(D)mail.com.tw為郵件伺服器位址。 [107商管群]

> 15.使用者帳號@郵件伺服器位址。

(D)16. 大明若用Outloook Express寄信，「收件者」欄中填小美的信箱、「副本」欄中填志雄的信箱、「密件副本」欄中填宜靜的信箱，則當小美收到信時，下列敘述何者最正確？
(A)小美不會知道該信有知會志雄及宜靜
(B)小美可以知道該信有知會志雄及宜靜
(C)小美可以知道該信有知會宜靜，但不會知道有知會志雄
(D)小美可以知道該信有知會志雄，但不會知道有知會宜靜。 [107工管類]

(B)17. 若我們想要在Google搜尋引擎中，找到內容含有「計算機概論考古題」但又不想要含有「解答」的pdf格式文件，下列哪一個搜尋字串最能符合需求？
(A)(計算機概論考古題-解答) in:pdf
(B)計算機概論考古題 -解答 filetype:pdf
(C)計算機概論考古題 NO 解答 filein:pdf
(D)計算機概論考古題 without:解答 typein:pdf。 [107工管類]

(B)18. 假設在搜尋蛋糕食譜時，指定的條件如下：
甲、尋找「紅絲絨蛋糕」
乙、不要含有「麵包」的相關內容
丙、只在烘焙專業網域（mycookie.idv.tw）上找
依照上述條件，下列哪一個Google的搜尋字串最為適切？
(A)紅絲絨蛋糕 XOR 麵包web:www.mycookie.idv.tw
(B)紅絲絨蛋糕 -麵包site:mycookie.idv.tw
(C)紅絲絨蛋糕 ~麵包@mycookie.idv.tw
(D)(紅絲絨蛋糕 -麵包)%www.mycookie.idv.tw。 [108工管類]

> 18.減號-：搜尋結果不包含某個關鍵字；
> site：可指定在特定網域中搜尋資料。

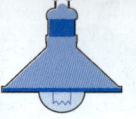

(C)19. 下列有關「Google圖片」搜尋功能的敘述，何者不正確？
　　　　(A)可以用特定字詞或詞組來搜尋圖片
　　　　(B)可設定封鎖含有限制級內容的搜尋結果
　　　　(C)無法以圖片來反向搜尋含有該圖片的網站
　　　　(D)可以用圖片來搜尋外觀與該圖片相似的圖片。　　　　　　　　　　[108工管類]

(C)20. 在「IMAP、HTML、SMTP、FTP、POP3」中有幾項與內收郵件伺服器通訊協定有關？　(A)4　(B)3　(C)2　(D)1。　　　　　　　　　　　　　　　　　　　　　　[108工管類]
　　　　20. IMAP、POP3與內收郵件伺服器通訊協定有關。

(B)21. 使用Google搜尋引擎，如圖（一）所示在搜尋欄中輸入「免費線上遊戲」並選擇「圖片」，下列敘述何者不正確？

　　　　圖（一）

　　　　(A)按下 "📷" 圖示後，可以上傳圖片或是圖片網址，啟動「以圖搜圖」的功能搜尋免費線上遊戲的相關圖片
　　　　(B)按下 "🎤" 圖示後，可以搜尋免費遊戲的線上玩家大頭貼，並與他們進行語音對話
　　　　(C)按下 "🔍" 圖示後，可以搜尋免費線上遊戲的相關圖片
　　　　(D)如果要限定搜尋本週內最新公布的免費線上遊戲圖片，可點選「工具」進行搜尋條件設定。　　　　　　　　　　　　　　　　　　　　　　　　　　　　　　　[109工管類]
　　　　21. 按下麥克風圖示，可讓使用者以語音辨識輸入的方式進行搜尋。

(D)22. 下列有關Gmail的說明，何者正確？
　　　　(A)每個人只能申請一組Gmail帳戶
　　　　(B)使用者必須要在電腦安裝專用的Gmail郵件軟體才能開啟或是透過Gmail寄送電子信件
　　　　(C)使用「回覆」功能處理對方寄來的電子郵件時，若使用者沒有另行編輯回覆的信件內容，Gmail會將對方寄來的電子郵件所有內容（包含附加檔案）寄回給該郵件的發信者
　　　　(D)使用「轉寄」功能處理對方寄來的電子郵件時，若使用者沒有另行編輯轉寄的信件內容，Gmail會將對方寄來的電子郵件所有內容（包含附加檔案）寄給指定的收信者。　　　　　　　　　　　　　　　　　　　　　　　　　　　　　　　　　　　[109工管類]

(C)23. 下列有關設定瀏覽器安全等級的敘述，何者錯誤？
　　　　(A)可讓瀏覽器不下載外掛程式元件
　　　　(B)可讓瀏覽器不執行程式碼
　　　　(C)可自動設定防火牆
　　　　(D)可讓瀏覽器限制某些網站存取Cookie。　　　　　　　　　　　　　　[109商管群]

(C)24. 以Google搜尋引擎為例，下列敘述何者最正確？
　　　　(A)搜尋「1024+1024」，無法獲得答案2048
　　　　(B)搜尋「臺中 -美食」，可以獲得臺中地區的美食資料
　　　　(C)搜尋「天氣臺北中正區」，可以獲得臺北中正區的溫度
　　　　(D)搜尋「計算機概論 site:tcte.edu.tw」，無法獲得www.tcte.edu.tw網站中關於計算機概論的資料。　　　　　　　　　　　　　　　　　　　　　　　　　　　　　[110工管類]

(A)25. 使用Google搜尋具完全相符字串的網頁，下列何種搜尋技巧最相關？
　　　　(A)""　(B)*　(C)-　(D)..。　　　　　　　　　　　　　　　　　　　　　[110工管類]

第 10 章 網路服務

(D)26. 關於電子郵件（E-mail）的使用，缺少何種正確資訊則無法順利寄達？
(A)副本　(B)主旨　(C)密件副本　(D)收件者信箱地址。　　　　　　　[110工管類]

(A)27. 小華可以在網路與他人進行即時訊息的交換，配合電腦週邊還可使用網路視訊進行小組會議。請問以上情境與下列何項應用程式的功能最不相關？
(A)BBS　(B)LINE　(C)Skype　(D)Hangouts。　　　　　　　　　　　[110工管類]

27. BBS（電子佈告欄系統）：提供討論區供網友交換訊息；Google Hangouts、Skype已終止服務。

(C)28. 下列敘述何者最不正確？
(A)FileZilla為FTP檔案傳輸軟體
(B)FTP屬於TCP/IP協定中的應用層
(C)Windows作業系統的檔案總管不支援FTP服務
(D)以「ftp://ftp.tcte.edu.tw」而言，表示該網站使用FTP通訊協定。　　[110工管類]

(D)29. 關於檔案傳輸的敘述，下列何者錯誤？
(A)FTP與P2P兩種方式均可分享檔案
(B)BitComet為P2P用戶端常用的軟體之一
(C)FileZilla為FTP用戶端常用的軟體之一
(D)用主從式架構來分享檔案之一的方式包含P2P。　　　　　　　　　　[112商管群]

29. P2P檔案傳輸軟體是採用對等式架構來分享檔案。

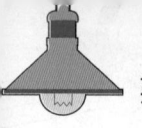

NOTE

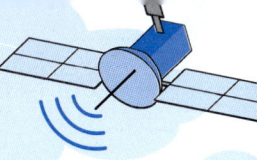

第11章 雲端運算與物聯網

11-1 雲端運算應用

統測這樣考

(A)46. 下列哪一項不是雲端軟體服務？
(A)FileZilla (B)Google Docs
(C)Office 365 (D)YouTube。 [106工管]
解：FileZilla為FTP檔案傳輸軟體，非雲端軟體服務。

一、雲端運算的概念

1. 雲端運算（cloud computing）最初的概念是由美國科學家約翰‧麥卡錫（John McCarthy）所提出。

2. **雲端運算**：透過網際網路連結許多電腦伺服器與儲存設備，提供使用者做運算與資料儲存等網路服務的技術。

3. 雲端運算技術常採用「分散式處理」的方式來運算、處理及儲存資料。網路上的各種雲端服務即是運用這種技術來提供服務。

4. **邊緣運算**（edge computing）：雲端運算常會利用區域網路的電腦或鄰近的基地台先進行部分運算，以分散雲端資料運算的負擔，並縮短資料往返的時間。

二、常見的雲端運算應用

雲端運算應用的領域	常見的服務類型
辦公室	・網路電子信箱（如Gmail）　・線上繪圖（如Draw.io） ・線上文件編輯（如Google文件）　・線上排版（如FotoJet） ・線上轉檔（如Online Convert）　・電腦硬體資源的租用 ・線上掃毒（如VirusTotal）　　（如Amazon EC2）
日常生活	・雲端行事曆（如Google日曆）　・線上影音服務（如YouTube） ・雲端記事本（如Evernote）　・雲端硬碟（如OneDrive）
交通運輸	・線上地圖（如Google Maps） ・交通導航（如樂客導航王）
教育學習	・虛擬教室（如國立空中大學） ・數位學習資源（如臺北酷課雲）
政府服務	・電子化政府（如電子化政府服務平台） ・網路報稅（如財政部電子申報系統） ・雲端電子發票（如財政部電子發票整合服務平台）

A11-1

三、巨量資料

1. **巨量資料**（Big Data）：又稱**大數據**，泛指大到難以用一般資料存取方式儲存，或用一般方式分析處理的龐大資料。

2. 巨量資料必須同時具備大量、快速、多樣三項特性。
    a. **大量**（Volume）：指資料量大，大到難以用一般方式存取或分析處理。
    b. **快速**（Velocity）：指資料產生的速度相當快速（如人們瀏覽網頁的紀錄、網路購物產生的交易等），資料每分每秒都不斷地產生。
    c. **多樣**（Variety）：指資料類型非常多元（如文字、數字、圖片、影片、3D影片、超連結文字等）。

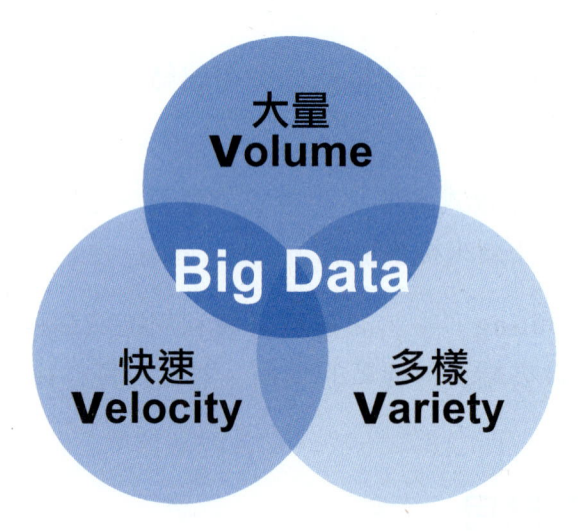

大量 Volume

Big Data

快速 Velocity　　多樣 Variety

3. 除了上列3項特性之外，也有人主張巨量資料應具備**真實／準確性**（Veracity）、**合法性**（Validity）等特性。

得分區塊練

(C)1. 若電腦中未安裝有文書處理軟體，可以善用下哪一個網站來撰寫期末報告？
(A)網路學習網站　　　　　　　　(B)維基百科
(C)Google文件　　　　　　　　　(D)Yahoo!奇摩。

(B)2. 曉華身為班長，想要規劃班遊的行車路線及控管行車時間，請問下列哪一項雲端運算應用的功能對曉華而言最有幫助？
(A)Amazon EC2　　　　　　　　(B)Google Maps
(C)Gmail　　　　　　　　　　　(D)VirusTotal。

統測這樣考

(C)1. 因應資訊洪流，若想要協助企業掌握商業趨勢並輔助決策，下列哪一項技術最適合用來擷取有價值的資訊？
(A)資訊家電　(B)虛擬實境　(C)大數據分析　(D)隨選視訊系統。　[107工管]

第 11 章 雲端運算與物聯網

11-2 物聯網

⚡統測這樣考

(C)35. 林生想打造一個簡易的物聯網應用，須哪幾個層來組合出物聯網最基本的架構？
①實體層　②感知層　③資料連結層　④網路層
⑤會議層　⑥展示層　⑦應用層
(A)②③⑦　(B)①④⑥　(C)②④⑦　(D)①③⑤。[114商管]

一、物聯網簡介

1. **物聯網**（Internet of Things, **IoT**）：是一種將生活中各種物品串連起來的網路，物品連上網路後，就可進一步相互傳遞訊息，接收來自中央管理系統的指令，以達到識別、管理、監控物品／設備及週遭環境等目的。

2. 物聯網的發展可概分為以下3個階段：

發展階段	說明
1995年 概念階段	比爾・蓋茲出版《未來之路》一書，書中提及萬物互聯的概念，此概念被視為是物聯網的雛形
1999年 RFID標籤階段	美國麻省理工學院（MIT）的凱文・艾許頓（Kevin Ashton），提出透過RFID來識別、連結物品的構想，藉此達到智慧管理物品的目標。業界稱他為「物聯網之父」
2005年 物物相連階段	國際電信聯盟（ITU）所發布的報告中，說明物聯網的願景為：世界上的各項物品都能透過網路互相連結，以進行物品之間的識別、管理與溝通

⚡統測這樣考　(A)34. 有關物聯網（IoT）的敘述，下列何者正確？ (A)陀螺儀屬於感知層 (B)RFID讀取器屬於實體層 (C)ZigBee屬於連結層的無線網路通訊技術 (D)歐洲電信標準協會（ETSI）將物聯網的架構分為感知層、連結層及實體層。[111商管]

二、物聯網架構　111　113　114

1. 根據歐洲電信標準協會（ETSI）的定義，物聯網的架構依工作內容可分為**應用層**、**網路層**、**感知層**。

2. 物聯網的架構：

架構	說明
應用層 （application layer）	• 建構於感知層與網路層之上 • 依照各種應用的需求開發應用程式，處理與分析所蒐集的訊息，以提供特定的功能或服務 • 常見的應用：智慧家庭、智慧農業、車聯網等
網路層 （network layer）	• 由各種提供網路傳輸功能的硬體元件及控制程式所組成 • 負責透過有線或無線網路傳遞物聯網的資訊，或將物聯網中的資訊傳輸到雲端 • 常見的無線網路通訊技術： 藍牙、ZigBee、Wi-Fi、5G NR、4G LTE、LPWAN等
感知層 （perception layer）	• 透過感測器（sensor）感知環境、蒐集資料，並傳回物聯網的中央管理系統，以進行處理、分析與反應 • 常見的感測器：溫度／濕度／震動／聲音／壓力感測器、雷達測距儀、感測方向的陀螺儀、感測位置的GPS、RFID讀取器及標籤等

A11-3

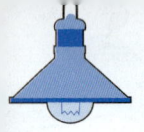

a. 常用的無線網路通訊技術：

通訊技術	說明
藍牙（bluetooth）	常用於數十公尺內的網路資料傳輸
ZigBee	
Wi-Fi	
5G NR	強化物與物之間的溝通，以實現「物聯網」應用，具有高速率、低延遲、多連結等特性
4G LTE	常用於將資料傳輸至網際網路
LPWAN	物聯網常用的通訊技術，具有低功率、低傳輸量、低成本等特性

b. ZigBee（中文稱為紫蜂協定），是短距離無線傳輸的通訊協定，具有低成本、低耗電、安全等特性。

三、物聯網的應用 111 113

常見的物聯網應用領域	說明	實例
能源控管	可管理調節家庭用水、電、瓦斯等，減少能源的消耗	智慧電表、能源管理器
交通運輸	可監測、管理與疏導交通狀況	大眾運輸「車聯網（IoV）」、公車動態資訊系統、自動駕駛車的自動駕駛應用
警政保安	• 可進行監控並分析，找出犯罪熱點，以改善警政人力不足的問題 • 透過各地監視錄影機設備傳送的相關資訊，掌控可疑人物及車輛的進出	輪動式科技執法、E化天眼3D維安網
軍事應用	• 可蒐集敵軍行蹤以規劃攻擊行動 • 可調派規劃物資	美軍的「後勤物資物聯網」
農漁畜牧應用	可監控各種環境數據（如風速、溫度等），以通知業主讓傷害降到最低	宜蘭蔥農的「風速感應器」與「破風網」

統測這樣考

(C)8. 某一個智慧農場使用有線或無線網路，利用感測器即時遠端監控土壤濕度、溫度和光照等環境變數，以監控作物的生長條件。此系統應用哪種技術達成上述功能？
(A)區塊鏈（Blockchain） (B)管線運算（Pipeline）
(C)物聯網（Internet of Things） (D)監督式學習（Supervised Learning）。
[114工管]

第11章 雲端運算與物聯網

1. **智慧物聯網**（AIoT）是將**人工智慧**（AI）與**物聯網**（IoT）結合應用，常見的智慧物聯網應用有AIoT保全系統、智慧機器人等。

2. **車聯網**（Internet of Vehicles, IoV）：是物聯網在交通運輸領域的應用，透過無線網路技術，讓車輛連上網路，進而取得整個城市的車輛即時動態資訊（如車輛中可以安裝GPS以取得所在位置、輪胎裝設相關感測器以蒐集路面狀況資訊等），並從中延伸各項應用。

四、常見的網路科技應用

常見的網路科技應用	說明
智慧城市	城市系統整合、管理（如水力、電力、保全、交通等），將網路科技結合於城市，打造一個安和樂利、健康舒適的「智慧城市」
智慧家庭	結合了電腦技術、人工智慧、網路通訊技術等，將生活中的物品（如冰箱、電燈等）裝上感測器，並連上網路，以形成物聯網，使家庭生活變得更便利、舒適及安全
智慧停車	結合了車牌辨識、引導停車、停車定位、繳費等功能的智慧停車系統，可掌握城市中的即時停車狀況，改善城市的停車狀況
智慧路燈	街道路燈結合多種感測器（如溫度、濕度、空氣品質等）及監視設備成為「智慧路燈」，將蒐集而來的資料進行分析（如人車流量、違規情形等），以提高城市中的交通安全
無人飛行載具（UAV）	• Unmanned Aerial Vehicle，又稱為無人機，是一種無搭載人員的飛行器，通常以遙控或自動駕駛的方式來飛行 • 可搭載照相機、攝影機、電動夾爪等設備 • 常見應用：運送貨品、農業應用（如噴灑農藥、施肥）、畜牧應用（如監控動物的遷徙移動、餵食動物、帶領動物移動）、廣告行銷（如懸掛廣告布條動態宣傳）、軍事應用（如監控、偵查、情報蒐集、勘查敵方陣營）等

得分區塊練

1. 伊隆‧馬斯克（Elon Musk）為特斯拉汽車執行長；
比爾‧蓋茲（Bill Gates）為前微軟公司董事長
傑佛瑞‧貝佐斯（Jeff Bezos）為美國亞馬遜公司執行長；
約翰‧麥卡錫（John McCarthy）為計算機科學家，對於人工智慧領域的有一定的貢獻。

(B)1. 物聯網的雛型概念是由誰所提出？
(A)伊隆‧馬斯克（Elon Musk）　　(B)比爾‧蓋茲（Bill Gates）
(C)傑佛瑞‧貝佐斯（Jeff Bezos）　　(D)約翰‧麥卡錫（John McCarthy）。

(A)2. 根據歐洲電信標準協會（ETSI）的定義，物聯網的架構依工作內容可分為哪3層？
(A)應用層、感知層、網路層　　(B)應用層、資料連結層、實體層
(C)傳輸層、感知層、網路層　　(D)應用層、感知層、實體層。

滿分晉級

★新課綱命題趨勢★ 情境素養題

▲ 閱讀下文，回答第1至2題：

文興常常使用「公車動態資訊系統」來查看公車到站時間，以做好時間管理，避免花費太多時間等待公車；他的家中也裝設了「智慧電表」及「能源管理器」來管理家中的能源使用，以達到節約能源的目的；他在觀看電視節目時，偶然看到新北推動「E化天眼3D維安網」，警察只要在公務電腦中輸入車牌號碼即可查詢歷史行車軌跡與即時追蹤，以利犯罪偵查，使辦案更加方便快速，讓文興驚嘆網路科技時代的進步。

(B)1. 以上情境中的應用，與下列何者最為相關？
(A)數位影片　(B)物聯網　(C)3D列印　(D)交談式處理。 [11-2]

(D)2. 文興發現上述這些應用，大部分都需要使用到無線網路通訊技術，請問下列何者不是無線網路通訊技術？
(A)LPWAN　(B)藍牙　(C)ZigBee　(D)光纖。 [11-2]

精選試題

11-1

(D)1. 雲端運算最初的概念是由誰所提出？
(A)伊隆‧馬斯克（Elon Musk）
(B)比爾‧蓋茲（Bill Gates）
(C)傑佛瑞‧貝佐斯（Jeff Bezos）
(D)約翰‧麥卡錫（John McCarthy）。

> 1. 雲端運算（cloud computing）最初的概念是由美國科學家約翰‧麥卡錫（John McCarthy）所提出。

(C)2. 雲端運算常會利用區域網路的電腦或鄰近的基地台先進行部分運算，以分散雲端資料運算的負擔，並縮短資料往返的時間。請問這種減輕雲端資料運算負擔的運算方式稱為？ (A)鄰近運算　(B)四則運算　(C)邊緣運算　(D)基本運算。

(D)3. 下列有關「雲端運算」技術概念的敘述，何者是正確的？
(A)在電腦上進行雲狀式的數學運算
(B)空軍在雲層中利用電腦進行運算
(C)兩台電腦以藍牙互相傳送機密資料
(D)透過網路連線取得電腦伺服器與儲存設備提供使用者做運算與資料儲存的服務。

(B)4. 若電腦中沒有安裝防毒軟體，可利用下列哪一個網站為電腦進行線上掃毒？
(A)Google文件
(B)VirusTotal
(C)Google Maps
(D)Draw.io。

> 4. 『VirusTotal』為提供線上掃毒的網站；『Draw.io』為提供線上繪圖的網站。

(B)5. 下列何者泛指大到難以用一般資料存取方式儲存，或用一般方式分析處理的龐大資料？ (A)資訊　(B)巨量資料　(C)人工智慧　(D)機器學習。

(B)6. 下列何者不是巨量資料的特性？ (A)大量　(B)精緻　(C)快速　(D)多樣。

第11章 雲端運算與物聯網

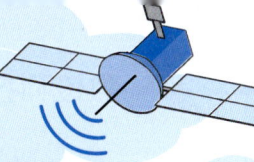

11-2

(A)7. 物聯網的架構中,請問哪一層是由許多感測器所組成,收集到感測器發送出的環境資料後,可將資料回到給物聯網中中央管理系統,以進行管理、分析與反應?
(A)感知層　(B)網路層　(C)實體層　(D)應用層。

(D)8. 下列哪一個無線網路通訊技術的傳輸距離最長?
(A)Wi-Fi　(B)藍牙　(C)ZigBee　(D)4G LTE。

(B)9. 下列有關ZigBee的敘述,何者錯誤?　　9. ZigBee中文稱為紫蜂協定。
(A)是短距離無線傳輸的通訊協定　(B)中文稱為紅蜂協定
(C)低耗電　(D)常用於數十公尺內的網路傳輸。

(B)10. 下列何者不是無人機常見的應用?
(A)運送貨品　(B)搭載乘客　(C)協助噴灑農藥　(D)監控動物的遷徙移動。

(D)11. 下列何者不是無人機常見的搭載設備?
(A)照相機　(B)攝影機　(C)電動夾爪　(D)保險箱。

統測試題

(D)1. 對於雲端服務的敘述,下列何者錯誤?　　1. Google文件為線上文件編輯服務,可線上直接編修文件。
(A)將資料傳送到網路上處理,是未來發展的重點趨勢,透過網路伺服器服務的模式,可視為一種雲端運算
(B)通常都是由廠商透過網路伺服器,提供龐大的運算和儲存的服務資源
(C)雲端伺服器可以提供某些特定的服務,例如網路硬碟、線上轉檔與網路地圖等
(D)目前仍然無法透過雲端服務線上直接編修文件,必須在本地端的電腦上安裝辦公室軟體(Office Software)才能夠編輯。　　[106商管群]

(A)2. 下列哪一項不是雲端軟體服務?　　2. FileZilla為FTP檔案傳輸軟體,非雲端軟體服務。
(A)FileZilla　(B)Google Docs　(C)Office 365　(D)YouTube。　　[106工管類]

(C)3. 因應資訊洪流,若想要協助企業掌握商業趨勢並輔助決策,下列哪一項技術最適合用來擷取有價值的資訊?
(A)資訊家電　(B)虛擬實境　(C)大數據分析　(D)隨選視訊系統。　　[107工管類]

(A)4. 某些手機APP使用語音輸入功能前須先連上網路才能進行,下列何者是最可能的原因?
(A)為了在雲端進行語音辨識運算
(B)連上網路後麥克風才能啟動
(C)為了在雲端將語音資料加密
(D)為了在雲端將語音資料壓縮。　　[108資電類]

(C)5. 關於雲端儲存空間,又稱為雲端硬碟(如Google Drive等等),下列敘述何者正確?
(A)從雲端硬碟下載資料時,因為不需要經過閘道器,因此可以快速下載大量的資料
(B)在臺灣上傳了影片類型的檔案到雲端硬碟之後,無法分享檔案給不同國家的朋友
(C)雲端硬碟中的檔案可以使用URL位址來分享給朋友,方便朋友下載
(D)上傳了有電腦病毒的檔案到雲端硬碟,再下載回來之後,該電腦病毒就會被移除。
[109資電類]

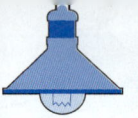

(C)6. 隨著科技進步，許多國家正導入感測及網路技術到汽車產業中形成車聯網，除可取得整個城市的車輛即時動態資訊，也能提升自動駕駛技術的發展。根據以上情境，有關車聯網的敘述，下列何者正確？
①可利用QR Code來感測車輛周圍資訊
②車輛中可以安裝GPS以取得所在位置
③輪胎裝設相關感測器，可感測並蒐集路面狀況資訊
④車輛使用RFID晶片來連接車聯網，並提供即時路況資訊
(A)①② (B)①④ (C)②③ (D)③④。 [111商管群]

(A)7. 有關物聯網（IoT）的敘述，下列何者正確？
(A)陀螺儀屬於感知層
(B)RFID讀取器屬於實體層
(C)ZigBee屬於連結層的無線網路通訊技術
(D)歐洲電信標準協會（ETSI）將物聯網的架構分為感知層、連結層及實體層。

7. RFID讀取器屬於感知層；
ZigBee屬於網路層；
歐洲電信標準協會（ETSI）將物聯網的架構分為感知層、網路層、應用層。
[111商管群]

(A)8. 小立最近買了智慧型手錶送給家人，智慧型手錶中用來測心跳、脈搏、運動狀態等數據的監測元件，是屬於物聯網的哪一層？
(A)感知層 (B)平台層 (C)應用層 (D)網路層。 [111工管類]

(A)9. 巨量資料（Big Data）4V特性包括Volume（大量）、Velocity（快速）、Veracity（真實），還有下列哪一項特性？
(A)Variety（多元） (B)Volatile（揮發）
(C)Virtualization（虛擬） (D)Vending（販賣）。 [111工管類]

▲ 閱讀下文，回答第10-11題

陳組長正準備在專案會議中向公司高層報告物聯網觀念及應用，他在網路上瀏覽了許多有關物聯網的資訊，如下：

甲網站：物聯網的基本概念是可將物件連上網路，能應用於生活中，也能用於物流管控、自動化農漁業、智慧城市等。

乙網站：根據歐洲電信標準協會（ETSI）定義的物聯網架構，說明了藉由感知物體周遭的環境並收集資訊，接著透過網路將這些資訊傳送出去，來實現多樣化的應用。

丙網站：路口的監視攝影機可拍攝車流的畫面並連網，此攝影機是屬於物聯網架構中實體層的範疇。

丁網站：物聯網時代，重要的產業除了生產感測元件之外，未來更需要結合數據分析，創造資料的價值。

10.丙網站說明有誤，此攝影機應屬於物聯網架構中感知層的範疇。

(C)10. 陳組長所找的資料中，有一個網站的說明是錯誤的，是下列哪一個網站？
(A)甲網站 (B)乙網站 (C)丙網站 (D)丁網站。 [113商管群]

(C)11. 陳組長也要介紹物聯網中將物件所感測到的資料透過短距離傳送之通訊技術，下列何者不屬於他所要介紹的內容？
(A)藍芽（Bluetooth） (B)無線網路（WiFi）
(C)虛擬私有網路（VPN） (D)紫蜂（ZigBee）。 [113商管群]

(C)12. 林生想打造一個簡易的物聯網應用，須哪幾個層來組合出物聯網最基本的架構？
①實體層 ②感知層 ③資料連結層 ④網路層
⑤會議層 ⑥展示層 ⑦應用層
(A)②③⑦ (B)①④⑥ (C)②④⑦ (D)①③⑤。 [114商管群]

12.物聯網的架構依工作內容可分為感知層、網路層、應用層。

(C)13. 某一個智慧農場使用有線或無線網路，利用感測器即時遠端監控土壤濕度、溫度和光照等環境變數，以監控作物的生長條件。此系統應用哪種技術達成上述功能？
(A)區塊鏈（Blockchain）
(B)管線運算（Pipeline）
(C)物聯網（Internet of Things）
(D)監督式學習（Supervised Learning）。 [114工管類]

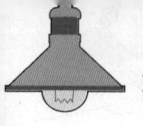

NOTE

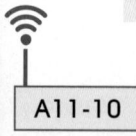

統測考試範圍

單元 6

電子商務

學習重點

電子商務的類型及SSL最常考，加／解密技術的觀念也常入題，皆需要加強練習

章名	常考重點	
第12章 電子商務的基本概念與經營模式	• 電子商務四流 • 電子商務的類型與經營模式	★★★★☆
第13章 電子商務安全機制	• 資料傳輸安全的保護 • 安全資料傳輸層（SSL）	★★★★☆

統測命題分析

最新統測趨勢分析（111～114年）

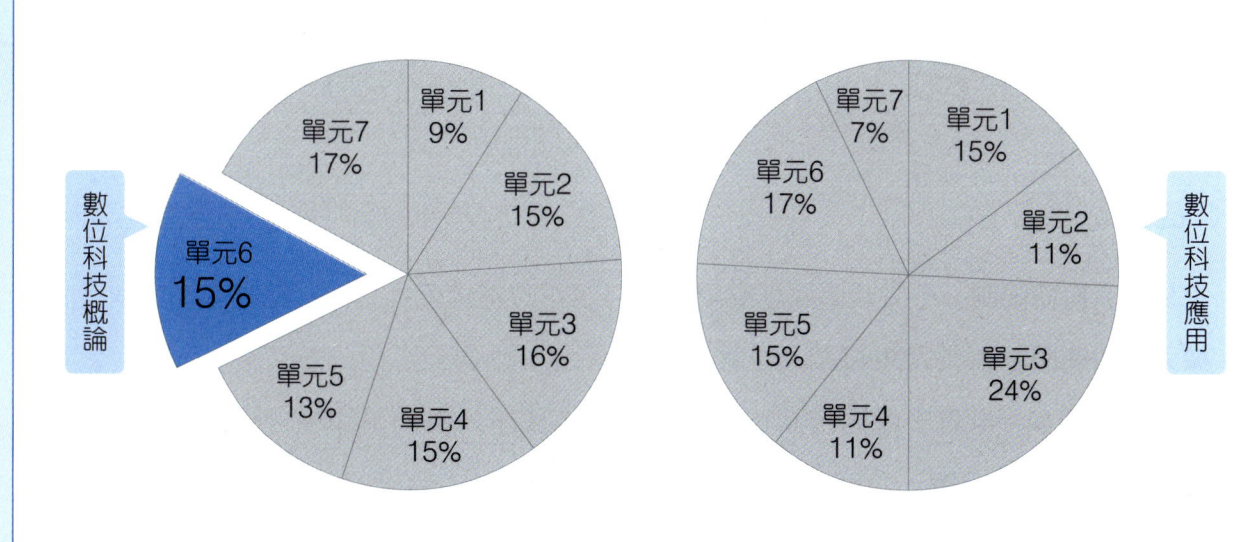

數位科技概論

- 單元1 9%
- 單元2 15%
- 單元3 16%
- 單元4 15%
- 單元5 13%
- 單元6 15%
- 單元7 17%

數位科技應用

- 單元1 15%
- 單元2 11%
- 單元3 24%
- 單元4 11%
- 單元5 15%
- 單元6 17%
- 單元7 7%

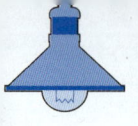

第 12 章 電子商務的基本概念與經營模式

12-1 電子商務的基本概念

一、認識電子商務

1. **電子商務**（Electronic Commerce, E-Commerce, EC）：透過電腦網路所進行的商品銷售、服務提供、業務合作或資訊交換等商務活動。

2. 常見的應用：網路拍賣、線上購物、團購、股票下單、線上影音服務、線上遊戲、網路書店、網路銀行等。

3. 電子商務架構：

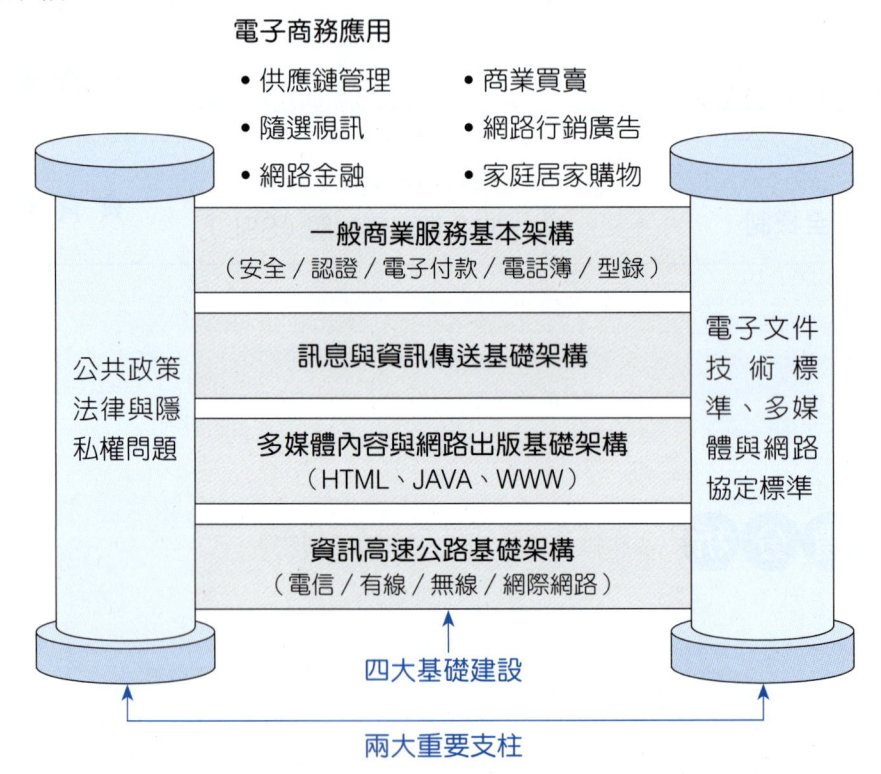

電子商務應用
- 供應鏈管理
- 隨選視訊
- 網路金融
- 商業買賣
- 網路行銷廣告
- 家庭居家購物

| 一般商業服務基本架構 |
| (安全／認證／電子付款／電話簿／型錄) |

| 訊息與資訊傳送基礎架構 |

| 多媒體內容與網路出版基礎架構 |
| (HTML、JAVA、WWW) |

| 資訊高速公路基礎架構 |
| (電信／有線／無線／網際網路) |

左柱：公共政策、法律與隱私權問題
右柱：電子文件技術標準、多媒體與網路協定標準

四大基礎建設
兩大重要支柱

二、特性

1. **交易不受時空限制**：不受時間與地點限制，可24小時提供產品資訊及銷售產品給消費者。
2. **擴大銷售範圍**：銷售對象可擴及全球各地。
3. **降低營運成本**：可省去實體店面租金、門市人事成本、廣告傳單費用等。
4. **方便進行個人化行銷**（又稱**小眾行銷**）：可透過歷史交易記錄，提供個人化行銷資訊（如購物建議）。

◎五秒自測　電子商務的英文縮寫為何？ EC。

第12章 電子商務的基本概念與經營模式

統測這樣考

(B) 4. 透過網路來進行各種商業交易的活動與下列哪項科技的應用最相關？
(A)電子化企業（E-Bussiness）
(B)電子商務（Electronic Commerce）
(C)行動通訊（Mobile Communication）
(D)辦公室自動化（Office Automation）。 [107工管]

三、效益

1. 對消費者：

   a. 節省購物時間與交通成本。

   b. 可輕易「貨比三家」，購得較物美價廉的商品。

   c. 可取得豐富多元的購物資訊。

2. 對商家：

   a. 降低營運成本（如實體店面租金、門市人事成本等）。

   b. 透過網路及電腦管理系統，可提升訂貨與接單的作業效率。

   c. 可行銷商品至全球。

   d. 透過網路平台提供服務使客戶留下記錄，有利於瞭解客戶需求並蒐集回饋的意見。

得分區塊練

(C) 1. 下列哪一項電腦與網路應用，是利用電腦與網路來傳送及處理訂單、從事行銷、銀行轉帳及提供客戶服務等工作？
(A)網路銀行　(B)遠距教學　(C)電子商務　(D)視訊會議。 [技藝競賽]

(D) 2. 下列何者不是電子商務的特性？
(A)全年無休地提供產品資訊
(B)交易不受時空限制
(C)銷售對象可涵蓋全球消費者
(D)提高營運成本。

(D) 3. 電子商務的發展，提供了商家新的行銷通路。請問下列何者不屬於電子商務為商家帶來的效益？
(A)省去實體店面的租金
(B)降低商品的庫存量
(C)省去僱用門市人員的費用
(D)增加倉儲成本。

3. 電子商務為商家帶來的效益有降低營運成本、提升訂貨與接單的作業效率、行銷商品至全球，以及瞭解客戶需求並蒐集回饋的意見。

(B) 4. 阿德大部份的時間都在學校準備專題競賽發表，沒有多餘的時間上街購買競賽當天穿著的服裝，因此他透過網路購買服裝及配件。請根據上述情境，判斷電子商務帶給消費者的效益為何？
(A)購得價格較為便宜的商品
(B)節省購物時間與交通成本
(C)取得更豐富的購物資訊
(D)降低交易風險與受騙率。 [112技藝競賽]

A12-3

數位科技概論 滿分總複習

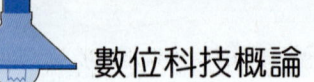

⚡統測這樣考

(A)33. 電子商務交易流程中包含商流、資訊流、金流與物流，廠商可透過　①　分析消費者的喜好，而消費者在網路商店購得數位產品（如音樂、遊戲）的過程稱為　②　。
(A)①資訊流、②商流　(B)①資訊流、②物流
(C)①商流、②資訊流　(D)①物流、②商流。 [113商管]

四、電子商務四流　102　113

四流	說明	範例
商流	商品因「交易活動」而產生「所有權轉移」或「使用權取得」的過程	• 購買商品後，商品所有權從商店移轉至消費者手中 • 消費者購買數位商品後，由商店取得商品使用權
物流	物品運輸配送的流通過程	• 數位商品（如音樂、遊戲）透過網路下載至消費者的裝置中 • 實體商品（如電器、衣服）透過物流業者配送至消費者手中
金流	因交易而產生的資金流通	• 消費者在購物網站訂購商品後，透過信用卡支付款項 • 消費者在購物網站訂購商品後，在超商貨到付款
資訊流	資訊情報的流通	• 網路商店建置電子型錄供消費者瀏覽商品資訊 • 消費者將訂購的商品資訊傳送給網路商店

◎五秒自測　在電子商務運作流程中，消費者在網路商店訂購商品後，透過線上刷卡，付款給網路商店，稱為？（商流、物流、金流或資訊流）　金流。

⚡統測這樣考

(D)1. 在電子商務中，產品因為交易活動，而產生所有權從製造商、物流中心、零售商到消費者的移轉過程，主要屬於何種運作流程？
(A)金流　(B)物流　(C)資訊流　(D)商流。 [102商管]
解：商流指商品因「交易活動」而產生「所有權轉移」的過程。

有背無患

認證中心（Certification Authority, CA）：負責核發及管理交易者身分憑證的單位，我國較具公信力的認證中心有寰宇數位、中華電信通用憑證管理中心等。

得分區塊練

(D)1. 在電子商務的交易流程中，將商品由生產商配送到消費者手上的部分，稱為：
(A)商流　(B)資訊流　(C)金流　(D)物流。

(D)2. 在電子商務運作流程中，金流指的是？　(A)透過網路來交換資訊　(B)商品因交易活動而產生所有權移轉的流通過程　(C)物品運輸配送的流通過程　(D)因交易活動而產生的資金流通。

(A)3. 關於電子商務交易過程中，記錄整個交易購買的客戶、交易內容的資料以達成銷售與送貨目的，是屬於下列哪一個層面的範圍？
(A)資訊流　(B)物流　(C)商流　(D)金流。 [技藝競賽]

(A)4. 阿福在PCHOME購物網站下單購買一台平板，經由付款後，平板的所有權從PCHOME移轉至阿福的手中，此一過程稱為下列哪一項？
(A)商流　(B)物流　(C)金流　(D)資訊流。 [技藝競賽]

第12章 電子商務的基本概念與經營模式

統測這樣考

(B)45. 下列何項屬於電子商務之金流數位化？
(A)第三方網站託管平台　　(B)第三方支付平台
(C)電子商務商品資料庫管理　(D)自行架設電子商務網頁。
[114商管]

五、常見的付款方式

付款方式	說明
自動櫃員機（ATM）轉帳	消費者先透過網路ATM或實體ATM，將商品款項轉帳給商家，商家再將商品寄送至消費者指定的地點
信用卡付款	消費者利用購物網站提供的線上信用卡付款機制來付款給商家，商家再依消費者選擇的寄送方式將商品寄送至指定地點
超商付款	利用超商的繳費機（如7-11 ibon）取得繳款單後，於超商櫃台繳費，商家確認付款後，再將商品寄送至消費者指定的地點
超商付款取貨	商家將商品寄送至消費者指定的便利超商，消費者再至便利超商付款並取貨
貨到付款／刷卡	商家將商品寄送至消費者指定的地址，消費者在收到商品後，再當面付現給送貨人員或利用送貨人員所攜帶的刷卡機刷卡
面交付款	買賣雙方相約面見地點，檢視商品並交付款項
第三方支付	在電子商務交易過程中，透過中介機制（第三方支付平台），先保留買方支付的交易款項，待買方收到商品並確認無誤後，中介機制才將交易款項撥付給賣方，如國內的「支付連」、「Yahoo!奇摩輕鬆付」、國外的「PayPal」等
BNPL先買後付	先購買商品、後續再付款的支付方式。消費者無需使用信用卡或事先通過信用審查，即可獲得特定的消費額度，並在支援此付款方式的商家購買商品，並在期限內一次付清或分期付款，如「AFTEE」、「慢點付」、「Fula付啦」等

- 自動櫃員機轉帳、信用卡付款、超商付款：**先付款、後取貨**，買家需承擔付款後無法取得商品的風險
- 超商付款取貨、貨到付款／刷卡、面交付款：**一手交錢、一手交貨**，對買家就有保障
- 第三方支付：**先付款給中介機構，取貨後，由中介機制撥款給賣方**，對買家較有保障

得分區塊練

(A)1. 下列情境，何者屬於「貨到付款（或刷卡）」的付款方式？
(A)小佳收到物流業者送來的商品後，交付貨款給送貨者
(B)瑜彥在拍賣網站購物後，使用網路ATM將商品款項匯給商家
(C)小恩到住家附近的7-11取貨，並付款給店員
(D)世傑透過購物網站提供的信用卡付款機制，支付款項給商家。

(D)2. 小慶想在拍賣網站購買筆電，但擔心付款後無法取得商品，而且他工作繁忙，無法配合宅配送貨的時間。請問小慶應該選擇下列哪一種付款方式最為恰當？
(A)貨到付款（或刷卡）　(B)ATM轉帳　(C)信用卡付款　(D)超商付款取貨。

數位科技概論　滿分總複習

> **統測這樣考**
> (C)36. 下列哪一種電子商務模式主要是由消費者主動集結共同的購買需求，並向企業提出集體議價，以達到集體殺價的效果？
> (A)B2B　(B)B2C　(C)C2B　(D)C2C。　[111商管]

12-2 電子商務的類型與經營模式　[107] [111]

一、C2C [103]

1. **C2C**（Consumer to Consumer，**消費者對消費者**）：消費者間透過網際網路，參與商品競價、買賣物品或交換物品等活動。

2. 代表性的經營模式：**網路拍賣**。

3. 常見的C2C網站：Yahoo!奇摩拍賣、露天市集，此類網站的營收來源包含商品的交易手續費、金流服務費、廣告費等。

二、C2B [111]

1. **C2B**（Consumer to Business，**消費者對企業**）：消費者集合網友，透過網際網路向企業進行**團購**、諮詢商品資訊等商業活動。

2. 代表性的經營模式：**團購**。

3. 常見的C2B網站：ihergo愛合購，此類網站的營收來源包含廣告費、商品刊登費等。

4. 團購流程：**主購者**發起合購→**團員**參與→團員付款給主購者→主購者統一訂購商品並付款→**商家託送商品**→**物流業者**配送商品→主購者將商品轉交給合購的團員。

得分區塊練

(A)1. 小柔在某拍賣網站上競標一件二手衣，這類型的電子商務稱為C2C，其中英文字母「C」的全文為何？　1. C2C全文為Consumer to Consumer（消費者對消費者）。
(A)Consumer　(B)Computer　(C)Communication　(D)Conference。

(C)2. 愛合購網站是屬於下列哪一種電子商務類型？
(A)B2B（Business-to-Business）　　(B)B2C（Business-to-Consumer）
(C)C2B（Consumer-to-Business）　　(D)C2C（Consumer-to-Consumer）。

(B)3. 消費者透過特定網站向供應商議價或要求服務的電子商務型態，為下列哪一項？
(A)B2B　(B)C2B　(C)B2C　(D)C2C。

(D)4. 志賢和幾位朋友想以較便宜的價格來購買單車，他們透過團購網站來主動揪團購買小摺（摺疊車），請問這種團購網站提供的服務是屬於下列哪一種類型的電子商務？　(A)B2B　(B)B2C　(C)C2C　(D)C2B。

A12-6

三、B2C

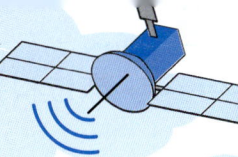

1. **B2C**（Business to Consumer，**企業對消費者**）：企業透過網際網路提供消費者線上購物、商品查詢等服務。

   ◎五秒自測　請寫出B2C的英文全名。　Business to Consumer。

2. 常見的經營模式有：

   a. **入口網站**：提供消費者資訊查詢的服務，營收來源主要為廣告費，如『Yahoo!奇摩』、『PChome Online網路家庭』等網站。

   b. **線上銷售**：銷售實體商品或數位內容（如數位音樂、軟體）給消費者，營收來源包含商品銷售收入或數位內容下載費用，如『亞馬遜網路書店』、『KKBOX』等網站。

   c. **人力仲介服務**：透過人力仲介網站提供企業刊登求才資訊，以便求職者尋找工作，如『104人力銀行』、『1111人力銀行』等網站。

   💡解題密技　若試題是從求職者提供履歷資料，以便廠商求才的角度來看，人力仲介服務歸屬為C2B。

   d. **網路社群平台**：提供網友發表文字、照片、影片等訊息，與其他網友互動交流，集結成社群的網路平台，營收來源主要為廣告費，如『Facebook（Meta）』、『Threads』、『Instagram』、『LinkedIn』、『X（推特）』等網站。

   e. **線上遊戲**：提供玩家可利用電腦、手機等設備，透過網路進行互動娛樂的遊戲，營收來源為遊戲點數、虛擬寶物等銷售收入，如『英雄聯盟』、『神魔之塔』、『Pokémon GO』等線上遊戲。

   f. **網路直播平台**：提供網友（通常稱為直播主、網紅）進行實況轉播，與觀看直播的網友即時互動的平台，營收來源包括廣告費、頻道訂閱費，以及點數儲值收入、直播主點數抽成，如『17LIVE』、『Twitch』等網站。

有背無患

B2B2C（Business to Business to Consumer）是從B2C所衍生出來的電子商務模式，它是指**賣家（企業）（B）透過交易平台（B）提供消費者（C）購物**。

⚡統測這樣考

(D) 35. 在嚴重特殊傳染性肺炎（COVID-19）影響下，美食外送平台蓬勃發展，餐廳透過美食外送平台提供消費者享受餐廳美食，這是屬於哪一種電子商務的方式？　(A)B2C2C　(B)B2B2B　(C)C2B2C　(D)B2B2C。　　[110商管]

數位科技概論 滿分總複習

得分區塊練

(C)1. 電子商務中所謂的B2C指的是什麼？
　　(A)Between Computers and Communications
　　(B)Between Computers and Consumers
　　(C)Business to Consumer
　　(D)Business to Computer。

(C)2. 下列哪一個網站，不屬於B2C電子商務？　　2.『經濟部商工電子公文交換服務』
　　(A)提供消費者下載數位內容服務的『KKBOX』網站　網站屬於G2B電子商務型態。
　　(B)販售各式彩妝、保養品等商品給消費者的『bgo美妝網』網站
　　(C)提供企業與政府之間公文往返的『經濟部商工電子公文交換服務』網站
　　(D)提供買、賣房屋等仲介資訊的『永慶房仲網』網站。

(C)3. 『104人力銀行』網站除提供社會新鮮人刊登履歷資料外，還提供企業查詢待業人才。請根據以上敘述，判斷該B2C網站的經營模式最可能是下列何者？
　　(A)線上銷售　(B)入口網站　(C)人力仲介服務　(D)網路社群平台。

四、B2B

1. **B2B**（Business to Business，**企業對企業**）：企業間透過網際網路進行銷售、採購與服務等商業活動。

2. 常見的經營模式有：

   a. **企業與協力廠商業務往來**：可節省企業與其協力廠商間的業務往來時間與成本。如提供協力廠商業務往來的『中鼎集團供應商與協力廠商專區』網站。

   b. **線上銷售**：透過網路提供服務或銷售商品給企業買家，如提供販售辦公文具商品給企業買家的『officepro總務倉庫』、『阿里巴巴採購批發市場』等網站。

   c. **電子交易市集仲介服務**：透過網路提供企業相關仲介服務（如產品型錄刊登與查詢、採購案招標與投標）。

統測這樣考

(D)35. 下列有關電子商務模式的敘述，何者正確？
　　(A)企業和企業間透過網際網路進行採購交易是一種C2C電子商務模式
　　(B)網路拍賣是一種C2B電子商務模式
　　(C)團購是一種C2C電子商務模式
　　(D)網路書店提供書籍讓消費者購買是一種B2C電子商務模式。　　[107商管]

解：企業和企業間透過網際網路進行採購交易是一種B2B電子商務模式；
　　網路拍賣是一種C2C電子商務模式；團購是一種C2B電子商務模式。

統測這樣考

(D)34. 臺灣的口罩實名制網路預購是屬於下列哪一種電子商務模式？
(A)C2C　(B)B2B　(C)C2G　(D)G2C。　　　　　　　[109商管]

五、G2C、G2B、B2G、G2G　103 109 112

1. **G2C**（Government to Citizen，**政府對民眾**）：政府透過網際網路提供便民的相關服務（如網路報繳所得稅）。常見的G2C網站有『財政部電子申報繳稅服務』。

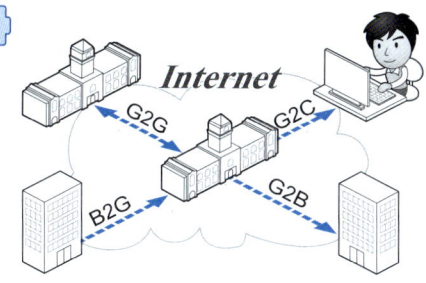

2. **G2B**（Government to Business，**政府對企業**）、**B2G**（Business to Government，**企業對政府**）：政府與企業間利用網際網路進行採購招標、線上競標等活動。常見的G2B網站有『政府電子採購網』、提供企業和政府之間公文往返與申辦事項等服務的『經濟部商工電子公文交換服務』。

3. **G2G**（Government to Government，**政府對政府**）：如政府將公文電子化，大幅縮減各級政府單位公文往返的時間，常見的G2G網站有『公文e網通』。

統測這樣考

(A)35. 政府使用網路系統辦理公共工程招標的服務，廠商透過網際網路參與招標，為哪一種電子商務模式？　(A)G2B　(B)G2C　(C)C2G　(D)B2G。　[112商管]

得分區塊練

(B)1. 下列何種電子商務型態的交易對象為企業對企業？
(A)B2C　(B)B2B　(C)B2G　(D)C2C。

(C)2. 有關電子商務的敘述，下列何者正確？
(A)B2B是指一般消費者可以直接下單採購的系統
(B)下單速度快且不會出錯
(C)採購者能在國內外透過網路進行操作
(D)可輕易從網路上得到交易行情及商業內幕。

2. B2B網站的交易對象是企業對企業，而非一般消費者；透過網路下單速度快，但還是可能發生錯誤（如商品標價錯誤）；經營電子商店應該秉持資訊透明化（如價格、商品資訊等），但不是洩漏商業內幕。

(D)3. 下列何者是屬於一種G2B電子商務？
(A)消費者透過網路串聯團購美食
(B)學校推動線上遠距學習，使得教學不受時間、空間限制
(C)企業與供應商透過網路建立交易行為
(D)政府建置電子採購網站，以使政府採購電子化。

(B)4. 下列哪一項屬於電子商務中B2B類型的應用？
(A)在Facebook網站購買虛擬禮物送給國中同學
(B)Google網站提供企業雲端硬碟空間的服務
(C)政府提供線上工程招標業務的服務
(D)小珊在美國職籃NBA官方網站購買限量T恤。　　　[112技藝競賽]

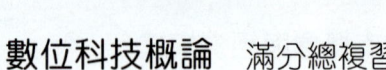

12-3 電子商務的發展

> **統測這樣考**
> (B)35. 有關行動支付的敘述，下列何者正確？
> (A) Google Pay使用RFID來進行感應支付
> (B) QR Code掃碼是一種常見的支付方式
> (C) 手機一定要在連網狀態才能在商店中使用Apple Pay支付
> (D) 行動支付在技術上只能在實體店家使用，無法在網路商店使用。　　[111商管]

一、行動商務簡介與特性　111

1. **行動商務**（Mobile Commerce, M-Commerce）：使用行動裝置（如智慧型手機、平板電腦等），透過無線網路購物、下單、接收訊息等活動。常見的行動商務應用有行動購物、行動支付、網路銀行等。

2. **行動支付**：消費者在實體店面選取商品後，在收銀櫃台利用行動裝置（如智慧型手機、智慧手錶）以NFC感應或條碼掃瞄的方式來完成付款。消費者也可在線上購物平台消費時，選擇行動支付方式來付款，以下介紹常見的行動支付：

行動支付	適用裝置	付款方式
LINE Pay	各類型行動裝置	條碼掃瞄式
街口支付		
歐付寶		
Apple Pay	蘋果公司推出的行動裝置	• NFC感應式（實體店面）
Google Pay	各類型行動裝置	• App支付（線上購物）

　　a. 採用「NFC感應式」行動支付方式，只要行動裝置有電就可以使用，不需要連上網路，例如Apple Pay即可在無連網的狀態下，使用此種行動支付方式來付款。

3. 行動商務的特性：
   a. **提供個人化服務**：針對不同的消費者，提供符合個別需求的資訊。
   b. **提供適地性服務**：是一種以地理資訊系統與GPS為基礎所發展出來的行動服務，如提供使用者所在位置附近的餐廳、旅遊景點、停車場、路況等資訊。
   c. **保障付款安全性**：目前行動支付常見的方式有條碼掃瞄式、NFC感應式等2種，傳送資料的過程，資料皆進行加密保護。

二、社群商務簡介與特性

1. **社群商務**（social commerce）泛指結合社群關係和電子商務特性的商務活動，常見的社群商務平台有Facebook（Meta）、LINE、Instagram、微信、微博等。

2. 社群商務的特性：
   a. **提升分享便利性**：社群媒體的「分享」功能可讓使用者將感興趣的內容分享給朋友。
   b. **提供客製化服務**：社群媒體大多具有「留言」、「傳訊息」等功能，供文章張貼者與粉絲互動。
   c. **使行銷內容更豐富**：社群媒體除了文字、圖片之外，也提供愈來愈多種類型的多媒體功能，例如：可在發布的內容中加入影片、使用直播方式與粉絲互動。

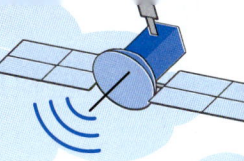

三、跨界電子商務簡介與特性

1. **O2O**（Online to Offline，線上對線下實體）：「**線上**」（網路商店）與「**線下**」（實體商店）結合的跨界電子商務。主要概念有以下2種：

    a. 「虛實整合」+「**到店**服務」：適用於須到店消費的商店（如美髮、餐飲等）採用，如消費者在線上購買洗髮折價券，再到實體商店洗髮。

    b. 「虛實整合」+「**到府**服務」：適用於可到府服務的商店（如搬家、清潔、美甲等）採用，如消費者在線上購買美甲折價券，商家再指派美甲師到府服務。

2. O2O電子商務經營模式的優點：

對象	優點
對消費者	• 可輕易取得商品的相關資訊及價格，便於比價 • 相較於直接到店內消費，透過網路訂購通常可取得較優惠的價格或服務
對商家	• 可增加宣傳及行銷管道，吸引更多新客戶到實體店面消費 • 可透過網路推廣產品，提高實體店面的知名度 • 可方便追蹤每筆交易記錄，掌握熟客的喜好 • 透過線上預約，便於控管商品的需求量

3. O2O電子商務經營模式的特性：

    a. **銷售通路更多元**：跨界電子商務使銷售通路涵蓋線上平台與線下實體店面，讓消費者有更多的購物管道。

    b. **數據蒐集更全面**：可蒐集使用者在網路消費的記錄，也可藉由實體店面蒐集到店消費者的資料。

有背無患

- 跨境電子商務（cross-border e-commerce）：指不同國家的買賣雙方透過網路完成交易、付款與交貨的商務活動，如我們可透過『亞馬遜Amazon購物平台』向日本商家購買商品並跨國寄送。
- P2P（Peer to Peer）電子商務：一種個人對個人的商務模式。一般P2P電子商務皆需透過一個「第三方平台」作為雙方的媒介，雙方為商務活動的主體，而第三方平台則負責媒合商務活動的進行。目前常見的P2P電子商務類型有P2P信貸、P2P閒置資源出租。

得分區塊練

(D)1. 下列何者不是常見的行動支付方式？
(A)LINE Pay　(B)Apple Pay　(C)Google Pay　(D)Chrome Pay。

(A)2. 下列有關O2O經營模式的優點，何者正確？　(A)商家可透過線上預約，便於控管商品的需求量　(B)相較於到店內消費，網路訂購不會比較優惠　(C)消費者無法輕易取得商品的資訊及價格　(D)無法吸引更多新客戶到實體店面消費。

滿分晉級

★新課綱命題趨勢★
情境素養題

▲閱讀下文,回答第1至3題:

建民透過Nike網站訂購一雙客製化的球鞋,Nike網站在收到該筆訂單後,自動將訂單傳送到協力廠商進行生產,數天後建民收到客製化的球鞋,他將該雙球鞋透過拍賣網站轉手售出。

(B)1. Nike網站提供客戶訂購球鞋的商業活動,這種商業活動是屬於何種類型的電子商務?
(A)B2B (B)B2C (C)C2C (D)G2C。 [12-2]

(A)2. Nike網站在收到建民的訂單後,自動將訂單傳送到協力廠商來進行生產的商業活動,是屬於何種類型的電子商務? (A)B2B (B)B2C (C)C2C (D)G2G。 [12-2]

(C)3. 建民在拍賣網站上拍賣球鞋的交易活動,是屬於何種類型的電子商務?
(A)B2B (B)B2C (C)C2C (D)G2C。 [12-2]

(D)4. 根據『iThome電腦報週刊』報導,全球已有70%人口使用智慧型手機,用戶數高達61億,而全球的行動用戶更高達92億,用戶可隨時隨地上網購物或接收優惠訊息。請問這種利用行動裝置上網購物的活動屬於
(A)協同商務 (B)虛擬商務 (C)數位商務 (D)行動商務。 [12-1]

(C)5. 彥均與網友一同主動揪團團購知名甜點「依蕾特布丁」,請問這種透過網路團購的商業活動是屬於下列何種類型的電子商務類型?
(A)B2C (B)C2C (C)C2B (D)B2G。 [12-2]

4. 行動商務是指使用行動裝置(如智慧型手機),透過無線網路購物、下單、接收訊息等活動。

精選試題

12-1

(D)1. 下列何者不是電子商務的四流? 　1. 電子商務四流:商流、物流、金流、資訊流。
(A)金流 (B)商流 (C)資訊流 (D)訂單流。

(C)2. 網路購物很方便,以下選項中,比較不需注意什麼選項?
(A)賣家信用 (B)貨物來源 (C)網頁精美 (D)最近交易情形。

(A)3. 下列有關「電子商務」的敘述,何者有誤?
(A)它必須透過無線網路進行
(B)它是將網際網路與全球資訊網應用至商務活動
(C)它的資料傳輸、處理及儲存均應重視安全
(D)它可以縮短交易時程。

3. 只要透過網路進行商品銷售、服務提供、業務合作或資訊交換等商務活動,就稱為電子商務,並不是只能透過無線網路才行。

(D)4. 整個電子商務的交易流程是由下列哪四個單元所組成的?
(A)消費者、物流業者、金融單位以及製造業者
(B)消費者、物流業者、金融單位以及政府單位
(C)消費者、網站業者、金融單位以及製造業者
(D)消費者、網站業者、金融單位以及物流業者。

(D)5. 下列哪一項不屬於電子商務的特性? (A)交易可不受時空限制 (B)可降低營運成本 (C)較易進行個人化行銷 (D)銷售對象多半針對特定區域的消費者。 [技藝競賽]

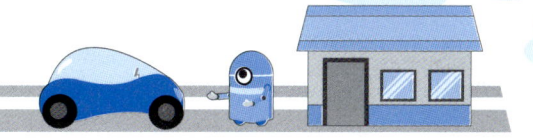

(C)6. 將傳統的商業行為如購買、銷售、廣告、售後服務等在網際網路上進行,稱之為下列哪一項? (A)虛擬商場 (B)網路貿易 (C)電子商務 (D)雲端消費。 [103技藝競賽]

(B)7. 下列哪一項不是電子商務的優勢?
(A)最即時的互動　　　　　　　　(B)最真實的接觸
(C)降低展示成本　　　　　　　　(D)增加交易效率。 [102技藝競賽]

12-2
(A)8. 下列哪一項不包含於電子商務的"物流"範疇中? 8. 商品促銷屬於電子商務四流中的資訊流。
(A)商品促銷 (B)貨物配送 (C)倉儲管理 (D)商品集貨。 [102技藝競賽]

(A)9. 電子商務係指透過網路進行的商業活動,包括商品交易、資訊提供、市場情報、客戶服務等,依對象分類可分企業和消費者二大類群,其中「企業對消費者」為何?
(A)B2C (B)C2C (C)B2B (D)C2B。

(B)10. 企業與政府之間利用電腦與網際網路進行物品採購、採購招標、線上競標等商業活動,屬於下列何種型態的電子商務? (A)B2B (B)B2G (C)B2C (D)C2C。

(D)11. 金融業間之電子資金移轉作業是屬於電子商務的何種範疇?
(A)C2C（Consumer-to-Consumer） (B)C2B（Consumer-to-Business）
(C)B2C（Business-to-Consumer） (D)B2B（Business-to-Business）。

(A)12. 一家IC製造公司利用網路與其供應商之間進行電子資料交換與電子採購處理,這是屬於下列哪一種型態的電子商務? (A)B2B (B)B2C (C)B2G (D)C2C。

(B)13. 一家旅遊公司利用網路為媒介,提供消費者旅遊商品以及線上旅遊資訊服務,這是屬於下列哪一種型態的電子商務? (A)B2B (B)B2C (C)C2C (D)B2G。

(A)14. 企業之間用網際網路進行銷售、採購與服務等商業活動,可歸類為下列何種電子商務經營型態? (A)B2B (B)B2C (C)C2B (D)C2C。

(D)15. 台塑集團所建置的「台塑網電子交易市集」網站專供該企業及其上、下游協力廠商使用,可透過該網站進行線上詢價、報價、電子下單等等服務,請問它是下列哪一種電子商務經營模式? (A)C2C (B)C2B (C)B2C (D)B2B。

(C)16. PChome 24h購物、Yahoo購物中心是哪一種電子商務（e-Commerce）經營模式?
(A)C2C (B)B2B (C)B2C (D)G2B。

(A)17. 大雄為了想買最新款iPhone,藉由BBS刊登銷售資訊來出售他收藏多年的公仔,請問這個做法屬於下列哪一種電子商務類型?
(A)C2C (B)C2B (C)B2C (D)B2B。 [103技藝競賽]

12-3
(A)18. 下列何者是一種透過「第三方平台」作為雙方媒介的個人對個人商務模式?
(A)P2P (B)O2O (C)B2C (D)B2B。

(B)19. 下列有關行動商務的敘述,何者正確?
(A)行動支付目前只有掃瞄條碼方式
(B)透過App購買電影票、餐券、數位音樂都屬於行動商務的應用
(C)NFC感應式是利用POS系統感應二維條碼圖像來進行支付
(D)行動商務不具有個人化服務的特性。

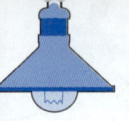

統測試題

(D)1. 在電子商務中，產品因為交易活動，而產生所有權從製造商、物流中心、零售商到消費者的移轉過程，主要屬於何種運作流程？
(A)金流 (B)物流 (C)資訊流 (D)商流。 [102商管群]

> 1. 商流指商品因「交易活動」而產生「所有權轉移」的過程。

(C)2. 「露天拍賣網站」或「Yahoo!奇摩拍賣網站」是屬於以下哪一種型態的電子商務？
(A)B2C (B)B2B (C)C2C (D)C2B。 [103工管類]

(A)3. 政府提供以網路讓民眾可以報稅的服務，使民眾可以省去舟車之苦，這是屬於下列哪一種電子商務的經營模式？ (A)G2C (B)C2B (C)G2B (D)G2G。 [103商管群]

(D)4. 下列有關電子商務模式的敘述，何者正確？
(A)企業和企業間透過網際網路進行採購交易是一種C2C電子商務模式
(B)網路拍賣是一種C2B電子商務模式
(C)團購是一種C2C電子商務模式
(D)網路書店提供書籍讓消費者購買是一種B2C電子商務模式。 [107商管群]

(B)5. 透過網路來進行各種商業交易的活動與下列哪項科技的應用最相關？
(A)電子化企業（E-Bussiness）
(B)電子商務（Electronic Commerce）
(C)行動通訊（Mobile Communication）
(D)辦公室自動化（Office Automation）。 [107工管類]

> 4. 企業和企業間透過網際網路進行採購交易是一種B2B電子商務模式；網路拍賣是一種C2C電子商務模式；團購是一種C2B電子商務模式。

(D)6. 臺灣的口罩實名制網路預購是屬於下列哪一種電子商務模式？
(A)C2C (B)B2B (C)C2G (D)G2C。 [109商管群]

(D)7. 在嚴重特殊傳染性肺炎（COVID-19）影響下，美食外送平台蓬勃發展，餐廳透過美食外送平台提供消費者享受餐廳美食，這是屬於哪一種電子商務的方式？
(A)B2C2C
(B)B2B2B
(C)C2B2C
(D)B2B2C。 [110商管群]

> 7. B2B2C（Business to Business to Consumer）是從B2C所衍生出來的電子商務模式，它是指餐廳（B）透過美食外送平台（B）提供消費者（C）訂購美食。

(B)8. 有關行動支付的敘述，下列何者正確？
(A)Google Pay使用RFID來進行感應支付
(B)QR Code掃碼是一種常見的支付方式
(C)手機一定要在連網狀態才能在商店中使用Apple Pay支付
(D)行動支付在技術上只能在實體店家使用，無法在網路商店使用。 [111商管群]

> 8. Google Pay使用NFC來進行感應支付；QR Code掃碼是常見的支付方式，例如LINE Pay、街口支付皆是使用此方式；Apple Pay採用NFC感應式付款，只要iPhone或Apple Watch有電就可使用，不需要連上網路；行動支付可應用在實體店面、線上購物。

(C)9. 下列哪一種電子商務模式主要是由消費者主動集結共同的購買需求，並向企業提出集體議價，以達到集體殺價的效果？
(A)B2B (B)B2C (C)C2B (D)C2C。 [111商管群]

(A)10. 政府使用網路系統辦理公共工程招標的服務，廠商透過網際網路參與招標，為哪一種電子商務模式？ (A)G2B (B)G2C (C)C2G (D)B2G。 [112商管群]

(A)11. 電子商務交易流程中包含商流、資訊流、金流與物流，廠商可透過　①　分析消費者的喜好，而消費者在網路商店購得數位產品（如音樂、遊戲）的過程稱為　②　。
(A)①資訊流、②商流 (B)①資訊流、②物流
(C)①商流、②資訊流 (D)①物流、②商流。 [113商管群]

> 11. • 資訊流：資訊情報的流通，故廠商可透過資訊流分析消費者的喜好。
> • 商流：商品因「交易活動」而產生「所有權轉移」或「使用權取得」的過程，故消費者在網路商店購得數位產品（如音樂、遊戲）的過程稱為商流。

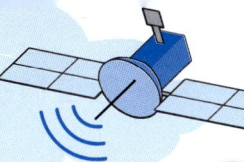

(B)12. 下列何項屬於電子商務之金流數位化？
(A)第三方網站託管平台　　　　　　(B)第三方支付平台
(C)電子商務商品資料庫管理　　　　(D)自行架設電子商務網頁。　　[114商管群]

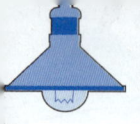

第13章 電子商務安全機制

13-1 資料傳輸安全

一、資料傳輸安全的要件

安全要件	說明
隱密性（confidentiality）	確保交易資料在傳輸過程中不被他人窺知
完整性（integrity）	確保交易雙方接收到的資料正確且未被篡改
認證性（authentication）	確認交易者的身分（消費者、商家、銀行），避免冒名頂替
不可否認性（non-repudiation）	交易雙方不可事後否認其交易的事實
可用性（availability）	確保系統正常運作不中斷服務

◎五秒自測　維護資料傳輸安全的要件為何？ 隱密性、完整性、認證性、不可否認性、可用性。

二、資料傳輸安全的保護　103　105　106　112

1. **資料加／解密**：將資料加密成無法閱讀的格式，再進行傳送，接收者收到後再加以解密，以回復成原資料內容。

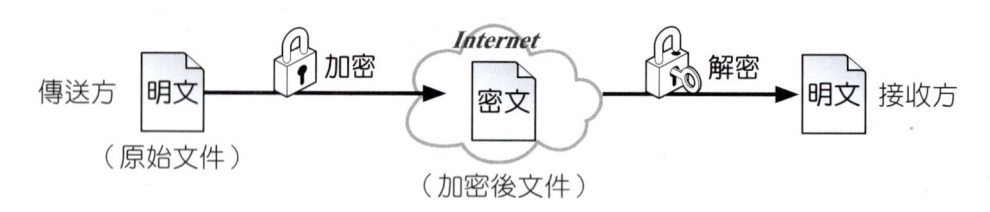

   傳送方 明文（原始文件） → 加密 → Internet 密文（加密後文件） → 解密 → 明文 接收方

   a. 資料加密的目的是為了符合**資料隱密性**的要求，避免被他人窺知。
   b. 資料加／解密是使用特定的演算法，將明文轉換成密文。
   c. 資料加／解密的演算法再搭配**金鑰**的使用，可強化加密的安全性。

2. **金鑰**（key）：由一串文字或數字組成的密碼，**金鑰的長度（單位為bit）越長，安全性越高**。金鑰分為兩種，一種是**單一金鑰**，另一種是一對**私鑰與公鑰**。

   a. 單一金鑰：每次傳輸資料時由程式（如瀏覽器）自動產生，產生的金鑰可用在**對稱式加解密**。
   b. 私鑰與公鑰：一般是由認證中心（CA）同時產生，並封存於**數位憑證**中，常用在**非對稱式加解密**。

c. **公鑰可公開給任何人取得，私鑰則需私密保管**。兩者間有**配對**關係，使用私鑰加密的資料只能用對應的公鑰解密；同樣地，使用公鑰加密的資料也只能用對應的私鑰解密。

d. **認證中心**是具有公信力的第三團體（如內政部憑證管理中心），負責核發及管理數位憑證。

3. 加／解密的技術：

   a. **對稱式加／解密**：又稱私密金鑰加密法，傳送者與接收者約定使用**同一把**金鑰加、解密。

   💡解題密技　「對稱式」是指雙方使用同一把金鑰加／解密。

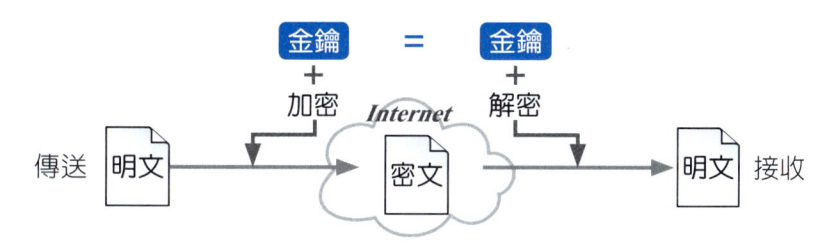

   b. **非對稱式加／解密**：又稱公開金鑰加密法，使用一對**公鑰**與**私鑰**來進行加／解密，運算過程較複雜，但安全性較高。**秘密通訊**（secret communication）即是採用此種技術。

   💡解題密技　「非對稱式」是指雙方使用不同金鑰，一般是使用接收方的公鑰與私鑰加／解密。

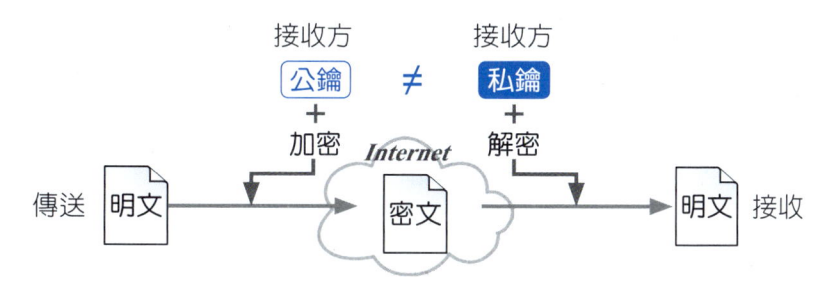

   c. 比較：

比較項目	對稱式加／解密	非對稱式加／解密
安全性	較低	較高
用相同金鑰	是	否
金鑰可公開	否	公鑰可，私鑰不可
運算速度	較快	較慢
應用	較長的資料，如E-Mail	較短的資料，如數位簽章
常見的演算法	AES、DES	RSA

4. **雜湊函數**（hash function）：特定的資料轉換規則，資料透過雜湊函數轉換，可產生固定長度的**訊息摘要**（Message Digest）。

   a. 雜湊函數不能讓人由訊息摘要反推出原資料內容。

   b. 不同資料透過雜湊函數的轉換，不可產生出同樣的訊息摘要。

5. **數位簽章**（digital signature）：具有簽名效力，這種技術**可符合資料完整、身分驗證、不可否認等安全要件**。其運作方式如下：

   a. **產生數位簽章**：傳送者利用雜湊函數將資料運算後產生訊息摘要，再以傳送者的**私鑰**進行加密，以產生數位簽章，然後連同資料一起傳送給接收者。

   b. **比對訊息摘要**：接收者收到資料後，利用同一雜湊函數產生另一個訊息摘要，並使用傳送者的**公鑰**將原數位簽章解密，以便比對兩個訊息摘要內容是否一致。

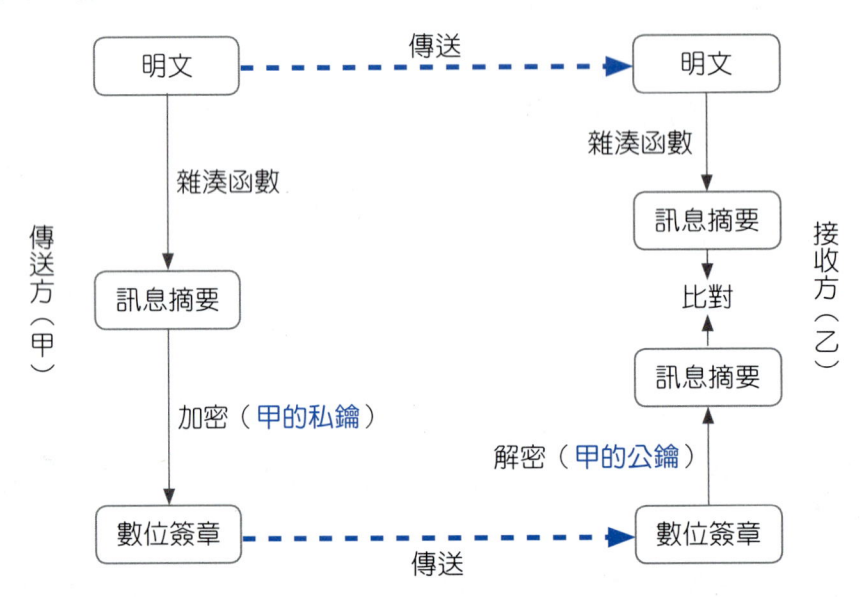

   c. 為推動電子簽章之普及運用，確保電子簽章之安全，我國制定有**電子簽章法**，並明定數位簽章屬於電子簽章的一種，因此數位簽章具有等同書面簽章的法律效力。

   d. 電子郵件、PDF檔、Word文件…等檔案可加入數位簽章，以證明傳送者身分。加入數位簽章後，文件檔案會顯示 🎖 圖示。

   e. 採用非對稱式加密法技術的秘密通訊與數位簽章之比較：

比較項目	秘密通訊	數位簽章
用途	確保資料在傳輸過程中不被未經授權者窺知	證明自己的身分，等同書面簽章，僅本人可加密
金鑰擁有者	接收方	傳送方
加密	公鑰	私鑰
解密	私鑰	公鑰
可確保	機密性	完整性、認證性、不可否認性

6. **數位憑證**：內含持有人的姓名、公鑰、私鑰、雜湊函數…等簽章驗證資料（如網路報稅用的自然人憑證、網路下單用的金融憑證），可用來辨識持有人身分，有了它，才能用來產生數位簽章。數位憑證有一定期限，需定期申請更換。

統測這樣考 （ C ）36. 關於加解密技術的敘述，下列何者正確？
(A)數位簽章僅達到不可否認性與資料來源辨識性
(B)數位簽章除利用對稱式加密法，亦可利用公開金鑰加密法實現
(C)公開金鑰加密法傳送方利用接收方的公鑰將明文加密，接收方收到密文後使用接收方私鑰可解密
(D)公開金鑰加密法傳送方利用自己的私鑰將明文做數位簽章，接收方收到簽章後使用自己的公鑰可解開簽章。　　　[112商管]

第13章 電子商務安全機制

有背無患

1. 「非對稱式加／解密技術」一般是使用接收方的公鑰加密，再以接收方的私鑰解密，以達到避免資料被窺知的目的（如祕密通訊技術就是使用此種方法來保護資料）。若反過來使用傳送方的私鑰加密、再以傳送方的公鑰解密，則可達到證明資料確實為傳送方傳送的目的（因私鑰僅本人持有）。

2. 「非對稱式加／解密技術」也可做到不可否認傳送，加／解密順序為：①接收方公鑰加密、②傳送方私鑰加密、③傳送方公鑰解密、④接收方私鑰解密。其中①、②順序若對調，③、④順序也要對調。

3. 數位簽章技術就是使用傳送方的私鑰對訊息摘要加密，再以其公鑰解密，故可證明傳送方身分。

4. 由上頁圖可看出，數位簽章技術並未將明文加密，因此在實務上應用數位簽章時，明文在傳送前，多半會先另外加密，再傳送給接收方，避免資料外洩。

得分區塊練

(A)1. 下列保護資訊安全的技術，何者主要是將檔案資料做特殊編碼？
(A)資料加密　(B)密碼　(C)網路認證　(D)防毒軟體。

(B)2. 下列何者不是「數位簽名」的功能之一？
(A)證明了信的來源　　　　　(B)做為信件分類之用
(C)可檢測信件是否遭竄改　　(D)發信人無法否認曾發過信。　[丙級軟體應用]

(D)3. 有關數位簽章（digital signature）的敘述，下列何者錯誤？
(A)可達到網路安全目標的不可否認性（non-repudiation）
(B)可達到網路安全目標的資料完整性（integrity）
(C)利用雜湊函數（hash function）將欲傳送的資料加以運算，以產生訊息摘要（message digest）
(D)採用對稱式加密法（symmetric encryption）。

3. 數位簽章是採用非對稱式加／解密法。

(A)4. 為了避免交易雙方否認已送出或已接收到的資料，會透過一套機制驗證雙方是否有收到或發出訊息，這種原則稱為下列哪一項？
(A)不可否認性　(B)完整性　(C)隱私性　(D)認證性。　[技藝競賽]

(C)5. 為了要保護資料傳輸的安全，防止資料被人窺視，使用下列哪一種方式最佳？
(A)將資料備份（Backup）　　　(B)將資料做好編號及命名
(C)將資料加密（Encryption）　(D)將資料檔案的屬性設成隱藏（Hiding）。

(D)6. 公開金鑰密碼系統中，要讓資料傳送時以亂碼呈現，並且傳送者無法否認其傳送行為，需要使用哪兩個金鑰同時加密才能達成？
(A)傳送者及接收者的私鑰　　　(B)傳送者及接收者的公鑰
(C)接收者的私鑰及傳送者的公鑰　(D)接收者的公鑰及傳送者的私鑰。　[丙級軟體應用]

6. 加密流程：
(1) 傳送者私鑰加密（無法否認傳送者身份，但第三者可用傳送者公鑰解密）。
(2) 接收者公鑰加密（可保護資料，第三者無法取得接收者私鑰，故無法解密）。

13-2 電子商務常見的安全機制

一、安全資料傳輸層（Secure Socket Layer, SSL） 104 108 111 114

1. Netscape公司為了保護網路上資料傳輸安全而制定的一種安全機制。

2. SSL可用來確認商家身分，確保交易資料的隱密性及完整性。

3. 登錄資料（如註冊、訂單資料）的網頁，大多採用SSL安全機制來保護。

4. 使用SSL機制，網站業者須先向認證中心（CA）申請SSL數位憑證，再將它安裝至網站伺服器中，才能保護資料在傳輸過程中不被他人窺知或篡改。

5. 使用SSL安全機制保護的網頁，瀏覽器會出現**鎖狀圖示**，且網址中的通訊協定為 **https**。

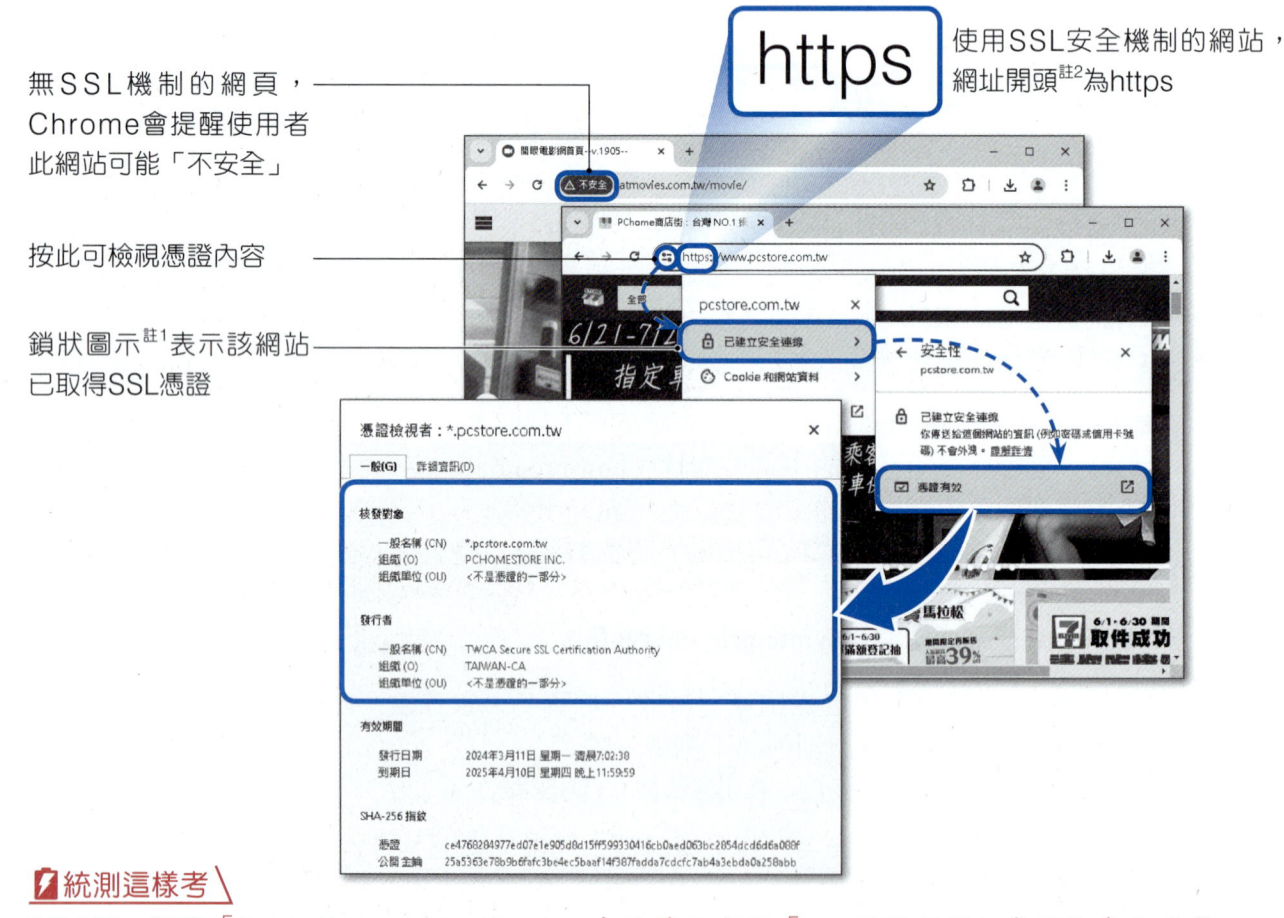

無SSL機制的網頁，Chrome會提醒使用者此網站可能「不安全」

按此可檢視憑證內容

鎖狀圖示[註1]表示該網站已取得SSL憑證

使用SSL安全機制的網站，網址開頭[註2]為https

統測這樣考

(B)31. 網址「https://www.tcte.edu.tw」中的英文字母「s」可用下列何者技術來完成？
(A)SSD（solid state disk）
(B)SSL（secure sockets layer）
(C)SKC（secret key cryptography）
(D)SET（secure electronic transaction）。 [114商管]

註1：不同的瀏覽器（如Chrome、Firefox、Microsoft Edge）或版本，鎖狀的圖示與位置可能會有差異。
註2：有些瀏覽器（如Chrome）會將網址開頭的http://或https://隱藏，使用者雙按**網址列**即會顯示完整的網址。

第13章 電子商務安全機制

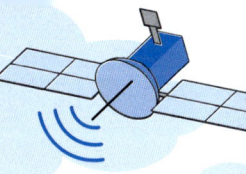

6. 使用SSL安全機制保護的網站，其首頁通常會置入SSL標章。如『PChome 24h購物』網站的首頁，即有如下的標章。按此類標章可檢視網站的名稱、憑證有效期限等資料。

7. 使用SSL安全機制的交易流程：

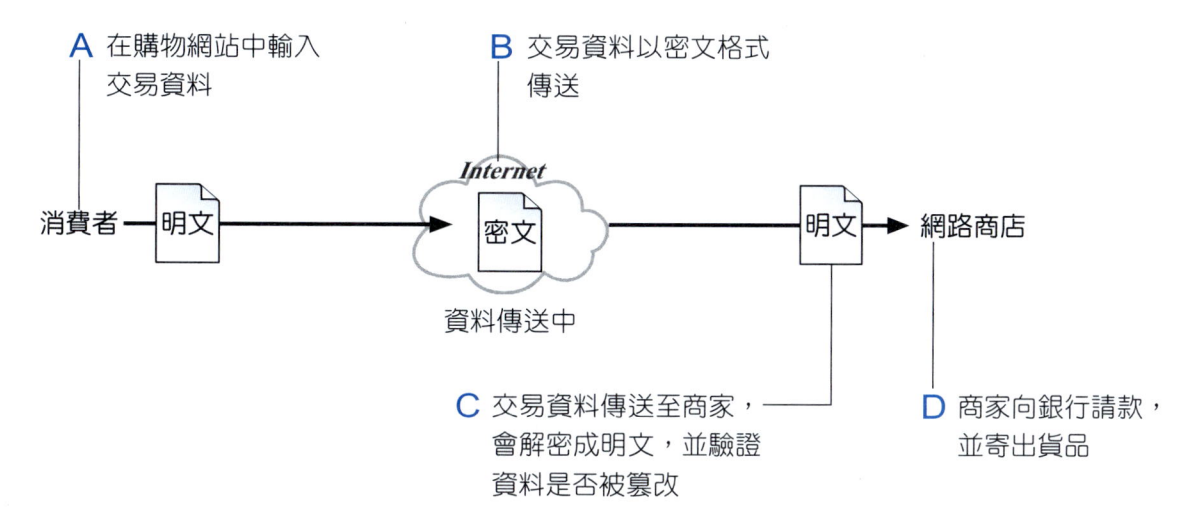

   A 在購物網站中輸入交易資料
   B 交易資料以密文格式傳送
   C 交易資料傳送至商家，會解密成明文，並驗證資料是否被竄改
   D 商家向銀行請款，並寄出貨品

8. **傳輸層保全**（Transport Layer Security, TLS）：以SSL v3.0為基礎改良而來，目前國外有許多金融機構將TLS應用在電子郵件傳送的安全保護。

統測這樣考

(A)28. 有關自然人憑證卡的敘述，下列何者錯誤？
　　(A)由財政部核發
　　(B)用來證明個人在網路上的身分
　　(C)使用該憑證卡可進行網路報稅
　　(D)經由網路及該憑證卡可查詢個人健保資料。　　[108商管]

解：自然人憑證是由內政部憑證管理中心提供憑證之簽發及管理服務，由各直轄市、縣（市）政府指定所屬戶政事務所辦理憑證之申請。

有背無患

- 數位憑證（Digital Certificate）：可用來證明持有者的身分，並確保資料在傳輸過程中不被他人窺知或竄改，常見的憑證種類如下：

憑證種類	應用	申請單位
自然人憑證（可視為網路身分證）	網路報稅、申辦戶籍謄本、查詢個人健保資料	內政部憑證管理中心、戶政事務所
工商憑證	營利事業所得稅申報、政府採購	經濟部工商憑證管理中心
金融憑證	網路下單、網路銀行轉帳	經濟部核准的金融機構（如銀行）

A13-7

得分區塊練

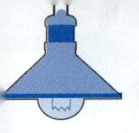

(B)1. HTTPS與HTTP通訊協定兩者差異為何？
  (A)HTTPS加強執行速度
  (B)HTTPS加強安全性
  (C)HTTPS加強資料傳輸量
  (D)HTTPS可允許更多人同時上網使用。

  1. HTTPS中的S（Secure）代表安全保護的意思。

  [技藝競賽]

(B)2. 在網路銀行網站的首頁，常可看到SSL標章，請問按下標章後可瀏覽下列哪一項資訊？
  (A)該公司的當季營業額
  (B)該網站的名稱、憑證的有效期限
  (C)該網站是否為優良網站
  (D)該網站是否為公營的單位。

二、安全電子交易（Secure Electronic Transaction, SET） 103 104 111

1. VISA、MasterCard、IBM、Microsoft、Netscape等公司共同制定的安全機制。

2. SET可用來保護在網路上使用**信用卡交易的安全**，確保交易資料的隱密性、完整性、身分的識別、交易的不可否認性。

3. 要使用SET機制，網路業者與消費者都必須申請相關的數位憑證，且消費者需安裝電子錢包軟體。

4. SET機制交易流程：

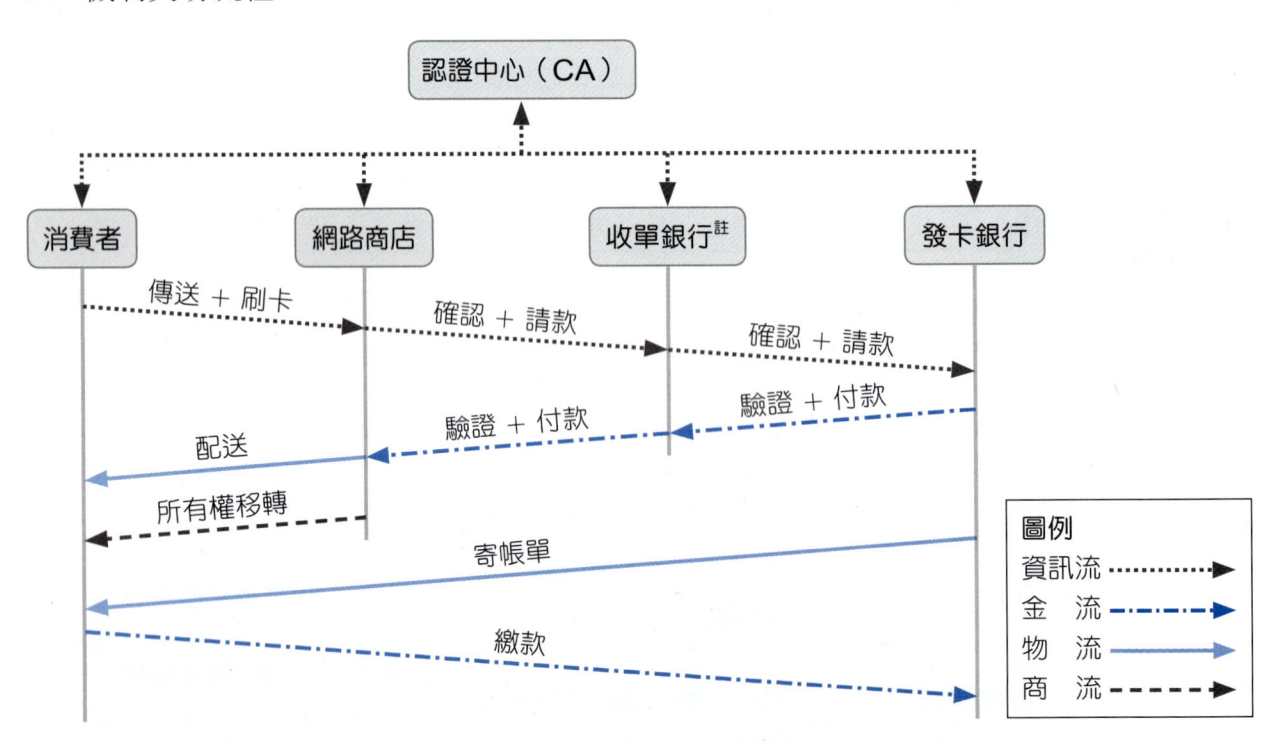

註：收單銀行是與網路商店合作的銀行，負責向發卡銀行驗證消費者的信用卡資料，以協助網路商店完成電子商務的交易。

統測這樣考

(A)37. 有關電子商務安全機制SSL與SET的敘述，下列何者正確？
(A)兩種機制均可達到交易的機密性
(B)兩種機制均為信用卡支付標準協定
(C)兩種機制中，消費者與店家均需要憑證作身分識別
(D)兩種機制均可達到消費者與店家雙方交易的不可否認性。
[111商管]

5. SSL與SET安全機制的比較：

比較項目＼安全機制	SSL	SET
資料傳輸的隱密性	✓	✓
資料的完整性	✓	✓
身分的識別	只能驗證商家身分	可驗證商家、消費者、發卡／收單銀行的身分
交易的不可否認性		✓
安全等級	較低	較高
應用領域	網路資料傳輸、信用卡線上交易	信用卡線上交易

→ 結論：SSL申請程序簡易（只要商家申請憑證即可使用），但只能驗證商家身分，無法避免盜刷或否認交易的行為，安全等級較低。SET申請程序複雜（商家和使用者皆需申請憑證才可使用），但其安全等級較高。

6. 線上交易的安全性，是電子商務賴以發展的基礎。

有背無患

3D-Secure是SET的簡化版，它是透過消費者向發卡銀行申請取得識別身分的密碼，來避免信用卡被盜刷。消費者在線上刷卡時，還必須輸入此組密碼，來進行身分確認。華南銀行、中國信託等皆提供有此種安全驗證機制。

得分區塊練

(C)1. 由Visa與Master兩信用卡組織所提出的一種應用在網際網路上，以信用卡為基礎的電子付費系統規範，為下列哪一項？
(A)EDI (B)SSL (C)SET (D)VAN。 [技藝競賽]

(D)2. 下列關於電子商務SET之描述，何者為真？
(A)病毒防護
(B)文書處理
(C)資料備份
(D)為一種通訊協定，用於信用卡交易。

(D)3. 下列有關SSL與SET的敘述，何者有誤？
(A)SET機制可避免買方事後否認交易的事實
(B)SSL機制可確認賣方身分
(C)欲使用SET機制，買賣雙方都必須具有憑證
(D)SSL提供的安全等級較SET高。

3. SET機制可驗證商家、消費者、發卡／收單銀行的身分，而SSL機制只能驗證商家身分，所以SET提供的安全等級較SSL高。

13-3　電子商務常見的觸法行為

1. 在未經他人授權下，擅自將他人著作收錄於線上資料庫中 ┐
2. 網頁內容使用未經授權的文字、照片、音樂、動畫等 ┘ ── 侵犯**智慧財產權**
   → 商品編號、售價等不具原創性的資料，不需授權即可使用
3. 盜賣個人資料 ┐
4. 蒐集、販售電子郵件帳號 ├ ── 侵犯**隱私權**
5. 販售儲存在瀏覽者電腦中記錄登入帳號、瀏覽訊息等資料的 cookie 檔案 ┘
6. 使用他人已註冊的商標 ┐ ── 侵犯**商標權**
7. 在網域名稱中，使用他人商標中的文字 ┘

有背無患

- 網路商家保護消費者隱私權的常見做法：
  » 使用安全機制保護個人資料的隱密性，避免資料被窺視、不當使用。
  » 告知消費者個人資料的使用原則，不將個人資料使用於其它用途。
  » 賦予消費者選擇只提供部分個人資料的權利。
- 網路蟑螂：是指搶先登記一些公司、品牌名稱或人名等網域名稱，意圖日後再以高價售出的不法人士。
  > 例 某網路蟑螂搶先註冊取得麥當勞網域名稱，麥當勞公司耗費巨資購回自家的網域名稱使用權。

得分區塊練

(A)1. 下列關於「對客戶資料的保護」，何者正確？
　　　(A)予以保密　　　　　　　　　(B)提供給關係企業做行銷
　　　(C)告知同事給予參考　　　　　(D)讓其他客戶瞭解。

(C)2. 小優網路服飾商店所使用的各種衣服資料中，哪一項需要取得原廠商的授權？
　　　(A)原廠的商品品名　　　　　　(B)原廠的價格
　　　(C)原廠的照片　　　　　　　　(D)原廠的貨號。
　　　2. 商品的品名、價格、貨號等不需授權即可使用。

第13章 電子商務安全機制

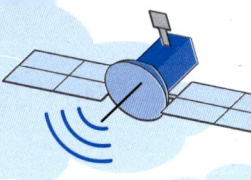

滿分晉級

★新課綱命題趨勢★
情境素養題

▲ 閱讀下文，回答第1至2題：

電子商務詐騙頻傳，讓許多人對於電子商務安全機制的討論度提高不少，以下是幾位同學在討論電子商務安全機制的發言：

- 天立：「維護資料傳輸安全的要件有隱密性、完整性、認證性、不可否認性、可用性。」
- 崴宇：「金鑰的長度越長，安全性越高；金鑰分成2種，一種是單一金鑰，另一種是私鑰與公鑰。」
- 吉米：「對稱式加／解密又稱私密金鑰加密法，傳送者與接收者約定使用同一把金鑰加、解密。」
- 小安：「非對稱式加／解密法是使用一對公鑰與私鑰來進行加／解密，過程較為複雜。」

(D)1. 請問上述情境中，哪些同學敘述有關電子安全機制的內容是錯誤的？
(A)吉米　(B)天立、吉米　(C)天立、崴宇、吉米　(D)四位同學的觀念皆正確。　[13-1]

(D)2. 下列哪一種加密演算法屬於小安所說的非對稱式加／解密技術？
(A)AES　(B)DES　(C)DOS　(D)RSA。　[13-1]

(D)3. 展文在購物網站，以信用卡付款方式購買一台單眼相機，當他在填寫交易資料時，發現該網站的網址開頭為https。請依據上述，判斷該網站是使用下列哪一項安全機制，來確保線上交易的安全？　3. 使用SSL安全機制保護的網頁，網址中的通訊協定為https。
(A)SET　(B)Wi-Fi　(C)LTE　(D)SSL。　[13-2]

(C)4. 家中開設炸雞店的曉惠，透過下列做法希望能利用網際網路來增加炸雞的銷售量，請問哪一項做法最有可能觸法？
(A)拍攝店內環境的圖片，上傳至自己的網路商店
(B)在網頁中標示銷售的炸雞產品名稱及金額
(C)註冊使用含有肯德基（KFC）字樣的網域名稱（如KFC_NO1），方便網友記憶
(D)提供炸雞折價券供網友下載。　[13-3]

4. 在網域名稱中，使用他人商標中的文字，有侵犯商標權之虞。

(D)5. 小明想上網拍賣禰豆子的公仔，他直接到網友的拍賣網頁下載同一公仔產品的照片來使用。根據上述，以下何者正確？
(A)小明可任意使用，因為照片不屬於著作品
(B)小明應取得授權，因為照片已被他人先公開於網路上
(C)小明可任意使用，因為產品照片不具原創性
(D)小明應取得授權，因為網頁上的照片屬於著作權保護的範圍。　[13-3]

數位科技概論 滿分總複習

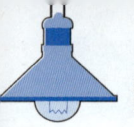

精選試題

13-1 (A)1. 將要傳送的文件先透過雜湊函數運算後產生訊息摘要，並利用傳送者的私鑰將摘要加密後連同文件一起傳送，是屬於下列哪一種資訊安全的防護策略？
(A)數位簽章 (B)防火牆 (C)防毒軟體 (D)密碼管制。

(A)2. 能確保資料不被未經授權者取得的管理方法，具有下列何種資訊安全特性？
(A)機密性（Confidentiality）
(B)完整性（Integrity）
(C)友善性（Friendliness）
(D)不可否認性（Non-repudiation）。

(D)3. 在公開金鑰密碼系統中，A將機密資料傳給B，B應該使用下列哪一項金鑰來解密？
(A)A的公開金鑰 (B)A的私密金鑰 (C)B的公開金鑰 (D)B的私密金鑰。

(C)4. 在寄發電子郵件時，可以使用下列哪一項技術讓電子郵件的收信人確認寄件人的身分，以確認郵件來源，並避免第三人冒名傳遞不實訊息？
(A)郵件加密 (B)開啟標幟 (C)數位簽章 (D)防火牆。

(B)5. 以下敘述何者正確？
(A)對稱式加密法有不同的加密與解密金鑰
(B)AES是對稱式加密法
(C)RSA是對稱式加密法
(D)DES是非對稱式加密法。

5. AES、DES為對稱式加密法；RSA為非對稱式加密法。

(B)6. 為了避免資料傳輸時被竊取或外洩，通常採用何種保護措施？
(A)將資料壓縮 (B)將資料加密
(C)對資料加簽章碼 (D)對資料加檢查碼。

(D)7. 有關對稱式加／解密法的敘述，下列何者正確？
(A)需使用到2把金鑰
(B)傳送方需用接收方的公鑰將資料加密
(C)RSA是一種對稱式加／解密法
(D)加／解密速度通常比非對稱式加／解密法快。

7. 對稱式加／解密法收送雙方使用同一把金鑰加／解密；RSA是一種非對稱式加/解密法。

(D)8. 為了強化加密的安全性，在實務上，加密演算法通常會搭配「金鑰」使用。請問金鑰是指？
(A)一把鑰匙
(B)一個鑰匙形狀的隨身碟
(C)一種可以證明身分的數位圖像
(D)一串文字或數字組成的密碼。

(A)9. 非對稱式加解密技術中，「非對稱」是指下列何者非對稱？
(A)使用的金鑰 (B)加密演算法 (C)明文 (D)密文。

(A)10. 有關網路安全技術的敘述，下列何者錯誤？
(A)平均而言，RSA演算法處理速率快過DES演算法
(B)「加密與解密使用兩支不同金鑰，且這兩支金鑰是成對的」是非對稱式加／解密法的特色
(C)DES是一種對稱式加／解密法
(D)SET使用非對稱式加／解密法，所以可確認交易者身分。

10. RSA演算法（屬於非對稱式加／解密法）的計算過程較複雜，所以處理速率通常比DES（屬於對稱式加／解密法）慢。

(C)11. 實務上,在傳送較長的資料(如E-Mail)時,通常是使用對稱式加密法來進行加密,請問主要原因為何?
(A)對稱式加密法安全性較高
(B)對稱式加密法可證明寄送者身分
(C)對稱式加密法加密速度較快
(D)對稱式加密法可確保資料完整性。

(A)12. 將資料經過「雜湊函數」的運算,可以產生下列何者?
(A)訊息摘要　(B)數位簽章　(C)金鑰　(D)明文。

(C)13. 下列保護資料傳輸安全常用的技術或機制中,何者具有檢查資料完整性的功能?
(A)資料加密　(B)資料解密　(C)數位簽章　(D)防火牆。

(B)14. 數位簽章的運作流程中,不包含下列哪一項?
(A)利用雜湊函數產生訊息摘要
(B)用傳送者的公鑰將訊息摘要加密
(C)用傳送者的公鑰將訊息摘要解密
(D)比對訊息摘要。

14.應用傳送者的私鑰將訊息摘要加密,而非用公鑰。

(D)15. 利用雜湊函數技術,可檢查透過網路傳輸的資料是否遭到篡改,請問這種技術是用來確保下列哪一項網路傳輸安全的要件?
(A)身分驗證　(B)資料隱密　(C)不可否認　(D)資料完整。

(B)16. 數位簽章的技術,必須要使用到下列哪些金鑰?
(A)接收方的公鑰與私鑰
(B)傳送方的公鑰與私鑰
(C)傳送方的公鑰與接收方的私鑰
(D)傳送方的私鑰與接收方的公鑰。

(B)17. 在數位簽章的技術中,數位簽章是如何產生的?
(A)將明文用傳送方的公鑰加密
(B)將訊息摘要以傳送方的私鑰加密
(C)將明文以接收方的公鑰加密
(D)將訊息摘要以接收方的私鑰加密。

(C)18. 為什麼數位簽章可以證明傳送者的身分?
(A)訊息摘要中包含傳送方姓名
(B)傳送方使用自己的公鑰加密
(C)傳送方使用自己的私鑰加密
(D)接收方可用傳送方的私鑰解密。

(A)19. 若要保護線上交易的資料隱密性,下列哪一種作法最有效?
(A)將資料加密　　　　　　　(B)架設防火牆
(C)安裝最新版本的瀏覽器　　(D)定期備份資料。

(D)20. 好的雜湊函數,必須具有下列哪一項特性?
(A)能證明傳送者的身分
(B)所產生的訊息摘要長度不固定
(C)同樣的一段文字會產生不同的訊息摘要
(D)不能由訊息摘要反推出原資料內容。

(A)21. 在公開金鑰密碼系統中,有關公鑰與私鑰的說明,何者錯誤?
(A)用公鑰加密的資料,可再用公鑰解密　　21.公鑰加密的資料,只能用私鑰解密。
(B)我們可向認證中心查詢公鑰的持有人
(C)必須確保不能由公鑰來反推出私鑰的內容
(D)公鑰與私鑰的內容不相同,必須配對使用。

(A)22. 在對稱式加/解密技術下,有關金鑰的說明,下列何者錯誤?
(A)金鑰只能產生一次,產生後必須永久保存該金鑰
(B)每次產生的金鑰內容會不一樣
(C)資料的傳送方與接收方都是使用同一把金鑰
(D)資料可用同一把金鑰加密與解密。

(A)23. 下列何者為常用之網路購物安全防護機制?
(A)SSL　(B)POS　(C)ATM　(D)CAM。

(D)24. SET是一個用來保護信用卡持卡人在網際網路消費的開放式規格,透過密碼加密技術（Encryption）可確保網路交易,下列何者不是SET所要提供的?
(A)輸入資料的私密性　　　　　(B)訊息傳送的完整性
(C)交易雙方的真實性　　　　　(D)訊息傳送的轉接性。

(C)25. SET是目前公認Internet上的電子交易安全標準,下列哪一公司未參與SET之發展?
(A)IBM　(B)Microsoft　(C)American Express　(D)Visa。

(A)26. 在啟用SSL安全機制的安全認證網站上進行交易,下列描述何者是可確保交易安全的?
(A)在交易過程中所傳輸的資料都是被加密的
(B)該網站不會將個人資料外流
(C)該網站的商品價格一定比市價便宜
(D)該網站不會被駭客入侵。　　　　　　　　　　　　　　　　　　[乙級軟體應用]

(A)27. 下列哪一種技術,主要是希望能確保網路上信用卡交易的安全性?
(A)SET　(B)SMTP　(C)VoIP　(D)WAP。　　　　　　　　　　　[技藝競賽]

(B)28. 下列哪一個敘述是正確的?
(A)SSL是由VISA公司所制定的一種安全機制
(B)SET可以提供交易的不可否認性
(C)SSL的安全等級比SET高
(D)SET只能驗證商家的身分。　　　　　　　　　　　　　　　　　[技藝競賽]

(B)29. 網路商家在登錄產品資料時,引用下列哪些原廠的資料不需取得授權,即可直接使用?
①產品編號　　　　　　　　②產品照片　　　29.商品編號、售價等不具原創性
③產品單價　　　　　　　　④產品功能介紹的文字　　的資料,不需授權即可使用。
(A)①②　(B)①③　(C)②④　(D)①②③。

(B)30. 達禮想開設網路書店,下列哪一項做法最沒有侵權之虞?
(A)以「yahoobook」（雅虎書）做為網域名稱
(B)列出銷售之書籍名單
(C)自行將他人出版書籍內容數位化
(D)借用博客來網路書店之商標。

30.在網域名稱中,使用他人商標中的文字（如yahoo）,以及使用他人已註冊的商標,都有侵犯商標權之虞;在未經他人授權下,自行將他人出版書籍內容數位化,會侵犯智慧財產權。

統測試題

(D)1. 在網路安全的領域中,「資料完整性(Integrity)」常用來評估資料的接收者所收到的資料是沒有被篡改的。下列哪一個工具或技術,最適合用來確保在網路間交換資料的完整性?
(A)使用防火牆
(B)使用防毒軟體
(C)利用對稱式加密技術
(D)利用數位簽章技術。 [103商管群]

(D)2. 在網路交易過程中,有所謂公開金鑰(public key)和私密金鑰(private key),下列有關公開金鑰和私密金鑰的敘述,何者錯誤?
(A)兩者都是由一連串的數字組成
(B)發送方將資料發送給接收方前,先用接收方的公開金鑰將資料加密
(C)在同一演算法下,金鑰越長,加密的強度就越強
(D)公開金鑰和私密金鑰分別打造,彼此沒有配對關係。 [103工管類]

(C)3. 小明想要在「GoodBuy」網站刷卡購買一台攝影機,請問下列哪一項技術可以用來提高網站上刷卡交易的安全性?
(A)LTE(Long Term Evolution)
(B)WiMax(Worldwide Interoperability for Microwave Access)
(C)SET(Secure Electronic Transaction)
(D)SRAM(Static RAM)。 [103資電類]

(B)4. 下列敘述何者錯誤?
(A)SET安全機制需要憑證管理中心驗證憑證
(B)以https開頭的網頁就是有採用SET安全機制的網頁
(C)SSL採用公開金鑰辨識對方的身份
(D)SET的安全性比SSL高。 [104商管群]

(C)5. 下列何者為常見的網路連線安全機制?
(A)DNS(domain name system)
(B)DHCP(dynamic host configuration protocol)
(C)SSL(secure socket layer)
(D)SIP(session initiation protocol)。 [104工管類]

(B)6. 某網站的網址為「https://www.ezuniv.com.tw」,這表示該網站使用了何種網路安全機制?
(A)SET(Secure Electronic Transaction)
(B)SSL(Secure Socket Layer)
(C)SATA(Serial Advanced Technology Attachment)
(D)防火牆(Firewall)。 [104資電類]

(D)7. 使用者甲與使用者乙約定藉由非對稱加密(asymmetric encryption)進行溝通,假設使用者甲先以甲的私密金鑰(private key)加密原始訊息,再以乙的公開金鑰(public key)加密前一步驟所得之加密訊息,並將所得之結果傳送給使用者乙,則使用者乙要如何才能讀取原始訊息?
(A)先以甲的公開金鑰解密,再以乙的私密金鑰解密
(B)先以乙的公開金鑰解密,再以甲的私密金鑰解密
(C)先以甲的私密金鑰解密,再以乙的公開金鑰解密
(D)先以乙的私密金鑰解密,再以甲的公開金鑰解密。 [105商管群]

7. 公鑰與私鑰必須成對使用,所以用甲的私鑰加密後再用乙的公鑰加密的檔案,即必須使用乙的私鑰解密再用甲的公鑰解密。

8. 數位簽章是以「傳送方的私鑰」加密，所以收到資料後應用「傳送方的公鑰」解密。

(C)8. 對於數位簽章的敘述，下列何者錯誤？
(A)傳送前透過雜湊函數演算法，將資料先產生訊息摘要
(B)以傳送方的私鑰將訊息摘要進行加密產生簽章，再將文件與簽章同時傳送
(C)收到資料後，使用接收方的公鑰對數位簽章進行運算，再比對訊息摘要驗證簽章的正確性
(D)加密和解密運算，都是使用非對稱式加密演算法。 [106商管群]

(D)9. 具SSL（Secure Sockets Layer）規範的網站與下列哪類URL（Uniform Resource Locator）最相關？
(A)http://　(B)httpd://　(C)httpp://　(D)https://。 [106工管類]

(C)10. 下列敘述何者不正確？
(A)防火牆是一種可以過濾資料來源的網路安全防護設施
(B)偽造銀行網站以騙取使用者帳號和密碼的行為稱之為網路釣魚
(C)使用HTTP協定在網路上傳輸的資料會進行加密，確保使用者連線安全
(D)阻斷服務（DoS）攻擊是藉由不斷發送大量訊息，造成被攻擊網站癱瘓而無法提供服務的攻擊手法。 [107工管類]

(B)11. 某URL網址開頭為https://這表示該網站使用了哪個安全規範？
(A)VPN（Virtual Private Network）
(B)SSL（Secure Sockets Layer）
(C)SATA（Serial Advanced Technology Attachment）
(D)RSS（Really Simple Syndication）。 [107資電類]

(A)12. 有關自然人憑證卡的敘述，下列何者錯誤？
(A)由財政部核發
(B)用來證明個人在網路上的身分
(C)使用該憑證卡可進行網路報稅
(D)經由網路及該憑證卡可查詢個人健保資料。 [108商管群]

12. 自然人憑證是由內政部憑證管理中心提供憑證之簽發及管理服務，由各直轄市、縣（市）政府指定所屬戶政事務所辦理憑證之申請。

(C)13. 在電子商務交易的安全機制中，下列敘述何者不正確？
(A)SSL協定保護交易資料在網路傳輸過程中不被他人窺知
(B)SET協定在於保障電子交易的安全，客戶端需有電子錢包
(C)消費者透過SSL或SET交易均需事先取得數位憑證
(D)SSL的英文全名為Secure Socket Layer。 [108商管群]

13. 消費者透過SSL協定交易時，不需要事先取得數位憑證。

(A)14. 有關電子商務安全機制SSL與SET的敘述，下列何者正確？
(A)兩種機制均可達到交易的機密性
(B)兩種機制均為信用卡支付標準協定
(C)兩種機制中，消費者與店家均需要憑證作身分識別
(D)兩種機制均可達到消費者與店家雙方交易的不可否認性。 [111商管群]

14. SSL是用來保護網路上資料傳輸安全而制定的一種安全機制；SSL安全機制只能驗證商家身分；SSL安全機制無法達到消費者與店家雙方交易的不可否認性。

(C)15. 關於加解密技術的敘述，下列何者正確？
(A)數位簽章僅達到不可否認性與資料來源辨識性
(B)數位簽章除利用對稱式加密法，亦可利用公開金鑰加密法實現
(C)公開金鑰加密法傳送方利用接收方的公鑰將明文加密，接收方收到密文後使用接收方私鑰可解密
(D)公開金鑰加密法傳送方利用自己的私鑰將明文做數位簽章，接收方收到簽章後使用自己的公鑰可解開簽章。 [112商管群]

15. 數位簽章可符合資料完整、身分驗證、不可否認等安全要件；
數位簽章是利用非對稱加/解密法；
以傳送方的私鑰進行加密產生數位簽章，接收方收到資料後使用傳送方的公鑰將原數位簽章解密。

(D)16. 為了保護網路資料傳輸安全,若網站回應網頁的網址是以https為開頭,且可以正常連線的情況下,這代表該網站啟動了哪一種安全機制?
(A)安全外殼(Secure Shell, SSH)
(B)安全電子交易(Secure Electronic Transaction, SET)
(C)安全檔案傳輸協定(Secure File Transfer Protocol, SFTP)
(D)安全通道層(Secure Sockets Layer, SSL)／傳輸層安全性(Transport Layer Security, TLS)。 [113工管類]

(B)17. 網址「https://www.tcte.edu.tw」中的英文字母「s」可用下列何者技術來完成?
(A)SSD(solid state disk)
(B)SSL(secure sockets layer)
(C)SKC(secret key cryptography)
(D)SET(secure electronic transaction)。

17. 使用SSL安全機制的網站,網址開頭為https。 [114商管群]

(B)18. 使用瀏覽器以超文字安全傳輸通訊協定(HyperText Transfer Protocol Secure, HTTPS)瀏覽網站時,下列敘述何者正確?
(A)HTTPS在傳輸數據時僅有針對網頁內文字資訊加密
(B)HTTPS通訊時需要瀏覽器與網站都支援加密的協定
(C)HTTPS不涉及任何加密技術,利用防火牆達成安全傳輸
(D)沒有數位憑證的HTTPS網站可以安心連線,無安全隱患。 [114工管類]

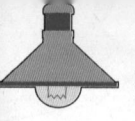

NOTE

統測考試範圍
單元 7

數位科技與人類社會

學習重點

本篇所列的4項**常考重點**命題率高，務必要加強練習
區塊鏈入題機率高，也應熟記觀念及應用

章名	常考重點	
第14章 個人資料防護與重要社會議題	• 惡意軟體 • 駭客攻擊	★★★★☆
第15章 數位科技與現代生活	• 個人、家庭方面的應用 • 社會方面的應用	★★★★★

統測命題分析　最新統測趨勢分析（111～114年）

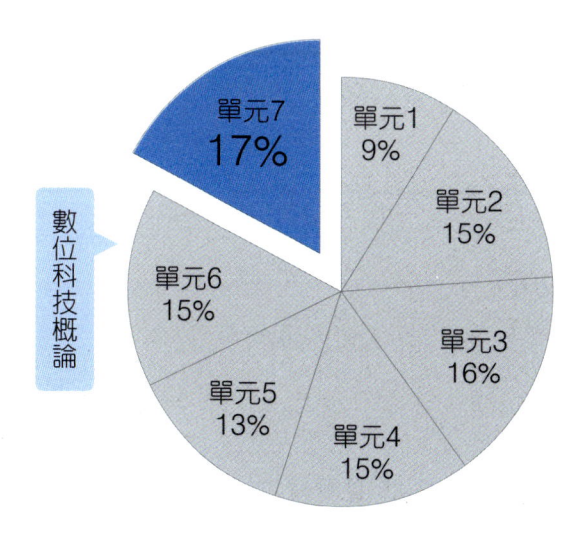

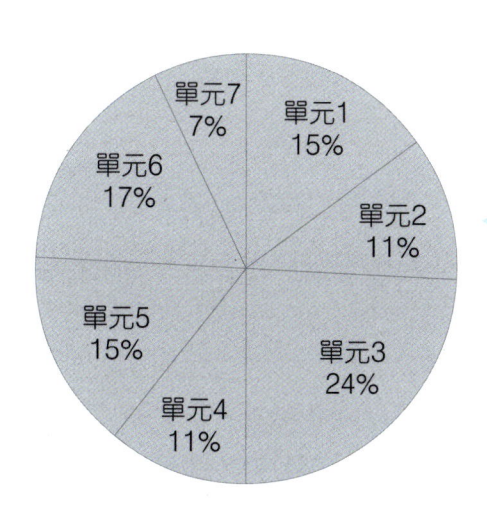

數位科技概論
- 單元7 17%
- 單元1 9%
- 單元2 15%
- 單元3 16%
- 單元4 15%
- 單元5 13%
- 單元6 15%

數位科技應用
- 單元7 7%
- 單元1 15%
- 單元2 11%
- 單元3 24%
- 單元4 11%
- 單元5 15%
- 單元6 17%

數位科技概論　滿分總複習

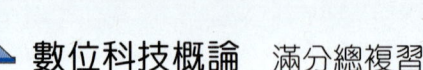

統測這樣考
(D)12. 某公司未經應徵者同意，私下取得當事人用藥紀錄，作為聘用與否參考。此舉主要違反我國下列何項法律？　(A)藥事法　(B)公司法　(C)著作權法　(D)個人資料保護法。
　[114工管]

第14章 個人資料防護與重要社會議題

14-1 個人資料防護與網路內容防護

一、個人資料防護　106　113

1. **個資法**保障個人資料安全：為了規範個人資料的合理使用，避免個人隱私權遭受侵害，政府特別制定了**個人資料保護法**（簡稱**個資法**），相關規定如下：

    a. 個人的姓名、生日、國民身分證統一編號、特徵、指紋、教育、職業、病歷、婚姻及其他得以直接或間接識別該個人之資料，都屬於個資法保護範圍。（第2條規定）

    b. 個人資料之蒐集、取得，不論直接、間接皆須盡到告知的義務，並取得當事人的同意。（第8～9條規定）

    c. **公務機關**及非公務機關因違法致使個人資料遭不法蒐集、處理、利用或其他侵害當事人權利者，得負損害賠償責任。（第28～29條規定）

2. **資訊隱私權**：每個人具有決定其個人資料（如帳號、密碼、電子郵件）是否公開提供給他人使用的權利。非法蒐集個人資料、cookie資料等，是侵犯資訊隱私權的行為。

3. **私密瀏覽**：使用瀏覽器的私密瀏覽功能（如Chrome的無痕式視窗、Firefox的隱私視窗、Microsoft Edge的InPrivate視窗等）時，系統不會儲存使用者的瀏覽紀錄與下載紀錄。使用公用電腦時，應使用瀏覽器的私密瀏覽功能，以避免個人資料外洩。

4. 常見的個人資料安全問題：

    a. 惡意軟體入侵的問題：當我們透過平板、智慧型手機等裝置來瀏覽網頁、下載檔案時，都可能使裝置遭到「惡意軟體」的入侵，導致個人資料的毀損或遭盜用。

    b. 駭客入侵的問題：駭客透過各種手法，竊取個人資料，或是影響個人資料安全。

得分區塊練

(C)1. 下列何者不屬於個資法保護的範圍？
　　(A)小明的指紋　(B)阿華的病歷　(C)小芳的球鞋品牌　(D)小綠的生日。

(B)2. 使用公用電腦時，應使用瀏覽器的私密瀏覽功能，以避免個人資料外洩，請問下列何者不屬於瀏覽器的私密功能？
　　(A)Chrome的無痕式視窗　　　　　(B)Chrome的新增視窗
　　(C)Firefox的隱私視窗　　　　　　(D)Microsoft Edge的InPrivate視窗。

統測這樣考
(A)36. 不當蒐集或使用他人的姓名、生日或病歷等隱私資料，主要是違反哪一種法律？
　　(A)個人資料保護法　(B)商標法　(C)著作權法　(D)藥事法。　[106商管]

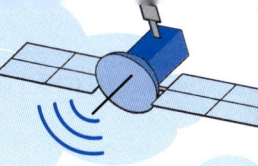

二、網路內容防護

1. 網路中常見的不當內容：
    a. 暴力、色情：暴力的內容是涉及傷害生命、自殺、虐待等情節，而色情的內容則是涉及裸露、性活動的情節。這些內容可能會引發模仿效應、或造成價值觀扭曲等負面影響。
    b. 危險工具、毒品的製作：有網友忽視社會責任，任意將危險工具、毒品的製作方式公布在網路中，這些網路內容若是遭人學習、濫用，極可能對社會造成恐慌。
    c. 網路謠言：許多未經查證的「假消息」因為使用者利用社群媒體、通訊軟體的分享功能以訛傳訛，導致社會人心惶惶。另外，有些以聳動標題吸引網友點擊的「內容農場」假新聞亦屬於網路謠言的一種。

2. 網路內容防護的方法：

對象	網路內容防護的方法
個人方面	• 懂得拒絕不當網路內容 • 避免瀏覽沒有公信力的網站 • 謠言止於智者：接收到的資訊，不宜隨意分享散布，應查證無誤後再分享，以免成為散布謠言的共犯 • 安裝防護軟體：安裝防護軟體可以過濾大部分不當的內容
社群媒體方面	• Dcard的板主審核：Dcard的討論版中有許多匿名帳號會發布假消息誤導「鄉民」，因此「板主」會藉由審核文章及限制發文門檻，以避免假消息的散布 • Facebook（Meta）的人工智慧過濾系統Rosetta：它可以辨識圖像、影像及文字，過濾出不適合的網路內容、假消息及仇恨言論等
政府方面	• 網路分級：為防範未成年人透過網路接觸到色情、暴力等不良資訊，政府於「兒童及少年福利與權益保障法」中規定網站內容應加以分級 • 臺灣：「iWIN網路內容防護機構」防範不當內容 • 德國：執行《網路執行法》以強制要求各社群平台進行言論審查

得分區塊練

(D)1. 下列何者不是個人可以自行進行網路內容防護的方法？ (A)懂得拒絕不當網路內容 (B)避免觀看沒有公信力的網站 (C)安裝防護軟體 (D)PTT的版主審核機制。

(C)2. 下列哪一個國家執行《網路執行法》，強制要求各社群平台進行言論審查，以避免不當網路內容流竄？ (A)臺灣 (B)美國 (C)德國 (D)法國。

(D)3. 下列哪些屬於網路中常見的不當內容？ a.暴力 b.色情 c.危險工具製作 d.網路流言 (A)ab (B)ac (C)abc (D)abcd。

三、資訊安全的保護

> **統測這樣考**
> (A)47. 對資通安全防護而言，下列何者為不正確的措施？(A)不管理維護使用頻率很低的伺服器 (B)不連結及登入未經確認的網站 (C)不下載來路不明的免費貼圖 (D)不開啟來路不明的電子郵件及附加檔案。[108工管]

1. **資訊安全**：泛指維護電腦系統使其正常運作的相關事宜，如不斷電系統設置、資料備份、電腦犯罪的防範、電腦病毒的防治等。

2. 影響資訊安全的因素：
   a. 偶發因素：包含有意外災害、人為疏失、軟硬體設備故障等。
   b. 蓄意破壞：泛指各種**電腦犯罪**的行為，如散播電腦病毒、駭客入侵等，是最難預防的資訊安全威脅。

3. 偶發因素的防範：
   a. 加裝不斷電系統：**不斷電系統**（Uninterruptible Power System, UPS）具有穩壓及防突波等功能，可避免電腦因電源中斷而造成資料流失。
   b. **異地備份**：資料備份2套以上，其中一套存放於電腦機房以外的場所，以備意外發生時，仍有備份檔案可以使用。

偶發因素	防範方式
意外災害	a. 電腦主機避免設置在低窪地區或地下室 b. 定期檢查防火設備
人為疏失	a. 專人負責系統維護及管理 b. 加強人員操作方法的訓練 c. 培養正確的電腦操作習慣
電腦軟硬體設備故障	a. 電腦機房設置空調及除濕設備 b. 定期維護硬體設備 c. 定期記錄電腦運轉情況

> **統測這樣考**
> (D)14. 小君在一個月前登入購物網站，並在購物車加入5樣商品，今日登入該購物網站仍可看到購物車中的待購商品記錄，操作瀏覽器時，點擊特定按鈕、登入資料歷史都有被記錄下來，上述所指可為何種技術的應用？(A)ftp (B)SSL (C)streaming (D)cookie。[112工管]

4. 蓄意破壞的防範：
   a. 安裝**防毒軟體**，避免電腦中毒。
   b. 機密檔案加密處理。
   c. 禁止不相關人員進入電腦機房或操作機房內的設備。
   d. 瀏覽網頁後，應刪除cookie檔案，以保護自己的隱私。**Cookie**是指用來記錄使用者的登入帳號、瀏覽記錄等資料的檔案。
   e. 配合作業系統或應用軟體公司發布的訊息，下載並安裝修補或更新程式。
   f. 定期備份重要資料，備份媒體（如雲端空間、隨身碟）以「三套」輪流為原則。
   g. 不使用來路不明的軟體，應使用合法軟體。
   h. **不任意開啟電子郵件的附加檔案**，尤其是副檔名為.exe（執行檔）或.rar（壓縮檔）的檔案。
   i. 避免瀏覽高危險群的網站，如色情網站、非法下載網站。
   j. 避免使用簡單好記的**懶人密碼**（如1111、1234、password、abc123等）或個人相關資料（如生日、手機號碼等）作為密碼。密碼設定時，至少8個字元以上，且使用**英文大小寫、數字、符號混合**，並不定期更換密碼。

第14章 個人資料防護與重要社會議題

得分區塊練

(A)1. 電腦系統遭受「駭客入侵」是屬於下列哪一種影響資訊安全的因素：
(A)人為蓄意破壞　　(B)天然意外災害
(C)人為操作疏失　　(D)環境因素導致電腦發生故障。

(C)2. 為避免因電力公司突然電力中斷，造成電腦硬體的損壞以及未儲存檔案資料的流失，我們可以使用何種裝置？
(A)全球定位系統（GPS）　(B)突波保護器
(C)不斷電系統（UPS）　(D)穩壓器。

2. 突波保護器的作用是控制電壓在一定範圍內，以免電腦因電壓過強而損壞。

(D)3. 下列何種類型的資訊安全威脅最難預防？
(A)人為疏失　(B)機械故障　(C)天然災害　(D)蓄意破壞。 [丙級軟體應用]

(C)4. 下列何者不屬於資訊安全的威脅？
(A)天然災害　(B)人為過失　(C)存取控制　(D)機件故障。 [丙級軟體應用]

4. 資訊安全的威脅包含：意外災害、人為疏失、軟硬體設備故障、蓄意破壞。

(B)5. 下列何者屬於惡意破壞？
(A)人為怠慢　　(B)擅改資料內容
(C)系統軟體有誤　(D)系統操作錯誤。 [丙級軟體應用]

(C)6. 下列何者是錯誤的「電腦設備」管理辦法？
(A)所有設備專人管理
(B)定期保養設備
(C)允許使用者因個人方便隨意搬移設備
(D)使用電源穩壓器。 [丙級軟體應用]

6. 電腦設備應由專人管理，不能允許使用者任意搬移。

(A)7. 下列哪一項無法有效避免電腦災害發生後的資料安全防護？
(A)經常對磁碟作格式化動作（Format）
(B)經常備份磁碟資料
(C)在執行程式過程中，重要資料分別存在硬碟及碟片上
(D)備份檔案存放於不同地點。 [丙級軟體應用]

7. 格式化會刪除磁碟中的資料，對資料安全防護沒有幫助。

(B)8. 「電腦機房設置空調」的目的為下列何者？
(A)避免機房空氣污染
(B)避免電腦及附屬設備過熱
(C)提供參觀的來賓使用
(D)提供工作人員使用。 [丙級軟體應用]

(C)9. 為避免電腦中重要資料被意外刪除，我們應該
(A)嚴禁他人使用該部電腦　(B)安裝保全系統　(C)定期備份　(D)裝上防火牆。

(B)10. 使用者瀏覽網站時，網站在使用者電腦儲存使用者瀏覽相關資訊的檔案稱之為？
(A)blog　(B)cookie　(C)intranet　(D)ssl。

A14-5

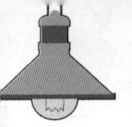

(D)11. 以帳號及密碼控制系統存取的權限，有助於保護資訊安全，下列何者不是正確的密碼設定原則？
 (A)密碼的長度要足夠
 (B)必須不定期更換密碼
 (C)使用大小寫英文字母、數字及符號夾雜
 (D)使用個人資訊，例如身分證號碼、生日或電話比較不會忘記。

11. 設定密碼時，應避免使用個人相關的資料（如生日、手機號碼等）。

(A)12. 下列何者不是資訊安全的正常措施？
 (A)安裝P2P軟體 (B)安裝防火牆 (C)定期備份資料 (D)安裝防毒軟體。

12. P2P軟體是檔案交換軟體，對維護資訊安全沒有幫助。

(D)13. 下列何者是預防電腦犯罪急需應做的事項？
 (A)資料備份　　　　　　　　　(B)與警局保持連線
 (C)禁止電腦上網　　　　　　　(D)建立資訊安全管制系統。

(C)14. 下列何種措施與電腦病毒防治比較沒有關係？
 (A)使用合法軟體 (B)定期備份資料 (C)管制人員進出 (D)安裝防毒軟體。

(D)15. 企業如欲防止內部資料的不合法進出，應安裝或架設下列何種設施以為因應？
 (A)網路瀏覽器 (B)防毒軟體 (C)資料備份程式 (D)防火牆。

(C)16. 關於「資訊之人員安全管理措施」中，下列何者不適宜？
 (A)銷毀無用報表
 (B)訓練操作人員
 (C)每人均可操作每一電腦
 (D)利用識別卡管制人員進出。

16. 電腦應由專人負責系統維護及處理。

[丙級軟體應用]

(C)17. 下列何者不是使用即時通訊軟體應有的正確態度？
 (A)不輕易開啟接收的檔案
 (B)不任意安裝來路不明的程式
 (C)對不認識的網友開啟視訊功能以示友好
 (D)不輕信陌生網友的話。

[丙級軟體應用]

(A)18. 下列敘述何者正確？
 (A)資訊安全的問題人人都應該注意
 (B)我的電腦中沒有重要資料所以不需注意資訊安全的問題
 (C)為了怕忘記，所以密碼愈簡單易記愈好
 (D)網路上的免費軟體應多多下載，以擴充電腦的功能。

[丙級軟體應用]

(C)19. 小彬想玩「MONOPOLY GO!」遊戲，在註冊遊戲帳號時，必須先設定一個密碼，如果你是他的親人，應該建議他如何設定密碼呢？
 (A)六個1　　　　　　　　　　(B)利用家裡電話末4碼
 (C)使用英、數字混合的密碼　　(D)用生日作為密碼。

四、網路安全的維護 102 111

1. **防火牆**（firewall）：
    a. 可過濾來自網際網路的資料，也能管制電腦對外發送的訊息。
    b. 企業、學校等單位，大多會在對外連結網際網路的入口處架設防火牆，以保護內部網路。
    c. 防火牆有軟體式與硬體式2種，通常硬體式防火牆效能較佳。
    d. 防火牆會透過檢查**封包**中的來源位址、目的位址、來源埠位址、目的埠位址等內容，來過濾與控管封包的進出。

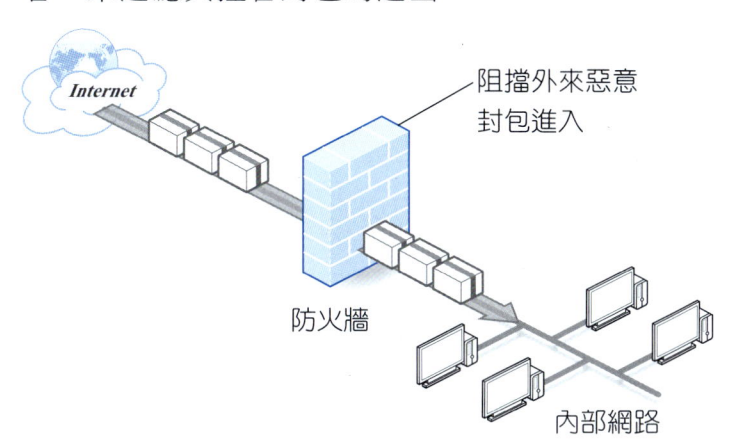

    > 笑話記憶法
    > 有3隻分別能防水、防風、防火的小強，請問哪一隻具有「過濾資料」的能力？
    > 答：防火的小強，因為牠是防火強（牆）。

2. **防火牆的限制**：
    a. 無法檢查使用者自行下載的檔案是否含有惡意軟體。
    b. 無法防範來自內部網路的攻擊。
    c. 過濾規則設定不當會妨礙正常程式執行。
    d. 無法管制防火牆刻意不保護的連線，如設計師為了方便程式測試而開的「後門」。

3. **入侵偵測系統**（Intrusion Detection System, IDS）：
    a. 用來**偵測可能危及電腦安全的威脅**，並針對威脅採取因應的措施。
       例如已知某一特定主旨的郵件為惡意攻擊，入侵偵測系統只要偵測到同樣主旨的郵件，就會將該郵件刪除。
    b. 入侵偵測系統搭配防火牆的安裝，可強化安全防護。
    c. 入侵偵測系統 vs. 防火牆：防火牆用來過濾封包，是第一道防線；入侵偵測系統檢查通過防火牆的封包，是第二道防線。

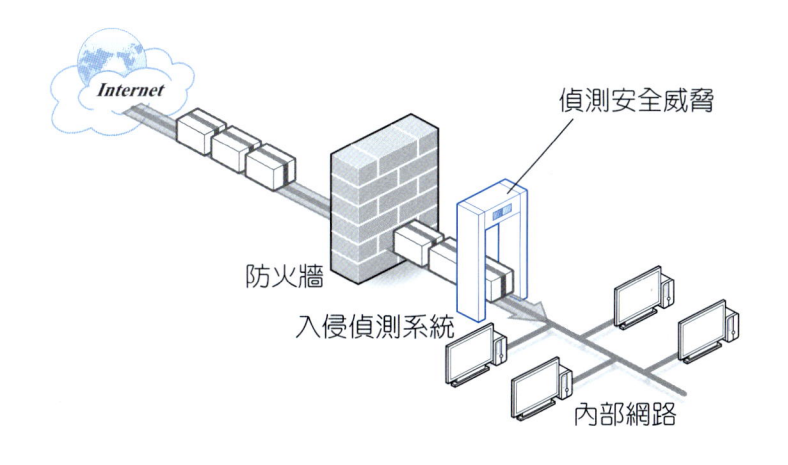

4. 入侵偵測系統通常同時採用下列2種偵測方式：

   a. 特徵偵測：記錄曾發生過之網路攻擊的特徵，並針對這些特徵進行檢查。其好處是可有效防範已記錄的攻擊，但無法防範新的威脅。

   b. 異常偵測：先定義內部網路「正常運作」的數據（如網路流量正常為20Mbps），若有超出正常數據的情形，即發出警訊。其好處是可防範新的威脅，但易發生誤判。

   > **笑話記憶法**
   > 入侵偵測系統不能嫁給姓什麼字母的人？
   > 答：「A」，因為入侵偵測系統英文簡稱IDS，冠夫姓會變成AIDS（愛滋病）。

5. 具有**人工智慧**功能的入侵偵測系統：可透過分析蒐集而來的「特徵」及「異常」數據，預測可能的攻擊模式，以建立適當的防禦機制。

6. **入侵防禦系統**（Intrusion Prevention System, **IPS**）：

   a. 在偵測到威脅時，可採取主動保護網路和系統的功能，例如封鎖惡意IP、攔截惡意流量等。

   b. IDS及IPS的比較：

比較項目	入侵偵測系統（IDS）	入侵防禦系統（IPS）
功能	偵測網路流量中的異常和攻擊行為	偵測到威脅時，主動採取保護措施
特性	●被動 ●監聽網路封包	●主動 ●阻擋外來惡意封包
防禦方式	通知防火牆、中斷連線	丟棄惡意封包、中斷連線

7. 建置虛擬私有網路（Virtual Private Network, **VPN**）：

   a. 在網際網路建構一個虛擬的通道，並利用加密、驗證等技術提高通道中資料傳輸的安全性。

   b. 使用此通道需先經過身分驗證，在該通道傳輸的資料都必須經過加密處理，可避免資料遭到窺視、攔截或竄改。

得分區塊練

(B)1. 在網路系統中，當企業內部網路（Intranet）與網際網路（Internet）相連時，其架構上最主要用來防止駭客入侵的設備為何？
(A)閘道器　(B)防火牆　(C)集線器　(D)防毒軟體。

(A)2. 下列有關網路防火牆（Firewall）的敘述，何者正確？
(A)防火牆是一種用來防止駭客入侵的防護設備
(B)防火牆是一種壓縮與解壓縮技術
(C)防火牆是一種資料加解密技術
(D)防火牆是一種電子商務的線上交易安全機制。　　　　　　　　　　　[技藝競賽]

(D)3. 企業如欲防止內部資料的不合法進出，應安裝或架設下列何設施以為因應？
(A)網路瀏覽器　(B)防毒軟體　(C)資料備份程式　(D)防火牆。

(D)4. 防火牆無法有效防範下列哪一種網路攻擊？
(A)阻斷服務攻擊　　　　　　(B)駭客入侵電腦
(C)未經授權的連線存取電腦　　(D)網路釣魚。

(D)5. 關於「防火牆」之敘述中，下列何者不正確？
(A)防火牆無法防止內賊對內的侵害，根據經驗，許多入侵或犯罪行為都是自己人或熟知內部網路佈局的人做的
(B)防火牆基本上只管制封包的流向，它無法偵測出外界假造的封包，任何人皆可製造假的來源住址的封包
(C)防火牆無法確保連線的可信度，一但連線涉及外界公眾網路，極有可能被竊聽或劫奪，除非連線另行加密保護
(D)防火牆可以防止病毒的入侵。
[丙級軟體應用]

(D)6. 下列網路安全的威脅中，何者可利用防火牆來防範？
(A)特洛伊木馬程式　(B)來自內部網路的攻擊　(C)網路釣魚　(D)阻斷服務攻擊。

(B)7. 入侵偵測系統具有什麼功能？
(A)防止電腦病毒刪除電腦中的檔案　(B)偵測可能危及內部網路安全的威脅
(C)預防網路詐騙的發生　　　　　　(D)防止使用者連上含有惡意軟體的網站。

(C)8. 有關入侵偵測系統的敘述，下列何者錯誤？
(A)可針對曾發生過的攻擊特徵進行檢查
(B)可以在偵測出異常時，發出警示訊息
(C)一定不會有誤判的情形發生
(D)企業常同時安裝入侵偵測系統與防火牆。

(A)9. 有關防火牆的敘述，下列何者正確？
a.主要功能是過濾封包
b.可以防止Hacker從特定連接埠入侵電腦
c.可搜尋已感染病毒的電腦並掃除病毒
d.只能用硬體來完成防火牆的功能
(A)ab　(B)cd　(C)bc　(D)abd。

(C)10. 在網路安全的領域中，IDS的功能為何？
(A)資料加密　　　　　　　　　(B)分隔區域網路
(C)偵測可能危及電腦安全的威脅　(D)限制網路流量。

(D)11. 颱風天交通不便，員工無法到達公司上班，公司開放員工居家上班，透過Internet連線到公司內網的技術，是屬於下列哪一項？
(A)虛擬區域網路（Virtual Local Area Network, VLAN）
(B)網路位址變換器（Network Address Translation, NAT）
(C)點對點協定（Point-to-Point Protocol, PPP）
(D)虛擬私有網路（Virtual Private Network, VPN）。
[113技藝競賽]

14-2 資訊倫理

> **統測這樣考**
> (A)49. 下列何種行為符合網路倫理的規範？
> (A)在部落格發表自己的遊記
> (B)上傳租來的影片到YouTube
> (C)在網路上公開全班同學的身分證字號
> (D)暫用他人的Facebook帳號來攻擊別人。 [106工管]

一、認識資訊倫理

1. 資訊倫理：規範人們使用電腦與資訊系統的行為準則。

2. 資訊倫理十誡－由美國電腦倫理協會所提出：
   a. 不可透過電腦或網路傷害他人
   b. 不可干擾他人在電腦上的工作
   c. 不可偷看他人的檔案
   d. 不可利用電腦網路偷竊財物
   e. 不可使用電腦網路造假
   f. 不可拷貝或使用未付費的軟體
   g. 未經授權，不可使用他人的電腦或網路資源
   h. 不可侵佔他人的智慧成果
   i. 在設計程式之前，先衡量其對社會的影響
   j. 使用電腦或網路時必須表現出對他人的尊重與體諒

3. 健康的使用數位科技－常見的資訊倫理議題：
   a. 尊重智慧財產權（Property）
   b. 保障資訊取用權（Accessibility）
   c. 尊重並保護隱私權（Privacy）
   d. 維護資訊正確性（Accuracy）

   此4項議題又被稱為PAPA資訊倫理模型

   e. 遵守網路禮儀
   f. 注意網路交友安全
   g. 避免網路成癮
   h. 操作電腦及手機的姿勢要正確

> **統測這樣考**
> (A)50. 關於網路紅人建立直播頻道秀自己，下列敘述之行為何者最正確？
> (A)對於喜愛的網路紅人，欣賞歸欣賞，仍應遵守法律
> (B)學習網路紅人為了拍美照，恣意闖入管制鐵路軌道取景
> (C)對於支持的網路紅人賣的商品，不用懷疑是否違法，買就對了
> (D)追隨網路紅人教學而逃捷運票、違反航空公司規定在搭飛機時全程開啟錄影拍片。 [110工管]

二、遵守網路禮儀

1. 網路禮儀的原則：
   a. 謹言慎行：在網路上發言時，措辭應小心謹慎，避免發表激烈言論或使用不雅的文字；也應避免錯別字、火星文等。
   b. 入境隨俗：在網路各平台發表言論前，應先詳細閱讀平台規範，以避免衝突與誤會。
   c. 互助合作：在網路上詢問問題時，通常會有許多熱心的網友回答問題；相反的，當有其他網友提問時，我們也應分享知識，以達到互助合作的理念。
   d. 尊重隱私：在網路上與他人聊天的訊息，都是屬於個人隱私，未經對方同意，切忌任意公開或轉傳。

統測這樣考

(A)49. 下列何項行為最符合網路素養與倫理？ (A)經常清理網頁瀏覽器的Cookie (B)使用簡單的火星文來快速與朋友溝通 (C)與同學分享網路下載的上映中電影 (D)在社群軟體中分享個人資料來認識朋友。　[110工管]

2. 網路禮儀注意事項：

   a. **按「讚」表示認同**：在社群網站中按讚，通常會被認為是認同或喜愛該篇文章。但也有人將按讚當作是「已閱」，這樣使用就有可能造成誤會。

   b. **發問前應先「爬文」**：爬文可以避免重複詢問相同問題，以免浪費大量網路資源。

   c. **不惡意「洗版」**：「洗版」是指在網路平台的對話框中，短時間內傳送大量重複的廣告行銷或無意義的內容。洗版會導致他人閱讀訊息的困擾，是一種相當不禮貌的行為。

   d. **不無故「潛水」**：「潛水」是指在網路上單純閱讀他人文章，而不作任何回應的行為。部分的社群會有鼓勵社員互動，避免社員長期「潛水」的規矩。

   e. **謹慎處理網路論戰**：在網路討論議題時，應秉持著尊重對方立場及言論自由的態度，共同維護良好的網路環境。

統測這樣考

(D)50. 下列關於網路交友的敘述，何者最可能避免網路危險？ (A)常收網友致贈的禮物 (B)與網友單獨見面與金錢往來 (C)方便的話就搭網友便車 (D)時時注意個人基本資料保密。　[108工管]

三、網路交友

1. **網路交友**：透過網路結交朋友，具有不受時間、地點限制的優點，但因網路具有「匿名」特性，交友時應注意自身安全，切勿隨意透露自己的個人資料，也應避免與網友單獨見面，或有金錢上的往來。

2. 網路交友 vs. 傳統交友：

交友方式	網路交友	傳統交友
空間	能跨越地區的限制	較侷限
時間	任何時間都可以	較有限制
交談方式	無法面對面交談，較難掌握對方的真實身分	可面對面交談，較易判斷對方的個性、身分
真實性	對方的性別、年齡、身分、言論真偽較難判斷	相對較易判斷

3. 網路交友守則：

   a. 慎選交友對象，避免與使用辱罵、性騷擾、粗俗話語者往來。

   b. 不隨意透露個人基本資料。

   c. 避免和網友單獨見面，如需見面則應找朋友陪伴，見面地點應選擇人潮較多的公共場所。

   d. 若與網友見面，應避免食用來路不明的食物或飲料。也應避免搭乘網友的交通工具，以免行動受其控制。

   e. 不宜與網友有金錢借貸關係。

   f. 不輕易答應網友的不合理要求（如自拍清涼照）。

4. 網路交友的效應：
   a. 正面效應：可結交好友、增加知識、學習外文、尋找伴侶等。
   b. 負面效應：結交不良的網友可能受騙上當（如被網路詐財、網路騙色等）。

四、網路成癮

1. 網路成癮：指使用者沉溺在網路世界，對網路產生高度依賴的一種心理狀態。

2. 網路成癮的原因：好奇、宣洩壓力、追逐偶像、生活缺乏重心、尋求新鮮感及刺激感、渴求擴大人際關係、體驗新的生活型態、追求自我認同等。

3. 網路成癮的影響：
   a. 生理影響：視力受損、肩頸痠痛、手腕關節發炎等，嚴重者可能導致中風、猝死。
   b. 心理影響：焦躁、憂鬱、情緒起伏過大、自我封閉等，嚴重者可能失去社交能力。

4. 網路成癮的預防：
   a. 在現實生活中多結交朋友，培養人際關係。
   b. 多接觸人群，培養良好溝通技巧。
   c. 製作時間規劃表，規劃生活目標及學習時間。
   d. 培養正當娛樂，如運動、聽音樂等。

統測這樣考
(B)1. 在網路上發表騷擾或詆毀他人之言論是屬於下列哪一種行為？
(A)網路詐騙　(B)網路霸凌
(C)網路交友　(D)網路成癮。　[105工管]

五、網路霸凌　114

1. 網路霸凌：指透過各種網路管道（如社群網站、LINE），以圖文、影片來欺負或排擠他人。

2. 常見的網路霸凌行為有：文字霸凌、影像騷擾、訊息騷擾、刻意孤立等。

3. 遭遇網路霸凌應採取的行動：保留相關證據（影像、圖片、文字等）、尋求家長、輔導老師、心理醫師／諮商師協助、阻斷與霸凌者聯繫的管道等。

六、正確操作電腦的姿勢

1. 螢幕中心點應位於眼睛水平線下約15～30度。

2. 眼睛與螢幕中心應保持一個手臂長（約45～60公分）的距離。

3. 使用鍵盤打字時，手腕應保持伸直，並懸空約1.5公分。

4. 椅子的高度應調整到可使手肘彎曲約90度。

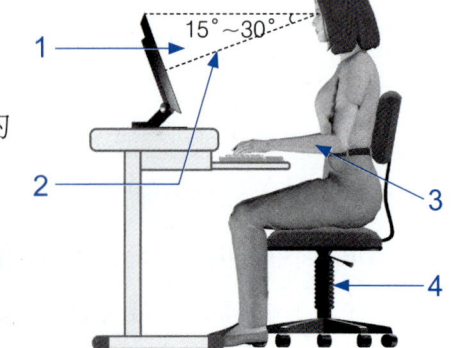

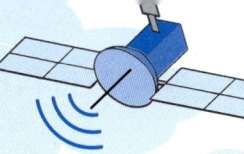

5. 鍵盤上有A、S、D、F、J、K、L、；等8個**基準鍵**，每個按鍵各對應一根手指頭。透過F及J鍵上的小凸點，可讓使用者不看鍵盤，也能快速地找到基準鍵。

6. 每操作電腦一個小時，應休息十至十五分鐘，避免眼睛過度疲勞。

7. 不當操作電腦可能造成的傷害：

   a. **腕隧道症候群**（CTS）：長時間使用鍵盤或滑鼠不當所造成的手部傷害，會導致手部在施力時產生疼痛、麻木、甚至無力。

   b. **重複施緊傷害**（RSI）：長時間不當地重複使用某部位的肌肉，常會引發肌肉無力、脊椎神經傷害、肩頸部僵硬等症狀。

   c. **黃斑部病變**（MD）：長時間使用電腦、手機，使眼睛黃斑部受到螢幕幅射光傷害，引發視力衰退，甚至失明。

有背無患

- **資訊超載**：若人接收了太多資訊，反而會因資訊量過大影響了正常的理解與判斷。
- **資訊焦慮**：是指面對網路中眾多的資訊，迫使自己全部吸收，當超出自己的負荷而導致焦慮的情況。
- **手機分離焦慮症**（Nomophobia）：是指過度依賴手機的人們，當無法隨時使用手機時，會產生焦慮感。

得分區塊練

(A)1. 規範人們使用電腦與資訊系統的行為準則稱為？
　　(A)資訊倫理　(B)電腦法規　(C)資訊法律　(D)資訊法規。

(B)2. 下列何者不屬於PAPA資訊倫理模型的議題？
　　(A)尊重智慧財產權　　　　(B)注意網路交友安全
　　(C)保障資訊取用權　　　　(D)維護資訊正確性。

(B)3. 將手腕靠在桌邊休息，讓手腕低於手指，就有可能得到什麼？
　　(A)骨折　(B)腕道症　(C)鍵盤症　(D)肌肉萎縮。

(C)4. 下列何者不符合網路禮儀的規範？
　　(A)阿華在進入各網路平台前，會先閱讀平台的規範
　　(B)小勳在網路發表文章前，會先檢查是否有不當的內容及錯別字
　　(C)阿火私自將與朋友吵架的聊天內容發表至網路平台，請網友們評評理
　　(D)小文常在論壇中協助網友解決問題。

14-3 惡意軟體與駭客攻擊

一、惡意軟體 113

1. 認識惡意軟體：**惡意軟體**（Malware）泛指會造成電腦系統或網路無法正常運作的軟體。

2. 惡意軟體的種類：

   a. **特洛伊木馬程式**（Trojan horse）：指「依附」在檔案中的惡意軟體，使用者開啟檔案時，這種軟體就會被啟動。特洛伊木馬程式通常是以竊取他人的私密資料為目的。

   b. **電腦蠕蟲**（worm）：會不斷地自我複製，並耗用大量電腦主記憶體儲存空間或網路頻寬。一旦發作，常會造成電腦、網路及郵件伺服器無法正常運作。

   c. **電腦病毒**（virus）：具有破壞性或惡作劇性質的電腦程式，可藉由自我複製或感染電腦中的其它正常程式，來達到破壞電腦系統的目的。

   > 例　寄生在Office文件中的「巨集型病毒」、寄生在執行檔（即副檔名為COM或EXE）中的「檔案型病毒」、寄生在啟動磁區的「開機型病毒」（如米開朗基羅病毒）等。這些類型的電腦病毒屬於早期流行的惡意軟體，現今已不常見。

3. 傳播途徑：電子郵件、檔案下載、儲存媒體（如隨身碟、外接式硬碟）、網頁瀏覽、即時通訊（如LINE）、區域網路等。

   > ◎五秒自測　惡意軟體的種類有哪些？它們通常是透過哪些傳播途徑來散播？
   > 　　　　　　惡意軟體的種類：特洛伊木馬程式、電腦蠕蟲、電腦病毒；
   > 　　　　　　可透過電子郵件、檔案下載、隨身碟、網頁瀏覽、LINE等途徑來散播。

4. ROM（唯讀記憶體）或原版光碟片，除非最初燒入的資料就帶有病毒，否則不會感染病毒。

5. 「USB病毒」是透過隨身碟、行動硬碟等使用USB連接埠的設備作為散播管道，感染USB病毒的電腦，可能會出現無法上網、無法瀏覽檔案等症狀。關閉作業系統的「自動播放」功能，可降低感染此病毒的機會。

6. 行動裝置（如手機、平板電腦）也會感染惡意軟體。

統測這樣考

(A)47. 下列有關電腦惡意程式的敘述，何者不正確？
　　(A)因為CD-ROM光碟屬於唯讀裝置，儲存在CD-ROM光碟內的檔案或是執行檔在使用過程中並不會被寫入電腦病毒，所以可以安心開啟儲存在CD-ROM光碟內的檔案或是執行檔
　　(B)從網路下載並安裝網友分享的破解版遊戲軟體，有可能被植入特洛伊木馬（Trojan Horse）程式，導致電腦使用者的上網密碼被竊取
　　(C)使用具有巨集（Macro）指令功能的軟體如Microsoft Word或是Excel來開啟相關檔案，有可能感染巨集型電腦病毒
　　(D)電腦蠕蟲（Worm）是一種能夠自我複製的電腦程式，其主要危害是引發一連串的指令，導致電腦的執行效率大幅降低
　　　　　　　　　　　　　　　　　　　　　　　　　　　　　　　　　　　　[109工管]

得分區塊練

(C)1. 哪一個選項對於電腦病毒的敘述是正確的？
(A)是一種黴菌，會損害電腦組件
(B)是一種不良的電腦組件，使電腦工作不正常
(C)是一種程式，它可經由儲存設備（如隨身碟）或網路複製
(D)電腦病毒入侵電腦，在關機後，病毒仍會留在CPU中。

(B)2. 電腦病毒的發作，是由於？
(A)操作不當 (B)程式產生 (C)記憶體突變 (D)細菌感染。 [丙級軟體應用]

(A)3. 下列哪一種病毒會依附在以應用軟體所製作的文件檔中？
(A)巨集病毒 (B)開機型病毒 (C)檔案型病毒 (D)特洛伊木馬。

(B)4. 下列敘述何者是錯誤的？
(A)販賣盜版軟體是一種違法的行為
(B)電腦病毒可能經由網路或隨身碟感染，但不可能經由任何光碟片感染
(C)使用並定期更新防毒軟體可以降低被電腦病毒感染的機會
(D)惡意製作並散播電腦病毒是一種違法的行為。

4. 如果燒錄到光碟的資料含有病毒，則光碟也可能成為病毒的傳播途徑。

(D)5. 檔案型病毒通常寄生在下列何種檔案上？
(A)文字檔 (B)音樂檔 (C)資料庫檔 (D)可執行檔。

(A)6. 藉由寬頻網路大量且迅速蔓延，致使網路癱瘓的病毒稱為：
(A)蠕蟲病毒（worm）
(B)巨集病毒（macro virus）
(C)特洛伊病毒（Trojan horse）
(D)千面人病毒（polymorphic virus）。

(B)7. 下列何者對「電腦病毒」的描述是錯誤的？
(A)它會使程式不能執行
(B)病毒感染電腦後一定會立刻發作
(C)它具有自我複製的能力
(D)它會破壞硬碟的資料。

7. 病毒感染電腦後不一定立刻發作，例如13號星期五病毒會在13號星期五才發作。 [丙級軟體應用]

(B)8. 下列何者較不可能為電腦病毒之來源？
(A)網路 (B)原版光碟 (C)電子郵件 (D)免費軟體。 [丙級軟體應用]

(B)9. 下列何者不是防範惡意軟體的正確做法？
(A)安裝防毒軟體
(B)定期刪除不必要的檔案
(C)不下載盜版軟體
(D)不任意開啟電子郵件的附加檔案。

9. 刪除不必要的檔案對於防範惡意軟體沒有幫助。

(B)10. 下列檔案類型中，何者最容易攜帶Taiwan No.1巨集型病毒？
(A)BMP (B)DOC (C)EXE (D)TXT。

二、電腦感染惡意軟體的防範

1. 電腦感染惡意軟體常見的徵兆：
   a. 電腦執行速度變慢
   b. 電腦經常無故當機
   c. 網路突然無法使用或無故斷線
   d. 螢幕顯示奇怪訊息或音樂
   e. 瀏覽器首頁被綁架
   f. 無法存取磁碟、光碟機、資料夾或檔案
   g. 硬碟空間異常變小
   h. 檔案大小或修改時間無故改變

2. 惡意軟體的防範：
   a. 安裝防毒軟體，如**PC-cillin**、**卡巴斯基**（kaspersky）、**諾頓**（Norton）、**小紅傘**（Avira AntiVirus）……等，並定期更新病毒碼。病毒碼是指當防毒軟體公司找到一隻新的病毒後，便會從中擷取一段二進位程式碼，以便讓防毒軟體能夠辨認出病毒的樣貌，這段程式碼便稱為「病毒碼」。
   b. 配合作業系統或應用軟體公司發布的訊息，下載並安裝修補或更新程式。
   c. 定期備份重要資料，備份媒體（如光碟）以「三套」輪流為原則。
   d. 不使用來路不明的軟體，應使用合法軟體。
   e. 避免安裝P2P檔案交換軟體（如eMule）。
   f. **不任意開啟電子郵件、即時通訊的附加檔案**，尤其是副檔名為.exe（執行檔）或.rar（壓縮檔）的檔案。
   g. 避免瀏覽高危險群的網站，如色情網站、非法下載網站。
   h. 架設防火牆，可過濾來自網際網路的資料，也能管制電腦對外發送的訊息。

統測這樣考

(C)47. 下列有關資訊安全的敘述，何者錯誤？ (A)「米開朗基羅病毒」屬於開機型病毒 (B)網路蠕蟲（Worm）可自我複製或變形後，透過網路進行傳播 (C)若電腦感染開機型病毒，則立即強制關機即可消滅電腦病毒 (D)SSL（Secure Sockets Layer）是一種保密機制，可保護資料在傳輸過程中的安全性。 [110工管]

得分區塊練

1. 檔案存放在不同檔案夾，仍可能因天災而毀損；應異地備份較安全。

(C)1. 下列觀念敘述，何者不正確？ (A)使用防毒軟體，仍需經常更新病毒碼 (B)不可隨意開啟不明來源電子郵件附加檔案 (C)重要資料備份於硬碟不同檔案夾內，可確保資料安全 (D)重要資料燒錄於光碟儲存，可避免受病毒感染及破壞。

(A)2. 下列有關電腦病毒的敘述，何者正確？ (A)電腦病毒具有傳染的特性 (B)關閉電腦電源，即可消滅電腦病毒 (C)一部硬碟最多只會感染一個病毒 (D)電腦安裝了防毒軟體，一定不會中毒。

2. 關閉電腦電源不能消滅電腦病毒；一部硬碟可能感染多個病毒；電腦安裝防毒軟體，仍有可能中毒。

(D)3. 在病毒猖狂的網路世界中，除了不使用來路不明的軟體外，下列何種方法對防止病毒最為有效？ (A)不用硬碟開機 (B)不接收垃圾電子郵件 (C)不上違法網站 (D)經常更新防毒軟體，啟動防毒軟體掃瞄病毒。

(C)4. 下列何者不是預防電腦病毒的基本做法？ (A)將重要的資料隨時備份 (B)不開啟任何來路不明的電子郵件 (C)登入系統之密碼應不定期更換 (D)使用具有合法版權之軟體。

4. 更換登入系統的密碼對防範病毒沒有幫助。

(B)5. 關於電腦病毒，下列敘述何者錯誤？ (A)病毒碼可潛伏在開機程式（boot program）中 (B)感染病毒後立刻關機（power off），即可消除病毒 (C)裝設防毒軟體後，從網路中下載不明軟體，仍有可能感染病毒 (D)電腦病毒不但會感染程式檔，也會感染資料檔。

三、駭客攻擊 104 113 114

> **統測這樣考** 第**14**章 個人資料防護與重要社會議題
> (A)37. 甲生收到手機簡訊告知有優惠券可以領取，點選了簡訊中的連結，並依指示輸入個人資料後，才驚覺被騙了個資，此駭客的犯罪手法為下列何者？ (A)網路釣魚（phishing） (B)殭屍網路（botnet） (C)特洛伊木馬（trojan horse） (D)勒索軟體（ransomware）。 [114商管]

1. **駭客**（hacker）：原指熱衷鑽研電腦或網路破解技術的人士，現今則與蓄意破壞或犯罪的「**怪客**」混用，泛指電腦犯罪者。

2. 駭客的犯罪動機：獲取不法利益、商業競爭、對所處的學習或工作單位不滿、自我挑戰、惡作劇等。

3. 常見的電腦犯罪（駭客攻擊）手法：

常見的手法	說明
入侵網站	入侵他人網站竊取資料或篡改網站內容
網頁掛馬攻擊	在網頁中植入惡意軟體，使用者只要連上網頁，電腦就可能感染惡意軟體。例如**跨網站腳本攻擊（XSS）**是將惡意程式（常為腳本語言）寫入網站中
資料隱碼攻擊（SQL Injection）	在輸入的字串中夾帶惡意SQL指令，以入侵或破壞資料庫系統
字典攻擊法	駭客蒐集常作為密碼的字串（如懶人密碼），做成「字典」檔，再利用程式依序地從「字典」檔中讀取這些字串，並透過一一嘗試的破解方式來找出正確的密碼
鍵盤側錄	透過軟體側錄他人在鍵盤上的操作，以竊取使用者的帳號、密碼等個資。部分網站會使用「螢幕虛擬鍵盤」讓使用者以滑鼠點按的方式來輸入密碼，即是為了防範鍵盤側錄
DoS阻斷服務攻擊（Denial of Service）	• 藉由不斷地發送大量訊息，使被攻擊的網站癱瘓，無法提供服務 • 利用多台電腦不斷地發送大量訊息，使被攻擊的網站癱瘓，而無法提供服務，稱為**分散式阻斷服務**（Distributed Denial of Service, DDoS）攻擊
BotNet攻擊	散布具有遠端遙控功能的惡意軟體，並集結大量受到感染的電腦（稱為**殭屍電腦**），構成**殭屍網路**（BotNet），再控制這些電腦進行濫發垃圾郵件、竊取他人的個人資料等不法行為
零時差攻擊（zero-day attack）	利用軟體本身的安全漏洞進行攻擊。因為駭客是趕在軟體業者修復漏洞前發動攻擊，所以稱零時差攻擊
網路釣魚（phishing）	駭客建立與合法網站極相似的網頁畫面，誘騙使用者在網站中輸入自己的帳號、密碼、信用卡卡號，以取得使用者的私密資料
程式炸彈	又稱**邏輯炸彈**（logic bomb），是在程式中加上特殊的設定，使程式在特定的時間、條件下自動執行，引發破壞性的動作
電子郵件炸彈（e-mail bombs）	藉由不斷地發送大量郵件給同一個人，使郵件信箱容量不堪負荷
勒索軟體（Ransomware）	駭客入侵他人電腦，將受害者電腦中的所有檔案加密，並威脅受害者於期限內交付贖金才解密，否則所有檔案將無法解密

A14-17

數位科技概論 滿分總複習

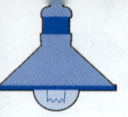

⚡**統測這樣考** （ D ）37. 會對受害主機提出大量服務要求，耗盡其頻寬、系統資源，致使其無法正常運作的攻擊手法是下列何者？ (A)勒索病毒（Ransomware） (B)釣魚攻擊（Phishing Attack） (C)中間人攻擊（Man-in-the-Middle Attack） (D)阻斷服務攻擊（Denial of Service Attack）。 [113工管]

常見的手法	說明
間諜軟體（spyware）	常被設計成一個有用的小程式（如產生密碼的程式），但卻會在暗地裡竊取使用者的個人資料，或是妨礙使用者操作，如彈出廣告視窗
社交工程（social engineering）	駭客透過各種社交手段（如冒充權威人士）來降低他人戒心、博取他人信任，再趁機騙取他人機密資料。因此駭客不需具備頂尖的電腦專業技術，即可輕易地躲過軟硬體的安全防護

4. 網路釣魚的防範方法：
   a. 仔細檢查要連結的網址是否正確，如政府網站的網址類別應為gov，公司行號則為com。
   b. 不回覆索取個人資料的電子郵件或訊息。
   c. 不利用郵件或訊息中的連結登入網站。

5. 勒索軟體的防範方法－「**三不三要**」原則：
   a. 三不：標題吸引人的郵件**不上鉤**、**不隨便打開**郵件的附加檔案、**不隨便點擊**郵件中的連結網址。
   b. 三要：**要記得備份**重要資料、開啟郵件前**要確認寄件者身分**、**要常常更新**防毒軟體病毒碼。

⚡**統測這樣考**（ B ）19. 小方收到好友大宏傳來的訊息，說明因帳號重新登入需要朋友的電話號碼與密碼幫忙驗證，小方好心提供資料之後卻發現兩人帳號均被盜用，此情況是屬於下列哪一類的資安攻擊手法？ (A)間諜軟體（Spyware） (B)社交工程（Social Engineering） (C)零時差攻擊（Zero Day Attack） (D)分散式阻斷服務（Distributed Denial of Service, DDoS）。 [112工管]

得分區塊練

(C)1. 近年來發生多起駭客冒用銀行名義寄E-Mail給客戶，詐騙取得客戶個資的案件；請問這種手法稱為？
(A)網頁掛馬 (B)鍵盤側錄 (C)網路釣魚 (D)阻斷服務攻擊。

(B)2. 資訊安全中的「社交工程（Social Engineering）」主要是透過什麼樣弱點，來達成對資訊安全的攻擊方式？
(A)技術缺憾 (B)人性弱點 (C)設備故障 (D)後門程式的掩護。 [乙級軟體應用]

(C)3. 下列關於「零時差攻擊（Zero-day Attack）」的敘述，何者不正確？
(A)主要針對原廠來不及提出修補程式弱點程式的時間差，進行資安攻擊方式
(B)因為是程式的漏洞，無法透過掃毒或防駭等軟體機制來確保攻擊不會發生
(C)因為是軟體程式出現漏洞，所以使用者無法做什麼事情來防止攻擊
(D)使用者看到軟體官方網站或資安防治單位發布警訊，應該儘快更新版本。 [乙級軟體應用]

(B)4. 駭客遙控大量的「殭屍電腦」來濫發垃圾郵件、竊取他人個資等不法行為，這種手法稱為？
(A)木馬攻擊 (B)BotNet攻擊 (C)零時差攻擊 (D)網路釣魚攻擊。 [丙級軟體應用]

4. BotNet攻擊：駭客散布具有遠端遙控功能的惡意軟體（殭屍病毒），以遙控受害者的電腦來進行不法行為。

14-4 網路犯罪與法令規範

一、認識網路犯罪

1. **電腦犯罪**：利用電腦從事未經授權而使他人遭受損害的行為,如窺視他人電腦中的檔案、盜用他人電腦發送假訊息。

2. **網路犯罪**：利用網際網路所從事的電腦犯罪行為,如透過網路散布惡意軟體、透過網路入侵他人電腦。

3. 網路犯罪的特性:

    a. 犯罪者大多具備資訊科技的專業知識,屬於高智商犯罪。

    b. 駭客在網路中通常使用匿名,隱匿性高,常造成偵查的困難。

    c. 駭客常跨國犯罪,導致適法困難。

4. 常見的網路犯罪動機:

    a. 獲取不法利益
    b. 報復或揭發隱私
    c. 商業競爭
    d. 自我挑戰或惡作劇

5. 網路犯罪的類型:

類型	說明
散播惡意軟體	撰寫惡意軟體並透過網際網路散布
入侵電腦及竊取資料	非法入侵他人電腦並竊取私密資料
侵害智慧財產權	在網路上重製、下載、分享或販售他人具有版權的著作
竊取或篡改他人資料	非法入侵他人電腦並竊取／篡改資料
竊取線上遊戲的虛擬寶物	非法盜用他人帳號並竊取線上遊戲的虛擬寶物
販賣個資或違禁品	在網路上販賣個資或法律禁售的商品,如菸酒、醫療用品
散播謠言、惡意軟體	杜撰假消息或製作／散布惡意軟體
網路詐騙	在網路上從事斂財騙色的詐騙行為
網路誹謗及恐嚇	發言侮辱、誹謗或恐嚇他人
網路謠言	散播不實或未經證實的訊息
網路霸凌	透過各種網路管道,以圖文、影片來欺負或排擠他人
網路色情	在網路上公開、散布或販賣色情圖片、影片
網路賭博	在網路上架設提供賭博功能的平台／網頁

前四項通常為**駭客**所為

6. 國內查緝網路犯罪的單位:刑事警察局**偵九隊**。

> 😄 **笑話記憶法**
> 我國負責查緝網路犯罪的單位,最擅長的技能是什麼?
> 答:斟酒,因為他們號稱「斟酒(偵九)隊」

A14-19

二、規範網路犯罪的相關法令　106　108

統測這樣考

(C)41. 在網路上散播惡意軟體致生損害於他人者，會有觸犯下列何項法律之嫌？
(A)電信法
(B)著作權法
(C)刑法
(D)個人資料保護法。　　[108商管]

1. 網路犯罪行為與法令規範：

網路犯罪行為	法令規範
製作、撰寫、散播惡意軟體	刑法
入侵他人電腦，或盜拷、篡改他人資料、竊取線上遊戲的虛擬寶物	
網路詐騙註、誹謗、恐嚇、賭博	
盜拷軟體、重製他人著作、提供有版權的影音檔案	著作權法
散布假消息	社會秩序維護法
透過網路販賣菸、酒、醫療用品、寵物	菸害防制法、菸酒管理法、藥事法、動物保護法
在網路張貼色情圖片、提供色情網站連結、散布援交訊息	刑法、兒童及少年性剝削防制條例、兒童及少年福利與權益保障法

- 我國目前並無專門用來規範「網路霸凌」行為的法令，但若霸凌的行為觸及誹謗、恐嚇等，則可能觸犯的刑責有公然侮辱罪、誹謗罪、恐嚇危害安全罪、恐嚇取財罪等。

2. 若因網路犯罪行為而觸犯上述法令，將會被依犯罪情節輕重，處以一定的刑責或罰金。例如擅自以重製之方法侵害他人之著作財產權者，會因觸犯著作權法，被處3年以下有期徒刑、拘役，或科或併科新臺幣75萬元以下罰金。

3. 目前並無規範網路謠言的法令，但若謠言損及他人名譽，則視為網路誹謗，可能判處刑法公然侮辱罪或誹謗罪。

得分區塊練

(A)1. 下列對電腦犯罪的敘述何者有誤？　　1. 電腦犯罪隱匿性高，通常不易察覺。
(A)犯罪容易察覺　　(B)採用手法較隱藏
(C)高技術性的犯罪活動　　(D)與一般傳統犯罪活動不同。　　[丙級軟體應用]

(B)2. 下列哪一項行為不屬於「網路犯罪」？
(A)散布特洛伊木馬程式　　(B)竊取同學的筆記型電腦
(C)用E-Mail恐嚇他人　　(D)透過網路詐騙他人錢財。

(C)3. 國內負責查緝網路犯罪的單位為？
(A)立法院　(B)鄉公所　(C)偵九隊　(D)法院。

註：內政部警政署刑事警察局為防範詐騙案件，已設立「165反詐騙專線」。

第14章 個人資料防護與重要社會議題

滿分晉級

★新課綱命題趨勢★ 情境素養題

▲閱讀下文，回答第1至2題：

詐騙集團利用簡訊詐騙，誘使民眾點按簡訊中的連結，並在網頁中輸入身分證字號、網路銀行帳號密碼及信任裝置碼，進而將帳戶內的金額轉移至詐騙集團帳戶，等到民眾發現已經發生重大損失，為時已晚。

(A)1. 根據上述情境，詐騙集團最有可能使用下列哪一種手法？
(A)社交工程 (B)網路掛馬攻擊 (C)特洛伊木馬程式 (D)邏輯炸彈。 [14-3]

(D)2. 下列何者無法預防上述情境中的詐騙事件發生？
(A)當收到不明的訊息連結（包含FB、IG、LINE、簡訊、電子郵件等），不隨意亂點開連結
(B)若必須在網站中輸入帳號密碼等資料，務必確認是否為官方網站，才不會被詐騙
(C)網路銀行應時常提醒客戶提高警覺，避免落入詐騙
(D)在行動裝置或是電腦中安裝防火牆，以避免遭受詐騙。 [14-3]

(C)3. 某家網路書店寄發給會員的「註冊完成信」中，不慎夾帶了其它會員的個人資料，造成許多會員的資料外洩。請問造成這個資訊安全漏洞的主因為？
(A)蓄意破壞 (B)意外災害 (C)人為疏失 (D)硬體故障。 [14-1]

(A)4. 曉雯在瀏覽網頁時，看到了一則標題為「3分鐘內看完這些不可思議的事實，你一定要看到最後！」，她滿心期待的點了進去，發現內容與標題不太符合，甚至有些內容是假消息，曉雯最有可能遇到的是下列何者？
(A)內容農場 (B)社交工程 (C)網頁掛馬攻擊 (D)殭屍網路攻擊。 [14-1]

(B)5. 下列何者不符合網路禮儀的規範？
(A)小新在網路問問題前會先爬文尋找解答
(B)阿明在遊戲中為了吸引其他玩家注意，重複洗版刷存在感
(C)小宇在與自己立場不同的人討論時事時，能秉持著尊重對方立場及言論自由的態度相互交流
(D)森森在留言時會避免使用火星文、注音文。 [14-2]

(C)6. 小影覺得自己好像有網路成癮的症狀，下列何者不是你可以提供給他的好建議？
(A)請他培養正當娛樂
(B)協助他製作時間規劃表，規劃生活及學習目標
(C)陪他多進網路聊天室，培養溝通技巧
(D)讓他在現實生活中多交朋友。 [14-2]

(A)7. 志成愛玩線上遊戲，某天他下載別人分享的「自動練功程式」來使用，卻使自己的虛擬寶物被盜取一空。請問這是因為該程式中可能含有下列何者？
(A)特洛伊木馬程式 (B)編碼程式 (C)電腦蠕蟲 (D)防毒軟體。 [14-3]

(A)8. 新聞報導，有駭客在得知Adobe軟體程式的安全漏洞後，立即透過該程式漏洞發動攻擊，以在他人電腦中植入惡意程式。請問這種攻擊手法稱為？
(A)零時差攻擊 (B)網路釣魚 (C)DoS (D)網路詐騙。 [14-3]

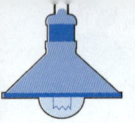

(C)9. 駭客假藉救助地震災民的名義，發送募款郵件，騙取民眾填寫個資，再利用這些個資從事不法行為。請問上述手法稱為？
(A)邏輯炸彈　(B)阻斷服務攻擊　(C)網路釣魚　(D)網頁掛馬。 [14-3]

(D)10. 下列關於駭客透過電子郵件來達成「社交工程（Social Engineering）」手法的入侵，何者不正確？
(A)電子郵件中的連結，可能會導引你到詐騙集團的網頁中
(B)駭客會使用情色或八卦主題，吸引你閱讀或下載電子郵件內容，達成對資訊安全的危害
(C)接到銀行寄來的緊急通知電子郵件，最好不要直接點選上面的超連結，而是自行連結到該銀行網站進行查詢
(D)只要不下載電子郵件的附檔，駭客就無法入侵你的電腦。 [14-3]

(C)11. 新聞報導，一名中學生在颱風期間，將人事行政總處網站的「放颱風假一天」篡改成「放颱風假一年」，請問這名學生可能觸犯什麼法律？
(A)民法　(B)著作權法　(C)刑法　(D)電子簽章法。 [14-4]

11. 篡改他人網頁內容，是觸犯刑法的無故變更電磁記錄罪。

(A)12. 日前一名澳洲青年因製作惡意軟體，遭到判刑10年。如果這名男子是在我國犯法，他會因違反下列哪一項法令而被捕？
(A)刑法　(B)著作權法　(C)民法　(D)電子簽章法。 [14-4]

(B)13. 有一名大學生，因為在網路中發文抱怨某餐廳的食物很難吃，引來餐廳老闆憤而提告。請問這名大學生的行為是屬於下列哪一種網路犯罪？
(A)網路色情　(B)網路誹謗　(C)非法販賣　(D)網路恐嚇。 [14-4]

(C)14. 新聞報導，一對情侶帶走旅館的免費食鹽水，並在網路上拍賣，遭到政府衛生單位開罰3萬元。請問他們被開罰最可能的原因為何？
(A)食鹽水已過期　　　　　　　　(B)未標示食鹽水的成份
(C)無照販賣醫療用品　　　　　　(D)未經許可帶走旅館的用品。 [14-4]

精選試題

14-1 (A)1. 每個人具有決定其個人資料（如帳號、密碼、電子郵件）是否公開提供給他人使用的權利。此種權利稱之為？　(A)資訊隱私權　(B)著作權　(C)商標權　(D)刑法。

(C)2. 請問使用瀏覽器的哪一項功能，可讓系統不會儲存使用者的瀏覽紀錄與下載紀錄，避免個人資料外洩？　(A)書籤　(B)重新整理　(C)私密瀏覽　(D)擴充功能。

(D)3. 下列敘述何者正確？
(A)好東西應該與好朋友分享，因此我應該將我的電腦密碼告訴我的好朋友
(B)為廣結善緣，我可以將周杰倫的歌曲放在網路上，提供他人自由下載
(C)為節省成本，我可以使用未經授權、且受著作權保護的軟體
(D)當我的電腦被他人入侵時，可能會被用來作為犯罪的工具。

(A)4. 為了保護資訊系統避免各種危害，下列何者不是正確的措施？
(A)壓縮重要資料
(B)加密重要資料
(C)輸入帳號與密碼才可使用系統
(D)禁止不相干的人進入電腦主機房。

3. 密碼應妥善保管，不可告知他人；散布有版權的歌曲，是侵犯著作權的行為；在未經授權的情況下，使用版權軟體是盜版的行為。

第14章 個人資料防護與重要社會議題

(B)5. 下列何者為管理個人網路安全之原則？
(A)將密碼告訴親朋好友　　　　　(B)密碼中包含字母及非字母字元組合
(C)用姓名或帳號當作密碼　　　　(D)用個人的資料當作密碼。

(C)6. 資料備份的常見做法為尋找第二安全儲存空間，其作法不包括？
(A)尋求專業儲存公司合作　　　　(B)存放另一堅固建築物內
(C)儲存在同一部電腦上　　　　　(D)使用防火保險櫃。　　　　　　[丙級軟體應用]

(D)7. 確保電腦電源穩定的裝置是？
(A)保護設備　(B)網路系統　(C)空調系統　(D)不斷電系統。　　　[丙級軟體應用]

(B)8. 關於「防治天然災害威脅資訊安全措施」之敘述中，下列何者不適宜？
(A)設置防災監視中心　　　　　　(B)經常清潔不用除濕
(C)設置不斷電設備　　　　　　　(D)設置空調設備。　　　　　　　[丙級軟體應用]

(C)9. 關於「資訊中心的安全防護措施」中，下列何者不正確？
(A)重要檔案每天備份四份以上，並分別存放
(B)設置煙及熱度感測器等設備，以防災害發生
(C)雖是不同部門，資料也可以相互交流，以便相互支援合作，順利完成工作
(D)加裝穩壓器及不斷電系統（UPS）。　　　　　　　　　　　　　[丙級軟體應用]

(C)10. 為保障電腦資料安全，下列敘述何者正確？
(A)資料不宜備份　　　　　　　　(B)資料檔案與資料備份置放同一處
(C)資料檔案與資料備份異地置放　(D)資料隨時公開。

(A)11. 從資訊安全的角度而言，下列哪一種作法是不適當的？
(A)轉寄信件時將前寄件人的收件名單引入信件中　　11.轉寄信件時最好刪除前寄件人的
(B)不在網站中任意留下自己的私密資料　　　　　　　收件名單，以免這些名單遭不肖
(C)不使用電子郵件傳遞機密文件　　　　　　　　　　人士惡用。
(D)使用防毒軟體保護自己的電腦。　　　　　　　　　　　　　　　[丙級軟體應用]

(B)12. 可過濾、監視網路上的封包與通聯狀況，達到保護電腦的軟體為何？
(A)防毒軟體　(B)防火牆　(C)瀏覽器　(D)即時通。　　　　　　　[丙級軟體應用]

(B)13. 下列何者是錯誤的「系統安全」措施？
(A)加密保護機密資料
(B)系統管理者統一保管使用者密碼　　　　13.使用者密碼應由使用者自行保管。
(C)使用者不定期更改密碼
(D)網路公用檔案設定成「唯讀」。　　　　　　　　　　　　　　　[丙級軟體應用]

(D)14. 下列哪一項資訊安全措施無法降低天災對企業所造成的傷害？
(A)資料備份　(B)異地備援　(C)加裝不斷電系統　(D)安裝防毒軟體。

(C)15. 電腦病毒的侵入是屬於？
(A)機件故障　(B)天然災害　(C)惡意破壞　(D)人為過失。　　　　[丙級軟體應用]

(B)16. 下列關於個人資料保護法的敘述，下列敘述何者錯誤？
(A)不管是否使用電腦處理的個人資料，都受個人資料保護法保護
(B)公務機關依法執行公權力，不受個人資料保護法規範
(C)身分證統一編號、婚姻、指紋都是個人資料
(D)我的病歷資料雖然是由醫生所撰寫，但也屬於是我的個人資料範圍

(D)17. 下列哪些問題侵犯了個人隱私權？
 a.運用Cookie來收集他人未授權的個資
 b.販賣問卷上的個人基本資料
 c.散佈過時或錯誤的資訊，導致使用者做錯誤的決策
 d.散播電腦病毒來竊取E-Mail帳號
 (A)ad　(B)abc　(C)bcd　(D)abd。

(C)18. 下列何者安裝於網際網路與內部區域網路之間，用來保護區域網路以避免來自網際網路的入侵？　(A)防毒軟體　(B)路由器　(C)防火牆　(D)交換器。

(C)19. 以下哪一項網路裝置的主要功能在保護內部網路，以阻擋遠端使用者的非法使用？
 (A)特洛伊木馬（The Trojan horse）
 (B)垃圾郵件過濾系統（Spam Filtering System）
 (C)防火牆（Firewall）
 (D)入侵偵測系統（Intrusion Detection System）。

(D)20. 以下關於防火牆的使用說明，何者不正確？
 (A)可以防止外界程式惡意的入侵
 (B)對於內傳與外送的訊息都可以阻擋
 (C)設定不佳的防火牆反而影響網路運作
 (D)可以阻擋藉郵件附件來入侵的病毒。

(C)21. 有關防火牆的敘述，下列何者錯誤？
 (A)會將不符合安全規則的資料封包丟棄
 (B)可以防止電腦病毒從特定連接埠入侵電腦
 (C)可搜尋已感染病毒的電腦並掃除病毒
 (D)可用硬體或軟體來完成防火牆的功能。

(D)22. 下列關於「防火牆」的敘述，何者有誤？
 (A)可以用軟體或硬體來實作防火牆
 (B)可以管制企業內外電腦相互之間的資料傳輸
 (C)可以隔絕來自外部網路的攻擊性網路封包
 (D)無法封鎖來自內部網路的對外攻擊行為。　　　　　　　　　　　　　　　[乙級軟體應用]

(C)23. 防火牆通常是根據封包中的何種內容，來判斷是否要過濾封包？
 (A)大小　(B)日期　(C)來源位址與目的位址　(D)發送者姓名。

(C)24. 以下關於網路安全的敘述，何者正確？
 (A)安裝防火牆，即不會有網路安全威脅
 (B)不收陌生人所寄送之電子郵件，即可避免感染病毒
 (C)入侵偵測系統可以偵測出危及電腦安全的威脅
 (D)為有效防止公司不肖員工對內部網路的侵害，可設置連線網路之防火牆。

(A)25. 大樓的保全人員隨時在大樓內巡邏，若發現到異常的狀況，會立即回報總公司。請問下列哪一種維護資訊安全的系統與保全的角色類似？
 (A)入侵偵測系統　(B)防火牆　(C)不斷電系統　(D)指紋辨識系統。

(D)26. 下列為網路交友與傳統交友的差異，何者錯誤？
 (A)網路交友能跨越地區的限制
 (B)傳統交友較容易判斷對方真實身分
 (C)網路交友隨時都能進行
 (D)網路交友較容易分辨對方的性別、年齡等資訊。

第14章 個人資料防護與重要社會議題

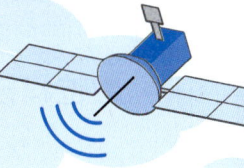

(D)27. 下列有關網路交友守則，何者較不適當？
(A)不隨意透露自己個人資訊　　(B)慎選交友對象
(C)避免和網友單獨見面　　(D)匯款給網友協助他人度過難關。

(D)28. 下列何者不是網路成癮可能造成的生理影響？
(A)視力受損　(B)肩頸痠痛　(C)手腕關節發炎　(D)憂鬱。

(D)29. 如果使用電腦的時間過長，可能會感到腰痠背痛或頭昏眼花。請問下列哪一種作法，最能有效避免或改善上述不舒服的症狀？
(A)使用鍵盤時手腕緊貼桌面　　(B)眼睛儘量靠近螢幕
(C)使用電腦時熄燈　　(D)每使用電腦一段時間後，即起身活動。

(D)30. 下列何種行為，會減少對環境所造成的污染？
(A)列印電腦中所有的文件
(B)電腦用過三～五年落伍後就更新整組電腦
(C)用過的紙張不再循環使用即棄置於一般垃圾中
(D)電腦更新時，儘量留用可重複使用的配件（如鍵盤、滑鼠等）。

(C)31. 下列何者是錯誤的電腦使用方式？
(A)每操作一個小時，休息十至十五分鐘，避免眼睛過度疲勞
(B)螢幕的位置應低於眼睛水平視角約30度
(C)為防止螢幕反光，可將室內燈光熄滅
(D)支援熱插拔功能的週邊設備，能在開機狀態下進行設備插拔的動作。

(B)32. 欣怡常感覺手腕疼痛、麻木，經醫生診斷是得了腕隧道症候群。請問導致這種病症的原因是？
(A)螢幕太亮　　(B)打字時手腕緊靠桌面
(C)使用無線滑鼠　　(D)長期使用雷射印表機列印資料。

(B)33. 曉華剛汰換了一部電腦，他不知道舊的電腦該如何處理；如果你是曉華的同學，你會建議他採用下列哪一種作法，使汰換的電腦能分解再生成其他有用的物品？
(A)送至焚化廠　(B)交給收運資源回收物的清潔隊　(C)送給朋友　(D)上網拍賣。

(C)34. 下列有關電腦操作的敘述，何者正確？
(A)打字時，手腕應當緊貼於桌面上或高懸於空中，以避免壓迫腕部神經
(B)用濕毛巾勤於擦拭電腦與週邊設備，以保持清潔
(C)螢幕中心高度以低於眼睛30度，或螢幕之上緣略低於眼睛之水平線為宜
(D)桌上型電腦在開機狀態下，只要小心謹慎，任意移動亦無妨。

(D)35. 下列哪一項電腦操作是正確的？
(A)將主機後方的擴充槽開孔全都打開，讓電腦主機能夠散熱
(B)清潔電腦設備的工作可在電腦正在運作時進行
(C)在光碟機指示燈亮時進行光碟抽取的動作
(D)定期使用靜電刷清潔鍵盤縫隙間的灰塵。

35.主機後方的擴充槽開孔若未使用，應以擋板封閉，避免灰塵進入；清潔電腦設備時，應先將電腦的電源關閉；光碟機指示燈亮時，不可抽取光碟，否則易造成碟片受損。

(A)36. 下列哪一種病毒，主要會寄生在磁碟的啟動磁區裡？
(A)開機型病毒　(B)檔案型病毒　(C)巨集型病毒　(D)千面人病毒。

(A)37. 下列何種病毒程式，會依附在副檔名為.EXE、.COM等的可執行檔中？
(A)檔案型　(B)巨集型　(C)隨機型　(D)動畫型。

(B)38. 下列何種惡意程式，會耗用掉大量的電腦主記憶體儲存空間或網路頻寬？
(A)電腦搜尋程式　(B)電腦蠕蟲程式　(C)電腦怪蟲程式　(D)電腦編輯程式。

數位科技概論 滿分總複習

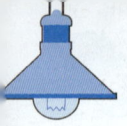

39.關閉電源無法消滅電腦病毒；
Word、Excel等Office文件可能會感染巨集型病毒；
安裝防毒軟體，仍有可能感染電腦病毒。

(D)39. 下列有關電腦病毒的敘述及處理，何者正確？
(A)將電腦電源關閉，即可消滅電腦病毒
(B)由於Word文件不是可執行檔，因此不會感染電腦病毒
(C)購買及安裝最新的防毒軟體，即可確保電腦不會中毒
(D)上網瀏覽網頁有可能會感染電腦病毒。

(D)40. 下列有關電腦病毒的敘述，何者正確？
(A)只要裝設最新的防毒軟體即可避免感染病毒
(B)執行任一CD-ROM上的程式皆不會感染病毒
(C)病毒僅能隱藏於檔案之中
(D)即使感染病毒的機器仍可能正常地運作。

40.防毒軟體不能完全防止病毒入侵；
如果燒錄在CD-ROM中的資料含有病毒，則電腦也可能感染病毒；
病毒也能隱藏於啟動磁區中，如開機型病毒。

(D)41. 在瞬間發送大量的網路封包，以癱瘓被攻擊者的網站及伺服器，稱之為何？
(A)積少成多　(B)軟體炸彈　(C)惡性程式　(D)拒絕服務攻擊。

(D)42. 下列何者無法辨識是否被病毒所感染？
(A)檔案長度及日期改變
(B)系統經常無故當機
(C)奇怪的錯誤訊息或演奏美妙音樂
(D)系統執行速度變快。

42.電腦感染病毒後，通常執行速度會變慢，而不會變快。

[丙級軟體應用]

(A)43. 對於「零時差攻擊（zero-day attack）」的描述，下列何者正確？
(A)在軟體弱點被發現，但尚未有任何修補方法前所出現的對應攻擊行為
(B)在午夜12點（零點）發動攻擊的一種病毒行為
(C)弱點掃描與攻擊發生在同一天的一種攻擊行為
(D)攻擊與修補發生在同一天的一種網路事件。

[丙級軟體應用]

(B)44. 下列哪一種惡意程式會在你開啟郵件中的附加檔案時，便趁機將它自己寄給通訊錄中的其他人而達到快速散播的目的？
(A)特洛伊木馬程式　(B)電腦蠕蟲　(C)間諜程式　(D)後門程式。　[技藝競賽]

(D)45. 有一程式設計師在某一系統中插了一段程式，只要他的姓名從公司的人事檔案中被刪除，則該程式會將公司整個檔案破壞掉，這種電腦犯罪行為屬於下列哪一項？
(A)特洛依木馬　(B)阻斷服務　(C)網路釣魚　(D)程式炸彈。　[技藝競賽]

(B)46. 電腦病毒的傳播途徑最不可能為下列何者？
(A)電子郵件　(B)唯讀記憶體（ROM）　(C)隨身碟　(D)即時通訊軟體。

46.ROM是唯讀記憶體，除非燒錄在ROM中的檔案含有病毒，否則ROM不會成為傳播途徑。

(B)47. 所謂的「駭客」是指？
(A)奇裝異服的電腦從業人員　(B)電腦犯罪者　(C)網拍賣家　(D)線上遊戲玩家。

(D)48. 下列哪些做法，對於防範網路釣魚沒有幫助？
(A)登入網站前，先確認網址是否正確
(B)不回覆索取個人資料的E-Mail
(C)使用具有反網路釣魚功能的瀏覽器
(D)安裝防火牆。

48.網路釣魚是一種詐騙的手法，較難透過防火牆來防範。

(A)49. 「13號星期五」是數年前曾大流行的電腦病毒，它的特徵是會潛伏在電腦中，等到電腦的系統日期是13號星期五就發作。請問這類型的電腦病毒稱為
(A)邏輯炸彈
(B)特洛伊木馬程式
(C)間諜軟體
(D)網頁掛馬。

第14章 個人資料防護與重要社會議題

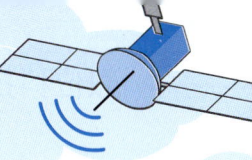

(B)50. 下列有關惡意軟體的敘述何者不正確？
(A)安裝防毒軟體可預防電腦感染病毒
(B)智慧型手機不是電腦，所以不會感染電腦病毒
(C)使用P2P檔案交換軟體，易感染惡意軟體
(D)電腦病毒具有傳染的特性。

(D)51. 一些網路ATM會在使用者輸入密碼時，提供「螢幕小鍵盤」，供使用者用點按的方式輸入密碼。請問這種做法，是為了防範下列哪一種駭客手法？
(A)網路釣魚 (B)阻斷服務攻擊 (C)邏輯炸彈 (D)鍵盤側錄。

(C)52. 小方的電子郵件密碼是「ABCD1234」，請問使用這樣的密碼，可能會有什麼問題存在？
(A)會造成他人不能使用相同的密碼 (B)會被嘲笑使用懶人密碼
(C)可能被駭客以字典攻擊法入侵 (D)寄送郵件時無法證明自己的身分。

(A)53. 下列有關駭客攻擊手法的說明，何者正確？
(A)阻斷服務攻擊，是指大量發送訊息以癱瘓伺服器的手法
(B)懶人密碼是一種大量蒐集他人密碼的駭客手法
(C)邏輯炸彈是利用軟體本身的安全漏洞，來進行破壞的手法
(D)網路釣魚可以透過安裝防毒軟體來防範。

(A)54. 有關惡意軟體的說明，下列何者不正確？
(A)手機不會感染惡意軟體，可儘量使用手機來網路購物
(B)若電腦感染特洛伊木馬程式，電腦中的帳號密碼可能被盜取
(C)隨身碟也可能會被病毒感染，使用前應先掃毒
(D)使用盜版軟體，有感染惡意程式的風險。

(C)55. 關於駭客攻擊的手法，下列哪一項說明正確？
(A)零時差攻擊是利用駭客主機與被攻擊主機在時區上無時差的一種攻擊法
(B)DoS攻擊是指專門攻擊DOS作業系統的一種攻擊手法
(C)字典攻擊法是用來找出正確密碼的一種攻擊法
(D)網路釣魚是一種網路上的遊戲，藉由使用者玩釣魚遊戲時，植入電腦病毒。
[技藝競賽]

(A)56. 下列何者可以在使用者不知情的情況下收集密碼？
(A)按鍵記錄器 (B)鍵盤驅動程式 (C)藍牙接收器 (D)滑鼠驅動程式。[丙級軟體應用]

(B)57. 包含可辨識單字的密碼，容易受到哪種類型的攻擊？
(A)DDoS攻擊 (B)字典攻擊 (C)雜湊攻擊 (D)回放攻擊。 [丙級軟體應用]

(B)58. 阿偉將盜版的電影上傳到網路中和網友分享，請問這樣做，最可能會有什麼結果？
(A)因違反社會倫理被捕 (B)因網路犯罪被捕
(C)因具有分享精神被表揚 (D)因影片不好看，被網友「人肉搜索」。

(C)59. 在社群網站（如Facebook（Meta））中，下列哪一種行為最可能觸法？
(A)和網友交換小遊戲的虛擬寶物 (B)透過網站的交友功能，邀人加入好友
(C)盜用他人的帳號偷窺隱私 (D)玩「糖果消消樂」遊戲。

59.若入侵他人電腦盜用帳號來偷窺隱私會觸犯刑法第358條（無故入侵電腦罪）。

(A)60. 下列有關網路犯罪的敘述，何者正確？
(A)網路詐騙屬於網路犯罪行為的一種
(B)濫發垃圾郵件不道德，且會觸犯刑法
(C)網路犯罪者俗稱為部落客
(D)我國目前沒有法律規範網路犯罪的行為。

(D)61. 下列哪些商品，不可在網路上拍賣？
①香菸　②酒　③衣服　④電腦　⑤貴賓犬
(A)②④⑤　(B)②⑤　(C)①③④　(D)①②⑤。

61. 菸、酒、貴賓犬（寵物）皆不得於網路上販售。

(D)62. 為了規範網路詐騙的行為，我國政府制定了下列哪一項法令？
(A)著作權法　　　　　　(B)兒童及少年性剝削防制條例
(C)藥事法　　　　　　　(D)刑法。

(B)63. 沉迷於線上遊戲的小唐，因「無故入侵電腦罪」遭到警方拘留。請問下列何者最可能是造成小唐被拘留的原因？
(A)在遊戲中散布謠言　　(B)竊取他人的遊戲帳號
(C)製作遊戲外掛程式　　(D)網路成癮。

(D)64. 明宗因為和華南交惡，就到華南的部落格誣指華南是小偷，請問這是屬於下列哪一種網路犯罪的行為？　(A)網路詐騙　(B)網路色情　(C)入侵電腦　(D)網路誹謗。

(C)65. 下列哪一種網路行為可能會觸法？
(A)將台鐵網頁的火車時刻表列印出來
(B)瀏覽網路新聞
(C)在網路上散播色情圖片
(D)玩網路對戰遊戲。

65. 在網路上散播色情圖片，可能觸犯的法令包括：刑法、兒童及少年福利與權益保障法、兒童及少年性剝削防制條例等。

(B)66. 洋洋在部落格發表一篇「好康A」的文章，內容是許多色情網站的網址，請問這種行為是否犯法？
(A)是，觸犯著作權法
(B)是，觸犯刑法規範的妨害風化罪
(C)否，只張貼網址不觸法
(D)否，在部落格發表是屬於私人場合，所以不觸法。

(A)67. 網際網路的攻擊者透過製造大量網路流量，傳給某些固定的攻擊目標。請問上述這種行為可能觸犯哪一項法令？
(A)刑法　(B)社會秩序維護法　(C)藥事法　(D)著作權法。

(C)68. 請問在臉書上發表下列哪一種訊息，將可能犯法？
(A)出售二手教科書　　　(B)分享自己減重的成果
(C)刊登色情交易訊息　　(D)張貼旅遊廣告。

統測試題

1. 加密傳輸資料能防止資料遭到駭客窺視，但無法防止駭客入侵。

(D)1. 下列何者不是為防止來自網際網路的入侵行動而採取的主要作為？
(A)設置防火牆　　　　　(B)安裝入侵偵測系統
(C)限制遠端存取　　　　(D)加密傳輸資料。　　　　[102商管群]

(B)2. 手機公司Hti的網址為http://www.Hti.com/，小明收到一封促銷新手機的電子郵件，郵件內的超連結是連結到相似但並不相同的網址http://www.Htl.com/，讓小明誤信這網址就是該手機公司Hti的網址，因而被誘騙在該網址的網頁填入個人身分及信用卡等資料。請問以上情境是哪一種網路攻擊手法？
(A)阻斷服務攻擊
(B)網路釣魚攻擊
(C)電腦蠕蟲攻擊
(D)網頁木馬攻擊。

2. 網路釣魚：駭客建立與合法網站極相似的網頁畫面，誘騙使用者在網站中輸入自己的帳號、密碼、信用卡卡號等，以取得使用者的私密資料。

[102工管類]

第14章 個人資料防護與重要社會議題

(B)3. 在電腦系統中有關病毒的敘述，何者正確？
(A)將已經中毒的電腦關機後，再開機即可清除病毒
(B)上網瀏覽網頁也可能感染病毒
(C)Word與Excel之檔案不會中毒
(D)已安裝防毒軟體即可確保電腦一定不會中毒。 [102資電類]

> 3. 將電腦關機無法清除病毒；Word與Excel檔案也會中毒；安裝有防毒軟體的電腦，若沒有定期更新病毒碼，還是可能會中毒。

(D)4. 不當使用電腦會造成身體健康傷害，以下何者不歸類於此？
(A)長時間注視電腦螢幕，造成視力衰退
(B)長時間操作滑鼠，造成手腕韌帶發炎
(C)操作電腦姿勢不正確，造成肩頸痠痛
(D)沉迷於網路世界，造成人際關係疏離。 [103工管類]

(A)5. 張三收到某網站寄來的電子郵件，上面跟張三說他的帳號疑似遭受到駭客破解，要求張三點擊郵件中所提供的連結至該網站變更密碼，張三至該網站變更密碼後，不久發現自己的帳號遭人盜用，請問張三是遭受到以下哪一種攻擊？
(A)網路釣魚攻擊　(B)阻斷服務攻擊　(C)殭屍病毒攻擊　(D)零時差攻擊。 [103工管類]

(A)6. 下列哪一種駭客攻擊方式，是在瞬間發送大量的網路封包，癱瘓被攻擊者的網站及伺服器？
(A)阻斷服務攻擊　(B)無線網路盜連　(C)網路釣魚　(D)電腦蠕蟲攻擊。 [104商管群]

(D)7. 下列有關不斷電系統（uninterruptible power supply）的敘述，何者錯誤？
(A)可提供緊急電力
(B)可偵測到交流電源斷電
(C)維護電源品質
(D)採用運行於2.4Hz的Wi-Fi無線供電技術。 [104工管類]

(C)8. 會自行複製自己並傳播，可能會在特定情況下造成網路壅塞的程式為：
(A)流氓軟體　(B)廣告軟體　(C)電腦蠕蟲　(D)特洛伊木馬。 [104工管類]

(A)9. 設計與某知名網站仿真的假網站，讓使用者誤以為是真正的該知名網站，進而詐取個資或公司機密的犯罪手法稱為：
(A)網路釣魚（phishing） (B)網路蠕蟲（worm）
(C)間諜軟體（spyware） (D)阻斷服務（denial of service）。 [104工管類]

(A)10. 小芬接到一通自稱是公司網管部門的電話，宣稱將在下班時間幫員工整理電子郵件信箱，請她先提供個人的帳號與密碼。小芬有可能碰到哪一類型的資安問題？
(A)社交工程　(B)阻斷服務　(C)電腦病毒　(D)字典攻擊。 [104工管類]

(C)11. 下列哪種電腦病毒是隱藏於Office軟體的各種文件檔中所夾帶的程式碼？
(A)電腦蠕蟲　(B)開機型病毒　(C)巨集型病毒　(D)特洛伊木馬。 [104資電類]

(D)12. 所謂殭屍網路（BotNet）攻擊，是指下列何種對電腦的入侵？ (A)程式中加上特殊的設定，使程式在特定的時間與條件下自動執行而引發破壞性的動作　(B)建立與合法網站極為類似的網頁，誘騙使用者在網站中輸入自己的帳號密碼　(C)利用軟體本身在安全漏洞修復前進行攻擊　(D)散佈具有遠端遙控功能的惡意軟體，並且集結大量受到感染的電腦進行攻擊。 [104資電類]

(D)13. 為避免因地震發生大樓倒塌，導致電腦內所有硬碟都一起毀壞而流失重要資料，使用下列哪一種裝置或機制對提升資訊安全最有成效？
(A)不斷電系統　(B)固態硬碟　(C)GPS　(D)異地備援。 [105工管類]

A14-29

(C)14. 下列哪一項網路設備,可以作為隔離企業內部網路與網際網路,具有防止駭客入侵的功能? (A)橋接器(Bridge) (B)路由器(Router) (C)防火牆(Firewall) (D)交換器(Switch)。 [105工管類]

(D)15. 下列有關網路素養與倫理道德觀念的敘述何者正確?
(A)為增加網站點閱率,可製作令人感動的虛構訊息
(B)網路交友應注意安全,要儘早交換彼此身分證字號
(C)使用匿名保護真實身分,便可放心在網路上揭發他人隱私
(D)在網路上所有事件都有可能被記錄下來,言行舉止要自我約束。 [105工管類]

(B)16. 在網路上發表騷擾或詆毀他人之言論是屬於下列哪一種行為?
(A)網路詐騙 (B)網路霸凌 (C)網路交友 (D)網路成癮。 [105工管類]

(A)17. 下列何者最符合「特洛依木馬」惡性程式之特性?
(A)會偽裝成特殊程式,吸引使用者下載並隱藏於系統中
(B)會寄生在可執行檔或系統檔上,當執行時便會常駐記憶體內,並感染其他的程式檔案
(C)當開啟Microsoft Office時,會自動啟動某些巨集,藉以危害系統安全
(D)會透過網路自行散播。 [105資電類]

(D)18. 網路霸凌(Cyberbullying)是利用網路社群、討論區等現代網路技術,欺凌他人的行為。由此,則下列何者不屬於常見之網路霸凌行為?
(A)發佈令人難堪的網路留言
(B)上傳欺凌受害者的影片
(C)傳送電子郵件散佈不實訊息,使受害者或受害者身邊的親友不勝其擾
(D)入侵他人電腦竊取資料。 [105資電類]

(A)19. 不當蒐集或使用他人的姓名、生日或病歷等隱私資料,主要是違反哪一種法律?
(A)個人資料保護法 (B)商標法 (C)著作權法 (D)藥事法。 [106商管群]

(A)20. 下列何種行為符合網路倫理的規範?
(A)在部落格發表自己的遊記
(B)上傳租來的影片到YouTube
(C)在網路上公開全班同學的身分證字號
(D)暫用他人的Facebook帳號來攻擊別人。 [106工管類]

(A)21. 下列何者是違法的網路行為?
(A)在網路上散播色情影音檔 (B)傳送群組訊息一同團購禮品
(C)呼朋引伴玩網路對戰遊戲 (D)網路現場直播自己創意舞蹈。 [106工管類]

(B)22. 要防備筆電感染到電腦病毒,使用下列何項機制最有效?
(A)時常瀏覽防毒宣導網頁
(B)使用即時保護的防毒軟體
(C)只閱讀學校寄送的E-mail
(D)從網站下載的檔案先儲存在隨身碟後再執行。 [107商管群]

(D)23. 下列何種行為不會遭遇到網路危險?
(A)在網路上分享自己私密的照片
(B)透過網路轉帳購買來路不明的手機
(C)在網路遊戲中與人組隊共享帳號密碼
(D)確實使用網路安全機制進行加密處理後,才在網路上傳遞檔案或訊息。 [107工管類]

第14章 個人資料防護與重要社會議題

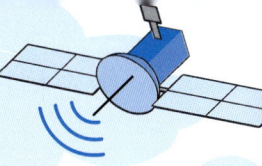

(B)24. 下列關於網路倫理的相關敘述，何者最正確？
(A)可以將喜歡的音樂和影片隨意分享在網路上
(B)網路具有匿名性，使用者不一定知道他人在現實生活中的身份
(C)因為在網路上沒人知道自己是誰，可以盡情在網路上罵人來發洩情緒
(D)為了讓網友認識自己，要將自己的身分證號碼、電話、地址清楚標示在網路上。
[107工管類]

(B)25. 電腦入侵方式中的網路釣魚（Phishing），是指下列何者？
(A)更改檔案的大小，讓使用者沒有感覺
(B)偽造與知名網站極為類似的假網站，誘使用戶在假網站中輸入重要個資
(C)蒐集常用來作為密碼的字串，以程式反覆輸入這些字串來入侵電腦
(D)散佈具有遠端遙控能力的惡意軟體，並且集結大量受到感染的電腦進行攻擊。
[107資電類]

(A)26. 一般巨集型病毒（Macro Virus）是以VBA（Visual Basic Application）所撰寫的巨集程式來攻擊下列哪一種型態的檔案？
(A)Microsoft Office的檔案，例如副檔名為doc, docx, xls, xlsx
(B)Windows作業系統下之副檔名為exe類型檔案
(C)DOS系統之開機檔案
(D)圖片檔案，例如副檔名為bmp, jpg, png。
[107資電類]

(C)27. 在網路上散播惡意軟體致生損害於他人者，會有觸犯下列何項法律之嫌？
(A)電信法 (B)著作權法 (C)刑法 (D)個人資料保護法。 [108商管群]

(A)28. 對資通安全防護而言，下列何者為不正確的措施？
(A)不管理維護使用頻率很低的伺服器
(B)不連結及登入未經確認的網站
(C)不下載來路不明的免費貼圖
(D)不開啟來路不明的電子郵件及附加檔案。
[108工管類]

(D)29. 下列關於網路交友的敘述，何者最可能避免網路危險？
(A)常收網友致贈的禮物
(B)與網友單獨見面與金錢往來
(C)方便的話就搭網友便車
(D)時時注意個人基本資料保密。
[108工管類]

(A)30. 小美很喜歡電影，下列哪種行為最符合網路素養與倫理？
(A)在部落格推薦好看的電影，分享電影的觀看心得
(B)將院線電影剪輯成5分鐘小段並附上評論，放在YouTube供大家欣賞
(C)透過電子商務平台，販賣國外購買的光碟備份
(D)將電影內容自行改編成小說，讓大家付費觀看。
[108工管類]

(C)31. 下列有關防火牆（Firewall）的敘述，何者正確？
(A)防火牆主要功能是掃描電腦病毒，並將受感染的檔案刪除
(B)防火牆是一套大型的硬體設備，在個人電腦使用的Microsoft Windows 10作業系統中無法安裝
(C)為了發揮防火牆的最大效益，防火牆通常被建議架設在企業的內部電腦網路與外部網路之間唯一通道上
(D)防火牆可以過濾並攔阻可疑的資料封包，但無法管制資料封包的流向。 [109工管類]

(D)32. 下列有關網路使用素養與資訊安全的敘述，何者最正確？
(A)若在網路論壇上遇到其他網友不理性的網路霸凌時，立即找好友加入反擊的行列，以不雅的文字反罵，以免自身權益受損
(B)瀏覽網頁時收到「恭喜您是第100萬個瀏覽者，在10分鐘內填妥資料後，即可用美金10元超低價購得全新手機一支」的訊息，為了避免錯失中獎機會，應立即依照網頁指示填入自己的姓名、身分證號碼、聯絡電話、收件地址、信用卡卡號等資訊
(C)收到有關嚴重特殊傳染性肺炎（COVID-19）特效藥品販售的電子廣告郵件，為了讓更多人知道這個消息，應立即將此廣告郵件轉寄給所有的親朋好友
(D)為了確保網路購物的安全，網路購物平台多會使用SET或SSL安全機制，當使用者以SSL機制傳送資料時，瀏覽器會使用「HTTPS」協定與伺服器建立連線。
[109工管類]

(A)33. 下列有關電腦惡意程式的敘述，何者不正確？
(A)因為CD-ROM光碟屬於唯讀裝置，儲存在CD-ROM光碟內的檔案或是執行檔在使用過程中並不會被寫入電腦病毒，所以可以安心開啟儲存在CD-ROM光碟內的檔案或是執行檔
(B)從網路下載並安裝網友分享的破解版遊戲軟體，有可能被植入特洛伊木馬（Trojan Horse）程式，導致電腦使用者的上網密碼被竊取
(C)使用具有巨集（Macro）指令功能的軟體如Microsoft Word或是Excel來開啟相關檔案，有可能感染巨集型電腦病毒
(D)電腦蠕蟲（Worm）是一種能夠自我複製的電腦程式，其主要危害是引發一連串的指令，導致電腦的執行效率大幅降低。
[109工管類]

(C)34. 下列有關資訊安全的敘述，何者錯誤？
(A)「米開朗基羅病毒」屬於開機型病毒
(B)網路蠕蟲（Worm）可自我複製或變形後，透過網路進行傳播
(C)若電腦感染開機型病毒，則立即強制關機即可消滅電腦病毒
(D)SSL（Secure Sockets Layer）是一種保密機制，可保護資料在傳輸過程中的安全性。
[110工管類]

(A)35. 下列何項行為最符合網路素養與倫理？
(A)經常清理網頁瀏覽器的Cookie
(B)使用簡單的火星文來快速與朋友溝通
(C)與同學分享網路下載的上映中電影
(D)在社群軟體中分享個人資料來認識朋友。
[110工管類]

(A)36. 關於網路紅人建立直播頻道秀自己，下列敘述之行為何者最正確？
(A)對於喜愛的網路紅人，欣賞歸欣賞，仍應遵守法律
(B)學習網路紅人為了拍美照，恣意闖入管制鐵路軌道取景
(C)對於支持的網路紅人賣的商品，不用懷疑是否違法，買就對了
(D)追隨網路紅人教學而逃捷運票、違反航空公司規定在搭飛機時全程開啟錄影拍片。
[110工管類]

(C)37. 下列哪些方法能減少惡意軟體入侵電腦的機會？
①安裝防毒軟體　　　　　　　④架設防火牆
②關閉作業系統與軟體更新功能　⑤避免瀏覽高危險群的網站
③避免開啟來源不明的檔案
(A)①②③⑤　(B)①②④⑤　(C)①③④⑤　(D)①②③④。
[111商管群]

37.應配合作業系統或應用軟體公司發布的訊息，下載並安裝修補或更新程式。

第14章 個人資料防護與重要社會議題

(D)38. 近來由於網路科技普及，容易讓有心人士利用來散佈假消息，關於不明來源的消息，下列敘述何者錯誤？
(A)可以透過事實查證消息的正確性，不隨意轉傳未經證實的消息
(B)散佈假消息導致損害於公眾或他人者，將受到法律的制裁
(C)收到疑似假消息時可以向警察單位檢舉
(D)關於疫情相關消息，由於事態緊急不須查證應該立即轉發。 [111工管類]

(C)39. 藉由傳送大量無效的數據內容或放大流量的數據請求，堵塞被攻擊的伺服器網路頻寬，產生超過伺服器能負擔的數據量，導致系統當機，讓正常用戶無法進入，甚至造成當機癱瘓，此類攻擊稱為？
(A)網路釣魚 (B)勒索軟體 (C)分散式阻斷服務 (D)電腦蠕蟲。 [111工管類]

(D)40. 小君在一個月前登入購物網站，並在購物車加入5樣商品，今日登入該購物網站仍可看到購物車中的待購商品記錄，操作瀏覽器時，點擊特定按鈕、登入資料歷史都有被記錄下來，上述所指可為何種技術的應用？
(A)ftp (B)SSL (C)streaming (D)cookie。 [112工管類]

(B)41. 小方收到好友大宏傳來的訊息，說明因帳號重新登入需要朋友的電話號碼與密碼幫忙驗證，小方好心提供資料之後卻發現兩人帳號均被盜用，此情況是屬於下列哪一類的資安攻擊手法？
(A)間諜軟體（Spyware）
(B)社交工程（Social Engineering）
(C)零時差攻擊（Zero Day Attack）
(D)分散式阻斷服務（Distributed Denial of Service, DDoS）。 [112工管類]

(D)42. 有關個人資料保護的敘述，下列哪一些正確？
①公務機關擁有公權力所以皆不用受個人資料保護法規範
②我的病歷雖是由醫生所寫且置放醫院中，但也是屬於我的個人資料範圍
③不管是用電腦或用手機所處理的個人資料，都受個人資料保護法保護
④生活中開啟手機會用到的指紋或臉部，甚至婚姻資訊都是個人資料須妥善保存
(A)①②③ (B)①②④ (C)①③④ (D)②③④。 [113商管群]

42.①公務機關同樣需要遵守個人資料保護法的規範。

(B)43. 康樂小組的小明及小美正規劃公司的旅遊計畫，小明剛好收到數封有關旅遊的電子郵件並打開附加檔以了解詳情，小美則上網站搜尋相關的旅遊網頁並下載資料。之後，公司發現小明與小美前述的行為造成下面之結果：小明的電腦資料外洩及小美的電腦資料被加密了。由以上情節，小明的電腦中的是　①　及小美的電腦中的是　②　。
(A)①木馬程式、②網路釣魚
(B)①木馬程式、②勒索軟體
(C)①網路釣魚、②勒索軟體
(D)①網路掛馬攻擊、②網路釣魚。 [113商管群]

43.
- 木馬程式：指「依附」在檔案中的惡意軟體，使用者開啟檔案時，這種軟體就會被啟動，木馬程式通常是以竊取他人的私密資料為目的。小明的電腦中的是木馬程式。
- 勒索軟體：駭客入侵他人電腦，將受害者電腦中的所有檔案加密，並威脅受害者於期限內交付贖金才解密，否則所有檔案將無法解密。小美的電腦中的是勒索軟體。

(D)44. 會對受害主機提出大量服務要求，耗盡其頻寬、系統資源，致使其無法正常運作的攻擊手法是下列何者？
(A)勒索病毒（Ransomware）
(B)釣魚攻擊（Phishing Attack）
(C)中間人攻擊（Man-in-the-Middle Attack）
(D)阻斷服務攻擊（Denial of Service Attack）。 [113工管類]

45. ①、②、③皆屬於網路成癮；④、⑤皆屬於網路霸凌；⑥屬於網路詐騙。

(C)45. ①～⑥情境的敘述，下列何者選項符合網路霸凌（cyberbullying）？
①甲生曾經是喜好運動的陽光小孩，現在卻時常待在房間玩線上遊戲，也不想唸書或外出走動，令家人非常憂心
②乙生創建一個網路遊戲軍團，每天會不定時關注軍團成員的狀況，也疏於學業及班上活動
③丙生幾乎整天用手機在多個社群點閱按讚，也不按時吃飯睡覺，甚至嚴重影響課程學習
④丁生傳送電子郵件散佈同學不實訊息，使受害者身心受創
⑤戊生利用 LINE 傳送朋友的私密照片，並對照片進行惡意評斷
⑥己生收到 EMAIL 告知：「日本北部發生規模 6.8 地震需要您的資助」之募款假訊息
(A)①、②　(B)③、④　(C)④、⑤　(D)⑤、⑥。　　　　　　　　　　[114商管群]

(A)46. 甲生收到手機簡訊告知有優惠券可以領取，點選了簡訊中的連結，並依指示輸入個人資料後，才驚覺被騙了個資，此駭客的犯罪手法為下列何者？
(A)網路釣魚（phishing）
(B)殭屍網路（botnet）
(C)特洛伊木馬（trojan horse）
(D)勒索軟體（ransomware）。

46. 網路釣魚：駭客建立與合法網站極相似的網頁畫面，誘騙使用者在網站中輸入自己的帳號、密碼、信用卡卡號，以取得使用者的私密資料。　[114商管群]

(D)47. 某公司未經應徵者同意，私下取得當事人用藥紀錄，作為聘用與否參考。此舉主要違反我國下列何項法律？
(A)藥事法　　　　　　　　(B)公司法
(C)著作權法　　　　　　　(D)個人資料保護法。

47. 未經同意蒐集個資（包含病例、用藥紀錄等資料），明顯違反個資法。　[114工管類]

(A)48. 攻擊者送出誘騙訊息，引導使用者拜訪偽冒的交友網站，藉以竊取機敏資料，例如身分證字號、地址等。此類攻擊是屬於下列何種樣態？
(A)釣魚攻擊（Phishing Attack）
(B)零時差攻擊（Zero-Day Attack）
(C)勒索病毒攻擊（Ransomware Attack）
(D)服務阻斷攻擊（Denial-of-Service Attack）。

48. 透過偽造網站或郵件誘騙輸入個資，就是典型的釣魚攻擊。　[114工管類]

NOTE

數位科技概論 滿分總複習

統測這樣考

(B)26. 老師讓學生戴上特殊眼鏡，學生就能透過眼鏡如臨現場般地欣賞羅浮宮的藝術品。上述情境屬於何種技術的應用？ (A)資訊家電 (B)虛擬實境 (C)電子商務 (D)電子身份辨識。 [110商管]

第 15 章 數位科技與現代生活

15-1 個人、家庭方面的應用　102　106　110　114

1. 人際溝通：如以電子郵件、即時通訊軟體、**網路電話**、部落格、**社群網站**等，進行人際溝通。

2. 休閒娛樂：如利用電腦收看**網路電視**、玩線上遊戲；透過**虛擬實境**，讓使用者體驗電腦所模擬的情境；使用手機或平板電腦拍攝特定畫面，來看到實體畫面與虛擬動畫結合的**擴增實境**效果。

3. 金融消費：如透過自動櫃員機（ATM）、網路銀行或**網路ATM**進行金融活動；透過網路進行購物、拍賣及商務活動。

4. 日常生活：如透過網路查詢火車及飛機班次或訂位；利用**電子地圖**查詢地址、或**網路電話簿**查詢工商資訊；使用具有**RFID**功能的**電子票券**或**智慧卡**（如悠遊卡、一卡通）來搭乘大眾運輸工具；使用具有**NFC**晶片的手機來傳輸資料，或感應刷卡。

5. 居家安全：如結合**生物辨識**的門禁管制系統；安裝與警消單位連線的警報系統等。

6. 數位家庭：將資訊家電（如**智慧電視**）及3C產品透過網路整合在一起，以便使用與操控。

7. 遠距醫療：常應用於查看醫療檢測結果、做病情追蹤、取得定期藥物處方箋等醫療服務。

8. 常見的專有名詞：

專有名詞	名詞解釋
網路電話（VoIP）	透過網路來傳輸語音資料，可節省通訊費用
部落格（blog）	blog是由Weblog（網路日誌）簡稱而來，它可讓部落格版主發表個人的見解、心得或張貼照片，並讓網友一同參與討論
網路電視（Web TV）	可透過網際網路收看電視或影片
MP3	1. **聲音檔**的壓縮格式，壓縮比率介於1:10～1:12 2. 品質保持在人耳無法分辨出失真的水準
MP4	**影音檔**的壓縮格式，壓縮率較MP3高
虛擬實境（VR）	1. Virtual Reality，透過電腦模擬真實環境，讓使用者有身歷其境感覺的技術，可用來降低訓練的風險與實際損失，常見的應用有電腦遊戲、飛行模擬、虛擬博物館、及美術館／遊客中心導覽系統等 2. 隨著VR技術進步，許多廠商（如Sony、hTC、Samsung、Google）紛紛推出頭戴式VR裝置 3. VRML（虛擬實境模型語言）是建構虛擬實境系統常使用的語言

第15章 數位科技與現代生活

統測這樣考

(A) 30. 路人甲使用Google Maps的步行導航功能，同時啟用手機相機來獲取周邊環境的特徵，進而更精準地提供導航方向指引。上述情境為下列哪一種技術的應用？
(A)擴增實境（augmented reality）　(B)3D視覺實境（3D vision reality）
(C)真實實境（real reality）　(D)虛擬實境（virtual reality）。[114商管]

專有名詞	名詞解釋
擴增實境（AR）	1. **A**ugmented **R**eality，是一種結合實物及虛擬影像的技術，如iPhone手機上某款GPS導航程式，就是利用AR技術，在手機拍攝的街景影像（實物）中，加入導航路線指引等資訊（虛擬），以便駕駛人掌握行車方向 2. 與VR主要差異為：VR中的物件都是虛擬的；AR則重在實境與虛擬的結合
混合實境（MR）	1. **M**ixed **R**eality，是結合了VR和AR的觀念 2. 混合實境是在現實環境中，建立虛擬物件，且使用者可與這些虛擬物件互動
元宇宙（Metaverse）	1. 由虛擬替身組成的「沉浸式虛擬世界」，也是社交互動的虛擬網路空間，結合混合實境（MR）技術，使人們感受新的感官體驗與互動 2. 已有許多廠商投入開發產品與應用（如蘋果首款混合實境的穿戴裝置Vision Pro，可透過手勢、眼睛及語音來操作），可應用於商業、教育、音樂、藝術、行銷等領域
體感技術	利用體感偵測裝置來偵測玩家肢體動作，以進行人機互動的技術。如Switch的健身環體感遊戲，可讓玩家動一動身體即可玩遊戲
網路ATM（又稱eATM或Web ATM）	1. 提供線上轉帳、帳戶餘額查詢、繳費等服務 2. 將晶片金融卡插入讀卡機中，即可在線上購物後，透過網路ATM來付款
無線射頻辨識（RFID）	1. 以**讀取器**來接收**電子標籤**（RFID Tag）所發出的無線訊號，達成資料傳輸的目的 2. 常應用在**商品販售**、**貨物管理**、**電子票券**（如悠遊卡）、**門禁管制**、**交通運輸**、高速公路電子收費（ETC）、圖書管理、動物晶片等方面
近距離通訊（NFC）	1. **N**ear **F**ield **C**ommunication，是一種源自RFID的通訊技術，具有傳輸距離短（約10公分內）、耗電量低、只能一對一傳輸、安全性高等特性 2. 內建有NFC晶片的設備（如手機），可作為電子標籤來被感應扣款，或作為讀取器來讀取資料，也可與其他NFC設備進行一對一資料交換 3. 在行動商務的應用，常透過NFC手機來感應刷卡
智慧卡（又稱IC卡）	1. 是一種植入「電腦晶片（IC）」的塑膠卡片，具有儲存、運算、重複寫入等功能。如悠遊卡、一卡通、iCASH等 2. IC卡依讀取介面，可分「接觸式」與「非接觸式」。**接觸式IC卡**（如健保卡）通常須透過讀卡機來讀寫資料；**非接觸式IC卡**（如悠遊卡）則是透過無線電波感應的方式來讀寫資料
行動條碼（QR code）	1. 是一種二維條碼。外觀呈正方形，除了右下角，其他3個角落印有類似「回」字的定位圖案 2. 在報章雜誌、旅遊手冊或菜單上常可見到此種QR碼，利用安裝有解碼軟體的智慧型手機拍攝，即可解讀條碼代表的文字、圖片或網址，並顯示於手機螢幕
電子地圖	輸入關鍵字或地址，即可快速查到欲尋找的位置，如具有3D檢視功能的Google地球（Google Earth）、Google地圖（Google Map）、UrMap

數位科技概論 滿分總複習

統測這樣考 (A)2. 關於電腦科技在生活上的應用，下列敘述何者正確？ (A)資訊家電是一種整合電腦與網路技術的家電產品 (B)虛擬實境是一種在實體環境中，加入虛擬影像的技術 (C)擴增實境是一種透過電腦模擬真實環境，讓使用者感覺身歷其境 (D)公車動態資訊系統是一種基於智慧卡技術，提供民眾查詢即時公車資訊。 [110工管]

專有名詞	名詞解釋
生物辨識	1. 利用個人特有的生理特徵（如虹膜、掌紋、臉型）或行為特徵（如聲紋、簽名）來進行身分辨識的技術 2. 常見的應用有視網膜辨識、指紋辨識等
資訊家電（IA）	Information Appliances，泛指含有微處理器，並具有通訊、感測等功能的家電
數位電視	接收數位訊號的電視，較不易受到雜訊干擾
智慧電視（smart TV）	結合電視、電腦與網路的功能，可用來看電視、上網瀏覽網頁、看網路影片（如『YouTube』網站的影片）、下載應用程式等。
3C產品	包含以下3種產品： 1. 電腦（Computer）：如筆記型電腦、螢幕 2. 通訊（Communication）：如手機、傳真機 3. 消費性電子（Consumer electronics）：如數位相機、智慧手錶
電子書	指電子化的書籍，可使用平板電腦、手機、電子書閱讀器（如Amazon Kindle）等裝置來閱讀
Face ID	由蘋果公司開發的臉部辨識技術，以發出紅外線光偵測人臉的形狀，因此可以辨識人臉的3D模型，使辨識功能更精確，更不易被仿冒
電子票券	透過網路購票後，手機會收到票券編號（通常是一維或二維條碼）的簡訊，購票者只要展示手機中的條碼，透過掃瞄即可進場
自媒體	self-media，由於社群網路（Facebook（Meta）、Instagram等）、部落格、共享協作平台的興起，使得每個人都可以擁有專屬於個人的媒體工具與他人溝通，成為關注焦點，進而形成自媒體
電子競技（eSports）	簡稱電競，透過電子設備與遊戲軟體進行的競賽，考驗參賽選手的反應速度、戰術思維、團隊合作和戰略規劃等技能

得分區塊練

(D)1. 下列何者最主要是利用電腦軟硬體來模擬真實世界？
(A)視訊會議（Video Conference） (B)遠距教學（Distance Learning）
(C)資訊家電（Information Appliances） (D)虛擬實境（Virtual Reality）。

(B)2. 下列何者是電腦科技在「居家安全」方面的應用？
(A)資訊家電 (B)門禁管制 (C)網路購物 (D)理財報稅。

(D)3. 下列何種應用，最適合使用虛擬實境技術？
(A)降雨機率預測 (B)病情徵兆輔助判斷 (C)電腦對弈 (D)參觀太空模擬。

(D)4. 最近建商推出的豪宅，大多提供生物辨識技術來分辨住戶的身分，以控管居家的安全。請問下列哪一種辨識方式不是利用生物辨識技術？
(A)輸入指紋 (B)輸入掌紋 (C)掃瞄眼球虹膜 (D)讀取住戶門禁卡。

15-2 教育方面的應用

1. 校務行政：如利用電腦系統輔助校務行政（如註冊、選課及成績登記）的進行與管理，提昇學校行政處理的效率。

2. 教學應用：如使用**CAI軟體**、**教學廣播系統**輔助教學活動；透過**遠距教學**、**e-learning**，可讓教學不受時空的限制；利用**模擬訓練**系統來進行危險性高的教育訓練。

3. 數位典藏：如結合虛擬實境與網路科技所建立的**數位圖書館**、**數位博物館**，除可節省實體的建置成本，也可提昇文化資源分享的效率。

4. 知識搜尋：如透過**維基百科**快速搜尋相關知識，共享大眾的智慧。

5. 常見的專有名詞：

專有名詞	名詞解釋
CAI（電腦輔助教學）軟體	Computer-Aided Instruction，針對特定主題設計的教學軟體，可讓學習者重複聽講或練習
教學廣播系統	將授課內容播放在每位學生的顯示器上，或觀察每位學生的螢幕畫面，以掌握學生的學習活動
遠距教學	distance learning，可突破學習空間的限制，包含網路教學、廣播教學及函授等，其中網路教學可提供雙向溝通或討論
e-learning（數位學習）	利用網路從事與學習有關的活動，學習者可依個人進度重複聽取教學內容
翻轉教室	1. Flipped Classroom，其主要概念為顛覆過去「老師在台上講，學生在台下聽」的模式，做法是由老師先準備5～7分鐘的教學影片，讓學生帶回家觀看，上課時間，改採同學發問、老師回答，相互討論的教學模式 2. 翻轉教室常結合資訊科技來實現，例如『均一教育平台』網站即是源自翻轉教室的概念，它提供有許多教學影片及互動練習題，供同學課前預習、課後複習
即測即評	利用電腦隨機至題庫選題，並讓應試者在電腦上直接作答，最後由電腦閱卷，應試者可馬上得知考試的成績
模擬訓練	利用電腦程式模擬進行高危險性或成本昂貴的訓練（如飛行、外科手術訓練），可減少意外發生、降低訓練成本
數位典藏	digital archives，是一種將藝術或歷史文物資料數位化以便保存或供使用者線上瀏覽的技術，例如將圖書資源數位化成為**數位圖書館**；將博物館藏數位化，並結合虛擬實境的技術，成為**數位博物館**
維基百科	網站內容是由網友共同提供與維護。網站中的文章可供網友加以引用，但需標示出處（如作者名稱）

得分區塊練

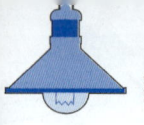

(C)1. 小華為學習「電腦輔助製造」課程，在家裡利用網際網路與學校老師進行視訊會議直接互動、討論問題。這是屬於下列哪一種型態的電腦應用？
(A)電子商務　(B)電腦輔助製造　(C)遠距教學　(D)電腦模擬訓練。

(D)2. 下列何者是以電腦軟體進行輔助教學活動？
(A)CAM　(B)CAE　(C)CAD　(D)CAI。

(D)3. 數位博物館是下列哪一種領域的應用？
(A)專家系統　(B)自然語言處理　(C)類神經網路　(D)虛擬實境。

4. 國家電影資料館是專門蒐集、保存及研究國內電影文化資產的機構，也屬於「數位典藏」計畫內容的一部分。

(B)4. 「數位典藏」計畫是國家重點發展計畫之一，以下哪一項不屬於計畫內容的一部分？
(A)數位圖書館　(B)數位相框　(C)數位博物館　(D)國家電影資料館。

(B)5. 在學校生活中，利用何種系統可以將老師操作的畫面播送到每一位學生的顯示器上？
(A)電腦輔助教學系統　(B)教學廣播系統　(C)題庫系統　(D)校務系統。

⚡統測這樣考

(A)39. 有關數位科技於教育應用的敘述，下列何者錯誤？
(A)翻轉教室是將學生學習的教室轉變為電腦教室
(B)虛擬實境（VR）技術可用在模擬飛機駕駛的訓練
(C)電腦輔助教學（CAI）是針對課程需要而設計的軟體，以作為教學輔助工具
(D)因疫情影響，老師透過網路進行師生即時互動教學的方式稱為同步網路教學。

[111商管]

15-3 社會方面的應用

1. 行政管理：將文書處理、公文往返、各項申辦手續透過網路進行，以大幅改善行政效率，如**電子化政府**。

2. 警務工作：如利用電腦收集及儲存罪犯資料、模擬嫌犯長相以協助破案、比對嫌犯指紋、模擬失蹤兒童多年後長相協助搜尋等。

3. 交通管理：如利用電腦進行飛機班次及起降順序的調配、計算車流量以管制路口交通號誌；利用**GPS**、**AGPS**導引方向。

4. 醫療服務：如利用電腦斷層掃描設備檢查人體器官、建立網路虛擬醫院使民眾得以遠距就診諮詢、以電腦處理病歷資料及處方等。

5. **公民參與**：以由下而上的方式去影響公共事務的決定，其主要精神是在推動民眾積極參與社會議題。常見的公民參與平臺有『公共政策網路參與平臺』、『vTaiwan』網站等。

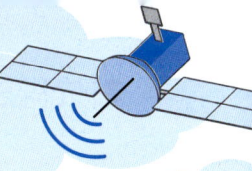

6. 常見的專有名詞：

專有名詞	名詞解釋
電子化政府	政府為提供便民服務所建置的網站（如我的E政府），可讓民眾線上辦理報稅、繳納罰鍰等
GPS（全球衛星定位系統）	Global Positioning System，用來測量標的物位置的系統。運作原理是由衛星將訊號傳送給地面上的接收器，再經由電腦計算比對，以測量出所處的地理位置
AGPS（輔助全球衛星定位系統）	1. Assisted GPS，利用手機基地台輔助GPS衛星進行定位工作的系統 2. 和GPS相比，具有定位速度快、精確度高及在室內也可定位等優點
GIS（地理資訊系統）	Geographic Information System，儲存地理資料及分析地理區域特性的系統。常應用於查詢各地的地理資訊、管理自然環境資源等
適地性服務（LBS）	Location-Based Services，結合GIS與GPS所發展出來的行動服務，如提供附近餐廳、旅遊景點、停車場、路況等資訊
廣告推播	廠商依照使用者瀏覽的內容或使用的服務，主動提供相關廣告訊息給使用者。如餐廳發送折價的訊息，給正在瀏覽餐飲網頁的使用者。廣告推播也屬於適地性服務
自然人憑證	可視為個人在網路世界的身分證。常應用在網路報稅、申辦戶籍謄本等
第三方支付	third party payment，在電子商務交易過程中，透過中介機制，先保留買方支付的交易款項，待買方收到商品並確認無誤後，中介機制才將交易款項撥付給賣方

得分區塊練

(A)1. 為了提供民眾查詢即時的公車資訊，最需要結合下列哪一項技術？
(A)GPS (B)CAI (C)ABS (D)VR。

(D)2. 下列何者可以幫助汽車導航系統標定座標？
(A)CAD (B)CAI (C)CAM (D)GPS。

(C)3. 下列何者不是利用全球定位系統（GPS）技術？
(A)飛機導航 (B)公車行車路線追蹤 (C)網路即時監視 (D)汽車失竊查找。

(A)4. 電子化政府最主要包含哪一方面的網路服務？
(A)政府對公民之間的網路服務 (B)企業對企業之間的網路服務
(C)公民對團體之間的網路服務 (D)企業對公民之間的網路服務。

(C)5. 下列哪一個系統需要人造衛星才能正常運作？
(A)OA (B)GIS (C)GPS (D)CAI。 [丙級硬體裝修]

(C)6. 下列哪一項不是適地性服務（LBS）應用的範圍？ (A)追蹤汽車的目前位置所在 (B)超商對路過附近的遊客發送優惠簡訊 (C)線上交易消費扣款 (D)查詢目前位置附近的遊樂景點。
[技藝競賽]

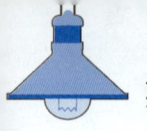

15-4　商業方面的應用

1. **SOHO**（Small Office / Home Office）：租用小型辦公室或利用住宅當作辦公場所，並利用網路來進行訊息、作品的傳遞，可節省通勤時間及減少辦公空間的成本。
2. 人力媒介電子化：透過**人力銀行**網站，提供求才與求職撮合的管道。
3. **電子商務**（EC）：利用電腦及網路從事各種商務活動，如網路拍賣、線上購物、團購等。
4. 網路理財：大部分的銀行、證券、保險等金融業者建置了專屬的網站及App，提供客戶線上理財的服務。
5. 網路行銷：是一種透過網際網路來進行商品資訊提供、消費者意見調查等活動的行銷方式，具有不受時空限制、可快速傳播等特色。
6. 個人化行銷：是指先蒐集使用者的網路搜尋紀錄及消費習慣等資訊，再利用巨量資料分析技術，推薦消費者可能喜歡的商品廣告。
7. 智慧型無人商店：是一種沒有任何服務人員及收銀人員的商店，顧客採自助式購物與結帳，如Amazon Go無人商店、臺灣的無人7-11等。此類商店大多會採用人工智慧技術、RFID設備及大量感測器等來協助顧客完成購物。
8. 常見的專有名詞：

專有名詞		名詞解釋
自動化 3A	辦公室自動化（OA）	1. Office Automation，透過電腦、網路等裝置及相關軟體，來進行辦公室內一般事務與作業管理的工作 2. 網路中有許多軟體可讓使用者們進行**合作共創**，善用共創功能可更有效率地共同創作一個專案
	工廠自動化（FA）	Factory Automation，利用電腦協助工廠進行設計、生產、分析及測試等作業，常見的應用有CAD及CAM
	家庭自動化（HA）	Home Automation，透過電腦及網路來操控家電，常應用於智慧型住宅
CAD（電腦輔助設計）		Computer-Aided Design，利用電腦來繪製設計藍圖與模擬產品測試，CAD軟體可作為輔助產品設計的工具，如使用AutoCAD軟體來繪製建築藍圖、產品製造圖
CAM（電腦輔助製造）		Computer-Aided Manufacturing，利用電腦來輔助工廠中的製造工作，如使用機器手臂、自動輸送系統來協助生產，或用3D印表機印出物品
視訊會議		讓身處不同地點的人，可透過網路看見彼此，以進行會議討論。須具備**網路攝影機**、**麥克風**等設備
人力銀行		提供求才、求職及供SOHO族承接外包專案等資訊；常見的人力銀行有104、1111、yes123等
POS		POS（銷售時點系統，Point Of Sale）可藉由讀取商品上的條碼，來取得商品的資訊與銷售狀況，並即時更新商品的庫存數量
網路拍賣		使用者透過網路拍賣平台（如Yahoo!奇摩拍賣），來競標貨拍賣物品
金融科技（FinTech）		Financial Technology，將「金融」與「科技」結合的經濟產業，FinTech應用層面有支付、保險、融資、募資、投資管理及市場供應等

◎五秒自測　何謂CAD、CAM？　電腦輔助設計（CAD）、電腦輔助製造（CAM）。

第15章 數位科技與現代生活

得分區塊練

(C)1. 下列何種系統，能夠藉由讀取商品上的條碼快速得知商品相關資訊與銷售狀況？
(A)CAM (B)GIS (C)POS (D)VOD。1. VOD（Video On Demand，隨選視訊）。

(A)2. 下列電腦輔助技術，何者可以有效規劃及控制製造過程？
(A)CAM (B)CAD (C)CAI (D)OA。

(D)3. 電腦輔助設計與製造（CAD／CAM）是屬於下列何種應用？
(A)商業自動化 (B)辦公室自動化 (C)教學自動化 (D)工廠自動化。

(D)4. 下列何者不屬於辦公室自動化的範疇？
(A)視訊會議 (B)電子公文 (C)試算表軟體 (D)資訊家電。

(D)5. 下列哪一項電腦應用，可以減少企業空間成本，也可以節省員工通勤時間？
(A)辦公室自動化（Office Automation）
(B)家庭自動化（Home Automation）
(C)工廠自動化（Factory Automation）
(D)SOHO（Small Office Home Office）。

(B)6. 李董即使人在國外洽公，公司重要會議也一定會參加，並與主管們交談，請問李董最可能是利用下列哪一種技術來參與公司的會議？
(A)網路電視 (B)視訊會議 (C)虛擬實境 (D)全球衛星定位系統。

(B)7. 畢業季來臨時，很多莘莘學子都要從學校進入職場工作，請問下列哪一種網站中提供有求才與求職的相關訊息？
(A)購物網站 (B)人力銀行 (C)部落格 (D)電子地圖。

(A)8. 在建築、機械……等公司的繪圖人員徵才廣告中，常會看到「需熟AutoCAD繪圖軟體」的徵才條件。由此實例可推測，AutoCAD繪圖軟體是屬於下列哪一項電腦應用？
(A)電腦輔助設計 (B)辦公室自動化 (C)家庭自動化 (D)人力媒介電子化。

(B)9. 下列何者不屬於「自動化3A」的範圍？
(A)工廠自動化 (B)企業自動化 (C)辦公室自動化 (D)家庭自動化。

統測這樣考 (A)4. 有關資訊科技對現今社會的影響，下列何者不是優點？
(A)資訊科技所形成的數位落差讓社會更進步
(B)使用科技設備來幫助自己快速找到回家的路
(C)透過科技設備與遠方的朋友進行交流
(D)讓科技設備協助自己完成打掃工作。　　[110工管]

15-5 重大科技趨勢對人與社會的衝擊與發展

一、科技的衝擊 110

1. **行動裝置**的衝擊：使用行動裝置的姿勢、觀念與方式不正確，可能會對個人的健康、安全造成負面的影響，甚至引發社會問題。例如不當使用手機自拍導致意外事件。

2. **人工智慧**的衝擊：人工智慧能夠為人類生活帶來便利，但也可能造成許多問題。例如人類工作被具有人工智慧的設備取代，以及讓人工智慧機器人從事一些具有道德爭議的工作（如上戰場殺人）。

3. **物聯網**的衝擊：物聯網會蒐集各種物品所傳出的訊號，一旦這些資料遭到惡意使用，或物品遭駭客控制，將對民眾的隱私與人身安全造成難以預測的衝擊。

4. **數位落差**（Digital Divide）的衝擊：是一種因教育程度、居住地區、個人收入等方面的差異，造成使用資訊科技的機會或能力有所不同的社會現象。數位落差會使資訊取得的弱勢者與強勢者間貧富差距加大，成為社會不安的隱憂。

二、共享經濟與平台經濟的發展

1. **共享經濟**（Sharing Economy）的發展：是指將閒置資源再利用，讓有需要的人能以較便宜的價格使用資源，持有資源的人也能獲得合理的回饋，例如USPACE共享停車位、Airbnb出租閒置房間網站等。

2. **平台經濟**（Platform Economics）的發展：是指透過網路整合資源並建立運作平台來從事商業活動的一種經濟模式，例如foodpanda、Uber Eats、1111外包網等。

三、區塊鏈的發展 112 114

1. **區塊鏈**（blockchain）是經過複雜的密碼學運算整合而串接起來的「區塊」，每個區塊都具有前面區塊的資訊，這些區塊形成一種鏈狀的結構。

2. **區塊鏈**的概念是「比特幣白皮書」的作者中本聰於2008年所提出，它使用了去中心化的**分散式分類帳技術**（DLT），以複雜的密碼學來加密資料，並藉由分散式節點進行數據的儲存、驗證、更新和傳輸。

3. 以往在金融領域中，雙方要進行交易時，通常都會經由中間的金融機構協助處理匯款、交易、入帳等手續，區塊鏈具有**去中心化、資料不可竄改、加密安全性、共同維護帳本**等特性，使交易雙方不須透過中間的金融機構，即可進行金融活動。

統測這樣考 (C)33. 關於區塊鏈（blockchain）的敘述，下列何者錯誤？ (A)使用到密碼學與網路科技 (B)是一種分散式的共享帳簿 (C)需有一個中心化的機構來處理交易 (D)具完整性且無法竄改交易紀錄。　[112商管]

第15章 數位科技與現代生活

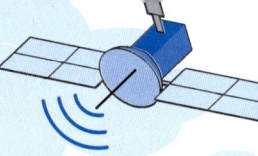

4. **智慧合約**（Smart Contract）是區塊鏈的一項應用，它是透過程式撰寫而成的合約，具有可**自動執行**、資料無法竄改、可搭配金融交易等特性。例如交通運輸延誤的理賠處理，即可在業者／旅客的區塊鏈中，透過智慧合約訂定延誤理賠條件，不須第三方介入即可自動完成理賠撥款等作業。

5. 區塊鏈還可應用在許多領域，例如物聯網、共乘服務、線上媒體與音樂、線上零售、線上博弈、網路行銷、零售業集點、雲端儲存、匯款、數位錢包、社交網路、電競、電玩遊戲等[註]。

四、虛擬貨幣的發展

1. 定義：歐洲央行於2012年定義**虛擬貨幣**（virtual currency）是「一種不受監管，由開發者發行並且通常由開發者管控，在特定虛擬社群成員中接受和使用的數位貨幣。」，目前常見的**虛擬貨幣**有：比特幣、以太幣、萊特幣、瑞波幣等。

2. 虛擬貨幣的取得：
   - **線上交易**：透過虛擬貨幣交易所進行虛擬貨幣的線上買賣。
   - **自行挖礦**：人們須利用高效能的挖礦機（電腦）來運算、解題、驗證，最先破解並驗證正確即可獲取比特幣，這過程稱為「**挖礦**」，挖礦的人被稱為「**礦工**」。

3. **使用比特幣進行交易**：要使用比特幣交易的買賣雙方都必須安裝一個稱為「**比特幣錢包**」的軟體，使用這套軟體即可進行交易。目前在網路上可以利用比特幣購買許多種商品，例如：可在「微軟」官網購買App等。但是在許多國家目前仍禁止使用這種虛擬貨幣進行交易。

統測這樣考

(A)34. 關於區塊鏈（blockchain）技術的敘述，下列何者正確？
(A)具有資料不可竄改的特性，可利用於虛擬貨幣的交易
(B)臺灣Pay不能採用掃描支付，必須用區塊鏈技術完成
(C)具有去中心化，所以使用區塊鏈技術交易不會被詐騙或牽涉金融犯罪
(D)區塊鏈是一種分散式分類帳本技術，將交易紀錄儲存在主從式架構的網路中。 [114商管]

得分區塊練

(B)1. 有一種因教育程度、居住地區、個人收入等方面的差異，造成使用資訊科技的機會或能力有所不同的社會現象稱為？
(A)智慧合約 (B)數位落差 (C)智商落差 (D)資訊焦慮。

(A)2. 「Airbnb出租閒置房間網站」是一種將閒置的空房出租給有需要的旅客，讓屋主也能獲得合理回饋的一種新經濟模式網站，此類型的新經濟模式稱為？
(A)共享經濟 (B)宅經濟 (C)平台經濟 (D)出租經濟。

(A)3. 下列有關區塊鏈的敘述，何者錯誤？
(A)具有中心化的特性 (B)具有資料不可竄改的特性
(C)使用分散式帳本技術 (D)智慧合約是區塊鏈的一項應用。

註：這些區塊鏈的應用領域是由投資機構分析師賽巴斯汀（Colin Sebastian）所提出。

數位科技概論 滿分總複習

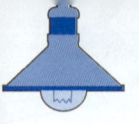

滿分晉級

★新課綱命題趨勢★ 情境素養題

▲閱讀下文,回答第1至3題:

小偉最近在新聞中看到特斯拉執行長－伊隆‧馬斯克（Elon Musk），不僅在電動汽車領域獲得很高的成就，也成立航太科技公司SpaceX擔任執行長兼首席設計師積極探討宇宙奧秘，近期還投資虛擬貨幣「比特幣」，甚至宣稱考慮未來消費者可使用比特幣向特斯拉公司購買電動汽車，讓小偉對於比特幣充滿更多的好奇。

(A)1. 馬斯克投資的「比特幣」為虛擬貨幣的一種，請問下列何者不屬於虛擬貨幣？
(A)新臺幣 (B)以太幣 (C)瑞波幣 (D)萊特幣。 [15-5]

(D)2. 小偉對於比特幣充滿好奇，於是他上網搜尋有關比特幣的敘述，請問下列哪一個搜尋結果有誤？ (A)挖礦的人被稱為「礦工」 (B)使用區塊鏈技術 (C)用電腦運算找出比特幣，驗證正確即獲取比特幣，這過程稱為挖礦 (D)比特幣是受到國際法律約束的法定貨幣。 [15-5]

(C)3. iPhone手機的Apple Pay功能，可供使用者用手機感應的方式來「刷卡」消費。請問Apple Pay功能最可能是使用哪一項技術來達成？
(A)GPS (B)RSS (C)NFC (D)AR。 [15-1]

(B)4. 某企業為了實踐企業社會責任，積極響應聯合國永續發展目標（SDGs），鼓勵員工進行通勤共乘。員工所節省下來的碳足跡將透過區塊鏈技術進行記錄，公司人資部門可根據此資訊發放相應的補助或獎勵，以支持地球永續發展。請問下列何者不是區塊鏈的特性？ (A)資料不可竄改 (B)具中心化 (C)以複雜的密碼學加密資料 (D)每個區塊都包含前一個區塊的資訊。 [15-5]

(B)5. 韓國偶像團體來台北小巨蛋舉辦演唱會，許多南部網友要開車北上參加這個演唱會，請問利用下列哪一種網際網路服務可查詢行車路線？
(A)網路ATM (B)電子地圖 (C)體感技術 (D)即時通訊。 [15-1]

(B)6. 因應新冠肺炎疫情，政府大力推動網路報繳所得稅，以避免人潮聚集情況發生。凱德看到新聞報導後，使用網路報稅服務來完成所得稅繳納，請問他所使用的這項服務最可能屬於下列哪一項電腦應用？
(A)電子商務 (B)電子化政府 (C)人力媒介電子化 (D)SOHO族接案。 [15-3]

精選試題

15-1 (D)1. 下列何者為一套能與全球資訊網結合，用來描述、產生三度空間互動世界的檔案格式？ (A)DHTML (B)HTML (C)SGML (D)VRML。

15-2 (C)2. 下列何者是指電腦輔助教學軟體？
(A)RFID軟體 (B)POS軟體 (C)CAI軟體 (D)GPS軟體。

(A)3. 下列何者最適合讓學生和電腦以一對一的方式進行互動式教學，透過不斷講解與練習，以達到教學目的？ (A)電腦輔助教學系統 (B)電腦輔助製造系統 (C)電腦輔助設計系統 (D)教學廣播系統。

A15-12

(A)4. 下列哪一選項，最適合用來描述「利用網路與媒體來突破空間的限制，將系統化設計的教材傳遞給學習者的教學過程」的概念？
(A)遠距教學　(B)校外教學　(C)模擬教學　(D)電腦教學。

(D)5. 下述哪一種教學活動主要是讓教學者透過網路同時與不同地方的學習者雙向溝通？
(A)電腦輔助教學　(B)模擬訓練　(C)線上評量　(D)遠距教學。

(D)6. 下列哪一種媒介不能與使用者產生即時互動？
(A)數位電視　(B)線上學習教學　(C)虛擬實境　(D)報紙。　[技藝競賽]

(D)7. 常被設計工程師用來做為輔助設計工具的軟體，是屬於下列哪一種？
(A)CAE　(B)CAM　(C)CAI　(D)CAD。

(C)8. 下列何種系統，可以利用人造衛星與地面的接收器，幫助飛機、輪船與汽車等交通工具，進行準確的三度空間定位？
(A)GIS　(B)GPRS　(C)GPS　(D)GSM。

(A)9. 下列哪一項電腦應用，是利用電腦網路來傳送及處理訂單、從事行銷、銀行轉帳及提供客戶服務等工作？　(A)電子商務　(B)遠距教學　(C)網路銀行　(D)視訊會議。

(C)10. 電子商務的簡稱是　(A)EDI　(B)E-mail　(C)EC　(D)EP。

(C)11. 下列敘述何者正確？
(A)CAD主要應用於產品製造，目標是降低成本與提高品質
(B)OA主要是讓學習者與電腦，能以一對一方式進行互動式學習
(C)ATM是一種銀行作業電腦化的服務，方便使用者提款與轉帳
(D)CAM主要應用於產品設計，使得原本複雜的設計過程變得簡單而且有效率。

(D)12. 下列何者代表便利商店所使用的銷售時點系統？
(A)ATM　(B)ERP　(C)GPS　(D)POS。

(D)13. 透過網路等通訊工具，把家裡當成小型辦公室的自由工作者，俗稱是什麼族？
(A)GOGO　(B)HOGO　(C)SOGO　(D)SOHO。

(D)14. 下列哪一種自動化活動在產品設計、建築設計、電路板設計等領域均適用？
(A)彈性製造系統　(B)電腦輔助製造　(C)電腦輔助生產　(D)電腦輔助設計。

(C)15. 有關自動化之敘述，下列何者錯誤？
(A)自動化的3A，指的是辦公室自動化、家庭自動化及工廠自動化
(B)辦公室自動化的意義是辦公室內的一群人，使用自動化設備來提高生產力
(C)辦公室自動化簡稱QA　　　　　　　　　15.辦公室自動化簡稱OA。
(D)文書處理、音訊處理、影像處理及通訊網路皆是辦公室自動化之範疇。

(C)16. 下列何者是人力資源仲介公司為撮合求才廠商與求職者所成立的網站？
(A)入口網站　(B)搜尋網站　(C)人力銀行　(D)網路銀行。

(A)17. 下列專有名詞對照中，何者正確？　　　　17.HA：家庭自動化；
(A)FA：工廠自動化　　　　(B)HA：人力自動化　AGPS：輔助全球衛星定位系統；
(C)AGPS：全球衛星定位系統　(D)OA：電子商務。　OA：辦公室自動化。

(B)18. 現代人經常透過手機外送平台App（如Uber eats、foodpanda等）點餐，即可在家等候外送員將餐點送至家中。這種透過網路整合資源並建立運作平台來從事商業活動的一種經濟模式稱為？　(A)共享經濟　(B)平台經濟　(C)區塊鏈經濟　(D)整合經濟。

(C)19. 比特幣、以太幣等虛擬貨幣，與下列哪一項科技技術最有關聯？
(A)人工智慧　(B)虛擬實境　(C)區塊鏈　(D)物聯網。

(D)20. 有關區塊鏈（Blockchain），下列哪一項敘述錯誤？
(A)區塊鏈是一種數字資料存儲技術，它將資料以連續的「區塊」形式存儲，這些區塊通過加密方法連接起來，形成一個「鏈」
(B)當一筆交易發生時，它會被記錄在一個新的區塊中，這個區塊會被加密並連接到前一個區塊，形成鏈狀結構
(C)區塊鏈的安全性來自於其分散式存儲和加密技術
(D)區塊鏈為了集中保護以防止被查詢及篡改，不會將資料儲存在整個網路中，而會在單一位置。　　　　　　　　　　　　　　　　　　　　　　　　[113技藝競賽]

統測試題

(B)1. 行動條碼（Quick Response Code）是一種依照特殊方式編碼的條碼，其編碼格式的維度為何？　(A)一維　(B)二維　(C)三維　(D)四維。
1. 行動條碼（QR code）是一種二維條碼。　　　　　　　　　　　　[102商管群]

(D)2. 下列哪一個網站提供駕駛規劃任何兩地之間最佳行車路線的服務？
(A)維基百科網站
(B)Yahoo奇摩服務+網站
(C)YouTube網站
(D)Google地圖網站。
2. Google地圖網站提供使用者輸入關鍵字或地址，即可快速查到欲尋找的位置之服務。　　　　　　　　　[102工管類]

(D)3. 訓練飛行員可以運用何種電腦科技來避免人員與飛機的實際損失？
(A)電腦輔助設計（CAD）　　　(B)電腦輔助製造（CAM）
(C)無線射頻辨識（RFID）　　　(D)虛擬實境（VR）。
3. 虛擬實境（VR）是透過電腦模擬真實環境，讓使用者有身歷其境感覺的技術。　　　[102工管類]

(B)4. 下列何者屬於非接觸式IC卡？
(A)健保卡　(B)捷運悠遊卡　(C)金融提款卡　(D)自然人憑證卡。
4. 捷運悠遊卡屬於非接觸式IC卡。　　　　　　　　　　　　　　　[102資電類]

(A)5. 悠遊卡是整合了台北捷運、公車、停車場、便利超商繳費付款等多功能的電子票卡，其主要技術是屬於以下何者？
(A)智慧卡　(B)條碼磁卡　(C)無線網卡　(D)有線網卡。　　　　[103工管類]

(A)6. 關於我們平日所使用的「健保IC卡」，下列敘述何者正確？
(A)需透過接觸方式讀取資料　　　(B)需透過藍芽技術讀取資料
(C)需透過紅外線讀取資料　　　　(D)需透過RFID技術讀取資料。　[103資電類]

(C)7. 下列何者有採用無線非接觸式之RFID（radio frequency identification）技術？
(A)國民身分證　(B)駕駛執照　(C)悠遊卡　(D)公用電話卡。　　　[104工管類]

(B)8. 下列有關行動條碼（quick response code）的敘述，何者錯誤？
(A)智慧型手機可以透過拍照功能與解碼軟體來解讀它
(B)它是由黑白相間、粗細不一及相同長度的黑線條組成
(C)條碼中資訊可以有文字、LOGO或網址等
(D)該條碼的維度屬於二維條碼。
8. 二維條碼是正方形；一維條碼才是由粗細不一及相同長度的黑線條組成。　　　[104工管類]

(A)9. 自然人憑證卡可用來進行下列哪一項作業？
(A)網路報稅　(B)搭乘捷運　(C)搭乘公車　(D)當電子錢包買東西。　[104工管類]

(B)10. 3D列印（3D Printing）技術，是透過電腦軟體的協助，將材料以層層疊加的方式來產出物品，具有快速成形的優點，這是屬於下列何種型態的電腦應用？
(A)電腦輔助教學　(B)電腦輔助製造　(C)辦公室自動化　(D)資訊家電。　[104商管群]

(B)11. 某些美術或室內設計師成立個人工作室接案,再透過網際網路將其作品傳送給客戶。這樣的設計師也會被稱為: (A)快閃族 (B)SOHO族 (C)SOGO族 (D)雅痞族。 [104工管類]

(C)12. 下列哪一種條碼在角落處有似「回」字的圖案?
(A)一維條碼 (B)ISBN條碼 (C)行動條碼 (D)數位條碼。 [105工管類]

(B)13. 國道計程eTag電子標籤機制,與下列哪一項技術最有關?
(A)全球定位系統(Global Positioning System, GPS)
(B)無線射頻識別(Radio Frequency Identification, RFID)
(C)條碼(Bar Code)
(D)擴增實境(Augmented Reality, AR)。 [105工管類]

(C)14. 下列何者與造成數位落差的可能原因最不相關?
(A)家庭收入 (B)教育程度 (C)身高體重 (D)居住地區。 [105工管類]

(D)15. 關於Radio Frequency IDentification(RFID)無線傳輸技術現有應用之情境,下列何者尚未被廣泛應用? (A)賣場的商品販售 (B)電子票證如捷運悠遊卡或一卡通 (C)無人圖書館的書籍借閱與歸還 (D)金融卡自ATM自動提款機提取現金。 [105資電類]

(C)16. 若希望手機具備無線感應付款功能,則手機規格必須能支援:
(A)VR(Virtual Reality)
(B)AR(Augmented Reality)
(C)NFC(Near Field Communication)
(D)GPS(Global Positioning System)。

16. NFC(Near Field Communication)近距離無線通訊。是一種源自RFID的通訊技術,具有傳輸距離短(約10公分內),內建有NFC晶片的設備(如手機),可作為電子標籤來被感應扣款。 [106商管群]

(D)17. 行動支付時代來臨,運用近場通訊(Near Field Communication, NFC)的手機錢包與下列哪一項技術最相關?
(A)全球互通微波存取(WiMAX) (B)第四代行動通訊技術(4G)
(C)條碼(Bar Code) (D)無線射頻識別(RFID)。 [106工管類]

(D)18. 教師利用網路讓學習者可以突破時空限制,以同步或非同步的方式學習稱為?
(A)電腦輔助教學 (B)穿越學習 (C)數位典藏 (D)遠距教學。 [106工管類]

(C)19. 公車動態資訊系統與下列哪一項技術最相關?
(A)虛擬實境(Virtual Reality, VR)
(B)擴增實境(Augmented Reality, AR)
(C)全球定位系統(Global Positioning System, GPS)
(D)藍芽(Bluetooth)。 [106工管類]

(B)20. 生產單位利用機器人取代人力,除了產品品質及產量提高外,對於環境的污染及空氣質量也可以利用電腦網路監控,這與下列哪一種應用最相關?
(A)辦公室自動化 (B)工廠自動化 (C)電子化政府 (D)電子化企業。 [106工管類]

(B)21. 使用者透過行動裝置的攝影機與定位資訊,顯示相對於該地點的實體影像與虛擬寶物之虛實整合技術,與下列哪項最相關?
(A)人工智慧(Artificial Intelligence, AI)
(B)擴增實境(Augmented Reality, AR)
(C)行動條碼(QR Code)
(D)虛擬實境(Virtual Reality, VR)。 [107工管類]

(B)22. 下列有關維基百科(Wikipedia)的敘述,何者不正確?
(A)是網路百科全書
(B)所提供的資訊客觀且正確
(C)是可供多人協同創作的系統
(D)有不同語言版本的網站供使用者選擇。 [107工管類]

數位科技概論 滿分總複習

23. 3C產品包含以下項目：
(1) 電腦（Computer）：如筆記型電腦、螢幕。
(2) 通訊（Communication）：如手機。
(3) 消費性電子（Consumer electronics）：如電視、智慧手錶。

(A)23. 下列何者與「3C」產品最不相關？
(A)雲端運算（Cloud Computing）　(B)消費性電子（Consumer Electronics）
(C)通訊（Communication）　(D)電腦（Computer）。 [108工管類]

(B)24. 下列關於行動條碼（QR Code）的敘述，何者不正確？
(A)屬二維條碼
(B)外觀呈長條形
(C)具快速連結網址的能力
(D)其如同「回」字的圖案是辨識定位標記。 [108工管類]

24. QR Code外觀呈現正方形。

(D)25. 許多網路地圖，會利用大數據（Big Data）技術綜合分析車速，以標識某個路段是否塞車。下列哪個技術的應用，最適合協助取得車速資訊？
(A)VR（Virtual Reality）
(B)GPRS（General Packet Radio Service）
(C)POS（Point Of Sale）
(D)GPS（Global Positioning System）。 [108工管類]

25. GPS用來測量標的物位置的系統。運作原理是由衛星將訊號傳送給地面上的接收器，再經由電腦計算比對，以測量出所處的地理位置。

(A)26. 下列對於QR Code之敘述，何者錯誤？
(A)QR Code的QR是Quality Regulation的縮寫
(B)QR Code是一種二維條碼
(C)QR Code之容錯性與抗損性均優於Barcode
(D)QR Code圖上的定位圖案，可讓使用者不需準確的對準掃描，仍可正確讀取資料。 [108資電類]

(A)27. 由於全球定位系統（Global Positioning System, GPS）在室內的定位效果不佳，因此常會使用手機基地臺所提供的位址資訊加以輔助，這樣的輔助技術，下列哪一個最合適？
(A)AGPS（Assisted Global Positioning System）
(B)RFID（Radio Frequency IDentification）
(C)GIS（Geographic Information System）
(D)NFC（Near Field Communication）。 [109商管群]

(A)28. 擴增實境（AR, Augmented Reality）是讓螢幕上的虛擬世界能夠與現實世界場景進行結合與互動的技術，下列何者描述與擴增實境的應用最相關？
(A)有一種手機遊戲，當你的手機鏡頭對著台北101大樓時，就會顯示恐龍正在攻擊101，可以透過點擊畫面中恐龍的眼睛消滅它
(B)利用電腦建置一台虛擬的飛機駕駛艙，讓人在此虛擬場域可以體驗駕駛飛機
(C)利用手機的攝影機辨識出使用者，進行手機解鎖
(D)戴上特製的頭盔呈現出月球表面的景象，讓使用者可以完全沉浸在月球上的情境。 [109工管類]

28. 擴增實境（AR）是一種結合實物及虛擬影像的技術。

(B)29. 老師讓學生戴上特殊眼鏡，學生就能透過眼鏡如臨現場般地欣賞羅浮宮的藝術品。上述情境屬於何種技術的應用？
(A)資訊家電　(B)虛擬實境　(C)電子商務　(D)電子身份辨識。 [110商管群]

29. 虛擬實境（VR）：透過電腦模擬真實環境，讓使用者有身歷其境感覺的技術。

(C)30. 下列敘述何者錯誤？
(A)自動駕駛汽車是人工智慧技術的應用
(B)常用的搜尋引擎（Search Engine）有Google、Yahoo與Bing
(C)資訊科技的優點之一是網路社群的風行，可以完全取代實際生活中的社群
(D)受嚴重特殊傳染性肺炎（COVID-19）疫情影響的學生可利用遠距教學方式讓學習不中斷。 [110工管類]

第15章 數位科技與現代生活

31. 數位落差是教育程度、居住地區、個人收入等方面的差異，會成為社會不安的隱憂。

(A)31. 有關資訊科技對現今社會的影響，下列何者不是優點？
(A)資訊科技所形成的數位落差讓社會更進步
(B)使用科技設備來幫助自己快速找到回家的路
(C)透過科技設備與遠方的朋友進行交流
(D)讓科技設備協助自己完成打掃工作。

32. 虛擬實境：一種透過電腦模擬真實環境，讓使用者感覺身歷其境。
擴增實境：一種在實體環境中，加入虛擬影像的技術。 [110工管類]
公車動態資訊系統：一種結合GPS功能，提供民眾查詢即時公車資訊的系統。

(A)32. 關於電腦科技在生活上的應用，下列敘述何者正確？
(A)資訊家電是一種整合電腦與網路技術的家電產品
(B)虛擬實境是一種在實體環境中，加入虛擬影像的技術
(C)擴增實境是一種透過電腦模擬真實環境，讓使用者感覺身歷其境
(D)公車動態資訊系統是一種基於智慧卡技術，提供民眾查詢即時公車資訊。 [110工管類]

(B)33. 下列哪項與『以衛星圖、航空照相和GIS資料疊加成三維模型，可以提供瀏覽者模擬在空中觀賞如圖（一）美國紐約自由女神像的3D外觀』的網路搜尋應用最相關？
(A)Google Map (B)Google Earth
(C)Google Sky (D)Google Moon。 [110工管類]

圖（一）

(A)34. 有關數位科技於教育應用的敘述，下列何者錯誤？
(A)翻轉教室是將學生學習的教室轉變為電腦教室
(B)虛擬實境（VR）技術可用在模擬飛機駕駛的訓練
(C)電腦輔助教學（CAI）是針對課程需要而設計的軟體，以作為教學輔助工具
(D)因疫情影響，老師透過網路進行師生即時互動教學的方式稱為同步網路教學。 [111商管群]

34. 翻轉教室是指顛覆過去「老師在台上講，學生在台下聽」的模式，上課時間改採同學發問、老師回答，相互討論的教學方式。

(C)35. 關於區塊鏈（blockchain）的敘述，下列何者錯誤？
(A)使用到密碼學與網路科技
(B)是一種分散式的共享帳簿
(C)需有一個中心化的機構來處理交易
(D)具完整性且無法竄改交易紀錄。 [112商管群]

35. 區塊鏈使用了去中心化的分散式分類帳技術，且具有資料不可竄改、加密安全性、共同維護帳本等特性。

(A)36. 路人甲使用Google Maps的步行導航功能，同時啟用手機相機來獲取周邊環境的特徵，進而更精準地提供導航方向指引。上述情境為下列哪一種技術的應用？
(A)擴增實境（augmented reality）
(B)3D視覺實境（3D vision reality）
(C)真實實境（real reality）
(D)虛擬實境（virtual reality）。

37. • 臺灣Pay是採用QR Code掃描式支付，和區塊鏈技術無關。
• 區塊鏈交易仍有被詐騙或牽涉金融犯罪的可能性。
• 區塊鏈是一種分散式分類帳本技術，採用分散式架構。 [114商管群]

(A)37. 關於區塊鏈（blockchain）技術的敘述，下列何者正確？
(A)具有資料不可竄改的特性，可利用於虛擬貨幣的交易
(B)臺灣Pay不能採用掃描支付，必須用區塊鏈技術完成
(C)具有去中心化，所以使用區塊鏈技術交易不會被詐騙或牽涉金融犯罪
(D)區塊鏈是一種分散式分類帳本技術，將交易紀錄儲存在主從式架構的網路中。 [114商管群]

(D)38. 關於資訊科技對人類文明的正面影響之敘述，下列何者正確？
(A)因網路流量變大而降低資訊傳播速度
(B)因過度使用網路媒體而降低社會互動
(C)因即時通訊軟體的使用而增加工作壓力
(D)因人工智慧工具的導入而提高生活便利性和效率。 [114工管類]

A15-17

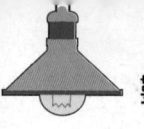

NOTE

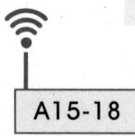

114學年度科技校院四年制與專科學校二年制
統一入學測驗試題本

商業與管理群

專業科目（一）：數位科技概論、數位科技應用

( )26. 下列哪一個選項的3個數值相等？
(A)1010101_2、127_8、57_{16}
(B)1110001_2、157_8、71_{16}
(C)1101101_2、155_8、$6D_{16}$
(D)1011010_2、132_8、$4A_{16}$。 數概[2-1]

( )27. 關於資訊產品的規格敘述，下列何者正確？
(A)記憶體的容量是16 GB
(B)CPU的時脈頻率是4 Gbps
(C)硬碟的傳輸頻寬是7200 RPM
(D)網路卡的傳輸速率是100 Mpps。 數概[3-6]

( )28. 公司資訊部正在開發一項新專案，希望能靈活管理伺服器和儲存資源，但不想自行管理硬體設備。同時希望有更多控制權來安裝自訂的軟體和設定環境。基於這些需求，該公司應選擇以下哪一種雲端運算服務模式？
(A)軟體即服務（SaaS）：提供現成的應用程式，讓使用者直接使用，無需進行任何開發或安裝工作
(B)虛擬私人伺服器（VPS）：提供專屬的機櫃空間置放私人購買的主機，讓使用者遠端自行管理及維護
(C)基礎設施即服務（IaaS）：提供虛擬伺服器、儲存和網路資源，讓使用者自行管理並安裝所需的軟體和設定環境
(D)平台即服務（PaaS）：提供一個已建置好的開發平台，使用者僅需專注於開發應用程式，而不需要管理底層伺服器或系統設定。 數概[4-4]

( )29. 下列哪一個情境屬於著作權中的「合理使用」？
(A)下載一部院線電影並上傳到自己的網站，供大眾免費觀看
(B)為朋友的商業網站置放一首受版權保護的歌曲，當作背景音樂
(C)在課堂上播放一小段影片片段，並用於教學討論，且未對外公開
(D)將一張知名攝影師的作品做細微修改後，用於自己的商業網站首頁。 數概[6-1]

( )30. 路人甲使用Google Maps的步行導航功能，同時啟用手機相機來獲取周邊環境的特徵，進而更精準地提供導航方向指引。上述情境為下列哪一種技術的應用？
(A)擴增實境（augmented reality）
(B)3D視覺實境（3D vision reality）
(C)真實實境（real reality）
(D)虛擬實境（virtual reality）。 數概[15-1]

( )31. 網址「https://www.tcte.edu.tw」中的英文字母「s」可用下列何者技術來完成？
(A)SSD（solid state disk）
(B)SSL（secure sockets layer）
(C)SKC（secret key cryptography）
(D)SET（secure electronic transaction）。 數概[13-2]

( )32. 假設警政署有①至④工作任務需要完成,下列與任務相關之軟體授權敘述何者正確?
任務①:撰寫程式來抓取網路資料
任務②:發行一個報案APP
任務③:製作警政署的宣傳影片
任務④:協助署長製作月會簡報
(A)任務①撰寫之程式屬於自由軟體,開放原始碼修改權
(B)任務②發行之報案 APP 開放免費使用,屬於免費軟體
(C)任務③製作之影片屬於公共財產權,可公開展示與傳播
(D)任務④製作之簡報以私有軟體產出,故該私有軟體開發商擁有著作權。 數概[6-2]

( )33. 某電腦教室的子網路遮罩是255.255.255.0、預設閘道位址是192.168.100.254,下列何者可設定為該電腦教室中某一台電腦的IP位址來提供正常連網服務?
(A)192.168.100.0　　　　　　　　(B)192.168.100.255
(C)192.168.100.254　　　　　　　(D)192.168.100.194。 數概[9-2]

( )34. 關於區塊鏈(blockchain)技術的敘述,下列何者正確?
(A)具有資料不可竄改的特性,可利用於虛擬貨幣的交易
(B)臺灣Pay不能採用掃描支付,必須用區塊鏈技術完成
(C)具有去中心化,所以使用區塊鏈技術交易不會被詐騙或牽涉金融犯罪
(D)區塊鏈是一種分散式分類帳本技術,將交易紀錄儲存在主從式架構的網路中。
數概[15-5]

( )35. 林生想打造一個簡易的物聯網應用,須哪幾個層來組合出物聯網最基本的架構?
①實體層　　②感知層　　③資料連結層　　④網路層
⑤會議層　　⑥展示層　　⑦應用層
(A)②③⑦　(B)①④⑥　(C)②④⑦　(D)①③⑤。 數概[11-2]

( )36. ①~⑥情境的敘述,下列何者選項符合網路霸凌(cyberbullying)?
①甲生曾經是喜好運動的陽光小孩,現在卻時常待在房間玩線上遊戲,也不想唸書或外出走動,令家人非常憂心
②乙生創建一個網路遊戲軍團,每天會不定時關注軍團成員的狀況,也疏於學業及班上活動
③丙生幾乎整天用手機在多個社群點閱按讚,也不按時吃飯睡覺,甚至嚴重影響課程學習
④丁生傳送電子郵件散佈同學不實訊息,使受害者身心受創
⑤戊生利用 LINE 傳送朋友的私密照片,並對照片進行惡意評斷
⑥己生收到 EMAIL 告知:「日本北部發生規模 6.8 地震需要您的資助」之募款假訊息
(A)①、②　(B)③、④　(C)④、⑤　(D)⑤、⑥。 數概[14-2]

( )37. 甲生收到手機簡訊告知有優惠券可以領取,點選了簡訊中的連結,並依指示輸入個人資料後,才驚覺被騙了個資,此駭客的犯罪手法為下列何者?
(A)網路釣魚(phishing)　　　　　(B)殭屍網路(botnet)
(C)特洛伊木馬(trojan horse)　　　(D)勒索軟體(ransomware)。 數概[14-3]

( )38. 利用文書處理軟體要完成如圖（四）中的甲表格，則須在插入表格時，於乙圖中分別設定欄數與列數為何？
(A)欄數：3、列數：5　　　(B)欄數：5、列數：3
(C)欄數：3、列數：3　　　(D)欄數：5、列數：5。　　　數應[2-2]

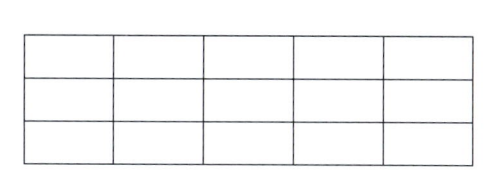

甲表格 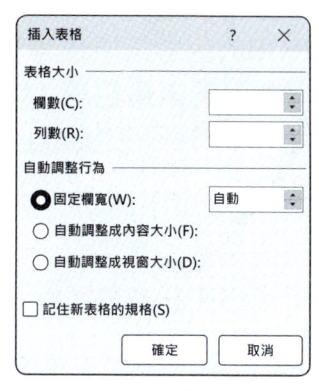　　　乙圖
圖（四）

( )39. 利用PowerPoint製作的簡報檔案，可直接輸出成①至⑤中哪幾種副檔名的檔案格式？
①pptx　　②pttx　　③ppsx　　④mp4　　⑤wav
(A)①、②、③　(B)①、③、④　(C)②、③、⑤　(D)②、④、⑤。　數應[3-2]

( )40. 在圖（五）試算表中之儲存格E5輸入=SUMIF(B2:D4,C3)，此儲存格E5的計算結果為何？　(A)21　(B)12　(C)10　(D)8。　　　數應[6-1]

圖（五）

( )41. 用Google表單製作問卷時，①至⑤的情境敘述，下列哪一個選項的組合完全正確？
①人類血型可用 "選擇題" 提供點選
②用一個 "下拉式選單" 可完成多種興趣的選擇
③個人姓名及電話可用 "線性刻度" 給予直接填寫
④提供5個開會時間可用 "核取方塊" 給予勾選有空時段
⑤可用 "簡答" 並搭配Shift + Enter組合鍵可進行多行輸入
(A)①、②　(B)①、④　(C)③、④　(D)③、⑤。　　數應[7-5]

( )42. 關於影像處理的敘述，下列何項正確？
(A)以手機高解析度鏡頭拍攝的照片雖屬於點陣圖，但放大後不會失真
(B)一張解析度4096 × 2160的影像其總像素約為Full HD（1920 × 1080 像素）的2倍
(C)以解析度4096 × 2160儲存一張全彩相片，在未壓縮的情況下，影像檔案的大小約為265 MB
(D)用影像處理軟體將自行拍攝的相片去背、加入宣傳文字合成後，再存成.jpg，可以將該檔案放上公司網站來吸引顧客。　數應[9-2]

( )43. 有一張100×100像素的全彩影像照片，理論上可以有多少種色彩組合？
(A)100×100　(B)$2^3 \times 100 \times 100$　(C)$2^{8 \times 100 \times 100}$　(D)$2^{24 \times 100 \times 100}$。

( )44. 關於色彩的敘述，下列何者正確？
(A)彩色螢幕使用的色彩三原色是R（紅）、G（灰）、B（藍）
(B)將RGB的色彩三原色等量混合成白色，這種混色模式稱為減色法
(C)色彩的三要素是色調（tone）、明度（brightness）及飽合度（saturation）
(D)彩色印刷時採用之CMYK模式的四種標準顏色是：青、洋紅、黃、黑。

( )45. 下列何項屬於電子商務之金流數位化？
(A)第三方網站託管平台　(B)第三方支付平台
(C)電子商務商品資料庫管理　(D)自行架設電子商務網頁。

( )46. 工程師在檢測電腦無法連網時發現以下情況：若使用目標網站的IP位址可以連網；改使用目標網站的網域名稱（domain name）時就無法連網。以上所述可能的原因是何選項？
(A)該電腦的DNS伺服器位址未設定或設定錯誤
(B)網路介面卡未啟用IPv6協定
(C)私人網路的防火牆已被關閉
(D)預設閘道位址設定錯誤。

▲閱讀下文，回答第47-48題

吳先生大學畢業後在海大王連鎖海鮮專賣店擔任業務助理，利用試算表軟體統計各分店的銷售業績，如圖（六）所示，C欄要放置各分店的銷售排名，首先在儲存格C3輸入公式＝__甲__(B3,__乙__,0)。

	A	B	C
1	海大王連鎖海鮮專賣店銷售報表		
2	分店別	銷售金額(萬元)	銷售排名
3	台北分店	100	
4	台中分店	123	
5	台南分店	230	
6	高雄分店	115	
7	屏東分店	134	

圖（六）

( )47. 儲存格C3的公式中，「甲」可使用下列哪一個函數？
(A)RANK.EQ　(B)ORDER　(C)RAND　(D)MAX。

( )48. 完成儲存格C3的函數設定後，接著將儲存格C3複製到C4:C7來完成銷售排名；儲存格的範圍設定有①至④四種方式，下列哪一個選項的範圍設定方式均符合公式中「乙」的需求？
①$B$3:$B$7　②$B3:$B7　③B$3:B$7　④B3:B7
(A)①、②　(B)①、③　(C)②、③　(D)②、④。

▲閱讀下文，回答第49-50題

黃生設計了一個愛心路跑活動報名網頁，HTML的內容如圖（七），網頁顯示結果如圖（八）。

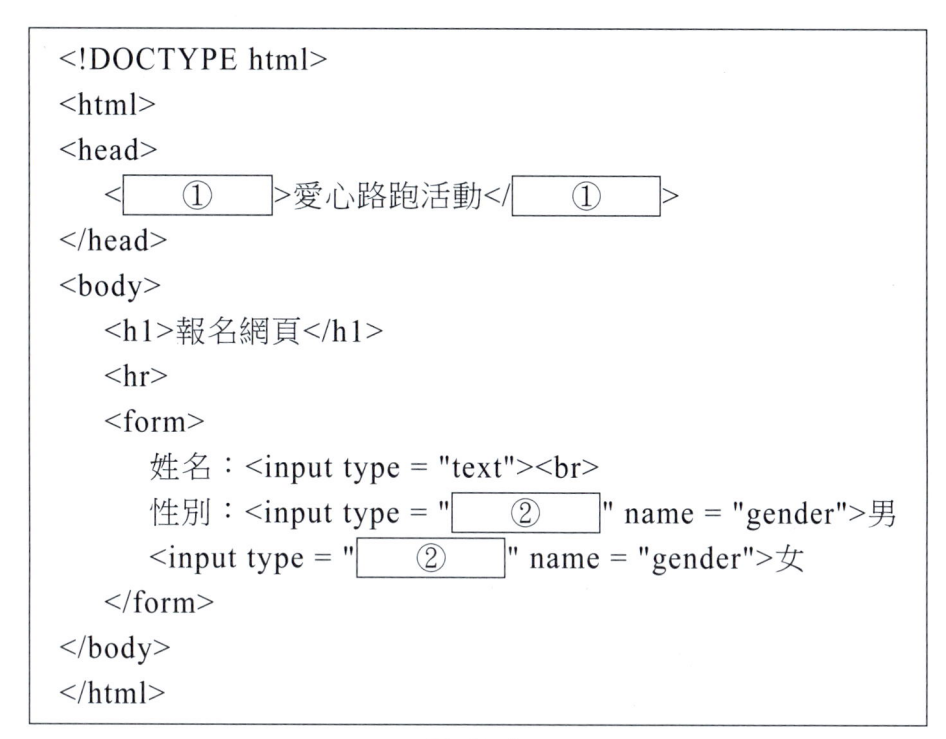

```
<!DOCTYPE html>
<html>
<head>
    <　①　>愛心路跑活動</　①　>
</head>
<body>
    <h1>報名網頁</h1>
    <hr>
    <form>
        姓名：<input type = "text"><br>
        性別：<input type = "　②　" name = "gender">男
        <input type = "　②　" name = "gender">女
    </form>
</body>
</html>
```

圖（七）

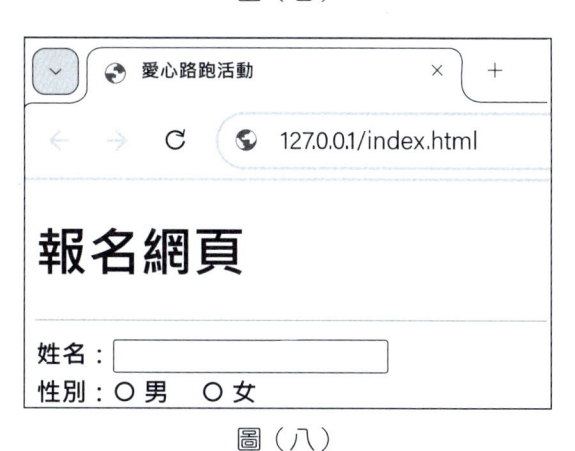

圖（八）

( )49. 要產生圖（八）中「愛心路跑活動」的字串，圖（七）中「①」應該用哪一個HTML標籤？
(A)subject　(B)h1　(C)title　(D)caption。

( )50. 圖（八）中，性別選擇採單選按鈕，圖（七）中「②」應該為下列何者？
(A)select　(B)checkbox　(C)button　(D)radio。

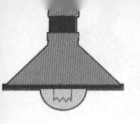

---解 答---

答

26.C	27.A	28.C	29.C	30.A	31.B	32.B	33.D	34.A	35.C
36.C	37.A	38.B	39.B	40.D	41.B	42.D	43.D	44.D	45.B
46.A	47.A	48.B	49.C	50.D

解

26. $1010101_2 = 1 \times 2^6 + 1 \times 2^4 + 1 \times 2^2 + 1 \times 2^0 = 85$
    $127_8 = 1 \times 8^2 + 2 \times 8^1 + 7 \times 8^0 = 87$
    $57_{16} = 5 \times 16^1 + 7 \times 16^0 = 87$

    $1110001_2 = 1 \times 2^6 + 1 \times 2^5 + 1 \times 2^4 + 1 \times 2^0 = 113$
    $157_8 = 1 \times 8^2 + 5 \times 8^1 + 7 \times 8^0 = 111$
    $71_{16} = 7 \times 16^1 + 1 \times 16^0 = 113$

    $1101101_2 = 1 \times 2^6 + 1 \times 2^5 + 1 \times 2^3 + 1 \times 2^2 + 1 \times 2^0 = 109$
    $155_8 = 1 \times 8^2 + 5 \times 8^1 + 5 \times 8^0 = 109$
    $6D_{16} = 6 \times 16^1 + 13 \times 16^0 = 109$

    $1011010_2 = 1 \times 2^6 + 1 \times 2^4 + 1 \times 2^3 + 1 \times 2^1 = 90$
    $132_8 = 1 \times 8^2 + 3 \times 8^1 + 2 \times 8^0 = 90$
    $4A_{16} = 4 \times 16^1 + 10 \times 16^0 = 74$

    故 $1101101_2 = 155_8 = 6D_{16} = 109$。

27. - CPU的時脈頻率單位是GHz。
    - 7200 RPM是硬碟旋轉速度。
    - 網路卡的傳輸速率單位是Mbps。

29. - 下載院線電影並供大眾觀看會侵害著作權的重製權與公開傳輸權，即使免費提供也違法。
    - 屬於商業營利行為，歌曲需要取得授權，否則侵權。
    - 「改作」行為，仍需取得原著作權人同意，否則屬於侵權。

31. 使用SSL安全機制的網站，網址開頭為https。

32. 免費使用符合免費軟體的要件，所以此軟體授權敘述正確。

33. - 192.168.100.0 → 網路位址（不能用）
    - 192.168.100.255 → 廣播位址（不能用）
    - 192.168.100.254 → 已設定為預設閘道位址（分配給閘道器使用）
    - 192.168.100.194 → 可提供正常連網服務。

34. - 臺灣Pay是採用QR Code掃描式支付，和區塊鏈技術無關。
    - 區塊鏈交易仍有被詐騙或牽涉金融犯罪的可能性。
    - 區塊鏈是一種分散式分類帳本技術，採用分散式架構。

35. 物聯網的架構依工作內容可分為感知層、網路層、應用層。

36. ①、②、③皆屬於網路成癮；④、⑤皆屬於網路霸凌；⑥屬於網路詐騙。

37. 網路釣魚：駭客建立與合法網站極相似的網頁畫面，誘騙使用者在網站中輸入自己的帳號、密碼、信用卡卡號，以取得使用者的私密資料。

解　答

39. 在PowerPoint簡報軟體中，可將檔案輸出成pptx（預設的簡報格式）、ppsx（播放檔的格式）、mp4（視訊檔）。

40. 儲存格E5輸入= SUMIF(B2:D4, C3) = 8，表示將儲存格範圍B2:D4中與儲存格C3一樣為2的值加總，故B4 + C2 + C3 + C4 = 2 + 2 + 2 + 2 = 8。

41. ①血型種類少（如A、B、O、AB），可用「選擇題」從多個選項只選一個血型；
    ②下拉式選單只能選一個項目，不能符合選擇多種興趣，應使用「核取方塊」；
    ③線性刻度無法用來填寫個人姓名及電話，應使用「簡答」；
    ④核取方塊可多選，適合用來選擇多個有空的時段；
    ⑤「簡答」只適合單行輸入，要多行輸入應使用「詳答」。

42. ・高解析度的點陣圖放大後仍會失真。
    ・4096×2160 = 約884萬像素，1920×1080 = 約207萬像素，故約為4倍。
    ・影像檔案的大小：$4096 \times 2160 \times 3$ Bytes = 約為26 MB。

43. 題目中所提到的「理論上可以有多少種色彩組合」說明如下：

名稱	色彩組合數
定義	一張影像中「所有可能的色彩搭配組合總數」
說明	用來了解顏色之間有多少種搭配方式
公式	$2^{最多可記錄的色彩數 \times 像素數量}$
舉例	一張2×1像素的16色影像，可搭配出來的色彩組合數為$2^{4 \times 2} = 2^8 = 256$種 說明 $2^4 = 16$種　　$16 \times 16 = 256$種組合 每個像素可搭配出來的色彩組合數為$2^4 = 16$種（如黑、白、紅、…等） 當2個像素可搭配出來的色彩組合數為$2^4 \times 2^4 = 2^{4 \times 2} = 2^8 = 256$種 | 組合 | 像素1 | 像素2 | 配色 | | 1 | 0色 | 0色 | 黑、黑 | | 2 | 0色 | 1色 | 黑、藍 | | ⋮ | ⋮ | ⋮ | ⋮ | | 256 | 15色 | 15色 | 白、白 |

故一張100×100像素的全彩照片（24位元），可搭配出來的色彩組合總數為$2^{24 \times 100 \times 100}$。

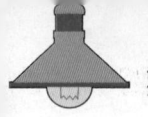

解 答

44.
    - 色彩三原色是 R（Red，紅）、G（Green，綠）、B（Blue，藍）。
    - 將RGB原色加以混合，色彩會越加越亮，故此種混色法又稱為加色法。
    - 色彩的三要素是色相（Hue）、彩度（Saturation）、明度（Brightness）。

46. 網域名稱（DNS）伺服器是提供互轉網域名稱與IP位址的服務，因此題目中提到，用IP位址能連網，但用網址不能連網，最可能是DNS伺服器位址未設定或設定錯誤。

48.
    - \$B\$3:\$B\$7：正確用法，絕對參照位址，複製公式不會改變範圍。
    - \$B3:\$B7：會出現錯誤，列號會跟著複製公式而變動。
    - B\$3:B\$7：在複製公式時，列號固定即不會跟著複製公式而變動，符合公式需求。
    - B3:B7：會出現錯誤，列號會跟著複製公式而變動。

49.
    - h1：用來設定文字大小，h1為第一級標題，字體最大，標題級別由h1到h6。
    - title：用來設定瀏覽器標題列或索引標籤的文字，即網頁的標題。
    - caption：用來設定表格標題。

50. select：下拉式選單、checkbox：多選按鈕、button：按鈕、radio：單選按鈕。